仪 器 分 析

主 编 陈怀侠
副主编 王升富 叶 勇

科学出版社
北 京

内 容 简 介

本书包括光谱分析法、电分析化学法、色谱分析法和其他分析法四部分内容，共 24 章，分别是仪器分析概述、光谱分析法导论、原子发射光谱法、原子吸收光谱法与原子荧光光谱法、X 射线光谱法、紫外-可见吸收光谱法、红外吸收光谱法、激光拉曼光谱法、分子发光分析法、核磁共振波谱法、电分析化学法导论、电导分析法、电位分析法、电解分析法和库仑分析法、极谱法和伏安法、电分析化学新方法、色谱法导论、气相色谱法、高效液相色谱法、毛细管电泳法、色谱分析新方法、质谱分析法、热分析法和流动注射分析法。各章后附有思考题和习题。

本书可作为综合性大学、师范院校及理工院校的化学、化学生物学、应用化学、化学工程与工艺、制药工程、药学等专业的仪器分析课程教材，也可供相关专业师生及分析测试工作者参考。

图书在版编目(CIP)数据

仪器分析 / 陈怀侠主编. —北京：科学出版社，2022.6
ISBN 978-7-03-070509-9

Ⅰ. ①仪… Ⅱ. ①陈… Ⅲ. ①仪器分析-高等学校-教材 Ⅳ. ①O657

中国版本图书馆 CIP 数据核字（2021）第 224662 号

责任编辑：丁 里 李丽娇 / 责任校对：杨 赛
责任印制：张 伟 / 封面设计：迷底书装

科 学 出 版 社 出版
北京东黄城根北街 16 号
邮政编码：100717
http://www.sciencep.com

北京中石油彩色印刷有限责任公司 印刷
科学出版社发行 各地新华书店经销
*
2022 年 6 月第 一 版 开本：787×1092 1/16
2023 年 1 月第二次印刷 印张：22 3/4
字数：582 000

定价：79.00 元
（如有印装质量问题，我社负责调换）

前　　言

仪器分析是化学、化工、生物、环境、食品、制药、材料、医学和农学等众多专业的重要基础课程。通过本课程的学习，要求学生掌握仪器分析方法的基本原理、仪器构成及主要应用，具备应用仪器分析方法解决化学及相关问题的基本科研素质和创新能力。

本书是根据教育部高等学校化学类专业教学指导委员会制定的关于化学、应用化学、生命科学、环境科学、食品科学、材料科学、医学和药学等专业化学教学基本内容的要求，结合湖北大学分析化学专业教师多年来的教学经验编写而成，可作为综合性大学、师范院校及理工院校的仪器分析课程教材。

作为化学及相关专业的基础课程教材，本书特别注重知识的基础性、系统性、逻辑性、简洁性和前沿性。

(1) 基础性：仪器分析方法众多，涉及的知识面广。为了让学生更好地理解和学习，每一类方法都编写了导论部分，介绍该类方法的基本概念和基本知识；每一种方法都是从相关的数学、物理或化学基本知识开始介绍，逐步引入仪器分析方法的基本原理，降低了学习的难度。

(2) 系统性：本书涵盖了光谱分析法、电分析法、色谱分析法和其他分析方法，兼顾传统的和现代的仪器分析方法，体现出仪器分析课程内容的系统性。

(3) 逻辑性：每一种仪器分析方法的介绍都分为原理、仪器及应用三个知识模块，层层递进，体现章节内容的逻辑关系，使学生更容易掌握一种方法或一个章节的内容。

(4) 简洁性：各章节的知识线条清晰，语言简洁，不过度扩展，也减少了教材的篇幅。

(5) 前沿性：编写了"电分析化学新方法"和"色谱分析新方法"两章内容，介绍前沿知识及应用，提升学生的学习兴趣。

本书由湖北大学长期从事仪器分析教学工作的教师共同编写，是集体智慧的结晶，是共同努力的成果。参与本书编写的教师有陈怀侠、王升富、叶勇、张修华、文为、党雪平、张金枝、周吉、何瑜和伍珍等，整理和定稿工作由陈怀侠完成。

感谢湖北大学化学国家特色专业建设经费、化学湖北省重点学科建设经费、分析化学国家一流课程建设经费、湖北省名师工作室建设经费、湖北大学分析化学系列课程团队建设经费和湖北大学化学化工学院化学类基础课程群教学团队建设经费的资助。在本书的编写过程中也参考了相关的教材和资料，在此向这些教材和资料的作者表示衷心的感谢。

尽管进行了多次修改，但由于编者水平有限，本书难免存在不足之处，敬请读者批评指正。

编　者

2021 年 10 月

目　　录

第一部分　光谱分析法

第二部分　电分析化学法

第三部分　色谱分析法

第四部分　其他分析法

第1章 仪器分析概述

1.1 仪器分析的发展概述

分析化学是化学学科的重要分支，对于化学学科中的合成化学和理论计算化学具有承上启下的作用。分析化学也是解决众多自然科学基础和前沿研究问题的关键学科。例如，生物学中的基因组学、蛋白质组学、糖组学和代谢组学研究及生命信号传导，医学中的疾病诊断与治疗，药学中的新药设计与筛选、药物临床研究、中药组学及中药质量控制，食品营养成分和农药、兽药等毒素残留检测，食品安全控制，环境污染物检测及其生态毒理学研究，农产品改良和安全性评价，材料结构与性能研究等，都是分析化学的研究领域。同时，分析化学广泛应用于工农业生产中，用以解决工农业生产过程中的化学问题。例如，分析化学用于化学工业生产过程中的化工原料、中间产物和化工产品的质量检测和质量控制，制药工业产品组成及配方研究，石油工业生产中的产品组成及添加剂的测定，农业生产过程中的水质、土壤监测和农产品营养成分分析等。分析化学学科因肩负重要的社会责任而备受关注。

随着相关学科的发展，旨在解决众多自然科学问题的分析化学也快速发展，其定义和内涵也在不断发展和延伸。分析化学的经典定义是指研究物质的化学组成、状态、结构及其含量的分析方法及有关理论的一门学科。现代定义指出，分析化学是一门化学信息科学，包括各种化学信息的产生、获得和处理的研究。现代定义更深刻地描述了分析化学的理论深度和学科内涵。

1.1.1 仪器分析的发展历史

分析化学发展历史悠久，是自然科学领域发展最早的学科之一。历经 20 世纪初、20 世纪中叶和 20 世纪 70 年代末的三次重大变革，特别是计算机科学的发展和应用，分析化学完成了从经典分析化学到现代分析化学的发展历程，实现了从分析化学技术到分析化学学科，再到分析科学的蜕变。

经典分析化学是指 20 世纪初，随着四大化学平衡理论的建立、化学热力学和动力学研究的深化，以及分析天平的产生和应用而产生的各种化学分析方法，即利用化学反应及其化学计量关系测定被测分析物的分析方法，包括滴定分析法和重量分析法。化学分析能够完成常量组分或部分微量组分的定性和定量分析，为分析化学的发展奠定了基础。但是，化学分析只能提供简单样品组成和含量的数据，难以完成复杂的结构分析、微量或痕量等低含量组分分析、在线分析、原位分析、无损分析等，无法解决更复杂、更前沿的化学研究问题。

20 世纪中叶，随着物理学和电子学的发展，极谱法、气相色谱法和核磁共振波谱法等分析化学新方法相继建立，现代分析化学得以诞生并快速发展，有效地弥补了化学分析的不足，成为化学分析的补充。现代分析化学是指仪器分析，或者称为物理和物理化学分析，即通过测定被测分析物的物理或物理化学性质、参数及其变化进行定性、定量、结构分析或性质研究的方法，因为这些测定需要特殊的仪器完成，所以称为仪器分析。仪器分析借助仪器检测分析物的响应信号，延伸了人的感知能力，使得分析化学不仅仅能够进行定性、定量和结构分析，更重要的是能够依据分析化学的理论和策略去研究和解决各种自然科学领域研究和生产中的化学问题，极大地深化了分析化学的理论，拓展了分析化学的应用。

化学分析是分析化学的基础，仪器分析代表着分析化学发展的方向和前沿。仪器分析的发展标志着分析化学不仅仅是提供样品的组成和含量数据，而且能够依托自身的理论和方法，参与解决相关学科的化学问题，更好地发挥分析化学学科的作用，体现出了分析化学学科的重要性，特别是超痕量分析、组学研究、活体研究、芯片技术、单细胞单分子甚至单原子研究等，标志着仪器分析具有解决实际问题的强大能力。例如，寻找和检测体内疾病标志物，建立疾病早期诊断方法；监测药物体内过程，研究药物分布、代谢和排泄规律，参与药物的临床应用研究；研究环境新型微污染物类型、存在水平和时空分布等，指导环境污染调研，帮助制定控制政策等。

1.1.2 仪器分析的发展趋势

纵观化学及其相关学科的发展历史，许多重大发明和创造都离不开分析化学，现代分析化学新方法、新仪器和新应用必将带动自然科学更多的新发现和新突破。21世纪，在医药、能源、环境和材料等备受关注的领域，仪器分析的发展趋势可以描述如下。

1. 分析对象

仪器分析研究对象更多集中在生命科学、医学、能源、环境和新材料等领域。例如，仪器分析更关注在细胞和分子水平研究生命过程、疾病的预防与诊断、寻找新能源和设计合成储能新材料等。

2. 分析要求

仪器分析更注重构建痕量与超痕量分析、形态分析、动态分析、无损分析、在线分析、活体分析、表面分析和微区分析的新方法、新仪器和新应用，以更加有效地解决化学及其相关学科研究的前沿问题。例如，环境中新型超痕量微污染物的发现、监测、时空动态分布及其归趋研究等是仪器分析重要的研究课题。

3. 联用技术

发挥不同技术的优势，以联用技术解决更复杂的分析化学问题也是仪器分析重要的发展方向。样品前处理方法和分析方法的离线或在线联用能有效提高分离分析效率，如固相萃取与高效液相色谱的联用、固相微萃取与气相色谱的联用等。不同仪器分析方法的联用，特别是气相色谱-质谱联用、高效液相色谱-质谱联用、高效液相色谱-红外光谱联用，以及多维色谱等是快速、高效解决实际复杂样品的分析化学问题的理想技术。例如，高效液相色谱-质谱联用方法应用于代谢组学研究，推动疾病早期诊断技术发展；应用于中药组学研究，推动中药现代化研究等。

4. 信息化和智能化

计算机的发展和应用加速了仪器分析的信息化和智能化。未来的仪器分析必将朝着高通量、微型化、信息化、自动化和网络化的方向发展，以快速高效地提供研究对象的时间和空间信息，提高仪器分析解决复杂问题的应用能力。

1.1.3　仪器分析方法的特点

化学分析方法和仪器分析方法的原理不同，特点不同，两者有区别也有关联，相互补充。与化学分析方法相比，仪器分析方法具有以下特点。

1. 仪器分析方法的优点

(1) 用样量少：化学分析用样量一般在毫克、毫升级，而仪器分析用样量可以为微克、纳克级或微升、纳升级，主要用于半微量、微量或超微量分析。

(2) 灵敏度高：仪器分析方法的检出限可以达到 10^{-12} g，甚至低至 10^{-18} g，适合于微量、痕量或超痕量组分分析。

(3) 选择性高：通过优化选择样品溶液的配制条件和仪器分析条件，结合操作软件程序的控制，仪器分析方法可以有选择性地分析目标成分，有效避免共存组分的干扰，适合于复杂样品的多组分同时分析。

(4) 重现性好：大部分仪器分析方法的相对标准偏差小于 10%。

(5) 操作简便：许多仪器配置有自动进样装置和计算机软件处理系统，可以进行多个样品的快速、自动化分析，适合于批量样品分析。

(6) 应用广泛：仪器分析发展快速，方法众多，功能庞大。可以直接进行气体、液体或固体样品分析；可以完成样品的定性、定量和结构分析，以及微区分析、活体分析、形态分析、表面分析、遥测分析和无损分析等，微型化的仪器可以进行现场快速分析；可以测定物质的理化参数，用于化学理论研究。仪器分析方法几乎应用于自然科学的所有理论和应用研究中，以解决相关的化学问题，从而解决相关学科的基础或前沿难题，如应用于生物、医学、药学、食品、环境、材料、化工、农业和刑侦等领域。

2. 仪器分析方法的局限性

(1) 成本较高：仪器价格昂贵，维护维修成本较高，对操作技术人员要求高。

(2) 相对误差较大：化学分析方法的相对误差在±0.2%以内，准确度较高，而仪器分析方法的相对误差通常为±5%～±10%，不适合于常量组分分析，较适合于微量和痕量等低含量组分分析。

1.2　仪器分析方法的分类

仪器分析方法是基于物质的物理或物理化学性质建立的分析方法。依据这些物理或物理化学性质的不同，可以将仪器分析方法分为光学分析法、电分析法、分离分析法和其他分析法等。

1.2.1　光学分析法

光学分析法是指基于物质与电磁辐射之间的相互作用而建立起来的物理分析方法，又称为光分析法。

光学分析法分为光谱分析法和非光谱分析法。在光谱分析法中，与电磁辐射相互作用的物质原子或分子能级之间产生跃迁，以光的波长、强度为检测信号。而非光谱分析法不涉及物质分子或原子能级之间的跃迁，检测信号不是光的波长，而是光的基本性质的变化，如反射、折射、衍射、干涉和偏振等。非光谱分析法包括折射法、X 射线衍射法和旋光法等。两类方法中，以光谱分析法应用较为广泛，也是本书光学分析部分的主要内容。

光谱分析法主要分为原子光谱法和分子光谱法。

原子光谱法是指与电磁辐射相互作用的是气态原子(或离子)的光谱法，主要有原子发射光谱法、原子吸收光谱法、原子荧光光谱法和 X 射线荧光光谱法等。

分子光谱法是指与电磁辐射相互作用的是分子(或离子团)的光谱法，主要包括紫外-可见光谱法、红外光谱法、拉曼光谱法、分子荧光光谱法和化学发光法等。

此外，还有其他光学分析法，如核磁共振波谱法(不同的教材会有不同的分类)和电子能谱法等。

1.2.2　电分析法

电分析法是指根据物质的电学或电化学性质及其变化规律进行分析的方法，又称为电分析化学法或电化学分析法。

根据所检测物质的电化学性质，如电位、电流、电量、电导和电阻等信号，电分析法分为电位分析法、电流分析法、伏安法和极谱法、电重量分析法、电导分析法和库仑分析法等。

1.2.3　分离分析法

分离分析法是现代分离方法的重要分支，这里主要是指在线分离和分析自动化一步完成的现代仪器分析方法。

色谱法是分离分析法中应用最广的一类方法，主要是基于物质在固定相和流动相中的分配能力的不同进行分离分析的方法，可以完成多组分的同时定性和定量分析。传统色谱法主要包括柱色谱法、纸色谱法和薄层色谱法，可以和标准品对照进行定性分析，难以实现在线快速定量分析。现代色谱法可以进行多组分的在线快速分离和信号的同时检测，特别适合于实际复杂样品的快速高效分析。现代色谱法方法众多，如气相色谱法、高效液相色谱法、离子色谱法和超临界流体色谱法等。

高效毛细管电泳可以进行混合物多组分同时分离分析，广义上归属于色谱法。

现代色谱法和质谱、核磁共振、红外光谱等波谱方法联用，丰富了色谱法的检测器种类和检测信号，同时多维色谱方法逐步成熟和仪器的商品化，有效地扩大了该类方法的应用范围，已经成为生物、医学、药学、食品、环境、材料、化工和能源等领域科研和应用必不可少的重要工具。许多色谱法及其联用法已经成为食品、环境、化工和材料等领域的国际、国家、地区或行业标准方法。

1.2.4　其他分析法

仪器分析的发展日新月异，方法众多。除了上述方法，还有质谱分析法、热分析法和放射化学分析法等。

质谱分析法是基于物质的气态离子质荷比大小不同而进行分离分析的仪器分析方法。该方法提供物质的相对分子质量和丰富的结构信息，是物质结构分析的有效工具。

热分析法是基于热力学原理和物质的热学性质而建立的仪器分析方法。该方法通过研究物质的物理或化学的热学性质与温度之间的关系，分析物质的组成，包括热重分析法、差热分析法、差示扫描量热法等。

放射化学分析法是利用放射性同位素进行分析的仪器分析方法。该方法主要应用于环境和生物样品中的放射性监测等。

1.3　分　析　仪　器

1.3.1　分析仪器简介

仪器分析过程中，样品的引入、信号的产生、信号的收集、数据的处理和输出等步骤都是依靠分析仪器的不同硬件和软件完成的。根据仪器功能的不同，分析仪器有通用型分析仪器和专用型分析仪器两大类。其中，通用型分析仪器包括一般的光分析仪器、电分析仪器、分离分析仪器和质谱仪、热分析仪，以及各种样品前处理仪器和联用仪器等，可以进行环境、食品、化工、材料、地矿等不同样品的分析检测。专用型分析仪器是指测定特定样品、特定对象的分析仪器，如医学领域的磁共振成像仪、超声诊断仪和心电图仪等，环境检测中的水质分析仪、噪声检测仪和大气监测仪等，以及工业分析中的水分仪、测硫仪和氟氯测定仪等。其中，通用型分析仪器是专用型分析仪器的基础，应用广泛，本书主要介绍通用型分析仪器。

仪器分析方法种类繁多，相应的分析仪器类别更多，各种分析仪器的结构相差也比较大。但总体而言，基于仪器分析方法共同的原理，绝大部分分析仪器包括样品的引入、信号的产生、信号的处理和信号的输出等基本部件。随着电子学、理论计算化学和计算机学科的快速发展，微型化、自动化和高通量已经是分析仪器的发展趋势。

1.3.2　分析仪器的性能指标

分析仪器的性能指标是选择应用分析仪器的依据，也是评价和比较分析仪器的数据参数。分析仪器的性能指标参数比较多，主要有准确度、精密度、灵敏度、检出限、动态范围、选择性、响应速度和分辨率等。当然，分析仪器的性能指标离不开分析对象和分析方法，因此这里描述的各种性能指标是建立在一定的分析对象和分析方法基础上的参数。

1. 准确度

分析仪器的准确度是指被测分析物的测量值和真值之间的接近程度，用绝对误差 E 或相对误差 E_r 表示。

有关准确度和误差的内容参见分析化学的化学分析部分，这里不再赘述。

2. 精密度

分析仪器的精密度(precision)是指用同一方法和同一仪器对同样的样品进行多次平行测定，分析结果相互靠拢或分散的程度，即分析仪器的重现性。与评价分析方法的精密度一样，分析仪器的精密度也是用偏差表示。国际纯粹与应用化学联合会(International Union of Pure and Applied Chemistry，IUPAC)规定，用相对标准偏差 d_r(或 RSD)表示精密度：

$$d_r = \frac{s}{\bar{x}} \tag{1-1}$$

式中，s 为标准偏差(绝对标准偏差)；$\bar{x}$ 为 n 次平行测量结果的平均值。其中，标准偏差的表达式为

$$s = \sqrt{\frac{\sum_{i}^{n}(x_i - x_n)^2}{n-1}} \tag{1-2}$$

3. 灵敏度

分析仪器的灵敏度(sensitivity)是指当分析物产生单位浓度或单位量变化时，该仪器检测的响应信号值改变的大小，通常用 S 表示。显然，灵敏度可以用分析仪器的响应值除以分析物的浓度或量来表示。以浓度表示的灵敏度称为浓度灵敏度 S_c 或相对灵敏度，以物质的质量表示的灵敏度称为质量灵敏度 S_q 或绝对灵敏度。该数值越大，代表仪器对该分析物越灵敏。当然，分析仪器的灵敏度也与实验条件有关。

不同的分析仪器，灵敏度的表示方法不同。例如，原子吸收光谱仪的灵敏度通常用某一元素的"特征浓度"表示；分光光度计的灵敏度通常用吸光物质的摩尔吸光系数表示。这些内容在本书后续各章节中将详细介绍。

4. 检出限

分析仪器的检出限(detection limit 或 limit of detection，LOD)是指在一定置信度下能检测出被测物的最小浓度或最小量，又称为检测限。

分析仪器存在噪声或本底空白的信号波动，只有当分析物的响应信号大于空白信号随机变化值的 k 倍时，才能保证分析物被检出。因此，在检出限时的仪器响应信号 S_L 应该是在空白信号平均值 $\overline{S}_B$ 基础上叠加 k 倍的空白信号标准偏差 s_B，表达式为

$$S_L = \overline{S}_B + k s_B \tag{1-3}$$

检出限的实验测定方法是在一定条件下，一定时间内多次(20～30 次)测定空白，计算空白信号平均值 $\overline{S}_B$ 及标准偏差 s_B。通常，k 取 3 时，分析检测的置信度大于 95%，而且 k 值进一步增加，难以有效提高置信度，所以在检出限的计算中，通常取 $k=3$。因此，分析仪器的检出限可以写为

$$c_L = \frac{S_L - \overline{S}_B}{S_c} = \frac{k s_B}{S_c} = \frac{3 s_B}{S_c} \tag{1-4}$$

或

$$q_L = \frac{3 s_B}{S_q} \tag{1-5}$$

式中，c_L 为浓度检出限，又称为相对检出限；q_L 为质量检出限，又称为绝对检出限。

显然，分析仪器的灵敏度越高，检出限就越低。但是，灵敏度和检出限的含义不同，灵敏度表示分析物改变单位浓度或单位质量时仪器响应信号改变的大小，与仪器的信号放大倍

数有关，可以在一定范围内人为调整。而检出限受仪器噪声或空白信号波动大小影响，与分析对象、分析条件和仪器硬件等有关。

5. 动态范围

仪器的响应信号和被测分析物浓度或质量之间的定量关系曲线称为校准曲线，该曲线的直线部分对应的分析物的浓度或质量变化范围称为一定条件下该仪器对于该被测分析物的动态线性响应范围，简称动态范围(dynamic range)，或称为线性范围，如图 1-1 所示。

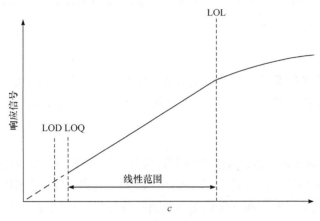

图 1-1　校准曲线和线性范围示意图

动态范围或线性范围的定义是定量测定最低浓度或最小质量(LOQ)直到偏离线性响应的浓度或质量(LOL)的范围。这里定量限(LOQ)是指 10 倍空白标准偏差的信号响应对应的分析物的浓度或质量，即其数据为 LOD 的 $\dfrac{10}{3}$ 倍。而刚好偏离线性响应对应的分析物浓度或质量称为线性范围的定量上限(LOL)。

不同的仪器、方法和分析物，线性范围相差很大，有实用性的分析仪器的线性范围为 2～6 个数量级。

有些仪器的响应信号和分析物的浓度或质量之间的直接关系是复杂的函数关系，没有线性关系部分。此时，往往需要通过数学处理，用各自的变化量，如对数、倒数等推导出线性关系，再获得线性范围进行定量分析。例如，原子发射光谱法中，以原子发射强度的对数 $\lg I$ 和浓度的对数 $\lg c$ 之间的线性关系进行定量分析。

6. 选择性

同一种分析仪器对不同组分的信号响应能力不同。分析仪器的选择性(selectivity)是指共存干扰组分对测定被测分析物的信号的干扰程度。几乎所有的分析仪器都会存在共存组分的干扰问题，所以减少干扰、提高选择性是分析测定过程中十分重要的步骤。

例如，对于被测分析物 M，其浓度为 c_M，检测灵敏度为 S_M，共存组分 N 的浓度为 c_N，检测灵敏度为 S_N，当空白信号波动平均值为 $\overline{S}_B$ 时，分析仪器的检测信号为

$$S = S_M c_M + S_N c_N + \overline{S}_B \tag{1-6}$$

则当 M 和 N 共存时，分析仪器对 M 的选择性可以用选择性系数 k_{NM} 表示：

$$k_{NM} = \frac{S_N}{S_M} \tag{1-7}$$

即 $S_N = S_M k_{NM}$，代入式(1-6)，得

$$S = S_M(c_M + k_{NM}c_N) + \overline{S_B} \tag{1-8}$$

选择性系数 k_{NM} 的数值范围为 $0\sim1$，k_{NM} 越靠近 0，说明 N 对 M 的干扰越小，越靠近 1，说明干扰越大，需要采取改变溶液和测试条件、分离或掩蔽等措施提高选择性。当然，干扰组分也可能引起分析物信号的下降，即 k_{NM} 为负值，此时同样需要采取相应的消除干扰的措施，以提高测定结果的准确度。

7. 响应速度

分析仪器的响应速度是指仪器达到信号总变化量一定百分数所需要的时间。响应速度是一些分析仪器的重要性能参数，特别是对于现场分析、样品快检等。

8. 分辨率

分析仪器的分辨率(resolution)是指鉴别相近组分产生信号的能力。基于不同分析仪器产生的信号不同，其分辨率的表达方式也有所不同。例如，光谱仪器的分辨率是指分开波长相近两条谱线的能力；色谱仪的分辨率是指相近色谱峰的分离度；质谱仪的分辨率是指分开质荷比相近两组分的能力等。

不同厂家、不同型号，甚至是相同型号的分析仪器，都有不同的性能参数描述，除了上述几个性能参数，还有信号响应的测量范围、稳定性和信噪比等。可以根据实际需要进行分析仪器的选择。

1.3.3 仪器校准及方法校正

定性定量分析测定的目的是获得样品中被测分析物准确的浓度或含量结果，因此需要考虑分析仪器的校准和方法的校正。

1. 仪器校准

分析仪器在出厂和安装过程中已经进行了性能参数的调试和检测，其运行过程已经处于最佳状态，所以一般不需要对分析仪器进行调试或校准。只是为了检测仪器是否正常运行或需要提供仪器灵敏度、检出限等指标时，才进行仪器的校准，保证仪器正常运行和测定结果的准确性。不同分析仪器的校准试剂和校准方法不同。例如，当质荷比数据偏移时，需要使用校准液对质谱仪进行质荷比的校准等。

2. 方法校正

分析方法校正是指将相应信号转换为被测分析物的浓度或质量的过程，即绝大部分仪器分析方法都是相对定量法。

通常是在分析方法的基本理论指导下，建立响应值与浓度或质量的函数关系，寻找出仪器响应信号与浓度或质量之间的线性范围，在线性范围内，用最小二乘法制作仪器响应信号 y 与标准溶液浓度或质量 x 之间的校准曲线，获得线性方程：

$$y = ax + b$$

该线性范围内的线性关系是样品被测分析物响应信号转换为浓度或质量的依据。

如果仪器响应值与浓度或质量的函数关系不是线性的，或者没有线性关系的浓度范围，就需要通过数学处理，推导出线性关系，再进行方法的校正。这些内容将在后续的原子发射光谱法和电位分析法等章节详细学习。

方法校正有外标法、内标法、标准加入法和单点校正法等。其中，常用外标法和内标法进行方法校正。外标法是指通过测定不同浓度的分析物标准溶液的响应值，寻找线性范围，建立线性关系方程，进行样品测定的方法。内标法是在分析物的标准溶液和样品中添加一定量的内标物，利用分析物和内标物响应信号的比值与分析物浓度或质量之间的线性关系，实现准确定量分析。其他校正方法将在后续的各章内容中详细介绍。

分析仪器是分析方法的一部分，分析方法的准确度、精密度、灵敏度、选择性、动态范围、检出限等离不开分析仪器的性能指标。因此，使用性能优越的分析仪器是建立灵敏、准确、快速的分析方法的保证。

思考题和习题

1. 结合化学分析的内容，阐述分析化学学科的发展历史和学科特点。
2. 查阅相关文献，描述仪器分析的重要性及其发展趋势。
3. 仪器分析方法有哪些类型？
4. 详细描述分析仪器的主要性能指标，并说明这些指标对于建立仪器分析方法的意义。
5. 说明仪器校准和方法校正的重要性。
6. 仪器分析中，方法校正的常用方法有哪些？

第一部分　光谱分析法

第2章 光谱分析法导论

光学分析法(optical analysis)是指根据物质发射或吸收电磁辐射,以及物质与电磁辐射之间相互作用而建立的分析方法。显然,光学分析法包括电磁辐射或其他能量形式(如电、热、磁或声等)作用于物质,进而检测能反映物质性质信号的所有方法。

光学分析法分为光谱分析法和非光谱分析法两类。

光谱分析法是指检测物质发射或吸收电磁辐射的波长和强度而进行定性、定量分析的光学分析法,简称光谱法。在光谱法中,电磁辐射或其他能量作用于被测物质后,所发射的电磁辐射或吸收的电磁辐射波长和强度等性质与物质的化学结构和含量等有关,所以检测电磁辐射的波长和强度可以进行被测物质的定性、定量及结构分析。光谱法的分析过程中伴随着被测物质分子、原子或原子核能级的跃迁,包括发射光谱法、吸收光谱法和散射光谱法等。因此,光谱法可以同时提供被测物质的组成、含量和结构信息,广泛应用于定性、定量和结构分析,以及大分子构型分析和物质的表面分析等。

非光谱分析法是指测定电磁辐射与被测物质相互作用时的散射、折射、反射、衍射和偏振等性质的变化而建立的光学分析法,简称非光谱法。在非光谱法中,电磁辐射作用于被测物质时,不发生物质内部能级跃迁,只与物质的物理性质有关,包括比浊法、折射法、衍射法和旋光法等。

2.1 电磁辐射及其性质

2.1.1 电磁辐射

电磁辐射(电磁波)是一种不需要传播媒介而以极大的速度通过空间传播的光量子流,具有波动性和微粒性,即电磁辐射的波粒二象性。

1. 电磁辐射的波动性

电磁辐射的波动性表现出反射、折射、衍射、干涉和散射等现象,可以用周期、波长、波数、频率、速率等参数进行描述。

周期 T 是指电磁辐射相邻两个波峰或波谷通过空间一固定点所需要的时间,单位为 s。

波长 λ 是指相邻两个波峰或波谷之间的直线距离,单位为 m、cm、μm 或 nm,其换算关系为 $1\ m = 10^2\ cm = 10^6\ \mu m = 10^9\ nm$。

波数 $\tilde{\nu}$ 是波长的倒数,指单位厘米长度内的波长数目,单位为 cm^{-1}。波数和波长的换算关系为

$$\tilde{\nu}/cm^{-1} = 1/(\lambda/cm) = 10^4/(\lambda/\mu m) \tag{2-1}$$

频率 ν 是指单位时间内在传播方向某一点通过的波峰或波谷数目,或单位时间内电场振动的次数,是周期的倒数,单位为 Hz。

速率 v 为波长和频率的乘积，即 $v = \lambda \nu$。真空中的电磁辐射传播速率与频率没有关系，达到最大传播速率 $2.9979 \times 10^8 \, \text{m} \cdot \text{s}^{-1}$，用 c 表示。

2. 电磁辐射的微粒性

电磁辐射的微粒性表现出光的吸收、发射和光电效应等现象。电磁辐射由大量以光速运动的粒子流组成，使得电磁辐射的能量非均匀连续分布在传播空间中。这种粒子称为光量子或光子，是电磁辐射的最小能量单位。由此，可以认为物质吸收或发射的辐射能量是不连续的，是以光子或其整数倍吸收或发射，即是一种量子化的过程。

光子的能量 E 与频率 ν 成正比，与波长 λ 成反比，其关系式如下：

$$E = h\nu = \frac{hc}{\lambda} \tag{2-2}$$

式中，h 为普朗克(Planck)常量，$6.626 \times 10^{-34} \, \text{J} \cdot \text{s}$。

因此，波长越长或频率越低，光子的能量就越低，反之亦然。光子的能量 E 的单位用焦耳(J)或电子伏特(eV)表示。其中，高能量光子的能量常用 eV 为单位，其含义是 1 个电子通过电位差为 1 V 的电场时所获得的能量。两种单位换算关系为 $1 \, \text{eV} = 1.602 \times 10^{-19} \, \text{J}$。

2.1.2　电磁波谱

电磁辐射包括无线电波、微波、红外光、可见光、紫外光、X 射线和 γ 射线等，它们按照波长或频率的大小顺序排列构成电磁波谱，如图 2-1 所示。

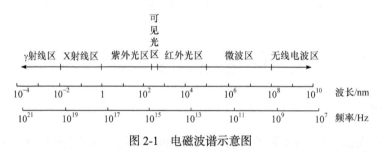

图 2-1　电磁波谱示意图

电磁波谱中，无线电波和微波的波长较长，能量很低，对应于电子和原子核的自旋能级跃迁。红外光能量较低，对应于分子的振动、转动能级跃迁，为有机化合物结构分析提供依据。可见光区和紫外光区能量增加，对应于原子或分子的价电子、非键电子的能级跃迁。X 射线和 γ 射线波长很短，能量很高，对应于原子或分子的内层电子跃迁及原子核能级的变化。

当电磁辐射照射到物质上时，光子与原子、分子或离子等粒子相互作用而交换能量。通常，这些粒子处于能量最低的基态，吸收一定能量的光子后跃迁至激发态，产生物质对电磁辐射的吸收现象。同样，处于激发态的粒子非常不稳定，寿命为 $10^{-9} \sim 10^{-8} \, \text{s}$，如果跃迁至低能态时，多余的能量以辐射的形式释放出去，产生物质对电磁辐射的发射现象。物质对辐射的吸收必须满足光子能量和粒子跃迁的两能级能量差相等，同样，物质发射光子的能量刚好等于粒子跃迁的两能级能量差。应用不同的电磁辐射可以建立不同的分析方法，见表 2-1。

表 2-1　电磁波谱的主要参数

E/eV	ν/Hz	λ	电磁波	对应的跃迁
$>2.5\times10^5$	$>6.0\times10^{19}$	<0.005 nm	γ 射线	核能级
$1.2\times10^2\sim2.5\times10^5$	$3.0\times10^{16}\sim6.0\times10^{19}$	$0.005\sim10$ nm	X 射线	K、L 层电子能级
$6.2\sim1.2\times10^2$	$3.0\times10^{16}\sim6.0\times10^{19}$	$10\sim200$ nm	真空紫外光区	
$3.1\sim6.2$	$1.5\times10^{15}\sim3.0\times10^{16}$	$200\sim400$ nm	近紫外光区	外层电子能级
$1.6\sim3.1$	$7.5\times10^{14}\sim1.5\times10^{15}$	$400\sim800$ nm	可见光区	
$0.5\sim1.6$	$3.8\times10^{14}\sim7.5\times10^{14}$	$0.8\sim2.5$ μm	近红外光区	分子振动能级
$2.5\times10^{-2}\sim0.50$	$1.2\times10^{14}\sim3.8\times10^{14}$	$2.5\sim50$ μm	中红外光区	
$1.2\times10^{-3}\sim2.5\times10^{-2}$	$3.0\times10^{11}\sim1.2\times10^{14}$	$50\sim1000$ μm	远红外光区	分子转动能级
$4.1\times10^{-6}\sim1.2\times10^{-3}$	$1.0\times10^9\sim3.0\times10^{11}$	$1\sim300$ mm	微波区	
$<4.1\times10^{-6}$	$<1.0\times10^9$	>300 mm	无线电波区	电子和原子核的自旋

2.1.3　电磁辐射与物质的相互作用

电磁辐射与物质的相互作用主要有发射、吸收、反射、折射、散射、干涉和衍射等。

1. 发射

原子、分子或离子获得电、热或光等能量后，激发至高能态，在向低能态跃迁的过程中，以光子的形式释放多余的能量，产生电磁辐射，这一过程称为发射跃迁。发射电磁辐射的能量等于发射跃迁的高能级和低能级的能量差，是量子化的，与物质结构相关，即特定的物质具有特征的能量差。通过实验绘制物质的发射强度随波长或频率变化而变化的曲线，称为发射光谱图。测定物质的发射波长及强度进行定性和定量分析，称为发射光谱分析法，包括原子发射光谱法和分子发射光谱法。通常，原子、分子或离子的发射光谱位于电磁波谱的紫外-可见光区。

2. 吸收

当电磁辐射作用于物质时，如果电磁辐射的能量刚好满足物质原子(及原子核)、分子或离子的两个能级间跃迁所需要的能量，物质就会吸收该电磁辐射，这一过程称为吸收跃迁。同样，物质对电磁辐射的吸收也是量子化的，与物质的结构有关。通过实验绘制物质的吸收强度随波长或频率变化而变化的曲线，称为吸收光谱图。测定物质对特定波长电磁辐射的吸收强度可以进行定性和定量分析，称为吸收光谱法，包括原子吸收光谱法和分子吸收光谱法等。

3. 反射

反射是指光在一种介质中传播，到达另一物质的界面时，只是改变传播方向，没有改变传播介质。通常，反射会造成光学分析过程中的光损失，需要尽量避免或减少。

4. 折射

折射是指光在一种介质中传播，到达另一物质的界面时，进入新传播介质，也改变了传播方向，这是因为光在不同介质中的折射率不同。光的折射现象是光学仪器中棱镜分光的理论依据。

5. 散射

散射是指光子和粒子碰撞时，会改变传播方向，宏观而言，方向的改变具有不确定性。丁铎尔(Tyndall)散射和分子散射是光散射的两种类型。

丁铎尔散射是指被照射粒子的直径等于或大于入射光的波长时所发生的散射。其特点是散射光与入射光的波长一样。

分子散射是指被照射粒子(通常指分子)的直径小于入射光的波长时所发生的散射。瑞利(Rayleigh)散射和拉曼(Raman)散射是分子散射的两种类型。瑞利散射是光子与分子发生弹性碰撞，相互作用没有能量交换。而拉曼散射是光子与分子发生非弹性碰撞且有能量交换，使光子的能量增加或减少，产生与入射光波长不同的散射光。

6. 干涉

干涉是指振动和频率相同、相位相等或相差保持恒定的波源所发射的相干波相互叠加，在叠加区域某些点的振动始终加强而得到明条纹，某些点的振动始终减弱而得到暗条纹，即在干涉区域内振动强度有稳定的空间分布，这些明暗交替的条纹称为干涉条纹。

7. 衍射

衍射是指光遇到障碍物或小孔(狭缝)时，绕过障碍物而偏离原来直线传播的物理现象。通常，障碍物比光的波长大很多，如细丝、小孔和狭缝等，有单缝衍射、圆孔衍射和圆板衍射等。衍射现象产生的明暗条纹或光环称为衍射图。单色光的衍射图产生明暗条纹，而复合光衍射图产生彩色明暗条纹。

2.2　光学分析法

光学分析法有光谱分析法和非光谱分析法两大类，不同的方法具有不同的特点和应用。本书主要介绍光谱分析法。

2.2.1　光谱分析法

光谱分析法涉及物质内部量子化的能级跃迁能量的变化，从而产生光的发射、吸收或散射等，据此建立的光谱分析法有发射光谱法、吸收光谱法和拉曼散射光谱法等。

1. 发射光谱法

发射光谱法是指物质以电致激发、热致激发或光致激发的过程获得能量，跃迁至高能激发态，激发态极不稳定，再跃迁到基态等低能态时，以电磁辐射的形式释放多余的能量而产生发射光谱，测定该发射光谱的波长和强度而进行定性、定量分析。根据不同的激发形式或不同的物质可以建立不同的发射光谱法，主要有原子发射光谱法、原子荧光光谱法、分子荧光分析法、分子磷光分析法、化学发光分析法、X射线荧光光谱法和γ射线光谱法等。

　　原子发射光谱法和原子荧光光谱法都是基于原子外层电子能级跃迁而产生的发射，只是前者利用电致激发或热致激发，而后者利用光致激发。两者的发射光谱通常在紫外光区和可见光区。

　　分子荧光分析法、分子磷光分析法和化学发光分析法都是基于分子外层电子能级跃迁而产生的发射，前两者是光致激发，应用较广，后者是通过化学反应提高激发能量，使得某种反应产物分子激发发射，应用较少。

　　X 射线荧光光谱法是基于原子在高能辐射激发下，内层电子能级产生跃迁而发射特征的 X 射线，即 X 射线荧光，其发光波长和强度是定性、定量分析的依据。

　　γ 射线光谱法是基于天然或人工放射性物质的原子核在衰变过程中产生 α、β 粒子，对核自身进行激发，然后回到基态而发射 γ 射线，测定该 γ 射线的波长和强度而进行定性及定量分析。

2. 吸收光谱法

　　吸收光谱法是指物质的原子(或原子核)、分子能够吸收和自身能级跃迁所需能量刚好相等的电磁辐射，从而进行定性、定量或结构分析的方法，包括原子吸收光谱法、紫外-可见光谱法、红外光谱法、核磁共振波谱法和穆斯堡尔(Mössbauer)谱法等。

　　原子吸收光谱法是利用被测元素气态原子对共振线的吸收程度而进行定量分析的方法。该方法中的原子对电磁辐射的吸收过程伴随着外层电子能级的跃迁，电磁辐射通常在紫外、可见和近红外光区。

　　红外光谱法是指物质在红外光照射下而引起分子的转动、振动能级跃迁的吸收光谱法，主要应用于结构分析和成分分析。

　　核磁共振波谱法是指在强磁场作用下，核自旋磁矩与外磁场相互作用而分裂为能量不同的核磁能级，核磁能级之间的跃迁吸收或发射射频区的电磁波。这种吸收光谱是有机化合物结构分析的依据，也可以用于分子的动态效应、氢键及互变异构反应的研究。

　　穆斯堡尔谱法是指以与被测元素相同的同位素为 γ 射线源，使得样品的原子核产生反冲的 γ 射线共振吸收光谱。该光谱位于 γ 射线区，由该吸收光谱可以获得原子的氧化态和化学键、原子核周围电子云分布或邻近环境电荷分布的不对称性以及原子核处的有效磁场等信息。

3. 拉曼散射光谱法

　　拉曼散射光谱法是基于拉曼散射现象所产生的拉曼位移而进行物质结构分析的方法。拉曼散射现象中，光子的运动方向发生变化，能量也发生变化，即波长或频率产生变化，散射光与入射光频率的差值称为拉曼位移。其大小与分子的振动和转动能级有关，据此进行结构分析。

　　常用光谱分析法的特点比较见表 2-2。

表 2-2　常用光谱分析法的特点比较

方法分类	方法名称	辐射源	作用对象	检测信号
发射光谱法	原子发射光谱法	电能、火焰	原子外层电子	紫外光、可见光
	原子荧光光谱法	紫外光、可见光	原子外层电子	紫外光、可见光
	分子荧光分析法	紫外光、可见光	分子	紫外光、可见光

续表

方法分类	方法名称	辐射源	作用对象	检测信号
发射光谱法	分子磷光分析法	紫外光、可见光	分子	紫外光、可见光
	化学发光分析法	化学能	分子	可见光
	X 射线荧光光谱法	X 射线	原子内层和外层电子	X 射线
	γ 射线光谱法	γ 射线	原子核	γ 射线
吸收光谱法	原子吸收光谱法	紫外光、可见光	原子	紫外光、可见光
	紫外-可见光谱法	紫外光、可见光	分子	紫外光、可见光
	红外光谱法	红外光	分子	红外光
	核磁共振波谱法	0.1~800 MHz 射频	分子	吸收
	穆斯堡尔谱法	γ 射线	原子核	γ 射线
拉曼散射光谱法	拉曼散射光谱法	可见光(常用激光)	分子	可见光

　　因为作用机理不同，原子光谱和分子光谱的谱图形状不同。以发射光强度或吸收程度(吸光度)等检测信号为纵坐标、波长或频率为横坐标，可以获得光谱分析中的光谱图。原子光谱是线光谱，而分子光谱是带光谱，如图 2-2 所示。这是因为原子的吸收或发射只对应于原子外层电子跃迁的量子化能量变化，而分子的吸收或发射是能量十分接近的振动和转动能级的跃迁，或者是在电子能级跃迁基础上伴随着分子的振动能级和转动能级的变化，而检测器无法分辨相邻两个转动能级，甚至无法分辨相邻两个振动能级之间的能量差或对应的波长差，所以进行波长扫描绘制的分子光谱呈现出宽带光谱的形状。另外，连续光谱是指光强度随波长或频率变化呈现连续分布的光谱，如红、橙、黄、绿、青、蓝、紫就是可见光区的连续光谱。炽热的固体、液体或高温高压的气体所发出的辐射都会形成连续光谱，其原因是无数个原子和分子振荡所产生辐射跃迁的能量或波长十分相近，表现出光谱的连续性。

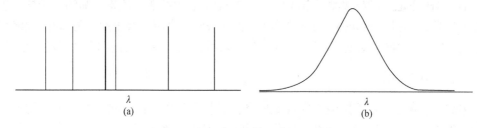

图 2-2　线光谱(a)和带光谱(b)示意图

2.2.2　非光谱分析法

　　非光谱分析法不涉及能级跃迁，属于物理信号检测方法，主要包括比浊法、折射法、衍射法和旋光法等。

　　比浊法是指通过测量透过胶体溶液或悬浮液后的光散射强度来确定悬浮物质浓度的方法，又称为浊度测定法，包括目视比浊法、免疫比浊法、光电比浊法和吸光比浊法等。该方法主要用于测定能够形成悬浮液的沉淀物质，如测定能够形成 $BaSO_4$ 的 Ba^{2+} 以及能够形成 $AgCl$ 的 Ag^+ 等。

折射法是指测量物质的折射率进行分析的方法，或称为折光法。该方法可以进行纯化合物的定性和定量分析，也可以获得物质的基本性质和结构信息。常用的折光仪有阿贝折光仪和手提式折光仪。折射法比较简单，但应用不多。

衍射法是利用光的衍射现象而建立的晶体结构分析方法，主要包括分别利用晶体的周期性结构特征使其对 X 射线、中子流和电子流等产生衍射效应而建立的 X 射线衍射法、中子衍射法和电子衍射法等。其中，X 射线衍射法是最重要的晶体结构分析方法，应用最广。

旋光法是测定与物质分子非对称结构密切相关的旋光性质的分析方法。该方法主要应用于各种光学活性物质的结构分析、含量分析及杂质检测等。圆二色光谱法是测定手性化合物对左、右旋圆偏振光的吸收差异及其与波长的关系的方法，是旋光法的一种类型，主要应用于蛋白质、核酸、多糖及药物分子的立体结构研究。

干涉和衍射也是非光谱现象，光栅就是利用多狭缝干涉和单狭缝衍射的原理进行分光，主要应用于光谱分析仪器中的分光系统。

2.3　光谱分析仪器简介

光谱分析仪器是用来测量发射或吸收的电磁辐射波长和强度的仪器，称为光谱仪或分光光度计。光谱分析法种类很多，各种光谱仪的构成也有所不同，但基本部件都有光源、单色器、样品池、检测器和信号输出装置等。

1. 光源

在光谱仪中，光源的作用是输出辐射光。

对于光源的一般要求是稳定性好、输出功率足够大。通常用稳压电源或者使用参比光束等方法降低光源输出的波动，提高稳定性。

光谱仪中的光源通常有连续光源和线光源两种。

1) 连续光源

连续光源主要用于分子吸收光谱仪，要求在一定的波长范围内具有发光稳定、强度大的特点。

紫外连续光源一般采用氢灯和氘灯，是在约 $1.3×10^3$ Pa 低压下电激发产生的连续光谱，光谱范围为 160～375 nm。其中，氘灯的强度更大，寿命更长。氢灯有低压氢灯和高压氢灯两种。其中，低压氢灯是在有氧化物涂层的灯丝和金属电极间形成电弧，启动电压约为 400 V 的直流电压，而维持直流电弧的电压约为 40 V。高压氢灯是以 2000～6000 V 高压使两个铝电极间发生放电。

可见光源通常用钨灯，即钨丝在 2870 K 的工作温度下发射 320～2500 nm 连续光谱。碘钨灯是在钨灯基础上改进的可见光源。另外，氙灯也可以用作紫外-可见光源，波长范围为250～700 nm，发射强度大，但强度随波长变化时的起伏较大，不经常用于紫外-可见吸收光谱仪中，主要应用于荧光和磷光发射光谱仪。

红外光谱常用惰性固体通电加热到 1500～2000 K，获得最强光强区域为 6000～5000 cm^{-1}。通常以能斯特灯和硅碳棒作为红外光谱仪的光源。

2) 线光源

线光源主要用于原子吸收分光光度计、原子荧光分光光度计和拉曼光谱仪。

金属蒸气灯中常用的是汞蒸气灯和钠蒸气灯，是在透明封套中充入低压汞气体或钠气体，然后在封套中的一对电极上外加电压，从而激发发射汞元素 254～734 nm 的特征线光谱，或者钠元素 589.0 nm 和 589.6 nm 的特征线光谱。

空心阴极灯是原子吸收分光光度计和原子荧光分光光度计常用的线光源，以阴极材料决定线光谱特征。通常选择阴极材料和被测元素一样的空心阴极灯进行分析。

激光主要应用于拉曼光谱仪、荧光分光光度计和发射光谱仪等。激光是通过原子或分子受激而产生的辐射，其主要特点是强度高、方向性和单色性好。

2. 单色器

单色器是光谱分析仪器中的分光部件，其主要作用是分解复合光为单色光或窄谱带。单色器包括入射狭缝、准直镜、色散元件和出射狭缝等部件，如图 2-3 所示。

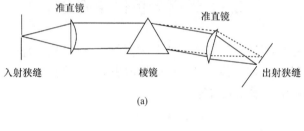

(a)

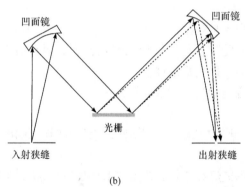

(b)

图 2-3　棱镜单色器(a)和光栅单色器(b)光路示意图

色散元件是单色器中的重要部件，主要有滤光片、棱镜和光栅三种类型。

1) 滤光片

滤光片是比较传统的色散元件，有吸收滤光片和干涉滤光片。其中，吸收滤光片适用于可见光区，干涉滤光片适用于紫外、可见和红外光区。滤光片的单色性不理想，在各种光谱仪中的应用较少。

2) 棱镜

棱镜是一种基于光的折射现象而进行分光的色散元件，有玻璃和石英等材质，前者应用于可见光区，后者应用于紫外光区。通常用角色散率和分辨率表示棱镜的分光性能。

角色散率是指入射光与折射光夹角 θ 和波长 λ 变化大小的比值 $\mathrm{d}\theta/\mathrm{d}\lambda$，角色散率越大，波长相差很小的两条谱线分得越开。

分辨率 R 是指分开两条波长相差很小的谱线的能力，一般表示为

$$R = \lambda / \Delta\lambda \qquad (2\text{-}3)$$

式中，λ 为两条谱线波长的平均值；$\Delta\lambda$ 为刚好能够分开的两条谱线之间的波长差。

棱镜分光时，分辨率随波长而变化，对短波的分辨率大，对长波的分辨率小。入射光波长影响分光材料的折射率，因此棱镜分光后的光谱与波长大小有关，属于非匀排光谱。

3) 光栅

光栅是基于多狭缝干涉和单狭缝衍射联合作用的色散元件。其中，多狭缝干涉决定谱线所在的位置，单狭缝衍射决定谱线的强度分布。光栅一般由玻璃基板、夹层硬质金属(如铬膜)和表层刻制的平行、等宽和等间隔的多个狭缝的软质金属(如铝膜)构成，如图 2-4 所示。

光栅分为投射光栅和反射光栅两种。其中，反射光栅在光谱仪中应用较多，常用的有平面反射光栅(闪耀光栅)和凹面反射光栅。

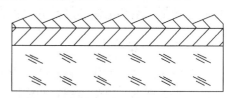

图 2-4　光栅示意图

每条刻痕的长度称为光栅常数，用 d(mm·条$^{-1}$)表示。光栅常数、单位长度光栅的刻痕数和光栅的总刻痕数等都是有关光栅的几个常数，表示光栅的分光性能。

光栅的性能指标还有色散能力和分辨能力，即色散率和分辨率。

线色散率 D 是指出射狭缝所在的焦面上波长相差 $\mathrm{d}\lambda$ 的两条光线被分开的距离 $\mathrm{d}l$，即

$$D = \mathrm{d}l / \mathrm{d}\lambda \qquad (2\text{-}4)$$

通常用倒线色散率 D^{-1} 表达色散能力，其含义是出射狭缝所在的焦面上单位毫米长度能够容纳的波长宽度，单位是 nm·mm^{-1} 或 Å·mm^{-1}。

光栅的分辨率和式(2-3)一样，可以表示为

$$R = \lambda / \Delta\lambda = nN \qquad (2\text{-}5)$$

式中，n 为衍射级次；N 为受照射的刻痕数。

可见，光栅的刻痕数越多，级次越高，分辨率就越大。

单色器中的狭缝由刀口边缘相互平行且处于同一平面上的两片金属构成，如图 2-5 所示。

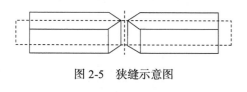

图 2-5　狭缝示意图

光源发射出来的光照射并通过入射狭缝，入射狭缝相当于光学系统的虚光源,经过色散元件分光为单色光，凹面镜聚焦于焦面上，形成光谱，此处的出射狭缝大小决定单色性和光强度。以光谱通带 W(Å)表示出射狭缝通过的谱线宽度，如果出射狭缝宽度为 S(mm)，单色器的倒线色散率为 D^{-1}(Å·mm^{-1})，则

$$W = D^{-1}S \qquad (2\text{-}6)$$

可见，倒线色散率越小，出射狭缝宽度越小时，光谱通带就越小，单色性越好，但是光通量降低。反之，出射狭缝越大，光通量增加，但是单色性变差，而且干扰可能会增加。通常，光源谱线比较简单时，出射狭缝可以宽一些，以提高信号强度，提高信噪比，而光源谱线比较复杂时，选择出射狭缝窄一些，减少背景及干扰线的影响，避免定量分析的工作曲线弯曲。因此，实际分析中，需要优化出射狭缝的大小，以获得优化的实验条件。

3. 样品池

样品池用于盛装样品，由光透明的材料制成。例如，可见光区分析应用硅酸盐玻璃样品池，紫外光区分析应用石英样品池，红外光谱分析时，使用 KBr 和 NaCl 等不同晶体制作的盐窗以应用于不同的波长范围。

4. 检测器

检测器的作用是将光信号转换为电信号，即光电转换器，有对光有响应的光检测器和对热有响应的热检测器两种类型。光检测器类型比较多，有硒光电池、光电管、光电倍增管、硅二极管阵列检测器、半导体检测器和感光板等，主要应用于紫外-可见光区的信号检测。热检测器包括真空热电偶和热释电检测器，主要应用于红外光谱的检测。

5. 信号输出装置

信号输出装置的作用是处理、读出和输出检测信号，由信号处理器和读出器件组成。

信号处理器可以将检测器的模拟电信号进行放大、转换和数学处理。读出器件有数字表、记录仪、电位计标尺和阴极射线管等。

思考题和习题

1. 根据电磁辐射的性质所建立的光谱分析方法有哪些？各方法的基本原理是什么？

2. 写出下列各类跃迁对应的能量和波长范围：

(1) 原子内层电子。

(2) 原子外层电子。

(3) 分子的价电子。

(4) 分子的振动能级。

(5) 分子的转动能级。

3. 为什么原子光谱是线光谱，而分子光谱是带光谱？

4. 光谱分析仪器的基本部件有哪些？

5. 线光源和连续光源分别有哪些类型？各自应用于哪些光谱仪？

6. 为下列方法选择合适材质的样品池：

(1) 可见分光光度法(　　　)。

(2) 紫外分光光度法(　　　)。

(3) 红外光谱法(　　　)。

7. 为什么现代光谱仪常用光栅而很少使用棱镜作为色散元件？

8. 简述单色器中出射狭缝大小的选择原则。

9. 简述光谱分析仪器中信号的放大对于样品分析检测的重要性。

第 3 章　原子发射光谱法

原子发射光谱法(atomic emission spectrometry，AES)是依据被测元素的气态原子或离子在热激发或电激发后，从激发态跃迁到基态时发射特征谱线，以特征光的波长进行定性分析、特征光的强度进行定量分析的方法。

原子发射光谱法是光学分析法中产生和发展最早的一种分析方法。早在 1859 年，德国的基尔霍夫(Kirchhoff)和本生(Bunsen)合作制作了第一台光谱分析的分光镜，确立了原子光谱定性分析的基础；1930 年，建立了光谱分析的定量方法。20 世纪 60 年代，电感耦合等离子体(inductively coupled plasma，ICP)应用于原子发射光谱法，结合新型电子技术应用，加速了原子发射光谱法的发展，并成为无机元素特别是金属元素分析的有效方法。

原子发射光谱法的优点如下：

(1) 多元素同时定性、半定量和定量分析，分析速度快：可以检测元素周期表中 70 多种元素，包括金属元素和磷、硅、砷、碳、硼等非金属元素，数分钟内可以检测数十种元素。

(2) 检出限低：可以检测微量组分及痕量组分，线性范围宽，一般可以达到 2 个数量级，特别是 ICP-AES 可同时测定高、中、低含量组分，其线性范围可以达到 7 个数量级。

(3) 精密度高：RSD<10%。

(4) 选择性好：依据元素的特征谱线进行分析，优化实验条件，可以有效避免共存组分的干扰。

(5) 用样量少：样品用量为毫克级，可以直接测定固体、液体或气体样品而无需处理。

(6) 应用广泛：广泛应用于冶金、地质、材料、环境、食品、生物和医学等领域。

当然，原子发射光谱法也有局限性。例如，只能确定物质的元素组成与含量，不能给出分子结构的有关信息，测定非金属元素的灵敏度较低，高含量元素分析的准确度较差，仪器价格比较昂贵等。

3.1　原子发射光谱法的基本原理

3.1.1　原子发射光谱的产生

原子发射光谱是由原子外层电子从高能级跃迁至低能级，以电磁辐射的形式释放多余的能量而产生的。因此，描述原子能级和原子能级的跃迁是理解原子光谱，包括原子发射光谱及原子吸收光谱、原子荧光光谱产生的关键。

1. 原子的壳层结构

原子由原子核和核外的电子构成，原子核和全充满支壳层(闭合壳层)中的电子称为原子实，填充在未充满支壳层中的电子称为光学电子，正是光学电子的跃迁而产生了光的吸收和发射现象。核外每个电子的存在状态或能级状态可以用主量子数 n、角量子数 l、磁量子数 m

和自旋量子数 m_s 这 4 个量子数描述。其中，主量子数 n 表示电子的能量及距离原子核的远近，取值 $n = 1, 2, 3, 4, \cdots$，对应的符号分别为 K, L, M, N, $\cdots$；角量子数 l 表示电子轨道形状即角动量的大小，取值 $l = 0, 1, 2, 3, \cdots, n-1$，对应的符号分别为 s, p, d, f, $\cdots$；磁量子数 m 表示电子轨道在磁场中空间伸展的方向不同时，电子运动角动量分量的大小，取值 $m = 0, \pm1, \pm2, \cdots, \pm l$；自旋量子数 m_s 表示电子自旋在空间上的顺磁场或逆磁场方向，取值 $m_s = \pm1/2$。

核外电子排布遵循填充规律而构成原子的壳层结构。例如，基态 Na 原子的核外电子排布为 $(1s)^2(2s)^2(2p)^6(3s)^1$，激发态为 $(1s)^2(2s)^2(2p)^6(3p)^1$。

2. 原子能级和能级图

单价电子的原子可以用价电子的运行状态简单描述原子能级的跃迁。但是，多价电子原子的每个价电子都可能跃迁而产生光谱，而且核外电子之间存在复杂的相互作用，如电子轨道之间、电子自旋运动之间、轨道运动与自旋运动之间的相互作用。因此，原子的能级状态不能够合理地用核外电子排布进行描述。

类似于电子以 4 个量子数表达电子的能级状态，原子的能级状态也可以用 4 个量子数 n、L、S 和 J 进行描述，通常写成光谱项的形式：

$$n^{2S+1}L_J \text{ 或 } n^M L_J$$

同样，n 为主量子数，表示价电子所在的壳层，取值 $n = 1, 2, 3, \cdots$。

L 为总角量子数，其数值为外层价电子角量子数 l 的矢量和，即 $L = \sum l_i$。例如，两个价电子耦合，L 的取值为

$$L = (l_1 + l_2), (l_1 + l_2 - 1), (l_1 + l_2 - 2), \cdots, |l_1 - l_2|$$

L 的数值可以为 0, 1, 2, 3, $\cdots$，对应的符号分别为 S, P, D, F, $\cdots$。例如，核外有 3 个价电子，L 的取值方法是先求出其中 2 个价电子的角量子数矢量和，再与第 3 个价电子求出矢量和，获得总角量子数。

S 为总自旋量子数，其数值为单个价电子自旋量子数 s 的矢量和，即 $S = \sum m_{s,i}$。当价电子数为偶数时，S 取值为零或正整数：0, 1, 2, $\cdots$；当价电子数为奇数时，S 取值为正的半整数：1/2, 3/2, 5/2, $\cdots$。

J 为内量子数，归因于轨道运动与自旋运动相互作用，即轨道磁矩与自旋量子数相互影响而得出的量子数，其数值为各个价电子组合得到的总角量子数 L 与总自旋量子数 S 的矢量和，即 $J = L+S$。J 的取值为

$$J = (L+S), (L+S-1), (L+S-2), \cdots, |L-S|$$

例 3-1 根据钠原子基态和第一激发态的电子构型写出光谱项。

解

(1) 钠原子基态的电子构型为 $(1s)^2(2s)^2(2p)^6(3s)^1$，外层价电子 $n = 3$，$l = 0$，$s = 1/2$。

$L = l = 0$，$S = s = 1/2$，$2S+1 = 2$，所以 $J = 1/2$。

因此，钠原子基态光谱项符号为 $3^2S_{1/2}$。

(2) 钠原子第一激发态的电子构型为 $(1s)^2(2s)^2(2p)^6(3p)^1$，外层价电子 $n = 3$，$l = 1$，$s = 1/2$。

$L = l = 1$，$S = s = 1/2$，$2S+1 = 2$，所以 $J = 3/2, 1/2$。

因此，钠原子第一激发态光谱项符号为 $3^2P_{1/2}$ 和 $3^2P_{3/2}$。

　　钠原子第一激发态光谱项为 $3^2P_{1/2}$ 和 $3^2P_{3/2}$，即第一激发态有两个光谱支项，这是由于轨道运动和自旋运动的相互作用，即电子自旋角动量的相互作用，p 轨道能级发生分裂，这两个光谱支项代表两个能量有微小差异的能级状态。

　　光谱项符号左上角 $2S+1$ 或 M 称为谱线的多重性。钠原子基态光谱项为 $3^2S_{1/2}$，钠原子由第一激发态向基态跃迁发射两条谱线，用光谱项表示该双线为

Na　　　588.996 nm　　　$3^2P_{3/2} \rightarrow 3^2S_{1/2}$

Na　　　589.593 nm　　　$3^2P_{1/2} \rightarrow 3^2S_{1/2}$

　　原子能级图是指原子中价电子所有可能存在状态的光谱项所表示的能级与能级之间的跃迁的图解。图 3-1 是钠原子能级图，纵坐标表示能量 E，基态原子能量 $E=0$，横坐标表示实际存在的光谱项。两条横线连线及数据代表两个能级之间的跃迁及实测的对应的电磁辐射的波长(Å)。可见，钠原子能级图中存在钠原子第一激发态至基态跃迁的双线 5889.9 Å 和 5895.9 Å。

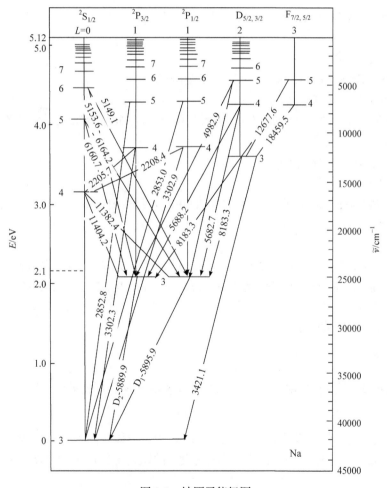

图 3-1　钠原子能级图

　　在原子谱线中，由激发态向基态跃迁所产生的发射谱线称为共振线，其中第一激发态跃迁至基态所发射的谱线称为主共振线或第一共振线。在原子发射光谱中，既有原子线，也存在离子线，分别用 Ⅰ、Ⅱ、Ⅲ 代表原子线、一价离子线、二价离子线。例如，Mg Ⅰ 285.21 nm

表示镁原子线，MgⅡ280.27 nm 代表一价镁离子线，MgⅢ455.30 nm 代表二价镁离子线。

在原子能级图中可以看出，并不是任意两个光谱项之间都有连线和数据，即并不是任意两个原子能级之间都会发生跃迁。根据量子力学原理，能级的跃迁不会发生在任意两个能级之间，必须遵循选择定则，即同时满足下列条件，才可能发生跃迁：

(1) 主量子数 n 的改变不受限制。

(2) $\Delta L = \pm 1$，即跃迁只允许在 S 项与 P 项之间、P 项与 S 项或 D 项之间、D 项与 P 项或 F 项之间产生等。

(3) $\Delta S = 0$，即单重项只能跃迁到单重项，三重项只能跃迁到三重项，而不同多重项之间禁止跃迁。

(4) $\Delta J = 0, \pm 1$，但当 $J = 0$ 时，$\Delta J = 0$ 的跃迁是禁阻的。

满足选择定则的跃迁称为允许跃迁，不满足选择定则的跃迁称为禁阻跃迁，即使个别禁阻跃迁存在，但跃迁概率很小，谱线强度很弱。

例 3-2 用原子光谱项符号写出 Mg 2852 Å(主共振线)的跃迁。

解

(1) Mg 原子基态光谱项。

Mg 原子基态电子构型为 $(1s)^2(2s)^2(2p)^6(3s)^2$，或写为$[Ne]3s^2$。

两个价电子的 $l_1 = l_2 = 0$，所以 $L = 0$。

两个价电子的 $s_1 = s_2 = 1/2$，因为两个价电子同处于 3s，根据泡利不相容原理，这两个价电子的自旋必须相反，所以 $S = 0$。

因此，$J = 0$，镁原子基态光谱项符号为 3^1S_0。

(2) Mg 第一激发态光谱项。

Mg 原子第一激发态电子构型为 $(1s)^2(2s)^2(2p)^6(3s)^1(3p)^1$，或写为$[Ne]3s^13p^1$。

两个价电子的 $l_1 = 0$，$l_2 = 1$，所以 $L = 1$。

两个价电子的 $s_1 = s_2 = 1/2$，所以 $S = 0, 1$。

因此，当 $S = 0$ 时，$J = 1$，光谱项为 3^1P_1；当 $S = 1$ 时，$J = 2, 1, 0$，光谱支项分别为 $3^3P_2, 3^3P_1, 3^3P_0$。

(3) 根据选择定则，Mg 2852 Å(主共振线)的跃迁为 $3^1S_0 \rightarrow 3^1P_1$，其他跃迁为禁阻跃迁。

3.1.2 谱线强度及其影响因素

1. 谱线强度

原子从高能级 i 跃迁至低能级 j 时，产生发射谱线的强度 I_{ij} 表示为

$$I_{ij} = N_i A_i h \nu_{ij} \tag{3-1}$$

式中，I_{ij} 为谱线强度，代表群体谱线的总强度；N_i 为单位体积内处于高能级 i 的原子数；A_i 为 i、j 能级间的跃迁概率(一个原子单位时间内发生的跃迁次数)；h 为普朗克常量；ν_{ij} 为发射谱线的频率。

2. 谱线强度的影响因素

一定温度下，热力学平衡状态时，单位体积内激发态原子数 N_i 和基态原子数 N_0 之间遵循玻尔兹曼(Boltzmann)分布定律：

$$\frac{N_i}{N_0} = \frac{g_i}{g_0} e^{-\frac{E_i}{kT}} \tag{3-2}$$

式中，g_i 和 g_0 分别为激发态和基态的统计权重；E_i 为激发能；k 为玻尔兹曼常量(1.38×10^{-23} J·K^{-1})；T 为激发温度。

将式(3-2)中的 N_i 代入式(3-1)，得

$$I_{ij} = \frac{g_i}{g_0} A_i h \nu_{i0} N_0 e^{-\frac{E_i}{kT}} \tag{3-3}$$

从式(3-3)可以看出，影响谱线强度的因素主要有：

(1) 谱线的性质。激发态和基态统计权重 g_i 和 g_0、跃迁概率 A_{i0}、发射谱线频率 ν_{i0}、激发能 E_i 等都是与原子种类、高能级 i 等有关的谱线性质参数，是影响发射谱线强度的内因。因此，要获得高强度的发射谱线，谱线的选择很重要。

(2) 激发温度。谱线强度与激发温度呈复杂的指数关系，激发温度升高时，谱线强度增加，但原子的电离程度也会增加，从而减少原子总数，致使激发态原子数减少，原子发射谱线强度下降，此时离子线强度增加。对于不同的谱线，需要优化寻找发射该谱线的最佳温度。

(3) 样品的组成和结构。样品的组成和结构直接影响样品的蒸发过程和被测元素的激发过程，从而影响谱线的强度。因此，定量分析时，要求样品和标样的化学成分和结构相似，以提高准确度。

(4) 样品中元素的含量。样品中元素的含量与其基态原子数成正比，即与谱线强度成正比。当谱线性质和激发温度等条件一定时，谱线强度与被测元素的含量成正比，这是原子发射光谱定量分析的依据。

(5) 谱线的自吸和自蚀。原子发射过程包括样品的蒸发、激发和发射一系列过程，而激发光源的高温弧焰有一定的厚度，弧焰的温度分布不均匀，见图3-2。弧焰中心温度高，弧焰边缘温度低，处于弧焰中心高温区的原子受激发射的辐射需要穿过整个弧焰才能照射出去，而刚好被弧焰边缘低温区的同类基态原子吸收，造成发射谱线强度降低，这种现象称为自吸。自吸现象会影响谱线的强度，也会因为发射谱线比吸收谱线宽而影响谱线的形状，呈现"假变宽"现象，如图3-3所示。

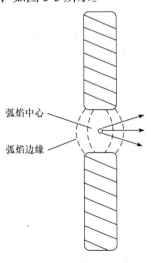

图 3-2　弧焰示意图

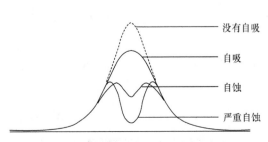

图 3-3　谱线的自吸与自蚀

弧焰体积越大，被测元素的原子浓度越高，则自吸越严重。如果元素的含量大到一定的程度，造成严重的自吸，谱线中心的峰值强度呈现凹形，称为自蚀，严重的自蚀现象会造成谱线中心辐射完全被吸收。

自吸和自蚀会严重影响光谱定量分析结果的灵敏度和准确度。因此，在实际工作中，应选择体积较小的弧焰为光源，不选择自吸现象严重的谱线，控制被测元素的含量范围，不测定高含量样品。

3.2　原子发射光谱仪

原子发射光谱分析有样品蒸发、原子化、原子激发并产生光辐射过程。因此，原子发射光谱仪包括光源、分光系统和检测系统三个部分。

3.2.1　光源

在原子发射光谱仪中，光源的作用是提供能量使样品蒸发、解离形成气态原子，并进一步使气态原子激发而产生光辐射。其中，蒸发过程是使样品中各种元素从样品中蒸发出来，在分析间隙高温区原子化，形成原子蒸气云，激发就是使蒸气云中的气态原子或离子获得能量而被激发，当激发态的原子或离子跃迁至基态或其他较低激发态时，发射出被测元素的特征光谱。

样品中被测元素在光源中快速完成蒸发、原子化、激发和发射全过程，光源既是原子光谱发射源，也是样品所在处，有双重作用。因此，光源的特性直接影响光谱分析的检出限、精密度和准确度。

原子发射光谱仪的光源种类较多，常用的有直流电弧、交流电弧、高压火花、电感耦合等离子体、辉光放电光源和激光微探针等。本书主要介绍直流电弧、交流电弧、高压火花和电感耦合等离子体。其中，直流电弧与高压火花是最早应用于原子发射光谱分析的光源，属于经典光源，电感耦合等离子体是目前最常用的现代光源。

1. 直流电弧

直流电弧光源是外加直流电压在有分析间隙的上下两个碳电极间产生电弧，样品在下电极的样品槽中蒸发至电弧高温区，进行解离原子化和激发、发射，其电路图见图 3-4。

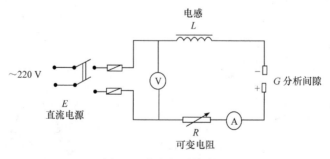

图 3-4　直流电弧电路图

直流电弧的直流电源 E 供电电压一般为 220～380 V，可变电阻 R 的作用是调节和稳定电流大小，电感 L 起稳定电流的作用。分析间隙 G 位于上、下两个电极之间，通常使用高纯石墨棒状电极为阴极、阳极，上电极研磨为尖头形状，下电极加工成凹槽形状，用于盛装样品。

直流电弧通常是外接直流电源后，将两电极轻触拉开进行点弧(燃)，引燃后的上阴极碳棒尖端产生热电子发射，在电场作用下，热电子被加速射向下阳极碳棒，并与分析间隙内的气体分子发射碰撞而使气体分子电离，电离产生的阳离子高速射向阴极，引起阴极二次电子发射。同时，高能量的阳离子又与气体分子碰撞，使其电离，如此循环，以维持电流和电弧。在下电极凹槽中添加样品时，会因为热电子流轰击而出现炽热的斑点，称为阳极斑。直流电弧阳极温度约 4000 K，阴极温度约 3000 K，弧焰温度可达 4000～7000 K。

直流电弧的特点是：

(1) 因为持续放电而使得电极头温度高，蒸发能力强，适合于难挥发样品分析，可以直接分析粉末样品、金属屑和难溶岩矿。

(2) 设备简单，可以直接进行固体、液体样品分析。

(3) 弧焰温度不高，激发能力不强，适合于激发电位较小的元素分析。

(4) 弧焰厚，自吸严重，不适合高含量元素的含量分析，一般适合于定性或半定量分析。

(5) 电弧不稳定，易漂移，影响定量分析结果的重现性。

2. 交流电弧

交流电弧有高压交流电弧(2000～4000 V)和低压交流电弧(110～220 V)两种，考虑到安全性，低压交流电弧比较常用。

低压交流电弧由高频引燃电路(Ⅰ)和低压燃弧电路(Ⅱ)构成，其电路图如图 3-5 所示。

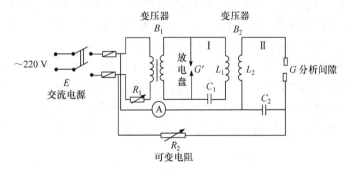

图 3-5 低压交流电弧电路图

经过变压器 B_1 将 220 V 交流电升压至 3000 V 并向电容器 C_1 充电，至充电量随交流电压每半周升至放电盘 G' 击穿，通过电感 L_1 向 G' 放电，在回路Ⅰ产生高频振荡电流，再经高频变压器 B_2 耦合到低压电弧回路，使回路Ⅱ升压至 10 kV，形成 10^5 Hz 高频高压回路，通过电容器 C_2 使分析间隙 G 的空气电离，形成导电通道。

低压电流沿着导电通道，通过分析间隙 G 引燃电弧，随着电压降至低于维持电弧放电所需要的电压时，弧焰熄灭，跟着第二个半周开始后，高频电流在每半周使电弧重新点燃一次，保持弧焰不熄灭。

交流电弧的特点是：

(1) 工作电压为 110～220 V，操作安全。

(2) 交流电弧的间歇性放电使工作电流具有脉冲性，电流密度大，弧温高达 4000～8000 K，激发能力强。

(3) 电弧稳定，定量分析的重现性好。

(4) 电极温度低，蒸发能力较差，灵敏度较低。

(5) 应用广泛，主要用于金属、合金的定性和半定量分析，以及低含量元素的定量分析。

3. 高压火花

高压火花光源的电路图见图 3-6。变压器 B 将 220 V 交流电压升压至 8000～12 000 V，经过扼流线圈 D 向电容器 C 充电，至电压达到分析间隙的击穿电压时，通过电感 L 向分析间隙 G 放电，至击穿而产生振荡性火花放电。在交流电下半周期时，电容器 C 重新充电和放电，如此重复进行，维持电火花持续放电。

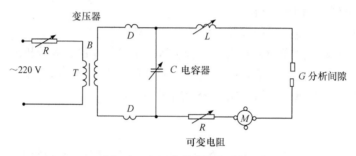

图 3-6　高压火花光源电路图

高压火花光源的特点是：

(1) 激发能力强：高电压、大电容，放电间隙电流密度大，放电温度高，可达 10000 K 以上，电离能力强，会产生较多的离子线，适合于难激发，即激发电位高的元素分析。

(2) 精密度高：交流放电稳定性好，分析结果的重现性好。

(3) 自吸弱：弧焰半径较小。不会产生严重的自吸现象，适合于定量分析。

(4) 灵敏度较低：间歇放电，平均电流不高，电极头温度低，蒸发能力弱，而且背景干扰较大，只适合于高含量元素的定量分析，不适合于微量或痕量元素分析。

因此，高压火花主要应用于低熔点金属，以及合金的丝状、箔状样品中高含量难激发元素的定量分析。

4. 电感耦合等离子体

电感耦合等离子体(ICP)是 20 世纪 60 年代研制出的以高频感应电流产生的新型光源。

等离子体是指电离度大于 0.1%的电离气体，由电子、离子、原子和分子组成，整体呈电中性。

等离子体光源是一种气体放电光源，外观和温度空间分布等类似火焰，但是温度远远高于火焰的温度，不是真正的火焰。

等离子体光源主要有直流等离子体(direct-current plasma，DCP)、电感耦合等离子体(ICP)、电容耦合微波等离子体(capacitive coupled microwave plasma，CMP)和微波诱导等离子体(microwave induced plasma，MIP)等。其中，ICP 是在原子发射光谱仪中比较常用的现代等离子体光源。

1) 电感耦合等离子体的结构

ICP 光源主要由高频发生器、炬管和供气系统、样品引入系统三个部分构成，如图 3-7 所示。高频发生器的作用是提供等离子体能量，产生高频电流，频率为 5～60 Hz，功率为 0.5～2 kW。等离子炬管是 ICP 的主体部件，外部是 2～3 匝直径为 5～6 mm 的空心铜管感应线圈，感应线圈和高频发生器连接。等离子炬管是三层同心石英管，外夹层通工作气体氩气，又称为等离子气。大流量氩气沿切线方向引入，将高温等离子体和石英炬管口分开，保持石英炬管上口端不被高温烧毁，起冷却作用，而且降低中心气压，收缩炬焰，起稳定 ICP 炬焰的作用。中层通入辅助气体氩气，其作用是托起炬管口的等离子炬焰，防止炬管上口因高温而熔融。中心管是以氩气为载气的样品气溶胶或蒸气通道，使样品溶液进入等离子体光源中。

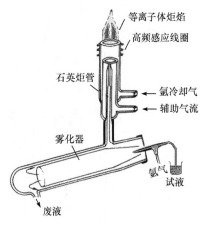

图 3-7 ICP 光源

2) 电感耦合等离子体炬焰的形成

当高频发生器接通电源时，高频电流通过线圈，在石英炬管内产生强烈振荡的交变磁场，炬管内磁力线沿轴线方向，管外磁力线呈椭圆闭合回路，此时管内的氩气不导电，交变磁场也没有作用。利用感应线圈产生电火花，使少量氩气电离，或者将石墨棒等导体进入炬管内，在高频交变电场作用下产生热，发射热电子。产生的离子和电子在高频交变磁场中高速运动，碰撞气体原子，继续大量电离，带电离子在垂直于磁场方向形成与感应线圈同心的闭合环形感应电流。这股高频感应电流产生高温继续将气体加热和电离，从而在炬管口形成一个稳定的火焰状等离子体炬焰。

3) ICP 光源的物理特性

(1) ICP 的环状结构：高频电流的趋肤效应使 ICP 光源非常稳定。

趋肤效应是指高频电流通过导体时，电流密度在导体截面上分布不均匀，越接近导体表面，电流密度越大。ICP 光源中形成了环状通道，高频电流在等离子体炬焰周围通过，中间被电学屏蔽，样品气溶胶不会使等离子体阻抗发生很大的变化，如图 3-8 所示，因此 ICP 十分稳定。

(2) 温度分布：按照温度的高低，ICP 炬焰可以分为焰心区、内焰区和尾焰区，如图 3-9 所示。

焰心区位于感应线圈包围的区域，温度高达 10 000 K，呈白色不透明状，是高频电流形成的旋涡区。该区域发射很强的连续光谱，背景干扰大，光谱分析时应避开该区域。该区域是样品的预热区，进入 ICP 炬焰的样品气溶胶在这个区域预热、蒸发溶剂。

内焰区位于感应线圈上方 10～20 mm，温度为 6000～8000 K，呈淡蓝色半透明状，是光谱分析的测光区，被测元素在该区域实现原子化、激发和发射。

尾焰区位于内焰区上方，温度低于 6000 K，呈无色透明状，观测到的谱线一般为激发电位较低的元素谱线。

4) 电感耦合等离子体光源的特点

(1) 稳定性好，精密度高，RSD＜1%。

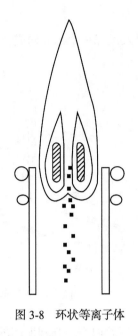

图 3-8　环状等离子体

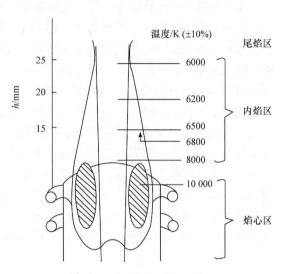

图 3-9　ICP 光源的温度分布

(2) 工作曲线线性范围宽，可达 4～7 个数量级。既可测定微量和痕量组分，也可测定高含量的主成分。

(3) 检出限低，灵敏度高，焰心区和内焰区温度高，蒸发和激发能力强，灵敏度高，可以检测大多数元素，检出限一般可达 10^{-5}～10^{-3} mg·L^{-1}。

(4) 基体效应小，自吸效应小。

(5) 选择合适的观测高度，光谱背景小。

(6) 可以进行多元素同时分析。

(7) 溶液进样，雾化效率低。

(8) 对气体和非金属测定灵敏度低。

3.2.2　分光系统

原子发射光谱仪中单色器的作用是将光源的复合光转变为单色光，进行波长和强度的检测，其组成和分光原理参见本书 2.3 节内容。

3.2.3　检测系统

原子发射光谱仪中光谱信号的检测方法有目测法、摄谱法和光电法。

1. 目测法

目测法是指用看谱镜以人眼观测谱线的强度，只适合于可见光区的光谱分析，主要应用于钢铁和有色金属样品的半定量分析。

2. 摄谱法

摄谱法是用感光板记录光谱，其实验过程是安装感光板、样品蒸发、激发与发射、显影定影和测量黑度进行结果的计算。摄谱法检测系统包括感光板、映谱仪和测微光度计。

1) 感光板

感光板包括感光层和支撑体片基两部分，如图 3-10 所示。一般用玻璃或醋酸纤维作为支撑体片基，厚度为 1~1.5 mm。感光层又称为乳剂，由感光物质、明胶和增感剂组成。其中，常用感光物质为 AgBr，明胶的作用是使 AgBr 晶粒分布均匀，增感剂的作用是提高感光灵敏度和感光范围。

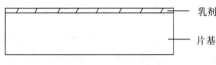

图 3-10　感光板示意图

当被测元素的发射线照射到乳剂时，部分感光物质分解为金属银和卤素，形成金属银的潜影中心，称为曝光。在还原物质的作用下，位于潜影中心处的感光物质被还原为金属银，形成感光影像，称为显影。将残留的感光物质用适当的溶液进行溶解而除去，称为定影。再用映谱仪观察定影后的光谱线位置及谱线强度，进行定性和半定量分析，用测微光度计测定谱线的黑度进行定量分析。

黑度是指感光板曝光后变黑的程度，又称为变黑密度，可以用测微光度计进行测定。对于照射到感光板上的光束，如果透过没有谱线部分的光强为 I_0，透过谱线部分的光强为 I，则透光率 T 为

$$T = \frac{I}{I_0} \tag{3-4}$$

黑度相当于谱线的吸光度，定义为

$$S = \lg\frac{1}{T} = \lg\frac{I_0}{I} \tag{3-5}$$

谱线的黑度与曝光量有关，而曝光量 H 由照度 E 和曝光时间 t 决定：$H = Et$。感光板把接收到的曝光量 H 转化为黑度 S。实际上，感光层的黑度和曝光量之间的关系比较复杂，无法用一个简单的数学表示式说明，通常用图像描述黑度和曝光量的关系，即以 $\lg H$ 为横坐标、S 为纵坐标，绘制两者的关系曲线，称为乳剂特性曲线，如图 3-11 所示。图中，S_0 称为雾翳黑度，指没有谱线部分的黑度。

曲线中的 AB 段为曝光不足部分，BC 段为正常曝光部分，CD 段为曝光过度部分。光谱定量分析时，通常利用乳剂特性曲线中的正常曝光部分，该直线的线性方程为

$$S = \tan\alpha(\lg H - \lg H_i) = \gamma\lg H - i \tag{3-6}$$

式中，γ 为乳剂的反衬度，又称对比度，表示曝光量改变时感光板黑度改变的快慢，即直线的斜率，与波长有关；H_i 为乳剂的惰延量，反映感光板的灵敏度。图 3-11 中，bc 为乳剂展度，是 BC 段在横轴上的投影，代表该感光板用于定量分析时对应的 $\lg H$ 范围。

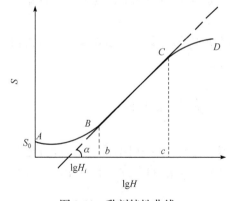

图 3-11　乳剂特性曲线

定量分析时，选用的感光板的反衬度应在 1 左右，以保证足够的灵敏度。

2) 映谱仪

映谱仪又称投影仪，是将光谱放大约 20 倍，以便更清晰地观测谱线位置和强度，用于定性和半定量分析。

3) 测微光度计

测微光度计用于测定谱线黑度，以实现定量分析。

3. 光电法

光电法是指以光电倍增管和固体成像器件等光电转换元件将光信号转换为电信号进行谱线强度检测的方法。采用光电法的光谱仪称为光电直读光谱仪，有单道扫描光谱仪、多道直读光谱仪和全谱直读光谱仪等类型。

单道扫描光谱仪和多道直读光谱仪中，焦面上由一个出射狭缝和一个光电倍增管组成一个光通道，将接收的一条谱线转换为电信号。其中，单道扫描光谱仪只有一个通道，允许一个波长的光线通过出射狭缝，在不同时间检测不同波长的谱线，这个通道在焦面上移动，可以完成全谱的扫描，但是完成一次扫描需要一定的时间，分析速度较慢。多道直读光谱仪中有一组多个固定的出射狭缝，每一个出射狭缝只允许一条特定波长的光通过，照射到狭缝后对应的光电倍增管进行检测和数据处理，因此多道直读光谱仪可以同时检测多条谱线。但是，因为出射狭缝的位置固定，测量的谱线波长有限，所以一台多道直读光谱仪只能用于几种固定元素的快速定性、半定量和定量分析。

全谱直读光谱仪采用的是金属-氧化物半导体加工制成的固体检测器，如电荷耦合检测器(charge coupled detector，CCD)和电荷注入检测器(charge injection detector，CID)等。其检测原理是检测单元被一定强度的光照射后，产生并储存一定量的电荷，再输出电信号。该类检测器有很多检测单元以同时记录很多谱线，进而快速全谱直读，可以克服单道扫描光谱仪分析速度慢和多道直读光谱仪分析谱线少的不足，分析快速、准确，使用的波长范围广，而且所有元件固定为一个整体，所以波长稳定性非常好。

光电法能够实现光电信号的转换和信号的有效放大，与目测法和摄谱法相比，该方法的特点是：①检测速度快，准确度高；②可同时测定含量差别大的不同元素；③适用于较宽波长范围；④线性范围宽。

因此，光电法是光谱分析法中最重要的检测方法。以 ICP 为光源、全谱直读光谱仪为检测器的原子发射光谱仪是目前原子发射光谱仪的主要发展趋势。

3.3　原子发射光谱法中的干扰及消除方法

在原子发射光谱法分析中，需要考虑影响被测元素检测信号的干扰问题，以选择合适的消除干扰的方法，提高分析的准确度。总体而言，原子发射光谱法的干扰主要有光谱干扰和非光谱干扰两种类型。

3.3.1　光谱干扰及消除方法

原子发射光谱中的光谱干扰主要是背景干扰，如带光谱、连续光谱和杂散光等产生的光谱背景，会造成校准曲线的弯曲或平移，从而影响分析结果的准确度。

光谱干扰中的带光谱是指光源中一些分子所产生的宽带光谱，即分子辐射，主要是样品或高温下电极材料与空气作用生成的分子，如样品中未解离的分子、空气中的 N_2 与碳棒电极的高温产物 CN 等，在高温下都会发射带光谱。

连续光谱主要是指高温下的电极或蒸发过程中进入焰弧的样品小颗粒所发射的连续光谱。

杂散光是指仪器光学系统的光散射，改变了到达检测器的光强度。

为了降低光谱干扰，可以选用不同的实验条件，如更换电极材料、在惰性气体中进行激发等。同时，可以采用不同的校准方法以扣除背景，其原则是以谱线的表观强度减去背景强度，常用的校准背景方法有离峰校正法和等效浓度法。

离峰校正法是测定被测谱线附近两侧的背景强度，用其平均值作为被测谱线的背景强度 I_b 进行扣除。或者以此为内标进行校正，即谱线强度 I_l 和背景强度 I_b 比值的对数为

$$\lg R = \lg \frac{I_l}{I_b}$$

等效浓度法是在分析线波长处分别测定含有被测元素的样品谱线强度 I_l 和空白样品的谱线强度 I_b，如果被测元素和干扰元素的浓度分别为 c_x 和 c_b，则

$$I_l = A_x c_x, \quad I_b = A_b c_b$$

谱线的表观强度为

$$I_{l+b} = I_l + I_b = A_x c_x + A_b c_b = A_x(c_x + c_b A_b / A_x) = A_x c_x'$$

由此，可以求出被测元素的含量

$$c_x = c_x' - c_b A_b / A_x$$

式中，c_x' 称为被测元素的表观浓度；$c_b A_b / A_x$ 称为等效浓度，分别由被测元素与干扰元素在分析波长的校准曲线获得。

3.3.2 非光谱干扰及消除方法

原子发射光谱分析中的非光谱干扰主要是指样品的基体效应，即样品组成对谱线强度的影响。这是因为样品基体不同，其黏度等物理性质和解离等化学性质不同，会直接影响被测元素的蒸发和激发过程，从而改变被测元素谱线的强度，引起分析结果的误差。

实际样品分析中，采用与样品基体相同的标准样品制作校准曲线，以减少误差，降低基体效应对准确度的影响。另外，可以使用光谱缓冲剂和光谱载体等添加剂，提高准确度和灵敏度。其中，光谱缓冲剂可以使各种样品的组成趋于一致，再控制蒸发和激发实验条件，降低基体效应对被测元素谱线强度的影响。光谱载体是依据分馏效应，加速一些元素的蒸发，而抑制另一些元素的蒸发，以提高被测元素的谱线强度，抑制共存组分的谱线出现，降低基体效应。

3.4 原子发射光谱分析方法

原子发射光谱法可以进行多元素的同时定性、半定量和定量分析。

3.4.1 定性分析

基于原子结构不同，各元素都有各自的特征光谱，或者特定波长的发射光，这是原子发射光谱法定性分析的理论依据。原子发射光谱的定性分析多采用传统光源和摄谱法，只要达到一定的浓度，被测元素都会在感光板上呈现特征的谱线。该方法操作简便，分析快速，价

格便宜，是原子发射光谱定性分析的常用方法。

1. 分析线与最后线

各种元素的特征发射谱线都很复杂，往往有数千条，定性分析时，不需要找出所有的谱线，只需要检出两条以上该元素的分析线，就可以避开其他元素的干扰，实现定性分析。

分析线是指鉴定元素时所选用的元素的最后线或特征谱线组。

最后线是指样品中元素含量逐渐减少时，最后仍能够观察到的一些谱线，往往就是该元素的最灵敏线，其激发电位较低，跃迁概率大，通常是该元素的共振线。需要注意的是，最灵敏线往往很容易产生自吸或自蚀现象，特别是高浓度时自吸现象严重。因此，最灵敏线不一定是强度最大的谱线，只有低含量时，最灵敏线的强度最强。特征谱线组是指元素的特征多重线组，不同的元素有不同的特征双重或三重线组，是定性分析的依据。

2. 定性分析方法

1) 铁光谱比较法

铁光谱比较法是指以特征性很强的铁光谱为波长标尺判断其他元素的谱线而进行定性分析的方法。

铁光谱在 210～660 nm 有分布均匀、间距很近的数千条谱线，而且每条谱线都已被精确测量，可以作为测定波长的标尺，为被测元素的谱线波长进行定位测量，从而进行定性分析。各种元素都有各个波长段的标准光谱图，在放大 20 倍的不同波段的铁光谱图上准确标出约 70 种元素的主要光谱线，用于对照定性分析，应用十分方便，如图 3-12 所示。铁光谱比较法是摄谱法最常用的定性分析方法。

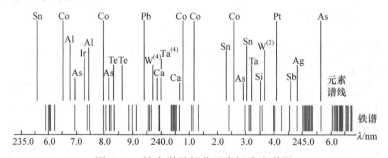

图 3-12　铁光谱及部分元素标准光谱图

铁光谱比较法是将样品光谱图与标准光谱图进行对照比较，检查两条以上被测元素的特征谱线，进行定性分析，又称为标准光谱图比较法，可以进行多元素同时定性分析。

2) 标准样品光谱比较法(与纯物质比较)

将被测元素的纯单质或纯化合物与样品并列摄谱在同一个感光板上，对照样品与纯物质的光谱图，找出两条以上位于同一波长位置的谱线，鉴定该元素的存在。该方法主要用于少数几种指定元素的鉴定。

在光电直读光谱仪中，这些定性分析都是用计算机进行分析完成的。

3.4.2　半定量分析

光谱半定量分析是指进行被测物的大致浓度测定，而不需要准确的结果，如钢材、合金的分类，矿石的品位分级等。半定量分析简便、快速，适合于准确度要求不高的大批量样品的快速测定。

光谱半定量分析常用摄谱法中的谱线黑度比较法和显线法等。

1. 谱线黑度比较法

谱线黑度比较法是将样品和不同浓度标样并列摄谱于同一感光板上，在映谱仪上用目测法进行黑度的对比，进行半定量分析。或者以不同含量的标准样品为标准系列，在相同条件下对样品摄谱，对比后进行样品半定量分析。

例如，测定矿石中的铅含量时，选择铅的灵敏线 2833.069 Å 为分析线，与标准系列浓度 0.1%、0.01% 和 0.001% 谱图中该分析线黑度对比。如果样品中该谱线和标准系列中 0.01% 谱线黑度相近，则样品的半定量结果就是铅含量为 0.01%；如果黑度介于标准系列 0.01% 和 0.001% 之间，则样品的半定量结果就是铅含量为 0.01%～0.001%。

2. 显线法

显线法又称数线法，是根据含量改变时，在相同样品组成和测试条件下，元素特征谱线出现或消失的规律进行半定量分析的方法。

例如，测试条件和样品组成相同时，铅含量与出现谱线的关系是：0.001% 时，2833.069 Å 清晰可见，2614.178 Å 和 2802.00 Å 弱；0.003% 时，2833.069 Å 清晰可见，2614.178 Å 增强，2802.00 Å 变清晰；0.01% 时，这些谱线均增强，2663.17 Å 和 2873.32 Å 出现；0.03% 时，前述谱线都增强；0.10% 时，前述谱线更强，没有出现新谱线；0.30% 时，2393.8 Å、2577.26 Å 出现。根据样品谱图特征谱线出现情况，进行铅的半定量分析。

3.4.3　定量分析

1. 光谱定量分析关系式

当光源温度一定时，原子发射的谱线强度 I 与被测元素的浓度 c 之间的关系为

$$I = ac \tag{3-7}$$

如果谱线有自吸，就需要考虑自吸的影响，则关系式为

$$I = ac^b \tag{3-8}$$

式中，a 为比例系数；b 为自吸系数，随着浓度 c 增加而减小，$b<1$，当浓度 c 很小时，自吸可以忽略，$b=1$。因此，在原子发射光谱法分析时，分析线的选择非常重要，尽量选择没有自吸或自吸比较弱的分析线。式(3-8)表达了光谱定量分析中谱线强度与被测元素含量之间的关系，称为光谱定量分析基本关系式，是光谱定量分析的理论依据。

将式(3-8)两边取对数，得到

$$\lg I = b\lg c + \lg a \tag{3-9}$$

可见，$\lg I$ 和 $\lg c$ 呈线性关系，可以采用相对方法进行定量分析。但是，a 受样品组成、元素形态和放电条件等因素影响，很难保持为常数，故以谱线的绝对强度进行定量分析的误差大，通常采用内标法。

2. 内标法

内标法是以测量相对值进行定量分析的方法。光谱法中的内标法是以测定谱线的相对强

度进行定量分析，是一种相对强度定量法，可以有效提高准确度。

1) 内标法定量分析原理

内标法就是在样品中添加一定量的内标物，在被测元素的谱线中选择一条合适的分析线，在内标元素的谱线中选择一条合适的内标线，组成分析线对。根据光谱定量分析基本关系式，有

$$I = ac^b$$

$$I_0 = a_0 c_0^{b_0}$$

式中，I 和 I_0 分别为分析线和内标线的强度；c 和 c_0 分别为分析元素和内标元素的浓度；b 和 b_0 分别为分析线和内标线的自吸系数。

两式相除，以 R 表示相对强度，则

$$R = \frac{I}{I_0} = \frac{ac^b}{a_0 c_0^{b_0}}$$

当加入的内标元素浓度一定，实验条件一定时，a、a_0、c_0、b_0 都是常数，所以

$$R = Ac^b \tag{3-10}$$

式中，$A = \dfrac{a}{a_0 c_0^{b_0}}$ 为常数。将式(3-10)两边取对数，得

$$\lg R = b\lg c + \lg A \tag{3-11}$$

式(3-11)即为内标法定量分析基本关系式。

2) 内标物与分析线对的选择

内标法以分析线与内标线的相对强度和被测元素含量的关系进行定量分析，较好地减少或消除了光源放电不稳定等因素的影响。因为这种影响对分析线和内标线强度的影响基本一致，而对强度的比值即相对强度影响不大，从而提高了分析结果的准确度，这就是内标法的优点。

为了保证光源的放电不稳定性不影响分析线对相对强度，即 A 与实验条件无关，内标物及分析线对的选择很重要。

内标元素和内标线的选择原则是：

(1) 内标元素与被测元素具有相似的蒸发性质。

(2) 分析线与内标线的激发电位相近。如果内标元素与被测元素电离能也相近，这样的分析线与内标线称为均称线对。

(3) 样品中不含内标元素，内标元素是人为加入的，含量适量且固定。

(4) 原子线与原子线组成分析线对，离子线与离子线组成分析线对。

(5) 分析线和内标线没有自吸或自吸很小，且不受其他谱线的干扰。

(6) 分析线对的两条谱线的波长应尽量靠近。

需要说明的是，金属样品用内标法分析时，一般以基体元素为内标物。例如，进行钢铁样品元素的光谱分析时，可以以铁为内标元素。其他样品分析需要依照内标元素和内标线的选择原则选择合适的内标物和内标线。

3. 定量分析方法

定量分析方法主要有校准曲线法和标准加入法。

1) 校准曲线法

校准曲线法是在一定的分析条件下，同时测定三个或三个以上浓度被测元素的标准样品与被测样品的发射光谱，以分析线的强度 $\lg I$ 对浓度 $\lg c$(外标法，绝对强度法)或分析线对强度比 R 对 c(内标法，相对强度法，没有自吸)、$\lg R$ 对 $\lg c$(内标法，相对强度法)作图，制作校准曲线。根据被测样品中分析线强度，结合校准曲线，求得被测元素含量。

(1) 摄谱法中的内标法：将标准样品和被测样品摄谱于同一感光板上，由分析线对的黑度差 ΔS 对 $\lg c$ 制作校准曲线，进行被测元素的定量分析。这里要求分析线和内标线波长相近，都落在感光板乳剂特性曲线的直线部分。

依据正常曝光部分的乳剂特性曲线，如果分析线和内标线的黑度分别为 S_1 和 S_2，则

$$S_1 = \gamma_1 \lg H_1 - i_1$$

$$S_2 = \gamma_2 \lg H_2 - i_2$$

分析线和内标线波长相近，处于乳剂特性相同的部位，所以 $\gamma_1 = \gamma_2 = \gamma$，$i_1 = i_2 = i$，则

$$\Delta S = S_1 - S_2 = \gamma(\lg H_1 - \lg H_2) = \gamma \lg(H_1/H_2)$$

而谱线强度 I 与曝光量 H 成正比，因此

$$\Delta S = \gamma \lg(I_1/I_2) = \gamma \lg R$$

将式(3-11)代入上式，得

$$\Delta S = \gamma b \lg c + \gamma \lg A \tag{3-12}$$

式(3-12)为摄谱法中内标法定量分析的基本关系式。

(2) 光电法中的内标法：光电法通常配套 ICP 光源，放电稳定性好，一般采用外标法。只是在样品组成复杂、黏度差异大时，会影响样品的导入，可以采用内标法提高准确度。

ICP 光电直读光谱仪测量的是标准样品中分析线和内标线的电压值 U，由分析线对的相对电压值(电压的比值)的对数 $\lg R$ 与浓度对数 $\lg c$ 制作校准曲线，再由被测样品中分析线对的相对电压值求出被测元素在样品中的含量。

2) 标准加入法

标准加入法是指测定低含量元素时，难以找到不含被测元素的空白样品配制标准样品，就在几份样品中分别加入不同浓度的被测元素，在相同条件下测定分析线强度进行定量分析的方法，又称为增量法或直线外推法。

如果样品中被测元素含量为 c_x，在几份样品中分别加入不同已知浓度 c_1、c_2、$\cdots$、c_i 的被测元素，在同一实验条件下进行测定。

由式(3-10)，相对强度

$$R = Ac^b$$

对于低含量元素分析，自吸比较弱，可以忽略，即 $b \approx 1$，所以

$$R = Ac$$

即标准加入法中，$R = A(c_x + c_i)$，当 $R = 0$ 时，$c_x = -c_i$，见图 3-13。

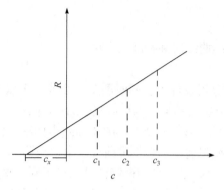

图 3-13　标准加入法

3.5　原子发射光谱法的应用

目前，原子发射光谱法是测定金属元素的主要手段，在地质、环境、冶金、食品和材料等科研及生产领域的金属元素定性定量分析中应用广泛。特别是 ICP-AES 方法线性范围宽、重现性好，经过简单的样品前处理就可以分析环境、食品、材料和生物样品中的微量或痕量金属元素。

例如，小白鼠骨和肝用硝酸和高氯酸进行消化，配制样品溶液后，以电感耦合等离子体发射光谱法测定微量稀土元素镧，检出限为 $0.0033~\mu g \cdot mL^{-1}$，回收率为 94.5%。

思考题和习题

1. 名词解释：

(1) 共振线和主共振线　　　　　　(2) 原子线和离子线

(3) 灵敏线和最后线　　　　　　　(4) 谱线的自吸和自蚀

(5) 等离子体和等离子体光源　　　(6) 光谱项和能级图

(7) 线光谱和带光谱　　　　　　　(8) 分析线对

2. 原子发射光谱是如何产生的？为什么元素发射谱线具有与原子结构相关的特征性？

3. 描述光谱项的含义，分别写出钠原子和镁原子的基态和第一激发态的光谱项。

4. 原子发射光谱仪的主要部件有哪些？并描述各部件的主要作用和类型。

5. 原子发射光谱仪中的主要光源有哪些？

6. 描述 ICP 光源的结构、发光机理和特点。

7. 与棱镜相比，光栅色散元件的优点有哪些？

8. 如何选择单色器中的出射狭缝大小？

9. 摄谱检测器和光电直读检测器的特点各有哪些？

10. 比较外标法和内标法的原理、特点及应用。

11. 内标元素和内标线的选择原则是什么？

12. 描述标准加入法的原理和应用特点。

第4章　原子吸收光谱法与原子荧光光谱法

原子吸收光谱法(atomic absorption spectrometry，AAS)是指基于气态基态原子核外层电子对共振发射线的吸收进行元素定量分析的方法，又称为原子吸收分光光度法。

早在 1802 年，英国科学家沃拉斯顿(Wollaston)就发现了太阳连续光谱存在暗线，即原子吸收现象。1806 年，基尔霍夫证实了基态原子蒸气能够吸收同种元素的特征发射光谱的现象，建立了原子吸收光谱分析的基本原理。直到 1955 年，澳大利亚物理学家沃尔什(Walsh)才把原子吸收光谱法以峰值吸收测量的方法应用于分析化学领域，指出用简单的仪器进行原子吸收光谱分析，用锐线光源准确测定峰值吸收系数。之后，随着原子吸收光谱仪的产生、改进及分析技术的不断发展，原子吸收光谱法在环境、材料、食品、生物和医学等领域得到了广泛的应用。

原子吸收光谱法的特点是：

(1) 测量范围广。可定量分析 70 余种元素，适用于微量和痕量元素测定；非火焰原子吸收光谱法用样量少至溶液 10 μL 或固体样品 50 μg。

(2) 灵敏度、精密度高，选择性好。检出限可达 ng·mL^{-1} 或 $10^{-15}\sim10^{-13}$ g；相对标准偏差达到 1%～3%；采用元素锐线光源，基体干扰易消除。

(3) 仪器便宜，分析简便、快速，易于自动化操作。

(4) 一种元素灯只能测定一种元素，即单元素分析，不能多元素同时定性、定量分析。

(5) 线性范围较窄，通常只有一个数量级。

(6) 不能直接测定多数非金属元素。

近年来，随着仪器的创新研制及商品化，原子吸收光谱法实现了多元素同时测定或顺序测定。

原子荧光光谱法(atomic fluorescence spectrometry，AFS)是基于气态基态原子核外层电子吸收共振发射线后，发射荧光而进行元素定量分析的方法，又称为原子荧光分光光度法。

1902 年，伍德(Wood)观测到了钠的原子荧光，之后，许多原子的荧光被发现和研究。直到 1964 年，原子荧光光谱法才成为分析化学的一种测定方法，并建立了定量分析理论。随后，原子荧光光谱法的理论、仪器和应用研究逐步深入。理论上，原子荧光光谱法和原子吸收光谱法的应用对象相同；实际上，原子荧光光谱法应用较少，主要用于分析 Hg、As、Sb、Bi、Se、Te、Ge、Pb、Sn、Cd 和 Zn 等。

尽管原子吸收光谱法是一种吸收光谱分析方法，原子荧光分析法是一种光致发光分析方法，但两者的仪器相似，因此将两者合并于一章进行介绍。

4.1　原子吸收光谱法的基本原理

基态原子吸收其共振线，外层电子发生跃迁，产生吸收光谱。这种吸收具有选择性，因为原子能级量子化，而且不同的原子具有不同的电子排布。

4.1.1　原子吸收光谱的产生

一定温度下，热力学平衡状态时，原子蒸气中的基态原子数 N_0 和激发态原子数 N_i 的关系遵循玻尔兹曼分布定律：

$$\frac{N_i}{N_0} = \frac{g_i}{g_0} e^{\frac{E_i}{kT}} \tag{4-1}$$

式中，g_i 和 g_0 分别为激发态和基态的统计权重；E_i 为激发能；k 为玻尔兹曼常量(1.38×10^{-23} J·K^{-1})；T 为激发温度。

显然，温度越高，N_i/N_0 越大，激发态原子数越多。但是，即使在数千摄氏度的高温下，元素还是主要以基态原子的形式存在。例如，3000 K 时，钠、钙和锌的激发态原子数与基态原子数比值 N_i/N_0 分别为 5.88×10^{-4}、3.69×10^{-5} 和 5.58×10^{-10}，可见，在高温下，元素的基态原子数远远大于激发态的原子数，即基态原子数约等于原子总数。因此，原子吸收光谱法比原子发射光谱法的灵敏度更高，检出限更低。

原子吸收光谱是由基态原子吸收满足其跃迁所需能量的光辐射而产生。因此，原子吸收光谱的产生需要以下两个条件：

(1) 存在有效的吸光质点，即基态原子。

(2) 光源有特征辐射光，且

$$h\nu = E_i - E_0$$

式中，$h\nu$ 为光辐射能量；E_i 和 E_0 分别为激发态和基态原子的能量。

基态原子吸收特征光辐射跃迁至激发态，是原子发射的逆过程，这种吸收谱线称为共振吸收线或共振线。当然，激发态原子不稳定，瞬间以光或热的形式释放多余的能量，再回到低能态或基态。主共振线是原子吸收光谱法中首选的分析线，如果存在干扰，可以选择没有干扰的其他共振线。原子吸收光谱法主要涉及的波谱范围为可见光区和紫外光区。

4.1.2　原子吸收谱线的轮廓

原子光谱的谱线并不是严格的无宽度几何线，而是在很窄的频率或波长范围内呈现谱线强度的急剧变化，使得谱线具有一定的分布轮廓，如图 4-1 所示。

可见，原子谱线轮廓呈现了纵坐标吸收系数 K_ν 随横坐标频率 ν 改变而变化的曲线形状，体现了原子对光辐射选择性吸收的特性。其最大吸收系数 K_0 称为峰值吸收系数，对应的频率 ν_0 称为中心频率，其轮廓的宽度用半宽度 $\Delta\nu$ 表示，即峰值吸收系数一半处，吸收线轮廓上两点之间的频率差或波长差。

原子谱线中心频率和宽度的改变会影响吸收系数及分析方法的灵敏度和准确度。影响原子吸收光谱谱线轮廓的因素主要有自然宽度、热变宽、压力变宽、自吸变宽、同位素变宽和场致变宽等。

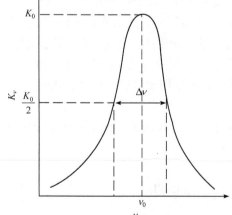

图 4-1　原子谱线轮廓示意图

1. 自然宽度

原子谱线的自然宽度($\Delta \nu_N$)是指没有外界影响时谱线具有的宽度。$\Delta \nu_N$ 由激发态原子外层电子性质决定，即与激发态原子的平均寿命($10^{-8} \sim 10^{-5}$ s)有关，平均寿命越长，谱线宽度$\Delta \nu_N$越窄。不同谱线有不同的自然宽度，大多数元素的$\Delta \nu_N$约为10^{-4} Å。

2. 热 变 宽

热变宽又称为多普勒(Doppler)变宽($\Delta \nu_D$)，由原子无规则的热运动引起。多普勒效应是指粒子朝向观察者(仪器检测器)运动时会体现出比静止粒子发射更高的频率或更短的波长，反之亦然。因此，检测器接收到的原子谱线就会呈现出一定的宽度。在原子吸收光谱分析过程中，元素的气态原子处于高温条件下，存在无规则的热运动。因此，热变宽是原子吸收线宽度的主要影响因素。

热力学平衡状态下，热变宽的表达式为

$$\Delta \nu_D = 7.16 \times 10^{-7} \nu_0 \sqrt{\frac{T}{M}} \tag{4-2}$$

式中，T 和 M 分别为热力学温度和元素的相对原子质量。可见，温度升高，或者相对原子质量变小，热变宽增加。对于一定的元素，ν_0 和 M 一定，$\Delta \nu_D$ 主要受温度影响，温度越高，原子谱线越宽。一般来说，多普勒宽度约为 10^{-3} nm，即 10^{-2} Å。

3. 压 力 变 宽

压力变宽又称为碰撞变宽($\Delta \nu_C$)，是在一定的蒸气压力下，由原子、分子、离子和电子等粒子之间的相互碰撞导致的谱线变宽，有以下两种类型。

1) 洛伦兹变宽

洛伦兹(Lorentz)变宽($\Delta \nu_L$)是指被测原子与其他粒子碰撞而引起的谱线变宽。$\Delta \nu_L$ 随着原子蒸气区域内气体压力的增加和温度的升高而增加，一般$\Delta \nu_L$约为10^{-3} nm。

2) 共振变宽

共振变宽($\Delta \nu_R$)是指被测元素自身同类原子的碰撞而引起的谱线变宽，又称为霍尔兹马克(Holtsmark)变宽。一般来说，原子光谱分析中，原子的浓度很小，$\Delta \nu_R$约为10^{-5} nm。

4. 自 吸 变 宽

自吸变宽由谱线自吸现象引起。自吸变宽主要发生在原子吸收光谱仪的光源中，空心阴极灯发射的共振线被灯内同种基态原子吸收产生自吸现象，使谱线变宽。灯电流越大，自吸变宽越严重。这是一种"假变宽"现象，在原子吸收光谱分析时，灯电流不能太大，以避免或减小自吸变宽。

5. 场 致 变 宽

场致变宽是指在外电场或外磁场作用下，原子的外层电子能级产生分裂而造成谱线变宽。

1) 磁场变宽

磁场变宽是指谱线在强磁场中发生分裂而引起的谱线变宽，又称为塞曼(Zeeman)变宽($\Delta \nu_Z$)。

2) 电场变宽

电场变宽是指谱线在强电场中发生分裂而引起的谱线变宽，又称为斯塔克(Stark)变宽($\Delta\nu_S$)。通常情况下，场致变宽不存在或可以忽略。

总之，原子吸收谱线变宽的影响因素很多，但主要受热变宽和压力变宽的影响。如果原子蒸气中其他元素很少，压力变宽可以忽略，主要受热变宽影响。无论是什么因素引起原子吸收谱线的变宽，都应该尽量避免，因为谱线的变宽直接影响分析方法的灵敏度和准确度。

4.1.3 原子吸收光谱法定量分析依据

1. 积分吸收

在图 4-1 中，吸收谱线轮廓内面积的积分称为面积吸收系数或积分吸收，就是原子吸收的全部能量，代表原子的吸收程度。根据经典爱因斯坦(Einstein)理论，谱线积分吸收与基态原子浓度的关系为

$$\int K_\nu \mathrm{d}\nu = \frac{\pi e^2}{mc} f N_0 \tag{4-3}$$

式中，e 为电子电荷；m 为电子质量；c 为光速；f 为振子强度，指能被入射光激发的每个原子平均电子数，正比于原子对特定波长辐射的吸收概率；N_0 为单位体积原子蒸气中的基态原子浓度。

在原子吸收光谱分析中，已知被测原子总浓度 $N \approx N_0$，且元素一定时，f 为常数，所以

$$\int K_\nu \mathrm{d}\nu = \frac{\pi e^2}{mc} f N \tag{4-4}$$

$$\int K_\nu \mathrm{d}\nu = kN \tag{4-5}$$

可见，积分吸收与元素基态原子浓度成正比，与温度没有关系。理论上，测定积分吸收就可以测定元素的浓度。实际上，即使存在热变宽和压力变宽，原子吸收谱线的宽度也只有 0.001～0.005 nm，对如此窄的吸收谱线进行积分，需要极高分辨率的单色器和极高灵敏度的检测器，否则难以实现。因此，早在 19 世纪初就发现了原子吸收现象，但是一直无法应用于分析化学。

2. 峰值吸收

1955 年沃尔什提出，在温度不太高的稳定火焰条件下，峰值吸收系数 K_0 与火焰中被测元素的原子浓度成正比，即以峰值吸收代替积分吸收，建立了原子吸收光谱分析方法。

原子吸收光谱分析中，吸收线的轮廓主要取决于热变宽 $\Delta\nu_D$。此时，吸收系数 K_ν 与 K_0 的关系为

$$K_\nu = K_0 \exp\left\{-\left[\frac{2\sqrt{\ln 2}(\nu - \nu_0)}{\Delta\nu_D}\right]^2\right\} \tag{4-6}$$

则

$$\int K_\nu \mathrm{d}\nu = \frac{1}{2}\sqrt{\frac{\pi}{\ln 2}} K_0 \Delta\nu_D \tag{4-7}$$

结合式(4-7)和式(4-4)，得

$$\frac{1}{2}\sqrt{\frac{\pi}{\ln 2}}K_0\Delta\nu_{\mathrm{D}} = \frac{\pi e^2}{mc}fN$$

则

$$K_0 = \frac{2}{\Delta\nu_{\mathrm{D}}}\sqrt{\frac{\ln 2}{\pi}}\frac{\pi e^2}{mc}fN \tag{4-8}$$

气态原子吸收光强为 I_0 的入射光后，透过光的光强 I_{t} 与光程 l 的关系符合朗伯-比尔定律

$$I_{\mathrm{t}} = I_0 \mathrm{e}^{-K_\nu l} \tag{4-9}$$

与紫外-可见分光光度法一样，气态原子对入射光吸收的程度可以用透光率 T 和吸光度 A 表示

$$T = \frac{I_{\mathrm{t}}}{I_0} \tag{4-10}$$

$$A = -\lg T = \lg\frac{I_0}{I_{\mathrm{t}}} \tag{4-11}$$

将式(4-9)代入式(4-11)，得

$$A = 0.4343 K_\nu l \tag{4-12}$$

以峰值吸收系数 K_0 为指标检测吸收程度时，将式(4-8)代入式(4-12)，得

$$A = \left(0.4343\frac{2}{\Delta\nu_{\mathrm{D}}}\sqrt{\frac{\ln 2}{\pi}}\frac{\pi e^2}{mc}f\right)Nl = kNl \tag{4-13}$$

样品中被测元素原子总数 N 与其浓度 c 相关，$N \propto c$，仪器一定时，l 为定值，所以

$$A = Kc \tag{4-14}$$

即元素和仪器条件一定时，峰值处的吸光度与被测元素的浓度呈线性关系，这就是原子吸收光谱法定量分析的理论依据。

依据原子吸收光谱法的定量分析基础，为实现峰值吸收代替积分吸收进行定量分析，必须满足以下两个条件：

(1) 发射线的半宽度应明显小于吸收线的半宽度。

(2) 通过原子蒸气的发射线中心频率与吸收线的中心频率一致。

如图 4-2 所示，原子吸收光谱仪的光源应为被测元素的锐线光源，才能保证光源的发射线与被测元素的吸收线中心频率 ν_0 或中心波长一致，即实现峰值吸收测定。同时，发射线的半宽度 $\Delta\nu_{\mathrm{e}}$ 远远小于吸收线的半宽度 $\Delta\nu_{\mathrm{a}}$，并且发射线有足够的强度。

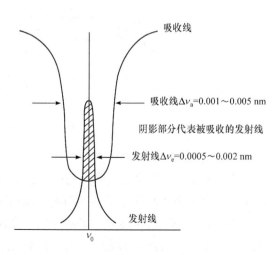

图 4-2　锐线光源发射谱线与峰值吸收示意图

4.2　原子吸收光谱仪

原子吸收光谱仪的基本部件有锐线光源、原子化器、分光系统和检测系统四个部分。与其他光谱仪相比，原子吸收光谱仪最大的不同在于以锐线光源的线光谱光源代替了连续光源，以高温原子化器代替了样品吸收池。其主要分析流程是从锐线光源发射出被测元素的特征锐线光谱线，被原子化器中被测元素的气态基态原子吸收后进入分光系统，获得吸收后的特征谱线单色光，在检测系统进行光电信号转换及放大、数据采集、处理、显示和存储等。原子吸收光谱仪又称为原子吸收分光光度计。

4.2.1　原子吸收光谱仪的基本构成

1. 光源

在原子吸收光谱仪中，光源的作用是提供被测元素的特征线光谱。为满足定量分析要求，光源应满足如下要求：发射被测元素的特征光谱，即共振线；发射锐线光谱，保证发射线的半宽度小于吸收线的半宽度；辐射光强度足够大，背景低，噪声小；稳定性好，使用寿命长。

锐线光源有空心阴极灯、无极放电灯和可调谐激光光源等，在原子吸收光谱仪中应用最广的是空心阴极灯。

1) 空心阴极灯的结构

空心阴极灯(hollow cathode lamp，HCL)的结构见图 4-3。空心阴极灯主要有一个内镶衬被测元素金属或合金的空心阴极和具有钨棒前端吸气功能的 Ti 丝或 Ta 片构成阳极，阴极和阳极密封于充有氖气或氩气等惰性气体的玻璃灯管内，灯的出射口是石英窗或耐热玻璃(Pyrex)窗。其中，内充惰性气体约 100 Pa，石英窗口适合的光谱段为 200～900 nm，耐热玻璃窗口适合的光谱段为 360～900 nm。

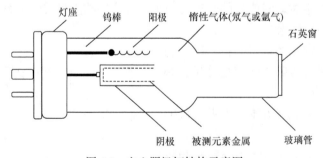

图 4-3　空心阴极灯结构示意图

2) 空心阴极灯的发光机理

空心阴极灯的发光机理或发光过程是外接电源后，在阴极和阳极之间施加 300～500 V 直流电压，阴极电子高速运动射向阳极，运动过程中与惰性气体碰撞使惰性气体分子电离，所产生的惰性气体阳离子在外电场的作用下高速射向阴极而撞击阴极内壁金属原子，引起阴极溅射，在空心阴极圈内形成原子云，被测元素的原子与电子或离子进一步碰撞获得能量而被激发，激发态的金属原子瞬间以光辐射的形式释放能量回到低能态，发射出该元素的特征光谱。显然，空心阴极灯发射的谱线波长取决于阴极材料。当然，内充惰性气体、阴极材料和杂质元素也会发射干扰谱线。

3) 空心阴极灯的工作条件

空心阴极灯的灯电流一般选择为数毫安。此时，内充氩气或氖气等惰性气体的气压低，空腔内金属原子密度很小，影响谱线展开的因素少，发射谱线较窄，分析灵敏度高。增加灯电流虽然可以增加发射线的强度，但发射线自吸会造成谱线变宽。这是因为阴极溅射会引起局部热效应，造成阴极材料热蒸发，使得内空腔金属原子浓度增加。灯电流越大，阴极空腔内原子浓度越大，基态原子来不及被碰撞激发而在空腔外围吸收腔内金属元素的特征辐射，产生自吸，造成发射线的自吸变宽，影响分析的灵敏度。

综上所述，在保证足够的谱线强度时，应尽量减小灯电流，以减少谱线的自吸和热变宽对校准曲线线性关系及分析灵敏度的影响。过大的灯电流也会影响使用寿命。因此，空心阴极灯的灯电流不宜过大。

空心阴极灯在使用前需要预热半小时，以保证发光稳定性。

4) 空心阴极灯的电源调制

空心阴极灯的供电方式为方波窄脉冲调制供电方式，以提高发光强度、降低谱线半宽度和自吸的影响。同时，采用光源调制技术以消除原子化器直流发射信号的干扰。

5) 空心阴极灯的特点

以空心阴极灯作为原子吸收光谱仪的锐线光源具有发射谱线半宽度窄、辐射强度大、稳定性高和使用寿命长的优点，应用广泛。

2. 原子化器

原子化器的作用是提供合适的能量使样品干燥、蒸发和产生气态原子。实现样品中被测元素原子化的方法主要有火焰原子化、非火焰原子化和低温原子化等。

1) 火焰原子化器

火焰原子化器利用化学火焰的燃烧热为被测元素的原子化提供能量，这是出现最早也是应用最广泛的原子化器。火焰原子化器的特点是组成简单、操作方便、测定快速、重现性好，对许多元素具有较高的分析灵敏度。

(1) 火焰原子化器的结构。火焰原子化器的结构分为雾化器、混合室和燃烧器三个部分，见图 4-4。

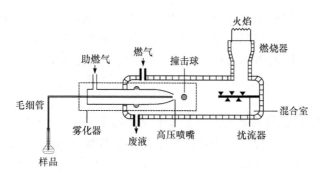

图 4-4　火焰原子化器示意图

雾化器的作用是将样品溶液进行雾化，转化为微米级细小雾滴的气溶胶，再进入混合室。

雾滴越细小、越均匀，在燃烧器的高温火焰中蒸发脱溶剂和原子化效率越高，精密度越高。一般采用的是同轴型雾化器，即助燃气管道为同心轴的进样毛细管的外管，助燃气高压通过管道时，在同心轴的毛细管尖端形成负压区，吸入样品溶液，在出口喷嘴处被高速气流分散为气溶胶，即样品溶液的小雾滴。这些小雾滴与撞击球碰撞，分散成细雾，进入混合室。

混合室的作用是使样品溶液与扰流片相撞进一步雾化，并与燃气、助燃气混合均匀后进入燃烧器，以保证火焰的稳定性。较大的雾滴被扰流器阻挡，因重力作用凝结在内壁上，并与未被充分雾化的溶液一起从废液口排出。废液下管道配有水封装置，防止燃气泄漏并预防回火。火焰原子化器对样品溶液的雾化效率达不到100%，一般只能达到10%～15%，这是影响火焰原子化器的原子吸收光谱法灵敏度的重要因素。

燃烧器的作用是通过电子点火器将混合后的燃气和助燃气点燃，产生火焰，使进入火焰的气溶胶蒸发、解离和原子化。燃烧器的喷头是由不锈钢材料制成长缝和孔的形状，常用的是长度为 5 cm 或 10 cm 长缝形状的单缝燃烧器。空心阴极灯发射的被测元素的谱线平行穿过火焰，检测气态原子吸收后的透射光而进行测定。燃烧器的高度和前后位置需要手动或自动调整，使发射光照射到原子蒸气密度最大的区域，以提高分析灵敏度。

(2) 火焰的类型。燃气和助燃气的种类及比例决定了火焰的性质，影响火焰的温度和原子化效率。

几种火焰的燃气、助燃气组成及最高火焰温度见表 4-1。其中，比较常用的是空气-乙炔火焰和氧化亚氮-乙炔火焰。

表 4-1　几种常见火焰的组成及最高火焰温度

燃气	助燃气	最高火焰温度/K
乙炔	空气	2600
乙炔	氧气	3160
乙炔	氧化亚氮	2990
氢气	空气	2318
氢气	氧气	2933
氢气	氧化亚氮	2880
丙烷	空气	2198

燃气和助燃气比例不同决定了火焰的氧化还原特性，也决定了火焰原子化能力。按照燃气和助燃气比例的不同，将火焰分为化学计量性火焰、富燃火焰和贫燃火焰三种类型。

化学计量性火焰(中性火焰)是指燃气与助燃气的比例与化学反应计量关系相近的火焰。燃气的充分燃烧使得火焰温度高、干扰少、稳定、背景低、噪声小，应用广泛，适用于许多元素的分析。

富燃火焰(还原性火焰)是指燃气大于化学计量的火焰。助燃气少、燃气过量而燃烧不完全，火焰温度低，呈现黄色，稳定性差，还原性强，适用于难解离氧化物的原子化。

贫燃火焰(氧化性火焰)是指助燃气大于化学计量的火焰。燃气少，助燃气过量，火焰温度比中性火焰低，呈现蓝色，氧化性强，适用于碱金属、碱土金属等易解离、易电离元素的分析。

(3) 火焰的光谱特性。火焰本身也具有一定的光谱特性，当没有样品进入火焰时，不同火焰中的燃气、助燃气及其他分子、离子和自由基等都会形成分子吸收背景，如图 4-5 所示。显然，空气-乙炔火焰和空气-氢气火焰在 190～200 nm 背景吸收严重，干扰大，不适合吸收线在该范围内的元素分析。如果被测元素的特征吸收线大于 230 nm，三种火焰背景吸收较弱，不影响分析测定。

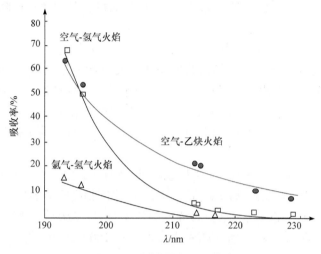

图 4-5　不同火焰的吸收曲线

(4) 火焰原子化器的特点。火焰原子化器的优点是操作简单、分析快速且成本低、火焰稳定、精密度高，应用范围广。缺点是样品利用率低，原子化效率低且自由原子在光程区域停留时间短至 10^{-3} s，检出限的降低受到限制，样品用量需要数毫升，只可以液体进样。

2) 非火焰原子化器

非火焰原子化器有电加热石墨炉(管)原子化器和电加热石英管原子化器等。比较常用的是石墨炉原子化器。

(1) 石墨炉原子化器的结构。石墨炉原子化器的结构包括加热电源、石墨炉体和石墨管等组成部分，见图 4-6。

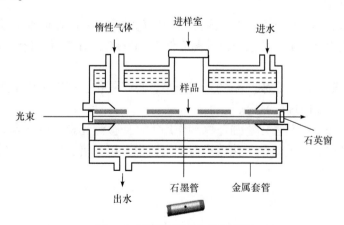

图 4-6　石墨炉原子化器示意图

石墨炉电源采用的是低电压(12～24 V)和大电流(250～500 A)的直流电源，使石墨管能够迅速加热升温(如 3000℃)，从而使样品在设定的温度和时间内快速、充分地实现蒸发脱溶剂、解离和原子化等过程。

石墨炉体包括石墨电极、内外保护气(氩气)、水冷外套和石英窗。外保护气全程通气，用于保护石墨管不被氧化和烧蚀。内保护气用于除去干燥和灰化过程中产生的基体蒸气，避免已经原子化的原子再被氧化，在原子化过程中停止通气，以保证石墨管内原子吸收的灵敏度。水冷却系统是为了保护炉体不被高温损坏，并对升温后的石墨炉体进行降温，以便继续进行分析。

石墨管由高纯度、高强度和高密度的石墨材料制成，内径约 8 mm，管长小于 30 mm，中间有直径为 2 mm 的进样小孔。样品经过进样小孔进入石墨管内，以梯度升温方式脱溶剂、解离、原子化和高温除残。因此，石墨管达到一定寿命时，会造成分析灵敏度的下降。此时，应该更换新的石墨管，以保证分析的灵敏度、精密度和检出限等。

(2) 石墨炉的升温程序。石墨炉的升温程序包括干燥、灰化、原子化和高温除残四个步骤的升温速率和保持时间。

干燥过程是一个大约 110℃ 的低温加热过程，保持时间为数十秒，主要是为了蒸发样品中的溶剂或水分，又要避免样品溶液的暴沸与飞溅，其温度稍高于溶剂的沸点。

灰化过程是为了除去比被测元素更易挥发的基体物质，减少分子吸收，降低背景吸收。通常根据被测元素性质、结构、含量和样品基质状况在 100~1000℃ 进行选择，加热时间为数十秒。

原子化过程是在高温下使各种形式存在的分析物挥发并解离为中性原子。一般根据被测元素性质、化合物性质与含量等在 1500~3000℃ 进行选择，原子化时间一般保持在 2~10 s。

高温除残过程是升温至约 3500℃，使残留的样品在高温下挥发除去，特别是除去难挥发成分，以净化石墨管，消除记忆效应。

(3) 石墨炉原子化器的特点。石墨炉原子化器的优点是样品利用率高，用样量小($1\sim100~\mu$L)，绝对检出限低至 $10^{-14}\sim10^{-12}$ g，样品原子化在惰性气体和强还原性介质中进行，有利于难熔氧化物的原子化，原子在吸收区内的平均停留时间长，原子化效率高，并且液体和固体样品均可直接进样。缺点是背景吸收较强，必须扣除，精密度比火焰法低，分析速度较慢，成本高。

3) 低温原子化器

低温原子化是利用元素本身(如汞)或元素的氢化物(如 AsH_3)在低温下易挥发的性质进行原子化，又称为化学原子化，其原子化的温度低于 1000℃，有冷原子化法和氢化物原子化法两种类型。

冷原子化法主要用于测定汞。汞的蒸气压高，易于气化，可以用化学还原法将汞转变为气态，导入气体吸收池内进行测定。

氢化物原子化法是在硼氢化物强还原剂作用下，使被测元素生成沸点低、易热解的共价氢化物，由惰性气体导入低温原子化器进行测定，主要用于锗、锡、铅、砷、锑、铋、硒和碲的原子吸收光谱分析。

3. 分光系统

分光系统的作用是将分析线与其他谱线分开。原子吸收光谱法的光源是被测元素的锐线光源，谱线简单，因此对单色器的性能要求不高。

在原子吸收光谱法中，需要和分析线分开的干扰谱线主要有光源发射出的非分析线、杂质发射线及原子化器的分子发射，如高温形成的小分子 CN、NH、C_2 等的发射光等。因此，原子吸收光谱仪的分光系统位于原子化器与检测器之间。

同样，分光系统中的出射狭缝大小影响分析的选择性和准确度，需要根据实际干扰情况进行优化选择。

4. 检测系统

与原子发射光谱仪一样，原子吸收光谱仪中的检测系统主要包括光电转换器、放大器、解调器和显示器等。

4.2.2 原子吸收光谱仪的性能参数

原子吸收光谱仪的性能参数有波长准确度和范围、基线稳定性、灵敏度、精密度和检出限等。其中，最重要的性能参数是仪器的灵敏度、检出限和精密度，也是原子吸收光谱法的重要指标。

1. 灵敏度

根据 IUPAC 规定, 灵敏度 S 的定义是测定值的增量(dx, 如吸光度)与相应被测元素浓度(或质量)的增量(dc 或 dm)之比, 即校准曲线的斜率:

$$S_c = \frac{dx}{dc} \tag{4-15}$$

或

$$S_m = \frac{dx}{dm} \tag{4-16}$$

在原子吸收光谱法中, 测定值 A 与浓度 c 之间存在正比例关系, $A = Kc$, 校准曲线的斜率为 K, 即灵敏度表示浓度 c 或质量 m 改变一个单位时, 吸光度 A 的变化量。

在火焰原子吸收光谱法中, 灵敏度定义为产生 1%(吸光度为 0.0044)吸收时溶液中被测元素的浓度, 称为原子吸收光谱法的相对灵敏度。

已知

$$A = Kc$$

按照相对灵敏度的定义, 则

$$0.0044 = KS_{1\%}$$

两式相除, 得

$$S_{1\%} / (\mu g \cdot mL^{-1}) = \frac{c \times 0.0044}{A} \tag{4-17}$$

式中, c 为溶液中被测元素的浓度($\mu g \cdot mL^{-1}$); A 为吸光度。

在石墨炉原子吸收光谱法中, 灵敏度表示被测元素产生 1%(吸光度为 0.0044)吸收时的质量, 称为原子吸收光谱法的绝对灵敏度。

同理

$$S_{1\%} / pg = \frac{cV \times 0.0044}{A} \tag{4-18}$$

式中，c 为溶液中被测元素的浓度($\mu g \cdot L^{-1}$)；A 为吸光度；V 为进样溶液的体积(μL)。

2. 检出限

检出限是以适当的置信度检出的被测元素的最小浓度或最小量。根据 IUPAC 规定，检出限定义为吸收信号相当于 3 倍噪声水平的标准差时被测元素的浓度或质量。

在火焰原子吸收光谱法中，用最小浓度表示检出限的大小，称为相对检出限 D_c。

$$A = Kc$$

$$3s_0 = KD_c$$

两式相除，得

$$D_c / (\mu g \cdot mL^{-1}) = \frac{c \times 3s_0}{A} \tag{4-19}$$

式中，s_0 为空白溶液多次测量(10 次以上)时吸光度的标准偏差。

在石墨炉原子吸收光谱法中，用最小质量表示检出限的大小，称为绝对检出限 D_m。同样

$$D_m / (ng或pg) = \frac{cV \times 3s_0}{A} \tag{4-20}$$

3. 精密度

精密度表示一组测量数据的相互靠拢程度，通常以 10 次测量值的相对标准偏差(RSD)表示

$$RSD = \frac{s}{\bar{x}} \times 100\% \tag{4-21}$$

式中，s 为标准偏差；$\bar{x}$ 为多次测量的平均值。s 的表达式为

$$s = \sqrt{\frac{\sum_{i=1}^{n}(\bar{x} - x_i)^2}{n-1}} \tag{4-22}$$

精密度反映同一位操作者在同一实验室用同一台仪器对同一样品进行多次测量的结果波动性，又称为重复性。如果是同一样品，由不同的操作者，或者在不同实验室，或者用不同的仪器进行分析，这样一组数据的精密度称为重现性或再现性。

4.3 原子吸收光谱法中的干扰及消除方法

原子吸收光谱法中的干扰因素主要有电离干扰、物理干扰、化学干扰和光谱干扰等。为了提高分析结果的准确度，需要使用合适的方法消除干扰。

4.3.1 电离干扰及消除方法

电离干扰是指高温下被测元素的原子发生电离，使基态原子数减少，导致吸光度下降而引起干扰。电离干扰使分析的灵敏度下降，校准曲线产生弯曲，准确度下降。

消除电离干扰的常用方法有以下两种。

1. 选择低温火焰

火焰温度越高，被测元素的原子电离程度越高，特别是对于电离能较低的元素影响较大。此时，选择低温火焰可以适当降低电离干扰。例如，在氧化亚氮-乙炔火焰中钙的电离度约为 43%，严重影响分析结果的准确度。而选择空气-乙炔火焰，钙的电离度减小至约 3%，有效降低了电离干扰对分析结果的影响。

2. 加入消电离剂

例如，以钡标准水溶液制作原子吸收光谱法的标准曲线，浓度为 $10 \sim 100$ $\mu g \cdot mL^{-1}$ 时标准曲线严重弯曲。向各浓度的标准溶液中分别加入 0.2%消电离剂 KCl 后，重新制作标准曲线，线性关系良好，这是因为钾比钡更易电离，大量的 KCl 抑制了钡的电离，消除了电离干扰。

4.3.2　物理干扰及消除方法

物理干扰是指试液与标准溶液物理性质有差别而产生的干扰，即基体效应，这是一种非选择性干扰。当试液黏度、表面张力和密度等物理性质不同时，直接影响进样溶液的提升量、雾化效率、脱溶剂、蒸发和原子化等过程，进而影响原子化器中的原子密度。

消除物理干扰的方法主要有以下两种。

1. 使用标准样品

采用与被测样品组成相似的标准样品制作工作曲线，以保证标准样品和被测样品具有相似的物理性质。

2. 标准加入法

采用标准加入法，以保证溶液的物理性质完全一样。

4.3.3　化学干扰及消除方法

化学干扰是指在液相或气相中被测元素与共存的其他组分发生化学反应，进而影响解离过程和被测元素的原子化而引起的干扰。化学干扰取决于被测元素与共存元素的性质及原子化条件等，是一种选择性干扰，也是原子吸收光谱法中的主要干扰因素。

消除化学干扰的方法主要有以下几种。

1. 选择合适的火焰

高温火焰有助于降低化学干扰的影响。例如，在乙炔-空气火焰中测定钙时，磷酸盐的共存会形成难挥发的 $Ca_2P_2O_7$，影响钙的测定。而在乙炔-氧化亚氮高温火焰中，两者不发生化学反应，消除了磷酸盐对钙的化学干扰。

2. 加入释放剂

释放剂能够与干扰物质生成比被测元素与干扰物质更稳定的化合物，使被测元素释放出来而消除干扰物质的影响。这是一种常用的有效消除化学干扰的方法。例如，当磷酸盐干扰钙的测定时，加入释放剂 $LaCl_3$，磷酸盐和镧化合生成比 $Ca_2P_2O_7$ 更稳定的 $LaPO_4$，从而释放出被测的钙，消除了化学干扰。

3. 加入保护剂

保护剂的作用是与被测元素生成更易分解或更稳定的化合物，防止被测元素与干扰物质生成难挥发、难电离的化合物而消除干扰。例如，在测定钙时，如果存在磷酸盐的化学干扰，可以加入 EDTA，使钙和 EDTA 发生配位反应，避免了钙与磷酸根的化学反应。

除此之外，还可以采用加入缓冲剂、基体改进剂，以及溶剂萃取、沉淀分离等方法对样品进行前处理，以消除化学干扰。

4.3.4　光谱干扰及消除方法

光谱干扰是指与光谱发射和吸收有关的干扰效应。

1. 发射线干扰

在原子吸收光谱法中，会造成干扰的发射线主要有以下几种。

1) 光源非吸收线及杂质发射线

锐线光源的发射光谱包括吸收线和其他非吸收线，如其他共振线与非共振线，还有光源电极材料或杂质的发射谱线等。可以通过减小分光系统中的光谱通带，即选择较小的出射狭缝避开干扰线，或者减小空心阴极灯的灯电流，降低干扰线的发射强度。例如，在锌的测定中，选择空心阴极灯的发射线 Zn 2138.56 Å 作为该元素的分析线，如果光源发射线中存在干扰线 Cu 2136.58 Å，两条谱线只相差 1.98 Å，可能会干扰锌的测定。可以通过减小光谱通带以消除铜干扰线的影响。

2) 原子化器发射线

原子化器在高温条件下会产生一些小分子(如 CN、NH、C_2 等)的发射光谱，也会产生被测元素的发射谱线。原子化器的发射谱线属于直流信号，可以通过锐线光源的电源调制技术有效消除直流信号的干扰。

2. 背景吸收

背景吸收是指分子吸收及光散射和折射，也会造成光谱干扰。

1) 分子吸收

分子吸收是指原子化过程中产生的氧化物、盐类等无机分子或自由基对特征谱线的吸收。分子吸收是 $20\sim100$ nm 带宽的带光谱，原子吸收是约 10^{-3} nm 带宽的线光谱。因此，分子吸收会在一定波长范围内对原子吸收造成严重干扰。

例如，气态分子 NaCl、NaI、KCl、$NaNO_3$ 等在紫外光区有强吸收带，H_2SO_4 和 H_3PO_4 在小于 250 nm 波长下有很强的分子吸收带，而 HNO_3 和 HCl 吸收较弱。为了避免分子吸收干扰，原子吸收光谱法的样品通常用 HNO_3、HCl 或其混合酸进行前处理。

2) 光散射和折射

光散射和折射是指原子化过程中产生的固体微粒对光的散射和折射而造成的假吸收。例如，石墨炉原子化器中，高温造成的石墨管壁溅射碳粒及有机物灰化产生的固体微粒等都会引起光散射和折射作用，造成背景干扰。

背景吸收校正方法主要有连续光源背景校正法和塞曼效应背景校正法等。

(1) 连续光源背景校正法。连续光源背景校正法是用切光器控制，使连续光源与锐线光源交替进入原子化器。以锐线光源进行测定时，吸光度为原子吸收与背景吸收的加和吸光度，即总吸光度。而以连续光源在同一波长下测定的吸光度对应于背景吸收，因为此时宽带背景吸收比窄带原子吸收大很多倍，原子吸收的贡献可以忽略不计。两次测定结果的差值即为校正背景后的被测元素的吸光度，由此扣除背景吸收。

以氘灯为连续光源适合于紫外光区 190～330 nm 的背景校正，以氙灯为连续光源适合于可见光区的背景校正。火焰原子化法、石墨炉原子化法和低温原子化法都可以采用连续光源背景校正法。

(2) 塞曼效应背景校正法。塞曼效应背景校正法是在强磁场作用下原子吸收线产生具有不同偏振方向的分裂以区别被测元素的吸收和背景吸收，从而进行背景吸收校正。塞曼效应背景校正法有光源调制法和原子化器调制法。其中，光源调制法是在光源上加外磁场，使光源的发射谱线发生分裂与偏振。原子化器调制法是把外磁场加在原子化器上，使吸收谱线发生分裂与偏振，该方法应用较多。

塞曼效应背景校正法校正能力较强，是石墨炉原子化法必须采用的背景校正技术。

4.4　原子吸收光谱法分析条件及定量分析方法

4.4.1　分析条件的选择

分析条件是保证定量分析方法灵敏度、选择性和准确度的基础，原子吸收光谱法的分析条件包括分析线、狭缝宽度、灯电流和原子化条件等。

1. 分析线

原子吸收光谱法中的分析线直接影响灵敏度、检出限和线性范围，通常选择被测元素最灵敏的共振线为分析线，如果这种共振线有干扰应避开，而选择其他没有干扰且比较灵敏的共振线。例如，测定锌时，其最灵敏的共振线为 2138.56 Å，如果样品中共存铁元素，铁的吸收线 2138.59 Å 严重干扰锌的吸光度。应避开 2138.56 Å 吸收线，通过优化来选择其他没有干扰的吸收线。

2. 狭缝宽度

狭缝宽度直接影响选择性和光强度。减小狭缝宽度有利于分开分析线与邻近干扰线，但光强度降低，使灵敏度降低。加大狭缝宽度可以增加光强以降低检出限，但是干扰可能会增加。原子吸收线比原子发射线数量少很多，谱线重叠的概率很小，在保证吸收线与邻近干扰线分开的前提下，可以选择较大的狭缝宽度，以增加光强度，提高信噪比，降低检出限。通常优化狭缝宽度时，选择不引起吸光度减小的最大狭缝。

3. 灯电流

空心阴极灯的工作电流直接影响信噪比和灵敏度等。灯电流太小时，输出光强度弱，稳定性差，放电不稳定。灯电流太大时，放电也不稳定，而且自吸现象会引起发射线变宽，导致灵敏度下降和校准曲线弯曲，灯寿命也会缩短。通常，在放电稳定且输出光强度足够大的前提下，应该选择较小的灯电流，可以通过实验进行优化选择。

4. 原子化条件

对于火焰原子化器，原子化条件包括燃气、助燃气的种类及配比，燃烧器的上下高度、前后距离等。火焰的种类有空气-乙炔低温火焰和氧化亚氮-乙炔高温火焰等，可以根据被测元素性质及干扰情况进行选择。燃气、助燃气的比例影响火焰的温度和性质，对于难以原子化的元素，应该选用富燃火焰，而对于氧化物不稳定的元素，应该选用中性火焰或贫燃火焰。

对于石墨炉原子化器，原子化条件主要包括干燥、灰化、原子化和净化四个过程的温度及维持时间。干燥的目的是低温除溶剂，在稍低于溶剂沸点的温度下进行，防止暴沸和飞溅。灰化的目的是去除基体与其他组分，应在保证被测元素不受损失的前提下，尽可能选择高温下进行灰化。原子化温度应选择达到原子吸收吸光度的最低温度。除残净化的温度应高于原子化温度，以有效消除残留物的记忆效应。各个过程的温度和加热时间需要根据样品组成、被测元素性质等通过实验进行优化选择。

4.4.2　定量分析方法

原子吸收光谱法定量分析的理论依据是在一定的条件下，吸光度 A 与浓度 c 在一定浓度范围内呈现良好的线性关系，这个浓度范围称为线性范围。任何一种分析条件的改变都会影响线性范围，如样品组成、吸收线、原子化方法及原子化条件等。因此，在原子吸收光谱法中，需要在优化的测试条件下选择合适的定量分析方法进行测定。

1. 校准曲线法

校准曲线法是原子吸收光谱法中常用的定量分析方法。在线性范围内，配制一系列浓度被测物的校准溶液，在最佳的分析条件下测定吸光度，根据不同浓度及其对应的吸光度值进行线性拟合，获得校准曲线和校准方程、相关系数。据此，可以根据未知样品中被测元素的吸光度求出其浓度，如图 4-7 所示。

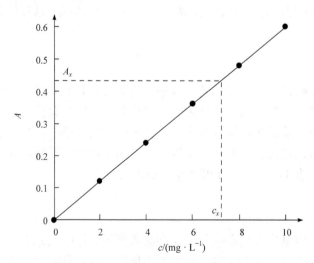

图 4-7　校准曲线法示意图

为了减少物理干扰，降低基质效应，提高分析结果的准确度，校准溶液的组成尽可能与实际样品一致。同时，样品溶液的吸光度要落在线性范围内，一般控制在 0.15～0.6，以减少误差。

校准曲线法适合于组分较简单或干扰较少的样品批量分析，优点是快速、简便。其缺点是基体效应大，线性范围较窄，一般为 1～2 个数量级。

2. 标准加入法

标准加入法是针对基体效应大或基体效应无法确定的样品，难以配制与样品组成匹配的标准样品，以被测样品为基体添加不同量的被测元素标准溶液而进行定量分析的方法。

在等体积的几份样品溶液中分别加入不同量的被测元素标准溶液，相同的条件下分别测定各加标溶液的吸光度，以吸光度与对应加入的标准溶液的浓度拟合线性关系曲线，根据 $A = K(c_s + c_x)$ 的关系，外延曲线与横轴的交点和原点之间的距离即为样品中被测元素的浓度 $c_x = -c_s$，如图 4-8 所示。

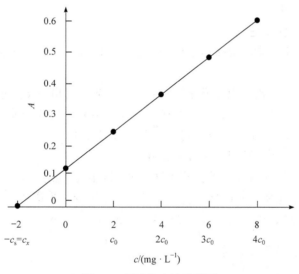

图 4-8　标准加入法示意图

在标准加入法中，所加入的被测元素的浓度应与样品中被测元素浓度相当，吸光度应落在读数误差较小的范围内，以进一步提高分析的准确度。

标准加入法适合于复杂样品或只有少数几个样品的测定，可有效消除基体干扰。但该方法无法消除背景干扰，并且一条标准加入曲线只能测定一个样品。

4.5　原子吸收光谱法的应用

原子吸收光谱法具有仪器简单、成本低、灵敏度和精密度高、选择性好的特点，已经成为金属元素的常用分析方法，也能够间接测定一些非金属元素和有机物，在环境、地矿、食品、制药、材料和生物等领域应用广泛，并成为许多样品分析的标准方法。

例如，原子吸收光谱法测定稻谷粉、玉米粉和小麦粉中的铅和镉。取稻谷粉、玉米粉和小麦粉样品于瓷坩埚中，用电炉加热炭化，然后转移至马弗炉中高温灰化 6~8 h。冷却后，加入 5 mL 1∶1 硝酸，再加热煮沸 30 s，冷却，用去离子水稀释定容。以铅空心阴极灯为锐线光源，用石墨炉原子化器，校准曲线法进行定量分析，铅和镉的检出限分别为 0.003 ng·mL^{-1} 和 0.147 ng·mL^{-1}，精密度 RSD 小于 6%，回收率为 99.0%~99.4%。

4.6　原子荧光光谱法

原子荧光光谱法(atomic fluorescence spectrometry, AFS)是通过测定被测元素的原子蒸气在特征辐射能激发下所发射的荧光强度而进行分析的方法。该方法是原子吸收的逆过程，是一种光致发光分析方法，与原子发射光谱法不同。

原子荧光光谱法产生于 1956 年 Boers 等对火焰的荧光猝灭过程的研究。1964 年，原子荧光光谱法首次应用于测定锌、镉和汞。之后，该方法得以发展，并在地矿、环境、材料、医学和生物等领域得到应用。

原子荧光光谱法的优点是：

(1) 灵敏度高。许多元素的灵敏度比原子吸收光谱法高 1~2 个数量级，检出限可以达到 ng·L^{-1}。

(2) 可以单元素分析，也可以多元素同时测定。荧光发射可以多通道检测。

(3) 选择性好。原子荧光光谱简单，光谱干扰少，不需要高分辨单色器。

(4) 线性范围宽至 4~7 个数量级，优于原子吸收光谱法。

(5) 不必采用锐线光源，可以使用连续光源。

但是，荧光猝灭效应导致原子荧光光谱法的应用受限，同时还存在散射光干扰，特别是难以进行复杂基体样品和高含量样品的测定。至今，原子荧光光谱法主要应用于 11 种元素的分析，包括 Hg、As、Sb、Bi、Se、Te、Ge、Pb、Sn、Cd 和 Zn。

4.6.1　原子荧光光谱法的基本原理

原子荧光的特征发射波长是原子荧光光谱法定性分析的依据，而原子荧光特征波长的发光强度是其定量分析的依据。

1. 原子荧光光谱的产生

气态基态原子吸收特征辐射后跃迁到较高能级，然后又跃迁回到基态或较低能级，同时发射出与原激发辐射波长相同或不同的辐射，即原子荧光。原子荧光为光致发光，或称二次发光，当激发光源停止照射时，荧光发射立即停止。

2. 原子荧光的类型

根据产生的机理不同，原子荧光分为共振荧光、非共振荧光和敏化荧光三种类型。图 4-9 展示了原子荧光的类型及其产生机理。其中，实线代表辐射跃迁过程，虚线代表非辐射跃迁过程。

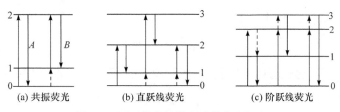

图 4-9 原子荧光的类型及其产生机理

1) 共振荧光

共振荧光是指气态基态原子吸收共振辐射后，发射和共振辐射波长相同的荧光。如图 4-9(a) 所示，A 表示气态基态原子吸收共振辐射能后，直接回到基态而发射荧光。例如，气态基态 Zn 原子吸收其共振辐射 213.86 nm，荧光发射的波长也是 213.86 nm。B 表示气态基态原子受热激发处于亚稳态，再吸收特征辐射进一步被激发，然后发射出与吸收谱线相同波长的光辐射，称为热助共振荧光。共振荧光的跃迁概率最大，荧光强度最大，在原子荧光分析中应用最多。

2) 非共振荧光

非共振荧光是指荧光辐射与激发辐射的波长不相同时所产生的荧光。非共振荧光可以根据荧光发光机理分为直跃线荧光和阶跃线荧光，也可以根据激发波长与发射波长的关系分为斯托克斯(Stokes)荧光和反斯托克斯荧光。

(1) 直跃线荧光是指荧光辐射与激发辐射的高能级相同，而低能级不同。如图 4-9(b)所示，直跃线荧光辐射可以比激发辐射的波长短或长。直跃线荧光可以避免共振光源的散射光的干扰。

(2) 阶跃线荧光是指荧光辐射与激发辐射的低能级相同，而高能级不同。如图 4-9(c)所示，阶跃线荧光辐射可以比激发辐射的波长短或长。

在上述非共振荧光中，如果荧光辐射的波长大于激发辐射的波长，称为斯托克斯荧光；反过来，如果荧光辐射的波长小于激发辐射的波长，称为反斯托克斯荧光。

3) 敏化荧光

敏化荧光是指受光辐射激发的原子与另一个原子碰撞时，将激发能传递给这个原子并使其激发，后者再以光辐射的形式去激发而发射自身的特征荧光。

敏化荧光在原子荧光光谱法中应用很少。

3. 荧光强度

在一定的特征辐射频率(ν_0)照射下，被测元素的荧光辐射光强度 I_f 与吸收光强度 I_a 的关系为

$$I_f = \phi I_a \tag{4-23}$$

式中，ϕ 为荧光量子效率。

由式(4-13)得

$$A = \lg \frac{I_0}{I} = kNl$$

式中，N 为被测原子总数；l 为吸收光程长。则

$$I_a = I_0 - I = I_0 \left(1 - \frac{I}{I_0}\right) = I_0(1 - e^{-kNl}) \tag{4-24}$$

将式(4-24)代入式(4-23)，得

$$I_f = \phi I_0 (1 - e^{-kNl}) \tag{4-25}$$

将式(4-25)经 e^{-kNl} 级数展开并忽略级数展开项中的高幂次方项，结果为

$$I_f = \phi I_0 klN$$

其中，被测原子总数 N 正比于被测元素的浓度 c，所以

$$I_f = Kc \tag{4-26}$$

式(4-26)为原子荧光光谱法定量分析的理论依据。

4. 荧光猝灭

荧光猝灭是指光致激发的原子除了荧光辐射，也可能以非辐射形式释放激发能而使荧光辐射强度减弱或消失的现象。

荧光猝灭就是发生无辐射的去激发过程，其机理比较复杂。例如，激发态原子与自由原子、分子或电子碰撞，以及发生化学猝灭反应等。

5. 荧光量子效率

荧光量子效率 ϕ 表示荧光猝灭程度：

$$\phi = \frac{\phi_f}{\phi_a} \tag{4-27}$$

式中，ϕ_f 为单位时间内发射的荧光光子数；ϕ_a 为单位时间内吸收激发光的光子数。

在原子荧光光谱法中，应优化分析条件，使荧光量子效率 ϕ 接近于1。

综上所述，原子荧光光谱分析的主要影响因素有：

(1) 荧光强度 I_f 随着激发光强度 I_0 增加而增加，使用强光源可以提高原子荧光光谱法分析的灵敏度。

(2) 高浓度元素的发光易发生自吸现象，被测元素浓度越小，线性关系越好，即原子荧光光谱法适用于痕量元素分析。

(3) 荧光猝灭现象会降低分析结果的灵敏度和准确度。

(4) 原子化器的测试条件影响荧光量子效率。

4.6.2　原子荧光光谱仪

原子荧光光谱仪又称为原子荧光分光光度计，主要构成与原子吸收光谱仪基本一样，包括光源、原子化器、分光系统和检测系统，如图 4-10 所示。与原子吸收光谱仪不同的是：采用强光源；两个单色器分别对光源和原子化器的辐射进行分光；光源与分光系统、检测系统成直角，以避免光源的强辐射对荧光发射检测的影响。

原子荧光光谱仪的光源有高强度空心阴极灯、无极放电灯和激光等，各有优缺点。高强度空心阴极灯发射谱线窄、稳定性好、选择性好、商品化的种类多，但发光强度不理想。无极放电灯发射谱线更窄，辐

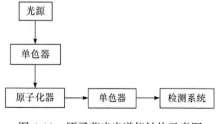

图 4-10　原子荧光光谱仪结构示意图

射强度大，但商品化的种类少。激光光源兼具锐线光源的优势，是理想的原子荧光光谱仪光源，但是操作烦琐，价格高。实际应用时，可以根据具体情况进行选择。

原子荧光光谱仪的原子化器与原子吸收光谱仪相似，只是形状为圆柱形，以满足光源与检测器在直角线上的需求。

原子荧光光谱仪的单色器可以根据光源不同而不同。对于锐线光源或激光光源，可以使用滤光片类非色散型单色器，透光性强，可以有效降低原子化器的背景干扰。对于连续光源，需要使用光栅类的色散型单色器进行分光。

检测系统包括光电信号的转换、信号的放大及检测等。光电倍增管和光电管等是常用的光电信号转换器。

4.6.3 原子荧光光谱法的分析方法与应用

利用原子荧光发射强度和元素浓度之间的线性关系，可以进行定量分析。与原子吸收光谱法的定量分析方法一样，原子荧光光谱法也可以采用校准曲线法和标准加入法。

与原子发射光谱法和原子吸收光谱法相比，原子荧光光谱法的应用对象和应用领域较少，主要是基于原子荧光光谱法仪器简单、灵敏度高和线性范围宽等优点，在环境土壤、农作物产品和地质矿石等样品中金属元素的分析中得到应用。

例如，用原子荧光光谱法测定银精矿中的铋。用氯酸钾-硝酸-氢氟酸-硫酸-盐酸溶样体系进行溶样，以硫脲-抗坏血酸为预还原试剂，硼氢化钾为还原剂，5%盐酸为测定介质，对银精矿中的铋进行原子荧光光谱法测定。选用铋高强度空心阴极灯为光源，校准曲线法进行测定，铋的浓度在 $20.0 \sim 200.0 \ \text{ng} \cdot \text{mL}^{-1}$ 线性关系良好，相关系数 $R = 0.9994$，检出限为 $2 \times 10^{-5} \ \mu\text{g} \cdot \text{mL}^{-1}$，相对标准偏差(RSD，$n = 9$)为 1.9%～10.6%，回收率为 99%～102%。

思考题和习题

1. 名词解释：
(1) 原子谱线的热变宽和压力变宽　　　(2) 特征浓度和特征质量
(3) 积分吸收和峰值吸收　　　　　　　(4) 贫燃火焰和富燃火焰
(5) 光源调制　　　　　　　　　　　　(6) 共振荧光和非共振荧光
(7) 斯托克斯荧光和反斯托克斯荧光　　(8) 荧光猝灭和荧光量子效率

2. 描述原子吸收光谱法中原子吸收产生的机理及定量分析原理。

3. 原子谱线轮廓的影响因素有哪些？在原子吸收光谱分析中，原子谱线宽度最主要的影响因素是什么？其影响后果是什么？

4. 原子吸收光谱法以峰值吸收代替积分吸收进行定量分析的条件是什么？

5. 原子吸收光谱仪的主要部件有哪些？并说明每个部件的主要作用。

6. 描述空心阴极灯的基本构成、发光机理、特点，以及主要实验参数的选择方法。

7. 描述火焰原子化器的基本构成和原子化过程，并与石墨炉原子化器进行比较，说明各自的优缺点。

8. 原子吸收光谱法中的主要干扰有哪些？如何消除这些干扰？

9. 说明为什么原子荧光光谱法比原子吸收光谱法灵敏度高。

10. 从原理和仪器构成描述原子荧光光谱法与原子吸收光谱法的异同点。

11. 用火焰原子吸收光谱法测定水样中锌含量时，如果浓度为 1.18 $\mu g \cdot mL^{-1}$ 的锌标准样品吸光度为 0.432，则该方法的特征浓度是多少？

12. 用原子吸收光谱法测定镉含量，标准样品的测定数据如下：

$c_{Cd}/(\mu g \cdot mL^{-1})$	2.00	4.00	6.00	8.00	10.00
A	0.121	0.243	0.362	0.475	0.593

(1) 绘制校准曲线并拟合出线性方程、相关系数。

(2) 计算未知样品吸光度为 0.382 时镉的浓度。

第5章 X射线光谱法

X射线光谱法是基于X射线辐射与物质原子之间的相互作用(如发射、吸收、散射、衍射等)而建立起来的分析方法。

1895年，伦琴(Röntgen)在研究阴极射线管时发现了X射线。1913年，莫塞莱(Moseley)初步进行了X射线光谱法的定性和定量分析，奠定了X射线光谱分析的基础。目前，X射线光谱法已经是广泛应用于元素的定性、定量分析及固体表面薄层成分分析的成熟方法。

依据X射线与物质原子之间作用机理的不同，可以将X射线光谱法分为X射线荧光法(X-ray fluorescence spectrometry，XRF)、X射线吸收法(X-ray absorptiometry，XRA)和X射线衍射法(X-ray diffractometry，XRD)等。其中，XRA和XRF主要用于元素的定性和定量分析，XRD主要用于晶体结构测定。

5.1 X射线光谱法的基本原理

X射线是指波长为0.001～10 nm的电磁波，由高能电子的减速运动或原子内层电子跃迁产生，常用X射线波长为0.01～2.5 nm。

5.1.1 X射线

X射线是由X射线管产生的。如图5-1所示，X射线管由密封在高真空壳体内的金属阳极和钨丝阴极构成，管内真空度为$1.3×10^{-4}$ Pa。钨丝阴极被加热后产生大量电子，这些电子在20～100 kV高电压下被加速，高速轰击阳极金属靶，在碰撞过程中，电子的能量大部分转变为热能，极少一部分能量转变为波长连续不断的X射线。

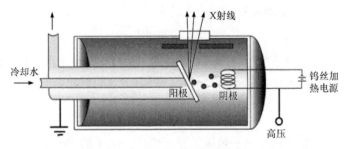

图5-1 X射线管结构示意图

X射线管产生的射线是初级X射线，分为两部分：一部分为连续X射线，且具有一个与X射线管电压有关的短波限；另一部分为特征X射线，由数条波长与靶金属原子序数有关的X射线构成。钼的初级X射线谱分布如图5-2所示。可见，钼有0.063 nm(K_β)和0.071 nm(K_α)两条强发射线，还存在波长连续变化的连续X射线谱。

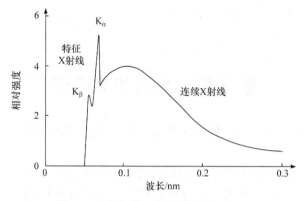

图 5-2　钼的初级 X 射线谱分布(25 kV)

5.1.2　X 射线谱

1. 连续 X 射线谱

在轰击金属靶的过程中,有的电子一次碰撞就耗尽了全部能量而辐射出波长最短即能量最大的 X 射线光子,称为短波限,而有的电子多次碰撞才丧失全部能量。因为电子数目很大,碰撞是随机的,所以产生了连续的具有不同波长的 X 射线,这一段波长的 X 射线谱称为连续 X 射线谱。

连续 X 射线的产生机理可以用量子理论进行解释。短波限(λ_0)随 X 射线管的加速电压改变而改变,与金属靶材料没有关系,升高加速电压,短波限将减小,即 X 射线量子能量增大。因此,具有动能 eU 的高速运动电子可以转化为 X 射线能:

$$eU = \frac{hc}{\lambda_0}$$

$$\lambda_0 = \frac{hc}{eU} = \frac{1239.8}{U} \tag{5-1}$$

式中,λ_0 和 U 分别为短波限(nm)和加速电压(V)。连续 X 射线的总强度(I)与 X 射线管的加速电压(U)及靶材料的原子序数(Z)有关,其关系式为

$$I = AiZU^2 \tag{5-2}$$

式中,A 为比例常数;i 为 X 射线管电流(A)。可见,靶材料的原子序数增大时,光强度增大。因此,选用钨和钼等金属作为 X 射线管靶材料,可以得到能量较高的连续 X 射线谱。

2. 特征 X 射线谱

特征 X 射线是由于原子内层电子被激发而产生的。电子的动能随着 X 射线管加速电压的增加而增强,当加速电压增加到一定临界值,即达到激发电压时,进入靶金属原子内部的电子能将 K、L、M 等内层电子击出原子外,内层轨道出现电子空穴,原子处于不稳定状态。于是,外层电子在 $10^{-14} \sim 10^{-7}$ s 跃迁到能量较低的内层轨道,填补内层电子空穴以释放能量,从而发射出特征 X 射线。

所有外层电子都可能跃迁到内层以填补内层空穴,辐射出的特征 X 射线以内层进行命名。例如,填补 K 层空穴所辐射出的特征 X 射线称为 K 系特征 X 射线,其中由 L 层跃迁到 K 层而辐射的 X 射线称为 K_α 特征 X 射线,由 M 层跃迁到 K 层而辐射的 X 射线称为 K_β 特征 X 射

线。同样，填补 L 层空穴所辐射出的特征 X 射线称为 L 系特征 X 射线。表 5-1 列出了一些元素的特征 X 射线。

表 5-1　一些元素的特征 X 射线

元素	原子序数	K 系/nm		L 系/nm	
		α_1	β_1	α_1	β_1
Na	11	1.1909	1.1617	—	—
K	19	0.3742	0.3454	—	—
Cr	24	0.2290	0.2085	2.1714	2.1323
Rb	37	0.0926	0.0829	0.7318	0.7075
Cs	55	0.0401	0.0355	0.2892	0.2683
W	74	0.0209	0.0184	0.1476	0.1282
U	92	0.0126	0.0111	0.0911	0.0720

特征 X 射线谱线波长可以用普朗克公式进行计算：

$$\lambda_0 = \frac{hc}{E_j - E_i} = \frac{1239.8}{E_j - E_i}$$

式中，E_i 和 E_j 分别为原子内层和外层能量。不同元素的原子结构不同，内外层能级的能量不同，其特征 X 射线的波长不同，这是 X 射线定性分析的基础。特征 X 射线的强度与对应元素的含量有一定的关系，这是 X 射线定量分析的基础。

3. X 射线荧光

以初级 X 射线为激发源照射样品时，原子内层电子受激发，会产生次级 X 射线，称为荧光 X 射线或 X 射线荧光。X 射线荧光与特征 X 射线产生的机理完全相同，但前者激发源是初级 X 射线，后者激发源是高速电子，因此 X 射线荧光也是特征 X 射线，只是没有连续谱线。实际工作中，初级 X 射线中的连续 X 射线和特征 X 射线都可以用作激发源，只是后者的效率更高。

原子内层(如 K 层)电子电离出现空穴后，L 层电子向 K 层跃迁时所释放的能量也可能使较外层的另一电子激发成自由电子，即次级光电子或俄歇(Auger)电子，称为俄歇效应。各元素的俄歇电子的能量都有固定值，据此建立了俄歇电子能谱法。

需要注意的是，俄歇效应与荧光辐射是互相竞争的两种过程。例如，入射 X 射线使 K 层电子激发成光电子后，L 层电子进入 K 层空穴，多余的能量以辐射光形式释放出去，就是荧光 X 射线。如果多余的能量使外层电子激发产生俄歇电子，就是俄歇效应。对于一个原子，只会发生荧光 X 射线或俄歇效应中的一个过程。通常，原子序数小于 11 的元素主要发生俄歇效应，重元素主要发射 X 射线荧光。

5.1.3　X 射线的吸收、散射与衍射

1. X 射线的吸收

与其他电磁辐射一样，X 射线也会被物质吸收。当 X 射线照射固体物质时，会产生非相

干散射造成的吸收和物质的真吸收。大多数情况下，散射吸收较弱，可以忽略。

固体对 X 射线的吸收与其厚度成正比，符合光吸收定律：

$$I = I_0 e^{-\mu b} \tag{5-3}$$

式中，I_0 和 I 分别为入射和透过 X 射线的强度；b 为固体物质的厚度(cm)；μ 为线吸收系数(cm^{-1})。

对于固体样品的 X 射线分析，常使用质量吸收系数 μ_m($cm^2 \cdot g^{-1}$)：

$$\mu_m = \frac{\mu}{\rho} \tag{5-4}$$

式中，ρ 为物质的密度($g \cdot cm^{-3}$)。因此，光吸收定律可以写成

$$I = I_0 e^{-\rho \mu_m b} \tag{5-5}$$

当样品中多元素共存时，质量吸收系数具有加和性，即

$$\mu_m = w_A \mu_A + w_B \mu_B + w_C \mu_C + \cdots \tag{5-6}$$

式中，μ_m 为样品的质量吸收系数；w_A、w_B、w_C、$\cdots$ 分别为样品中各元素 A、B、C、$\cdots$ 的质量分数；μ_A、μ_B、μ_C、$\cdots$ 分别为各元素的质量吸收系数。质量吸收系数是元素的一种原子特性，与物质的理化状态没有关系。各元素在不同波长或能量的质量吸收系数可从文献中查到。

质量吸收系数与入射 X 射线波长 λ 及元素的原子序数 Z 存在经验关系：

$$\mu_m = k\lambda^3 Z^4 \tag{5-7}$$

式中，k 为比例常数。可见，当入射 X 射线波长一定时，元素的原子序数越小，吸收 X 射线的能力越弱，即 X 射线穿透力越强。因此，通常用轻元素作为投射 X 射线的窗口。当元素一定时，X 射线波长越长，物质的吸收能力越强，即 X 射线的穿透力越弱。因此，长波 X 射线称为软 X 射线，短波 X 射线称为硬 X 射线。

2. X 射线的散射

X 射线的散射分为非相干散射和相干散射两种。

非相干散射是指 X 射线与原子中束缚较松的电子进行随机的非弹性碰撞，将部分能量传给电子，转化为电子的动能，并改变电子的运动方向，也称为康普顿(Compton)散射或非弹性散射。入射线的能量越大，波长越短，非弹性碰撞的程度就越大；元素的原子序数越小，其电子束缚越牢固，这种非弹性碰撞的程度越弱。非相干散射造成 X 射线能量降低，波长向长波移动，产生康普顿效应。这种散射线的相位与入射线没有确定的关系，不会产生干涉效应，只能成为衍射图像的背景值，对测定不利。

相干衍射是指 X 射线与原子中束缚较紧的电子进行弹性碰撞，又称为瑞利散射或弹性散射。通常，相干散射的 X 射线只改变方向而无能量损失，即波长不变，其相位与原来的相位有确定的关系。重原子中存在大量与原子核结合紧密的电子，相干散射十分重要。

3. X 射线的衍射

X 射线的衍射现象归因于相干散射线的干涉作用，在晶体结构研究中应用广泛。如图 5-3

所示，一束 X 射线以角度 θ 照射到晶体表面时，一部分被表面原子层散射，没有被散射的部分穿透至第二原子层后，又一部分被散射，余下的继续穿透至第三层，这种从晶体规则间隔中心的散射积累就产生了 X 射线的衍射。

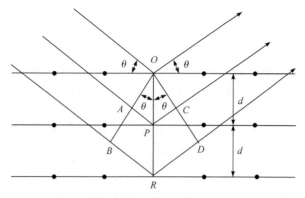

图 5-3　晶体对 X 射线的衍射

产生 X 射线衍射的条件是原子层的间距必须与辐射的波长大致相当，且散射中心的空间分布非常规则。由图 5-3 可见，晶体平面间距为 d，当光程差 $AP + PC = n\lambda$(n 是整数)，$AP = PC = d\sin\theta$，即两束反射 X 射线光程差 $2d\sin\theta$ 是入射波长的整数倍，两束光的相位一致，发生相长干涉，这种干涉现象称为衍射。晶体对 X 射线的这种衍射规则称为布拉格(Bragg)规则，可以表示为

$$n\lambda = 2d\sin\theta \qquad (5\text{-}8)$$

式(5-8)就是布拉格方程。该方程是 X 射线结构分析的基础，即根据 X 射线波长 λ 可以计算晶面间距 d；该方程也是 X 射线荧光定性分析的基础，即已知晶面间距 d，测量 θ 角，可以计算特征辐射波长 λ。

5.2　X 射线光谱仪

依据 X 射线的吸收、发射、荧光和衍射等现象可以建立不同的 X 射线光谱法，对应有不同的 X 射线光谱仪。这些仪器都是由光源、入射波长限定装置、样品台、辐射监测器或变换器、信号处理和读取器五个部分组成。

按照波长选择部件的不同，X 射线分析仪器分为以滤光片选择光源波长的 X 射线光度仪和以单色仪进行波长选择的 X 射线分光光谱仪两类。按照解析光谱的方法不同，X 射线分析仪器分为波长色散型和能量色散型两类。

1. X 射线辐射源

X 射线管是最常用的 X 射线光源，即利用 X 射线管产生的初级 X 射线作为激发 X 射线的辐射源。而以 X 射线管的辐射去激发二次靶面，产生次级 X 射线作为辐射源激发样品，可以有效减少 X 射线管初级射线的背景。

放射性同位素作为激发源可以用于 X 射线荧光和吸收分析。

2. 入射波长限定装置

以薄金属片作为 X 射线滤光片可以得到相对单色性的光束,但是 X 射线的强度明显减弱。

由光束准直器和色散元件组成 X 射线单色器,分光性能优越,分辨率和灵敏度高,是 X 射线光谱仪常用的入射波长限定装置。

3. 检测器

X 射线检测器是将 X 射线光子的能量转化为电能,通过电子线路以脉冲形式测量并记录下来。常用的检测器有正比计数器、闪烁计数器和半导体检测器。

1) 正比计数器

正比计数器是一种充气型探测器,由圆柱形金属圆筒外壳阴极、金属丝阳极和填充气体

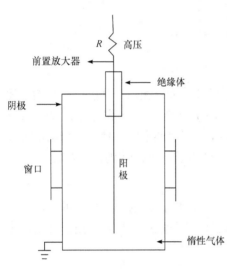

图 5-4 正比计数器结构示意图

构成。如图 5-4 所示,阳极通常是极细的钨丝,与圆筒金属阴极之间有良好的绝缘。填充气体是由 Ar、Kr 等探测气体和甲烷、乙醇等抑制气体构成的混合气体。在一定电压下,进入探测器的入射 X 射线光子轰击工作气体,使其电离而产生离子-电子对,称为光电离。高压直流电使正离子移向阴极,电子飞向阳极,并被高压加速而引起其他气体电离,产生多级电离现象。因此,一个电子可以引发 $10^3 \sim 10^5$ 个电子,称为“雪崩”式放电,使瞬间电流突然增大,并使高压电流突然减小而产生脉冲输出。在一定条件下,脉冲幅度与入射 X 射线光子能量成正比。

脉冲开始直至达到脉冲满幅度的 90% 所需要的时间称为脉冲的上升时间。两次可探测脉冲的最小时间间隔称为分辨时间,又粗略地称为死时间。正比计数器的死时间约为 0.2 μs,在死时间内进入的 X 射线光子不被检测。

2) 闪烁计数器

闪烁晶体是可将 X 射线光子转换成可见光的荧光物质,比较常用的是铊激活的碘化钠 NaI(Tl)。由闪烁晶体发出的可见光子通过光电倍增管放大,形成闪烁计数器的输出脉冲,脉冲高度与入射 X 射线的能量成正比,死时间为 0.25 μs。

茂、蒽和三联苯等化合物也可用作闪烁体,在晶体形态时,其衰减时间为 0.01 ~ 0.1 μs。有机液态闪烁体对辐射的自吸收比固态小,也可以使用。

3) 半导体检测器

半导体检测器由掺有 Li 的 Si(或 Ge)构成,称为锂漂移硅检测器 Si(Li)或锂漂移锗检测器 Ge(Li)。检测器分为朝向 X 射线源的 P 型半导体层、中间的本征区(纯硅晶体层)和 N 型半导体层。在 N、P 区之间有一个 Li 漂移区,即锂离子半径小,容易漂移穿过半导体,而且锂电离能较小,入射的 X 射线撞击锂漂移区时,产生电子-空穴对,该电子-空穴对在电场作用下移向 N 层和 P 层,形成电脉冲。脉冲高度与 X 射线能量成正比。

4. 信号处理与记录系统

信号处理与记录系统由放大器、脉冲高度分析器和记录显示装置构成。放大器的增益可

达 10^4 倍。脉冲高度分析器用来提供能量谱图，通过选取一定范围的脉冲幅度，从干扰线和散射线中分辨出分析线脉冲，以提高分析的灵敏度和准确度。

5.3　X 射线荧光法

荧光 X 射线是指入射 X 射线使 K 层电子激发生成光电子后形成空穴，L 层电子落入该空穴时，多余的能量以辐射形式释放出的 K_α 射线。X 射线荧光法是指检测样品中的元素吸收 X 射线或同位素源的初级 X 射线而被激发，继而发射出的其特征 X 射线荧光的方法。X 射线荧光法的特点是对样品无损伤，可以对原子序数大于氧(8)的所有元素进行定性分析，也可以对元素进行半定量或定量分析。

1. 定性分析

莫塞莱根据荧光 X 射线波长随着元素原子序数的增加而向短波方向移动的规律建立了 X 射线波长 λ 与元素原子序数 Z 之间关系的定律，即莫塞莱定律。其数学表达式为

$$\sqrt{\frac{1}{\lambda}} = K(Z - s) \tag{5-9}$$

式中，K、s 均为常数。莫塞莱定律是 X 射线荧光法定性分析的基础。

X 射线荧光的本质就是特征 X 射线，即通过测定样品 X 射线波长，在排除干扰的情况下，就可以确定元素的种类。当前，除轻元素外，绝大多数元素的特征 X 射线均已精确测定，并汇总成册。

元素的特征 X 射线包括一系列波长确定的谱线，且具有确定的强度比。例如，原子序数为 42 的 Mo 元素，其 K 特征谱线系列有 α_1、α_2、β_1、β_2 和 β_3，其强度比为 100∶50∶14∶5∶7。而且，同名谱线不同元素时，其波长随原子序数增大而减小。以 K_{α_1} 谱线为例，原子序数为 26 的 Fe 元素为 0.1936 nm，原子序数为 29 的 Cu 元素为 0.1540 nm，原子序数为 49 的 Ag 元素为 0.0559 nm。

X 射线荧光定性分析方法是利用测定的元素特征谱线及其相对强度，对照谱线表进行鉴别。元素荧光谱峰的识别过程是首先找出样品中已知元素的所有峰及靶线的散射线等，再从最强线开始鉴别剩余的峰。因为检测仪器存在误差，测量的角度与表中数据可能相差 0.5°(2θ)。通常选择多条谱线以判断元素的存在。例如，观察到 Fe 的 K_α 时，应寻找 Fe K_β 峰，以肯定 Fe 的存在。也可以从峰的相对强度判断是否有干扰存在。例如，当出现 Cu K_α 强峰时，则 Cu K_β 应为 K_α 强度的 1/5。若 Cu K_β 很弱，可以判断可能有其他干扰谱线与 Cu K_α 重叠。

2. 定量分析

X 射线荧光法的定量分析主要依据元素的特征 X 射线强度，即荧光 X 射线的强度与样品中该元素的含量之间可以建立强度-浓度定量分析方程，依据该方程进行样品的定量分析。对于简单组成的样品，荧光强度与浓度之间可以建立简单的线性或二次方程；而复杂样品存在基体效应，需要进行校正。

1) 基体效应

基体效应是指样品的基本化学组成和物理、化学状态的变化对分析线强度的影响。X 射

线荧光不仅来自样品表面的原子，也来自表面以下的原子，即 X 射线的初级辐射和被测元素 X 射线荧光的生成都会穿透一定厚度的样品而导致衰减，其衰减取决于质量吸收系数，也就是取决于样品中所有元素的吸收强度。因此，分析线的净强度一方面取决于样品中元素的浓度，另一方面会受到基体元素的浓度和质量吸收系数的影响。同时，如果被测元素能够被基体中其他元素的 X 射线荧光激发产生分析线的次级发射，将造成被测元素的结果偏高，由此产生基体的增强效应。

基体效应的存在会造成较大的分析误差。以轻元素进行稀释的稀释法、薄膜样品法和内标法等都可以适当减小基体效应。

2) 定量方法

X 射线荧光分析中常用的定量方法有外标法、内标法和加入法等。

外标法是以基体成分和物理性质与样品相同或相近的标准样品作出分析线强度与含量关系的校准曲线，在同样条件下测定样品中被测元素分析线强度，根据校准曲线获得样品中被测元素含量。

内标法是在标准样品和分析样品中添加同样量的内标元素，用分析线和内标线相对强度对浓度作校准曲线，据此进行被测元素含量的测定。在选择内标元素时，要注意样品中不含该内标元素，内标元素的原子序数在被测元素原子序数附近(相差 1～2)，激发、吸收性质相似，且两者之间没有相互作用。

加入法是将样品分为若干份，在每份样品中分别添加不同量的被测元素，分别测定各加标样品中被测元素分析线强度，并进行背景校正。以校正后的分析线强度对加标浓度绘制校准曲线，直线外推与横坐标交点处的横坐标绝对值为被测元素的含量。本方法主要针对含量小于 10%的元素分析。

3. X 射线荧光仪

根据仪器的分光原理不同，X 射线荧光光谱仪可以分为波长色散型、能量色散型和非色散型。

1) 波长色散型 X 射线荧光仪

波长色散型 X 射线荧光仪是以 X 射线管为光源，分析晶体为分光装置，将不同波长的 X 射线荧光分开并检测。

波长色散型 X 射线荧光仪又分为单道和多道两种。手动单道仪器用于仅含几个元素样品的定量分析，而自动单道仪器适用于扫描整个光谱的定性分析。多道色散仪可以同时在几秒至几分钟内测定 20 多种元素，但仪器庞大且昂贵。

波长色散型 X 射线荧光仪广泛应用于钢铁、合金、矿石和化工领域的金属、粉末固体、蒸发镀膜、纯液体或溶液中一些元素的测定。

2) 能量色散型 X 射线荧光仪

能量色散型 X 射线荧光仪以脉冲高度分析器为分光装置，按照光子能量大小不同进行分离并检测。该类仪器不使用分光晶体，而是利用半导体检测器的高分辨率，并配置多道脉冲分析器而完成检测。

能量色散型 X 射线荧光仪最大的优点是没有分光系统，操作简便，分析速度快，检测器靠近样品，到达检测器的能量可以增大 100 倍以上，灵敏度高 2～3 个数量级，可以使用放射性物质或低能量 X 射线管等强度较弱的光源，价格便宜、工作稳定、体积小，而且可以同时测定样品中几乎所有的元素，对样品的损伤也小。但是，这类仪器的能量分辨率较差，检测器必须在低温下保存使用，对轻元素检测困难。

3) 非色散型 X 射线荧光仪

非色散型 X 射线荧光仪一般用于简单样品中少数元素的常规分析。该类仪器是选用合适的放射源激发样品，释放的 X 射线荧光经过相邻的吸收边界分别在被测线短波方向和长波方向的两个过滤片，再进入一对正比计数器。两信号强度之差正比于样品中被测元素的含量。这类仪器计数时间较长。

4. 应用

X 射线荧光法是一种特征性强且不破坏样品的元素分析方法，分析含量范围广，精密度和准确度较高，自动化程度高，可以同时测定原子序数 5 以上的所有元素，广泛应用于金属、合金、矿物、环境保护、外控探测等各个领域。

例如，用稀释剂改善制样均匀性，选择 Nd 为内标元素，建立了 X 射线荧光测定面粉、糖果、果冻、鱼丸等食品中二氧化钛含量的方法。该方法的检出限为 $1 \ mg \cdot kg^{-1}$，操作简单，分析速度快，适合于批量食品样品中二氧化钛的快速检测，见图 5-5。

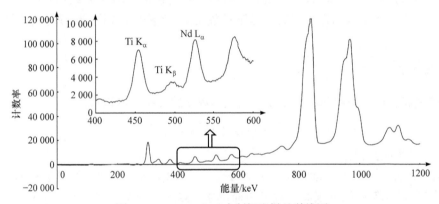

图 5-5　$500 \ mg \cdot kg^{-1}$ 自制标准样品谱线图

5.4　X 射线吸收法

X 射线吸收法是利用样品对 X 射线的吸收进行分析的方法。

X 射线吸收法定性分析的依据是元素的特征吸收线；定量分析的依据是元素的吸收与其含量成比例。该方法主要用于定量分析，定量分析方法有多色光直接吸收法、单色光直接吸收法和吸收光谱分析法等。

X 射线吸收法适用于气态、液态或固态物质的分析，吸收仅与样品中被测元素的原子种类和数目有关，与其存在状态无关。该方法兼具 X 射线荧光法的优点，如分析速度快、用样量少、不破坏样品等，而且基体效应小、共存元素影响小等。但该方法的灵敏度较差，而且应用比较麻烦，耗时比较长。因此，与 X 射线荧光法相比，X 射线吸收法的应用较少，多数情况下，X 射线吸收法应用于基体效应极小的样品，如石油工业中铅和硫的测定、原子能工业中铀和钇的测定、金属有机化合物中金属元素的测定、聚合物中氯和氟含量的测定等。

5.5　X 射线衍射法

X 射线衍射法是利用 X 射线衍射图进行物质微观结构和结构缺陷研究的分析方法，是目前应用十分广泛的晶体结构测定方法。

大多数固体物质以原子、离子或分子在空间周期性排列的晶体形式存在，晶体中原子散射的电磁波互相干涉和互相叠加而在某一个方向得到加强和抵消的现象就是衍射。原子的电子数决定了其对 X 射线的散射能力；构成晶体的晶胞大小、形状及入射 X 射线波长决定了晶体衍射 X 射线的方向；晶体内原子的类型和晶胞内原子的位置决定了衍射光的强度。因此，各种类型的晶体物质都有特征的衍射光束方向和强度表达的衍射图，构成晶体化合物的"指纹"，这种衍射图就是晶体化合物 X 射线衍射分析的依据。

X 射线衍射法可分为粉末衍射法和单晶衍射法两种。

5.5.1　粉末衍射法

粉末衍射法是利用晶体对 X 射线的衍射效应，获得粉末样品 X 射线衍射图的方法，常用来测定立方晶系晶体结构的点阵形式、晶胞参数及简单结构的原子坐标或分析固体样品的物相等。

1. 结构分析

由式(5-8)布拉格方程和晶面间距 d 与晶胞参数 a 的关系式可以得出

$$\sin^2\theta = (\lambda/2a)^2(h^2 + k^2 + l^2) \tag{5-10}$$

式中，h、k、l 为晶面指标。

式(5-10)显示，$\sin^2\theta$ 与晶面指标平方和$(h^2 + k^2 + l^2)$成正比。按粉末线 θ 值从小到大的顺序排列，$\sin^2\theta$ 值的比例有如下规律：对于 P(简单立方点阵)有 $1:2:3:4:5:6:8:9:\cdots$(缺 7、15)；对于 I(体心立方点阵)有 $1:2:3:4:5:6:7:8:9:\cdots$(不缺 7、15)；对于 F(面心立方点阵)有 $3:4:8:11:12:16:19:20:\cdots$(双线、单线交替)。根据样品晶体的衍射线出现情况，可以判断属于哪种结构。

多晶体是大多数固态物质的存在形式，也各有其特定的结构，表现为其粉末衍射图也各有不同的特征。根据 θ 值和布拉格方程，可以求出 d/n 值。实际工作中，可以根据晶态物质标样的衍射图建立对应的 $\dfrac{d}{n}$-I 数据，制成 X 射线粉末衍射图谱。然后，将未知晶体物质的衍射图及其 d 值与已知标样数据进行比较，可以得出分析结果。对于混合物样品，可以鉴定每一种组分，即根据 d 数据找出可能的组分，再按谱线的强度比确定其中某一组分。然后，将该组分的所有谱线删除，对剩余的谱线重新定标，以最大强峰为 100，其他谱线按比例重新计算出相对强度，依次重复找出剩余组分。

粉末衍射法是鉴定物质晶相的有效方法，如鉴别一种元素组成的多种氧化物(如 FeO、Fe_2O_3、Fe_3O_4 等)，这是一般的化学分析方法无法解决的问题。

2. 粒子大小的测定

固体催化剂、高分子化合物及蛋白质粒子大小与其性能关系密切。这些物质的晶粒太大 $(10^{-6}\sim10^{-4}\text{ cm})$，不能近似看成具有无限多晶面的理想晶体，其衍射线条不够尖锐，而是具有一定的宽度。根据谱线宽度，可求得平均晶粒大小为 $2\sim50\text{ nm}$ 的微晶或非均物质能在很低的角度内产生衍射效应，通过测定 $0.2°\sim2°$ 的低角散射强度，也可求出粒子的大小。这种方法既适用于晶体也适用于无定形物质，因为其测定是基于粒子的外部尺寸而不是内部的有序性。

多晶粉末法的样品制备、实验测定及数据处理比较简单，但是，该方法只能测定简单或复杂结构的一部分。

5.5.2　单晶衍射法

单晶衍射法是利用单晶对 X 射线的衍射效应测定晶体结构的方法。单晶衍射法是结构分析中最有效的方法之一，能够给出一个晶体准确的晶胞参数、晶体中成键原子间的键长、键角、分子间距离等重要的结构化学数据，实验方法有劳厄法和单晶衍射仪法等。

以单晶作为研究对象能够比粉末更方便、可靠地获得更多的实验数据，可以测定晶体的复杂结构。因此，单晶衍射法成为研究化学成键、结构与性能关系等性质的重要方法，在化学、材料和生物等领域有重要的应用。

与粉末衍射法相比，单晶衍射法的样品制备及仪器设备、数据处理等更复杂。

思考题和习题

1. 名词解释：
   (1) X 射线
   (2) X 射线谱
   (3) 俄歇效应
   (4) 布拉格方程
   (5) X 射线荧光
   (6) X 射线衍射
   (7) K_α 与 K_β 谱线
   (8) K 系谱线与 L 系谱线
2. 描述 X 射线光谱仪的基本构成及各部件的作用。
3. 简述 X 射线荧光产生的机理，并说明其定性和定量分析的依据及方法。
4. 试比较几种 X 射线检测器的作用原理与应用范围。
5. 试比较粉末衍射法和单晶衍射法的特点及应用。

第6章 紫外-可见吸收光谱法

6.1 概　述

利用紫外-可见分光光度计测量物质对紫外-可见光的吸收程度(吸光度)和紫外-可见吸收光谱来确定物质的组成、含量,推测物质结构的分析方法称为紫外-可见吸收光谱法(ultraviolet-visible absorption spectrometry,UV-vis)或紫外-可见分光光度法。它具有如下特点:

(1) 灵敏度高。可以测定 $10^{-7}\sim10^{-4}\ \text{g}\cdot\text{mL}^{-1}$ 的微量组分。

(2) 准确度较高。其相对误差一般为 1%～5%。

(3) 方法简便,仪器价格较低。操作简便、分析速度快。

(4) 应用广泛。既能进行定量分析,又可以进行定性分析和结构分析。既可用于无机化合物的分析,也可用于有机化合物的分析,还可用于配位化合物的组成和稳定常数的测定等。

紫外-可见吸收光谱法也有一定的局限性,有些有机化合物在紫外-可见光区没有吸收谱带,有的仅有较简单而宽阔的吸收光谱,更有个别的紫外-可见光谱大致相似。例如,甲苯和乙苯的紫外吸收光谱基本相同。因此,仅根据紫外-可见光谱不能完全确定这些物质的分子结构,只有与红外吸收光谱、核磁共振波谱和质谱等方法结合起来,得出的结论才更可靠。

6.2　紫外-可见吸收光谱的基本原理

紫外-可见吸收光谱包括紫外吸收光谱(200～400 nm)和可见吸收光谱(400～800 nm),两者都属于电子光谱,其产生过程在分析化学教材中已有介绍,这里不再赘述。紫外-可见吸收光谱法的定量分析依据仍然是朗伯-比尔定律。

当一束紫外-可见光(波长范围 200～800 nm)通过透明的物质时,具有某种能量的光子被吸收,而另一些能量的光子则不被吸收,光子是否被物质所吸收既取决于物质的内部结构,也取决于光子的能量。当光子的能量等于电子能级的能量差($\Delta E=h\nu$)时,则此能量的光子才可能被吸收,并使电子由基态跃迁至激发态。物质对光的吸收特征可用吸收曲线来描述。以波长 λ 为横坐标、吸光度 A 为纵坐标作图,得到的 A-λ 曲线即为紫外-可见吸收光谱(或紫外-可见吸收曲线)。它能更清楚地描述物质对光的吸收情况(图 6-1)。

从图 6-1 中可以看出:物质在某一波长处对光的吸收最强,称为最大吸收峰,对应的波长称为最大吸收波长($\lambda_{\max}$);低于高吸收峰的峰称为次峰;吸收峰旁边的小曲折称为肩峰;曲线中的低谷称为波谷,对应的波长称为最小吸收波长($\lambda_{\min}$);在吸收曲线波长最短的一端,吸收强度相当大但不成峰形的部分称为末端吸收。同一物质的浓度不同时,光吸收曲线形状相同,最大吸收波长不变,只是相应的吸光度大小不同。

物质不同,其分子结构不同,则吸收光谱曲线不同,$\lambda_{\max}$ 不同。因此,可根据吸收光谱曲线对物质进行定性鉴定和结构分析。

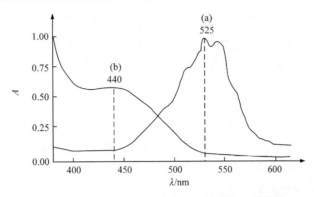

图 6-1　高锰酸钾(a)和重铬酸钾(b)的吸收光谱曲线

物质吸光的定量分析依据为朗伯-比尔定律：$A = \varepsilon cL$。表明物质对单色光的吸收强度 A 与溶液的浓度 c 和液层长度 L 的乘积成正比，ε 为摩尔吸光系数($L \cdot mol^{-1} \cdot cm^{-1}$)，它与入射光的波长、溶液的性质及温度有关。

ε 反映吸光物质对光的吸收能力，也反映定量测定的灵敏度。ε 值越大，说明该物质在某特定条件下的吸收能力越强，测定的灵敏度越高。它是描述物质紫外-可见吸收光谱的主要特征，也是物质定性分析的重要依据。

6.3　紫外-可见吸收光谱与分子结构的关系

6.3.1　电子跃迁的类型

紫外-可见吸收光谱是由于分子中价电子(外层电子)能级跃迁而产生的。因此，有机化合物的紫外-可见吸收光谱取决于分子中价电子(外层电子)的性质。

根据分子轨道理论，在有机化合物分子中与紫外-可见吸收光谱有关的价电子(外层电子)有三种：形成单键的 σ 电子、形成双键的 π 电子和分子中未成键的孤对电子，称为 n 电子。当有机化合物吸收可见光或紫外光，分子中的价电子(外层电子)跃迁到激发态，其跃迁方式主要有四种类型，即 σ→σ*、n→σ*、n→π*、π→π*。各种跃迁所需能量大小顺序为：σ→σ*>n→σ*≥π→π*>n→π*。

电子能级间能量的相对大小如图 6-2 所示。

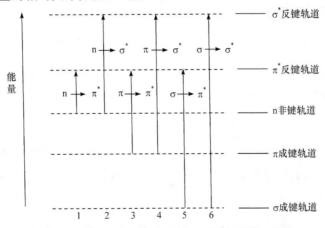

图 6-2　各种电子跃迁相应的吸收峰和能量示意图

成键电子中, π 电子比 σ 电子具有较高的能级, 而反键电子却相反。因此, 在简单分子中的 $n \rightarrow \pi^*$ 跃迁需要的能量最小, 吸收峰出现在长波段; $\pi \rightarrow \pi^*$ 跃迁的吸收峰出现在较短波段; 而 $\sigma \rightarrow \sigma^*$ 跃迁需要的能量最大, 出现在远紫外区。

1. $\sigma \rightarrow \sigma^*$ 跃迁

成键 σ 电子由基态跃迁到 σ^* 轨道。在有机化合物中, 由单键构成的化合物(如饱和烃类)能产生 $\sigma \rightarrow \sigma^*$ 跃迁。引起 $\sigma \rightarrow \sigma^*$ 跃迁所需的能量很大, 故产生的吸收峰出现在远紫外光区, 即在近紫外光区、可见光区内不产生吸收。因此, 常采用饱和烃类化合物(如正己烷、正庚烷)作为紫外-可见吸收光谱分析的溶剂。

2. $n \rightarrow \sigma^*$ 跃迁

分子中未成键 n 电子跃迁到 σ^* 轨道。凡含有 n 电子的杂原子(如 O、N、X、S 等)的饱和化合物都可发生 $n \rightarrow \sigma^*$ 跃迁。此类跃迁比 $\sigma \rightarrow \sigma^*$ 所需能量小, 一般相当于 $150 \sim 250$ nm 的紫外光区, 但跃迁概率较小, ε 值为 $10^2 \sim 10^3$ L $\cdot$ mol^{-1} $\cdot$ cm^{-1}, 属于中等强度吸收。

3. $\pi \rightarrow \pi^*$ 跃迁

成键 π 电子由基态跃迁到 π^* 轨道。凡含有双键或三键(如 $>C=C<$、$—C\equiv C—$ 等)的不饱和有机化合物都能产生 $\pi \rightarrow \pi^*$ 跃迁。其所需的能量与 $n \rightarrow \sigma^*$ 跃迁相近, 吸收峰在 200 nm 附近, 属于强吸收。共轭体系中的 $\pi \rightarrow \pi^*$ 跃迁, 吸收峰向长波方向移动, 在 $200 \sim 700$ nm 的紫外-可见光区。

4. $n \rightarrow \pi^*$ 跃迁

未成键 n 电子跃迁到 π^* 轨道。含有杂原子的双键不饱和有机化合物能产生这种跃迁, 如含有 $>C=O$、$>C=S$、$—N=O$、$—N=N—$ 等杂原子的双键化合物。跃迁的能量较小, 吸收峰出现在 $200 \sim 400$ nm 的紫外光区, 属于弱吸收。

$n \rightarrow \pi^*$ 及 $\pi \rightarrow \pi^*$ 跃迁都需要有不饱和官能团存在, 以提供 π 轨道。这两类跃迁在有机化合物中具有非常重要的意义, 是紫外-可见吸收光谱的主要研究对象, 因为跃迁所需的能量使吸收峰进入了便于实验的光谱区域($200 \sim 1000$ nm)。

6.3.2　生色团、助色团和吸收带

1. 生色团

含有不饱和键, 能吸收紫外、可见光产生 $\pi \rightarrow \pi^*$ 或 $n \rightarrow \pi^*$ 跃迁的基团称为生色团(或发色团), 如 $>C=C<$、$—C\equiv C—$、$>C=O$、$>C=N—$、$—N=N—$、$—COOH$ 等。

2. 助色团

含有未成键 n 电子, 本身不产生吸收峰, 但与生色团相连, 能使生色团吸收峰向长波方向移动, 吸收强度增大的杂原子基团称为助色团, 如 $—NH_2$、$—OH$、$—OR$、$—SR$、$—X$ 等。

3. 吸收带

在紫外-可见吸收光谱中, 吸收峰的谱带位置称为吸收带, 通常分为以下四种。

1) R 吸收带

这是与双键相连接的杂原子(如 C=O、C=N、S=O 等)上未成键电子的孤对电子向 π^* 反键轨道跃迁的结果，可简单表示为 $n \to \pi^*$。其特点是强度较弱，一般 $\varepsilon < 10^2 \, L \cdot mol^{-1} \cdot cm^{-1}$；吸收峰位于 $200 \sim 400 \, nm$。

2) K 吸收带

这是两个或两个以上双键共轭时，π 电子向 π^* 反键轨道跃迁的结果，可简单表示为 $\pi \to \pi^*$。其特点是吸收强度较大，通常 $\varepsilon > 10^4 \, L \cdot mol^{-1} \cdot cm^{-1}$；跃迁所需能量大，吸收峰通常在 $200 \sim 280 \, nm$。K 吸收带的波长及强度与共轭体系数目、位置、取代基的种类有关。其波长随共轭体系的加长而向长波方向移动，吸收强度也随之增大。K 吸收带是紫外-可见吸收光谱中应用最多的吸收带，既可用于判断化合物的共轭结构，也可用于定量分析。

3) B 吸收带

这是芳香族化合物苯环上三个双键共轭体系中的 $\pi \to \pi^*$ 跃迁和苯环的振动重叠而引起的精细结构吸收带。但相对来说，该吸收带强度较弱。吸收峰在 $230 \sim 270 \, nm$，ε 为 $10^2 \sim 10^3 \, L \cdot mol^{-1} \cdot cm^{-1}$。B 吸收带的精细结构常用来判断芳香族化合物，但苯环上有取代基且与苯环共轭或在极性溶剂中测定时，这些精细结构会简单化或消失。

4) E 吸收带

这是由芳香族化合物苯环上三个双键共轭体系中的 π 电子向 π^* 反键轨道 $\pi \to \pi^*$ 跃迁产生的，是芳香族化合物的特征吸收。E_1 带出现在 $185 \, nm$ 处，为强吸收，$\varepsilon > 10^4 \, L \cdot mol^{-1} \cdot cm^{-1}$；$E_2$ 带出现在 $204 \, nm$ 处，为较强吸收，$\varepsilon > 10^3 \, L \cdot mol^{-1} \cdot cm^{-1}$。

当苯环上有生色团且与苯环共轭时，E_1 带常与 K 带合并且向长波方向移动，B 吸收带的精细结构简单化，吸收强度增大且向长波方向移动。苯和苯乙酮的紫外吸收光谱如图 6-3 所示。

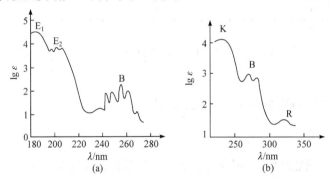

图 6-3　(a)苯的紫外吸收光谱(乙醇中)；(b)苯乙酮的紫外吸收光谱(正庚烷中)

以上各吸收带相对的波长位置大小为：$R > B > K$、E_1、E_2，但 K 带和 E 带常合并成一个吸收带。

6.3.3　影响紫外-可见吸收光谱的因素

紫外-可见吸收光谱主要取决于分子中价电子的能级跃迁，但分子的内部结构和外部环境都会对紫外-可见吸收光谱产生影响。了解影响紫外-可见吸收光谱的因素对解析紫外光谱、鉴定分子结构有十分重要的意义。

1. 共轭效应

共轭效应使共轭体系形成大 π 键，结果使各能级间能量差减小，跃迁所需能量减小。因此，共轭效应使吸收的波长向长波方向移动，吸收强度也随之增大。

随着共轭体系的加长，吸收峰的波长和吸收强度呈规律性地改变。

2. 助色效应

助色效应使助色团的 n 电子与生色团的 π 电子共轭，结果使吸收峰的波长向长波方向移动，吸收强度随之增大。

3. 超共轭效应

这是由烷基的σ键与共轭体系的π键共轭引起的，其结果同样使吸收峰向长波方向移动，吸收强度增大。但超共轭效应的影响远远小于共轭效应的影响。

4. 溶剂

溶剂的极性强弱能影响紫外-可见吸收光谱的吸收峰波长、吸收强度及形状。例如，改变溶剂的极性会使吸收峰波长发生变化。表 6-1 列出溶剂对异亚丙基丙酮 $CH_3COCH=C(CH_3)_2$ 紫外吸收光谱的影响。从表 6-1 可以看出，溶剂极性越大，由 n→π* 跃迁产生的吸收峰向短波方向移动(称为短移或紫移)，而 π→π* 跃迁吸收峰向长波方向移动(称为长移或红移)。

表 6-1　异亚丙基丙酮的溶剂效应

跃迁	溶剂				移动
	正己烷	氯仿	甲醇	水	
π→π*	230 nm	238 nm	237 nm	243 nm	向长波移动
n→π*	329 nm	315 nm	309 nm	305 nm	向短波移动

因此，测定紫外-可见吸收光谱时应注明使用的溶剂，所选用的溶剂应在样品的吸收光谱区内无明显吸收。

6.3.4　各类有机化合物的紫外-可见特征吸收光谱

1. 饱和有机化合物

饱和碳氢化合物只能产生σ→σ*跃迁，所需能量较高，在近紫外光区、可见光区不产生吸收，因此常用作紫外-可见吸收光谱分析的溶剂。

2. 不饱和有机化合物

1) 含有孤立双键的化合物

烯烃能产生 π→π* 跃迁，吸收峰位于远紫外光区。当烯烃双键上的碳原子被杂原子取代时(如>C=O、>C=S 等基团)，可产生 n→π*、π→π* 及 n→σ*跃迁。

2) 含有共轭双键的化合物

共轭二烯、多烯烃及共轭烯酮类化合物中存在共轭效应，π→π* 跃迁所需能量减小，从而使其吸收波长和吸收程度随着共轭体系的增加而增加。其最大吸收波长除可以用紫外-可见分光光度计测量外，还可利用经验公式推算，有时将计算结果与实验结果比较，可确定被测物质的结构。

α, β-不饱和醛、酮等化合物的 λ_{max} 可根据经验公式进行计算。

i. 伍德沃德-菲泽(Woodward-Fieser)规则(1)

计算链状及环状共轭多烯的 λ_{max} 时，首先从母体得到一个最大吸收的基本值，然后对连接在母体 π 电子体系上的不同取代基及其他结构因素加以修正(表 6-2)。

表 6-2　共轭多烯类化合物最大吸收波长计算法[*](以己烷为溶剂)

母体基本值	λ_{max}/nm	举例说明
链状、单环、异环共轭二烯	214	
同环共轭二烯	253	
增加键	**增加值/nm**	
延伸一个共轭双键	+30	
增加一个烷基或环基取代	+5	
增加一个环外双键	+5	
助色团取代	**增加值/nm**	
—OCOR(酯基)	+0	
—Cl 或—Br	+5	
—OR(烷氧基)	+6	
—NR$_2$	+60	
—SR(烷硫基)	+30	

[*] 同环二烯与异环二烯并存时，按同环二烯计算。

例 6-1　计算化合物 CH_3—CH =C—C =CH_2 的 λ_{max}。（分子上方有 CH_3 CH_3 取代）

解　链状共轭二烯基本值　214 nm

烷基取代 3 个　　　+3×5 nm

λ_{max} 计算值 = 229 nm(λ_{max} 实测值 = 231 nm)

例 6-2　计算化合物 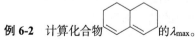 的 λ_{max}。

解　异环共轭二烯基本值　214 nm

烷基取代 3 个　　　+3×5 nm

环外双键 1 个　　　+5 nm

λ_{max} 计算值 = 234 nm(λ_{max} 实测值 = 234 nm)

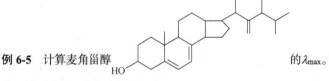

例 6-3 计算松香酸 ⟨结构式⟩ 的 λ_{max}。

解
异环共轭二烯基本值　214 nm

烷基取代 4 个　　　　　+4×5 nm

环外双键 1 个　　　　　+5 nm

λ_{max} 计算值 = 239 nm(λ_{max} 实测值 = 238 nm)

例 6-4 计算化合物 $H_3C—\overset{O}{\underset{||}{C}}—O$—⟨结构式⟩ 的 λ_{max}。

解
同环共轭二烯基本值　253 nm

延长一个共轭双键　　　+30 nm

烷基取代 4 个　　　　　+4×5 nm

环外双键 2 个　　　　　+2×5 nm

酰氧基 1 个　　　　　　+0 nm

λ_{max} 计算值 = 313 nm(λ_{max} 实测值 = 306 nm)

例 6-5 计算麦角甾醇 ⟨结构式⟩ 的 λ_{max}。

解
同环共轭二烯基本值　253 nm

烷基取代 4 个　　　　　+4×5 nm

环外双键 2 个　　　　　+2×5 nm

λ_{max} 计算值 = 283 nm(λ_{max} 实测值 = 282 nm)

　　上述五个例子说明伍德沃德-菲泽规则(1)在预测共轭多烯的吸收光谱的 λ_{max} 方面是相当令人满意的。不过必须注意，规则中所指的同环二烯或异环二烯的环是指六元环。若为五元环或七元环，则五元环二烯与七元环二烯的吸收光谱的 λ_{max} 基本值应分别为 228 nm 与 241 nm。

　　使用这个规则时，应注意如果有多个可供选择的母体时，应优先选择较长波长的母体。例如，共轭体系中若同时存在同环二烯与异环二烯，应选择同环二烯作为母体。环外双键特指 C=C 键中有一个 C 原子在环上，另一个 C 原子不在该环上的情况。对"身兼数职"的基团应按实际"兼职"的次数计算增加值，同时应准确判断共轭体系的起点与终点，防止将与共轭体系无关的基团计算在内。同时需注意的是，该规则不适用于共轭双键多于四个的共轭体系，也不适用于交叉共轭体系。典型的交叉共轭体系骨架的结构如下：

ii. 菲泽-库恩(Fieser-Kuhn)规则

如果一个多烯分子中含有四个以上的共轭双键，则它们在己烷中的吸收光谱的 λ_{max} 值和

ε_{max} 值分别由菲泽-库恩规则计算:

$$\lambda_{max} = 114 + 5M + n(48.0 - 1.7\,n) - 16.5R_1 - 10R_2$$

$$\varepsilon_{max} = 1.74 \times 10^4\, n$$

式中，M 为双键体系上烷基取代的数目；n 为共轭双键的数目；R_1 为具有桥环双键的环数；R_2 为具有环外双键的环数。

下面用两个例子来说明这个补充规则的应用。

(1) 全反式 β-胡萝卜素:

由结构式可以看出，在它的双键体系上烷基取代的数目 $M = 10$；共轭双键数 $n = 11$；具有桥环双键的环数 $R_1 = 2$；它不含具有环外双键的环，故 $R_2 = 0$。将这些数值代入式中，得

$$\lambda_{max} = 114 + 5 \times 10 + 11 \times (48.0 - 1.7 \times 11) - 16.5 \times 2 = 453.3\,(nm)$$

$$\varepsilon_{max} = 1.74 \times 10^4 \times 11 = 1.91 \times 10^5$$

计算得到的数值与实际观察到的 λ_{max}(452 nm) 相当接近。

(2) 全反式番茄红素:

它共含有 11 个共轭双键，$n = 11$。值得注意的是，头尾两个双键并不参与中间 11 个双键组成的共轭体系。共轭双键体系上烷基取代数 $M = 8$。因为该结构中不存在环，所以 R_1 与 R_2 均等于 0。将以上数值代入式中，得

$$\lambda_{max} = 114 + 5 \times 8 + 11 \times (48.0 - 1.7 \times 11) = 476.3\,(nm)$$

$$\varepsilon_{max} = 1.74 \times 10^4 \times 11 = 1.91 \times 10^5$$

计算得到的数值与实际观察到的 λ_{max}(474 nm) 相当接近。

iii. 伍德沃德-菲泽规则(2)

α, β 不饱和羰基化合物(醛、酮)的 $\pi \to \pi^*$ 跃迁吸收波长 λ_{max} 计算法如表 6-3 所示。

表 6-3　α, β-不饱和醛酮最大吸收波长计算法(以乙醇为溶剂)

母体基本值	$\pi \to \pi^*$ 跃迁 λ_{max}/nm
链状 α, β-不饱和醛	207
直链及六元环 α, β-不饱和酮	215
五元环 α, β-不饱和酮	202
α, β-不饱和酸酯	193

续表

增加键	增加值/nm			
同环共轭二烯	+39			
增加一个共轭双键	+30			
增加一个环外双键、五元及七元环内双键	+5			
烯基上取代	α位	β位	γ位	δ位
烷基或环残基取代	10	12	18	18
烷氧基取代—OR	35	30	17	31
羟基取代—OH	35	30	50	50
酰基取代—OCOR	6	6	6	6
卤素 Cl	15	12	12	12
卤素 Br	25	30	25	25
含硫基团取代—SR	80			
氨基取代—NRR′	95			

例 6-6 计算化合物 $CH_3CH=C(CH_3)-C(CH_3)=O$ 的 λ_{max}。

解 α, β-不饱和酮基本值   215 nm

烷基取代 α 位 1   +10 nm

烷基取代 β 位 1   +12 nm

λ_{max} 计算值 = 237 nm（λ_{max} 实测值 = 236 nm）

例 6-7 计算化合物 的 λ_{max}。

解 六元环不饱和酮基本值   215 nm

烷基取代 β 位 2   +2×12 nm

羟基取代 α 位 1   +35 nm

λ_{max} 计算值 = 274 nm（λ_{max} 实测值 = 274 nm）

3. 芳香族化合物

由前所述可知，E 带和 B 带是芳香族化合物的特征吸收，它们均由 $\pi \rightarrow \pi^*$ 跃迁产生，当苯环上的取代基不同时，其 E_2 带和 B 带的吸收峰也随之变化，可由此鉴定各种取代基。苯及其衍生物的吸收特征见表 6-4。

表 6-4　苯及其衍生物的吸收特征

	E₂ 吸收带		B 吸收带	
	λ_{max}/nm	ε/(L · mol⁻¹ · cm⁻¹)	λ_{max}/nm	ε/(L · mol⁻¹ · cm⁻¹)
—H	204	7 900	254	204
—NH₂	203	7 500	254	160
—CH₃	206	7 000	261	225
—I	207	7 000	257	700
—Cl	209	7 400	263	190
—OCH₃	217	6 400	269	1 480
—Br	210	7 900	261	192
—OH	210	6 200	270	1 450
—COCH₃	245	13 000	278	1 100
—CHO	249	11 400	为强 E 带掩盖	
—COOH	230	11 600	273	970
—O⁻	235	9 400	287	2 600

6.4　紫外-可见分光光度计

　　用于测量和记录被测物质对紫外光、可见光的吸光度及紫外-可见吸收光谱，并进行定性、定量及结构分析的仪器称为紫外-可见吸收光谱仪或紫外-可见分光光度计。

6.4.1　仪器的基本构造

　　紫外-可见分光光度计的波长范围为 200～1000 nm，构造原理与可见分光光度计(如 721 型分光光度计)相似，都是由光源、单色器、吸收池、检测器和显示器五大部件构成，见图 6-4。

图 6-4　紫外-可见分光光度计结构示意图

1. 光源

　　光源是提供入射光的装置。要求在所需的光谱区域内发射连续的具有足够强度和稳定的紫外光及可见光，并且辐射强度随波长的变化尽可能小，使用寿命长。

　　在可见光区常用的光源为钨灯，可用的波长范围为 350～1000 nm。在紫外光区常用的光源为氢灯或氘灯，它们发射的连续光波长范围为 180～360 nm。其中，氘灯的辐射强度大，稳定性好，寿命长。

2. 单色器

　　单色器是将光源辐射的复合光分成单色光的光学装置。单色器一般由狭缝、色散元件及透镜系统组成。最常用的色散元件是棱镜和光栅。

棱镜通常用玻璃、石英等制成。玻璃材料适用于可见光区，石英材料适用于紫外光区。

3. 吸收池

吸收池是用于盛装试液的装置。吸收池材料必须能够透过所测光谱范围的光，一般可见光区使用玻璃吸收池，紫外光区使用石英吸收池。

4. 检测器

检测器是将光信号转变成电信号的装置。要求灵敏度高，响应时间短，噪声水平低且有良好的稳定性。常用的检测器有硒光电池、光电管、光电倍增管和光电二极管阵列检测器。

硒光电池构造简单，价格便宜，使用方便，但长期曝光易"疲劳"，灵敏度也不高。

光电管的灵敏度比硒光电池高，它能将所产生的光电流放大，可用来测量很弱的光。常用的光电管有蓝敏光电管和红敏光电管两种。前者是在镍阳极表面沉积锑和铯，适用波长范围为 $210 \sim 625$ nm；后者是在阴极表面沉积银和氧化铯，适用波长范围为 $625 \sim 1000$ nm。

光电倍增管比普通光电管更灵敏，是目前高中档分光光度计中常用的一种检测器。

光电二极管阵列检测器(photodiode array detector)是紫外-可见光度检测器的一个重要进展。这类检测器用光电二极管阵列作检测元件，阵列由数百个光电二极管组成，各自测量一窄段即几十微米的光谱。通过单色器的光含有全部吸收信息，在阵列上同时被检测，并用电子学方法及计算机技术对二极管阵列快速扫描采集数据，由于扫描速度非常快，可以得到三维(A，λ，t)光谱图。

5. 显示器

显示器是将检测器输出的信号放大并显示出来的装置。常用的装置有电表指示、图表指示及数字显示等。

6.4.2 仪器的类型

紫外-可见分光光度计主要有单光束分光光度计、双光束分光光度计、双波长分光光度计和光电二极管阵列分光光度计。

1. 单光束分光光度计

单光束分光光度计光路示意图如图 6-4 所示，一束经过单色器的光轮流通过参比溶液和样品溶液进行测定。这种分光光度计结构简单，价格便宜，主要用于定量分析。但这种仪器操作麻烦。例如，在不同的波长范围内使用不同的光源、不同的吸收池，且每换一次波长，都要用参比溶液校正等，也不适合做定性分析。国产 751 型和 WFD-8A 型分光光度计都是单光束分光光度计。

2. 双光束分光光度计

双光束分光光度计的光路设计基本上与单光束相似，如图 6-5 所示，经过单色器的光被斩光器一分为二，一束通过参比溶液，另一束通过样品溶液，然后由检测系统测量，即可得到样品溶液的吸光度。

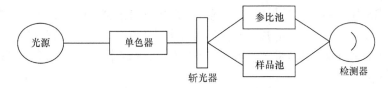

图 6-5　双光束分光光度计示意图

由于采用双光路方式,两光束同时分别通过参比池和样品池,因此操作简单,同时消除了因光源强度变化而带来的误差。国产的双光束分光光度计有 710 型和 730 型。图 6-6 是一种双光束自动记录式分光光度计光路系统图。

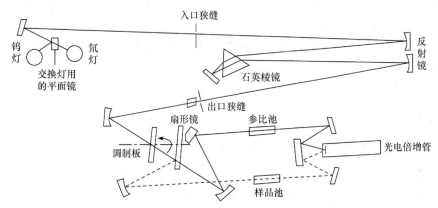

图 6-6　一种双光束自动记录式分光光度计光路系统图

3. 双波长分光光度计

就测量波长而言,单光束和双光束分光光度计都是单波长的。双波长分光光度计是用两种不同波长(λ_1 和 λ_2)的单色光交替照射样品溶液(不需使用参比溶液),经光电倍增管和电子控制系统,测得的是样品溶液在两种波长 λ_1 和 λ_2 处的吸光度之差 ΔA,$\Delta A = A_{\lambda_1} - A_{\lambda_2}$,只要 λ_1 和 λ_2 选择适当,ΔA 就是扣除了背景吸收的吸光度。仪器原理示意图如图 6-7 所示。

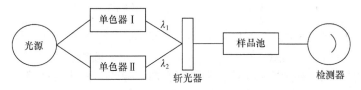

图 6-7　双波长分光光度计示意图

双波长分光光度计不仅能测定高浓度样品、多组分混合样品,还能测定浑浊样品。双波长分光光度计在测定相互干扰的混合样品时,不仅操作简单,而且准确度高。

4. 光电二极管阵列分光光度计

光电二极管阵列分光光度计是一种利用光电二极管阵列作多道检测器,由微型电子计算机控制的单光束紫外-可见分光光度计,具有快速扫描吸收光谱的特点。

从光源发射的复合光通过样品吸收池后经全息光栅色散,再通过一个可移动的反射镜使光束通过几个吸收池,色散后的单色光由光电二极管阵列中的光电二极管接收,光电二极管与电容耦合,当光电二极管受光照射时,电容器就放电,电容器的带电量与照射到光电二极管上的总光量成正比。由于单色器的谱带宽度接近光电二极管的间距，每个谱带宽度的光信号由一个光电二极管接收，一个光电二极管阵列可容纳 400 个光电二极管，可覆盖 200~800 nm 波长，分辨率为 1~2 nm，其全部波长可同时被检测而且响应快，可以在极短时间(2 s)内给出整个光谱的全部信息。

6.5 紫外-可见吸收光谱法的应用

6.5.1 定性分析

用紫外-可见吸收光谱进行定性分析时，通常是根据吸收光谱的形状、吸收峰的数目及最大吸收波长的位置和相应的摩尔吸光系数进行定性鉴定。一般采用比较光谱法，即在相同的测定条件下，比较被测物与已知标准物的吸收光谱曲线，如果它们的吸收光谱曲线完全等同(λ_{max} 及相应的 ε 均相同)，则可以认为是同一物质。应用这种对比法时，也可借助以往汇编的标准谱图进行比较。

6.5.2 结构分析

1. 根据化合物的紫外-可见吸收光谱推测化合物所含的官能团

某化合物在紫外-可见光区无吸收峰，则它可能不含双键或环状共轭体系，可能是饱和有机化合物。如果在 200~250 nm 有强吸收峰，可能是含有两个双键的共轭体系；在 260~350 nm 有强吸收峰，则至少有 3~5 个共轭生色团和助色团。如果在 270~350 nm 有很弱的吸收峰，并且无其他强吸收峰，则化合物含有带 n 电子的未共轭的生色团($>C=O$、$-NO_2$、$-N=N-$等)，弱峰是由 $n \rightarrow \pi^*$ 跃迁引起的。例如，在 260 nm 附近有中吸收且有一定的精细结构，则可能有芳香环结构(在 230~270 nm 的精细结构是芳香环的特征吸收)。

2. 利用紫外-可见吸收光谱判别有机化合物的同分异构体

例如，乙酰乙酸乙酯的互变异构体：

酮式没有共轭双键，在 206 nm 处有中吸收；而烯醇式存在共轭双键，在 245 nm 处有强吸收($\varepsilon = 18\,000$ L·mol^{-1}·cm^{-1})，因此根据它们的吸收光谱可判断存在与否。一般在极性溶剂中以酮式为主；非极性溶剂中以烯醇式为主。

又如，1,2-二苯乙烯具有顺式和反式两种异构体：

反式 $\lambda_{max}=295$ nm，$\varepsilon=27\,000$ L·mol^{-1}·cm^{-1}

顺式 $\lambda_{max}=280$ nm，$\varepsilon=14\,000$ L·mol^{-1}·cm^{-1}

由于顺反异构体的 λ_{max} 及 ε 不同，因此可用紫外-可见吸收光谱判断顺式或反式构型。

6.5.3　定量分析

紫外-可见分光光度法用于定量分析的依据是朗伯-比尔定律,即物质在一定波长处的吸光度与它的浓度呈线性关系。通过测定溶液对一定波长入射光的吸光度,便可求得溶液的浓度和含量。紫外-可见分光光度法不仅用于微量组分的测定,而且用于常量组分和多组分混合物的测定。

1. 单组分物质的定量分析

(1) 比较法。在相同条件下配制样品溶液和标准溶液(与被测组分的浓度近似),在相同的实验条件和最大波长 λ_{max} 处分别测得吸光度为 A_x 和 A_s,然后进行比较,求出样品溶液中被测组分的浓度 $[c_x = c_s \times (A_x/A_s)]$。

(2) 标准曲线法。首先配制一系列已知浓度的标准溶液,在 λ_{max} 处分别测得标准溶液的吸光度。然后以吸光度为纵坐标、标准溶液的浓度为横坐标作图,得 A-c 的校正曲线图(理想的曲线应为通过原点的直线)。在完全相同的条件下测出试液的吸光度,并从曲线上求得相应的试液的浓度。

2. 多组分物质的定量分析

根据吸光度加和性原理,对于两种或两种以上吸光组分的混合物的定量分析,可不需分离而直接测定。根据吸收峰的互相干扰情况,分为以下三种,如图 6-8 所示。

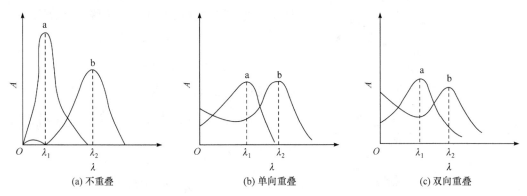

图 6-8　混合物的紫外-可见吸收光谱

(1) 吸收光谱不重叠。如图 6-8(a)所示,混合物中组分 a、b 的吸收峰相互不干扰,即在 λ_1 处组分 b 无吸收,而在 λ_2 处组分 a 无吸收。因此,可按单组分的测定方法分别在 λ_1 和 λ_2 处测得组分 a 和组分 b 的浓度。

(2) 吸收光谱单向重叠。如图 6-8(b)所示,在 λ_1 处测定组分 a,组分 b 有干扰,在 λ_2 处测定组分 b,组分 a 无干扰。因此,可先在 λ_2 处测定组分 b 的吸光度 $A_{\lambda_2}^{b}$

$$A_{\lambda_2}^{b} = \varepsilon_{\lambda_2}^{b} c^{b} L$$

式中, $\varepsilon_{\lambda_2}^{b}$ 为组分 b 在 λ_2 处的摩尔吸光系数,可由组分 b 的标准溶液求得,故可由上式求得组分 b 的浓度。然后在 λ_1 处测定组分 a 和组分 b 的吸光度 $A_{\lambda_1}^{a+b}$ 。

$$A_{\lambda_1}^{a+b} = A_{\lambda_1}^a + A_{\lambda_1}^b = \varepsilon_{\lambda_1}^a c^a L + \varepsilon_{\lambda_1}^b c^b L$$

式中，$A_{\lambda_1}^a$、$A_{\lambda_1}^b$ 分别为组分 a、组分 b 在 λ_1 处的摩尔吸光系数，它们可由各自的标准溶液求得，从而可由上式求出组分 a 的浓度。

(3) 吸收光谱双向重叠。如图 6-8(c)所示，组分 a、组分 b 的吸收光谱互相重叠，同样由吸光度加和性原则，在 λ_1 和 λ_2 处分别测得总的吸光度 $A_{\lambda_1}^{a+b}$、$A_{\lambda_2}^{a+b}$。

$$A_{\lambda_1}^{a+b} = A_{\lambda_1}^a + A_{\lambda_1}^b = \varepsilon_{\lambda_1}^a c^a L + \varepsilon_{\lambda_1}^b c^b L$$

$$A_{\lambda_2}^{a+b} = A_{\lambda_2}^a + A_{\lambda_2}^b = \varepsilon_{\lambda_2}^a c^a L + \varepsilon_{\lambda_2}^b c^b L$$

式中，$\varepsilon_{\lambda_1}^a$、$\varepsilon_{\lambda_2}^a$、$\varepsilon_{\lambda_1}^b$、$\varepsilon_{\lambda_2}^b$ 分别为组分 a、组分 b 在 λ_1、λ_2 处的摩尔吸光系数，它们同样可由各自的标准溶液求得。因此，通过解联立方程可求得组分 a 和组分 b 的浓度 c^a 和 c^b。

显然，有 n 个组分的混合物也可用此法测定，联立 n 个方程便可求得各自组分的含量，但随着组分的增多，实验结果的误差增大，准确度降低。

(4) 用双波长分光光度法进行定量分析。对于吸收光谱互相重叠的多组分混合物，除用上述解联立方程的方法测定外，还可用双波长法测定，并且能提高测定灵敏度和准确度。

在测定组分 a 和组分 b 的混合样品时，一般采用作图法确定参比波长和测定波长。如图 6-9 所示，选组分 a 的最大吸收波长 λ_1 为测定波长，而参比波长的选择应考虑能消除干扰物质的吸收，使组分 b 在 λ_1 处的吸光度等于它在 λ_2 处的吸光度，即 $A_{\lambda_1}^b = A_{\lambda_2}^b$，根据吸光度加和性原则，混合物在 λ_1 和 λ_2 处的吸光度分别为

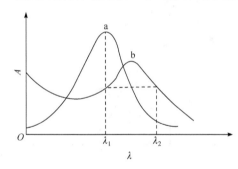

$$A_{\lambda_1}^{a+b} = A_{\lambda_1}^a + A_{\lambda_1}^b$$

$$A_{\lambda_2}^{a+b} = A_{\lambda_2}^a + A_{\lambda_2}^b$$

由双波长分光光度计测得

$$\Delta A = A_{\lambda_1}^{a+b} - A_{\lambda_2}^{a+b} = A_{\lambda_1}^a + A_{\lambda_1}^b - A_{\lambda_2}^a - A_{\lambda_2}^b$$

因为 $A_{\lambda_1}^b = A_{\lambda_2}^b$，所以

图 6-9　双波长测定法

$$\Delta A = A_{\lambda_1}^a - A_{\lambda_2}^a = \varepsilon_{\lambda_1}^a c^a L - \varepsilon_{\lambda_2}^a c^a L$$

$$c^a = \frac{\Delta A}{(\varepsilon_{\lambda_1}^a - \varepsilon_{\lambda_2}^a) L}$$

式中，$\varepsilon_{\lambda_1}^a$、$\varepsilon_{\lambda_2}^a$ 分别为组分 a 在 λ_1、λ_2 处的摩尔吸光系数，可由组分 a 的标准溶液在 λ_1 和 λ_2 处测得的吸光度求得，由上式求得组分 a 的浓度。同理，也可以测得组分 b 的浓度。

双波长法还可用于测定浑浊样品、吸光度相差很小而干扰又多的样品及颜色较深的样品，测定的准确度和灵敏度都较高。

6.5.4　示差分光光度法(量程扩展技术)

常规的分光光度法是采用空白溶液作参比，对于高含量物质的测定，相对误差较大。示差分光光度法是以与试液浓度接近的标准溶液作参比，则由实验测得的吸光度为

$$\Delta A = A_s - A_x = \varepsilon(c_s - c_x)L = \varepsilon \Delta c L$$

按所选择的测量条件不同，示差法可分为以下两种。

1. 单标准示差分光光度法

(1) 高浓度试液法。首先用纯溶剂调节仪器 $T = 0$；然后用一个比试液浓度 c_x 稍低的参比溶液 c_s 调节仪器 $T = 100\%$，再测定被测物质的透光率或吸光度，如图 6-10(a)所示。

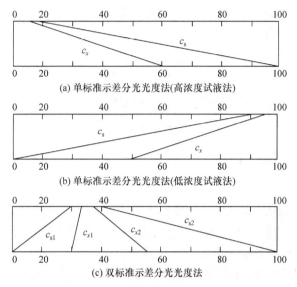

(a) 单标准示差分光光度法(高浓度试液法)

(b) 单标准示差分光光度法(低浓度试液法)

(c) 双标准示差分光光度法

图 6-10 示差分光光度法测量示意图

如果将标准溶液的透光率由 $T = 10\%$ 扩展到 $T = 100\%$，仪器的透光率相当于扩展了 10 倍，则被测物质的透光率由 6% 扩展到 60%，使吸光度落入读数误差较小的范围，提高了测定准确度。

(2) 低浓度试液法。与高浓度试液法的测定不同，低浓度试液法是采用参比调零示差分光光度法。标准溶液的浓度 c_s 比 c_x 稍大，先用 c_s 调节仪器 $T = 0$，用纯溶剂调节 $T = 100\%$，然后测定被测物质的透光率和吸光度，如图 6-10(b)所示。标尺扩展的结果将原来 $T = 90\% \sim 100\%$ 的一段变为 $T = 0 \sim 100\%$，透光率扩大了 10 倍，将被测物质的透光率由 95% 变为 50%，同样吸光度落在理想区。此法适用于痕量物质的测定。

2. 双标准示差分光光度法

这种方法采用两个标准溶液进行量程扩展，一个标准溶液的浓度 c_{s1} 比试液的浓度稍大，另一个标准溶液的浓度 c_{s2} 比试液的浓度稍小。测定时，用 c_{s1} 调节仪器 $T = 0$，用 c_{s2} 调节 $T = 100\%$，试液的透光率或吸光度总是处于两个标准溶液之间。此法适用于任何浓度区域差别很小的试液的测定，如图 6-10(c)所示。

6.5.5 动力学分光光度法

利用反应速率与反应物、产物、催化剂浓度间的定量关系，通过测量吸光度对被测组分进行定量分析的方法称为动力学分光光度法。

下面以催化显色吸光光度法为例，介绍其基本原理及测定方法。

假设在催化剂 M 的作用下，加速以下显色反应：

$$aA + bB \xrightleftharpoons{} gG + hH$$

若 G 为有色化合物，并以 G 作为指示物质，考虑到速率方程的指数与化学反应式的系数不一定相同，G 的显色(反应)速率可表示如下：

$$\frac{dc(G)}{dt} = k'c^m(A)c^n(B)c_{催} \tag{6-1}$$

如果测定的是反应的起始速率，A、B 的浓度较大，反应消耗的 A 和 B 可忽略不计，则 $c(A)$ 和 $c(B)$ 可视为常数，有

$$\frac{dc(G)}{dt} = k''c_{催} \tag{6-2}$$

由于 $c_{催}$ 变化很小，也可视为常数，式(6-2)积分得

$$c(G) = k''c_{催}t \tag{6-3}$$

将式(6-3)代入朗伯-比尔定律：

$$A = \varepsilon c(G)L = \varepsilon k''c_{催}t = kc_{催}t \tag{6-4}$$

式(6-4)说明，催化剂浓度越大，催化显色反应时间越长，则指示物质 G 的吸光度值越大，这就是动力学分光光度法的基本关系式。催化显色吸光光度法通常可采用固定时间法、固定吸光度(浓度)法和斜率法三种定量方法。

固定时间法是根据反应溶液混合一固定时间后的吸光度来测定催化剂的含量。

$$A = k_1 c_{催} \tag{6-5}$$

以不同浓度的催化剂溶液测得响应的反应体系的 A 值，作出 A-c 标准曲线，然后在相同条件和相同显色时间下测得试液的吸光度，即可从标准曲线上求得试液中催化剂(M)的浓度。

固定吸光度(浓度)法是将反应溶液混合后，由吸光度上升至一固定数值所需时间来测定催化剂的含量。这种方法实际上是固定浓度法，即当指示物质在定容液中的浓度达到一固定值时，其吸光必然为一定值，此时式(6-3)中的 $c(G)$ 为一常数。

$$c_{催} = k_2 / t$$

同样可以作出 $c_{催}$-t^{-1} 工作曲线，由样品体系中的 t 值求出催化剂(M)的含量。

斜率法是根据吸光度(A)随反应时间的变化速率来测定。根据式(6-4)，$A = kc_{催}t$，在不同的 $c_{催}$ 下测得 A-t 曲线，分别求出其斜率值($kc_{催}$)，作出 $kc_{催}$-$c_{催}$ 工作曲线，在相同条件下测得试液的斜率值，就能很快由工作曲线求出被测物(M)的浓度。此法利用了一系列实验数据，准确度较高，缺点是比其他方法麻烦。

动力学分光光度法具有灵敏度高、选择性好、应用范围广等特点，尤其是酶催化动力学分光光度法快速简便并具有更好的特效性和准确度，已广泛用于生物化学、环境保护、食品卫生、医药及临床检验等方面。

6.5.6　紫外-可见吸收光谱法在农林水科学中的应用

紫外-可见吸收光谱分析法在农、林、水、牧等科学中应用广泛，在提高品种的质量和产量方面起着重要的作用。它可以测定样品中的赖氨酸、色氨酸、蛋白质、单宁、葡萄糖、果

糖、蔗糖、淀粉、叶绿素、农药等许多有机物，也可以测定铵态氮、硝态氮、全磷、速效磷、K、Fe、Ca、Mg、Si、S 及 B、Mo、Cu、Zn、Co、Cr、Al、Hg、As、Mn 等数十种元素和许多无机物，涉及的测定对象有土壤、肥料、农药、植物体、水、种子、食品、果蔬、饲料、大气、粉尘等。

1. 在土壤和植物分析中的应用

农业和林业一些有重要意义的元素(如 N、P、K、Ca、Mg、S、Si)及一些微量元素(如 Fe、B、Mn、Zn、Cu 等)都可用此法进行定量分析。

(1) 氮。利用靛酚蓝法测定铵态氮：NH_4^+ 在强碱性介质中与次氯酸盐和苯酚反应生成水溶性的靛酚蓝($\lambda_{max} = 625$ nm，$\varepsilon = 4.3\times10^3$ L·mol^{-1}·cm^{-1})；利用酚二磺酸法($\lambda_{max} = 410$ nm，$\varepsilon = 9.4\times10^3$ L·mol^{-1}·cm^{-1})测定硝态氮；利用偶氮染料法测定亚硝酸盐；与 4-氨基苯磺酸反应生成重氮盐，再与 1-萘胺偶联生成一种偶氮染料($\lambda_{max} = 520$ nm，$\varepsilon = 4.0\times10^4$ L·mol^{-1}·cm^{-1})。

(2) 磷。利用钼锑抗法，以形成"钼锑蓝"($\lambda_{max} = 882$ nm)进行测定。近年来，利用在聚乙烯醇存在下，磷锑钼酸与结晶紫形成可溶性的离子缔合物($\lambda_{max} = 550$ nm，$\varepsilon = 1.3\times10^3$L·mol^{-1}·cm^{-1})测定磷，操作简便、快速、灵敏度高、选择性好。

(3) 钙和镁。钙可用偶氮氯膦Ⅲ试剂法($\lambda_{max} = 669$ nm，$\varepsilon \geq 2.8\times10^4$ L·mol^{-1}·cm^{-1})测定(土壤和植物中钙的含量较低时)；镁可采用达旦黄(噻唑黄)法或铬黑 T 法，达旦黄被 $Mg(OH)_2$ 吸附形成有色配合物($\lambda_{max} = 545$ nm，$\varepsilon = 3.6\times10^4$ L·mol^{-1}·cm^{-1})；铬黑 T 在碱性介质中与 Mg^{2+} 反应生成红色配合物($\lambda_{max} = 525$ nm，$\varepsilon = 1.8\times10^4$ L·mol^{-1}·cm^{-1})。

(4) 铁常用向红菲咯啉(4,7-二苯基-1,10-邻二氮菲)与 Fe^{2+} 形成橙红色配合物进行测定($\lambda_{max} = 535$ nm，$\varepsilon = 2.2\times10^4$ L·mol^{-1}·cm^{-1})。

2. 污染物的成分及含量的测定

紫外-可见吸收光谱广泛用于水、土壤、空气、植物、粮食中污染物的鉴定和定量分析，如农药残留量、大气中污染物的分析测定等。

3. 动、植物生物成分的分析

紫外-可见吸收光谱法广泛用于动、植物脂肪酸的分析，蛋白质、氨基酸、核酸的测定等。

思考题和习题

1. 有机化合物分子的电子跃迁有哪几种类型？哪些类型的跃迁能在紫外-可见吸收光谱中反映出来？

2. 什么是溶剂效应？为什么溶剂的极性增强时，$\pi\to\pi^*$跃迁的吸收峰发生红移，而 $n\to\pi^*$跃迁的吸收峰发生蓝移？

3. 无机化合物分子的电子跃迁有哪几种类型？为什么电荷转移跃迁常用于定量分析，而配位场跃迁在定量分析中没有多大用处？

4. 什么是生色团和助色团？试举例说明。

5. 采用什么方法可以区别 $n\to\pi^*$和 $\pi\to\pi^*$跃迁类型？

6. 在下列化合物中，哪个的摩尔吸光系数最大？

(1) 乙烯；(2) 1,3,5-己三烯；(3) 1,3-丁二烯。

7. 单光束、双光束、双波长分光光度计在光路设计上有什么不同？这几种类型的仪器分别由哪几大部件组成?

8. 试估计下列化合物中，哪种化合物吸收的光波最长，哪种化合物吸收的光波最短，为什么?

　　　　　(A)　　　　　　　　　　　(B)　　　　　　　　　　　(C)

9. 某未知物的分子式为 $C_{10}H_{14}$，在 298 nm 处有一强吸收峰，其可能的结构式有如下四种。请根据上述测定值，推测该未知物的结构式。

　　　　(A)　　　　　　　　　(B)　　　　　　　　(C)　　　　　　　(D)

第7章 红外吸收光谱法

红外吸收光谱是物质的分子吸收红外辐射后，引起分子的振动-转动能级的跃迁而形成的光谱，因为出现在红外光区，所以称为红外光谱。利用红外光谱进行定性、定量分析的方法称为红外吸收光谱法。

红外光谱研究的内容涉及的是分子运动，反映的是分子中原子间的振动和变角运动，因此也称为分子光谱。分子在振动运动的同时还存在转动运动，虽然转动运动所涉及的能量变化较小，但能影响振动运动所产生偶极矩的变化。因此，在红外光谱区实际所测得的图谱是分子的振动与转动运动的加和表现，即振转光谱。

早在 1800 年，英国物理学家赫歇尔(Herscher)就发现了红外辐射现象。随后，这一现象被逐步应用到各个方面。例如，利用红外辐射能与热能、电能的相互转换性能制成了红外检测器、红外瞄准器、红外遥测遥控器和红外理疗机等。许多化学家则致力于研究各种物质对不同波长红外辐射的吸收程度，从而用于推断物质分子的组成和结构。例如，1892 年人们发现凡是含有甲基的物质，都会强烈地吸收 3.4 μm 波长的红外光，从而推断凡在该波长处产生强烈吸收的物质都含有甲基。红外吸收光谱法的分析应用逐步得到发展。

第二次世界大战期间，由于对合成橡胶的迫切需求，红外光谱引起了化学家的重视和研究，并因此得到迅速发展。随后几十年间，量子力学和计算机科学等科学技术的发展使红外吸收光谱的理论、技术及仪器全面而迅速地发展。1970 年以后，傅里叶变换红外光谱仪出现并普及，计算机用于存储及检索光谱，其他红外测定技术如全反射红外光谱、显微红外光谱、光声光谱及气相色谱-红外光谱、液相色谱-红外光谱联用技术等也不断发展和完善，使红外吸收光谱法得到广泛应用，成为四大波谱中应用最多、理论最成熟的一种方法。

红外光谱法的特点是：

(1) 特征性强。每种化合物都有其自身的红外吸收光谱。

(2) 测定灵敏、快速。

(3) 取样量少，成本低；不破坏样品。

(4) 应用范围广。一方面，只要在振动中有偶极矩变化的化合物都可以进行分析；另一方面，对样品的状态无特殊要求，气体、固体、液体样品均可进行测定。

7.1 红外光谱分析的基本原理

分子是由原子组成的，而原子是由原子核和围绕它的电子构成的。原子中的电子有一定的运动状态，每种运动状态都有相应的能级。不同结构的原子具有不同的原子能级图，因此与电磁波(光)作用时均可产生其特征的原子光谱。原子光谱主要是由原子外层的电子能级跃迁而产生的辐射或吸收，它的表现形式为线状光谱。分子光谱主要是由分子中电子能级和振动-转动能级的跃迁而产生的辐射或吸收，它的表现形式为带状光谱。红外吸收光谱主要引起分子振动能级的跃迁，也必然包括转动能级的变化。即使是结构简单的化合物，分子中所含各个原子间振转运动也是多种多样的，其红外光谱的形态也很复杂。每种化合物都有其特有的光谱，只有在极少数情况下(特别是同系物中高阶相邻的两个化合物)，由于结构十分相似，不同的化合物才具有几乎完全相同的吸收光谱。根据这种特征性，人们有可能通过红外光谱对化合物做出鉴别。必须指出的是，与其他光谱相比，红外光谱图中不是所有的吸收带都能够得到解释，恰恰相反，一般化合物的红外光谱只有少数吸收带可以得到解释和归属，特别是 $1500\sim650\ cm^{-1}$ 的指纹区。

7.1.1 红外光谱图与红外光谱区

1. 红外光谱图

当样品受到频率连续变化的红外光照射时，分子吸收某些频率的辐射，并由其振动或转动运动引起偶极矩的净变化，产生分子振动和转动能级从基态到激发态的跃迁，使相应于这些吸收区域的透射光强度减弱。记录红外光的透光率/吸光度与波数/波长关系曲线，就能得到样品的红外光谱。图 7-1 为 1-氯甲基-2-甲氧基-6-乙基萘的红外光谱图，纵坐标为透光率 T，因此吸收峰的方向与以吸光度为纵坐标的紫外-可见吸收光谱相反，为倒峰。横坐标为波长，为便于表达，红外光谱除用波长 μm 为单位外，还广泛地使用波数 cm^{-1} 为单位。以波数为线性刻度和以波长为线性刻度时，同一化合物其光谱的表观形状有所不同，核对时要特别注意。

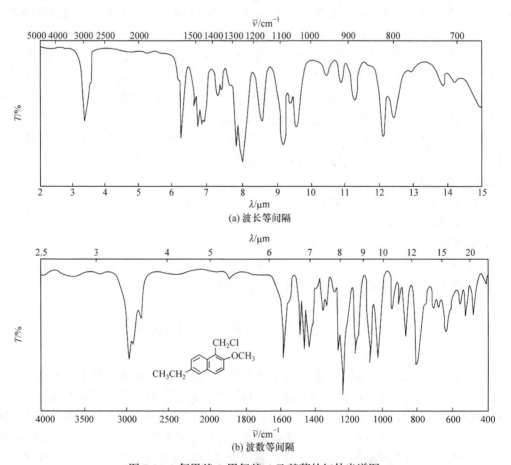

(a) 波长等间隔

(b) 波数等间隔

图 7-1　1-氯甲基-2-甲氧基-6-乙基萘的红外光谱图

与紫外-可见吸收光谱曲线相比,红外吸收光谱曲线峰的方向相反,吸收峰的数目更多,图形更复杂。

2. 红外光谱区

红外光的波长为 0.78～1000 μm。根据应用和使用仪器不同,红外光区可分为近红外光区、中红外光区和远红外光区,其划分和分析应用列于表 7-1。

表 7-1　红外光区的划分及分析应用

波段	波长 $\lambda/\mu m$	波数 $\tilde{\nu}/cm^{-1}$	分析光谱	分析类型	分析对象
近红外光区	0.78～2.5	12 800～4 000	漫反射	定量	液体、固体混合物
			吸收	定量	气体、液体混合物
中红外光区 (常用区域)	2.5～50	4 000～200	吸收	定性	纯气体、液体、固体化合物
				定量	气体、液体、固体混合物
			发射	定量	气体混合物
远红外光区	50～1 000	200～10	吸收	定性	纯无机或金属有机形态

1) 近红外光区(0.78～2.5 μm)

近红外光区的吸收带主要是由低能电子跃迁、含氢原子团(如 O—H、N—H、C—H)伸缩振动的倍频吸收等产生的,谱带宽、重叠较严重,而且吸收信号弱,信息解析复杂。近年来,由于超级计算机与化学计量学软件的发展,特别是化学计量学的深入研究和广泛应用,对近红外光区的研究日益引人注目,在工业、农业、医药、环境、食品、化工、烟草等样品和过程控制中的例行定量分析与监测中发挥的作用越来越大,有些已经取代烦琐、费时的常规分析方法成为标准方法。

2) 中红外光区(2.5～50 μm)

绝大多数有机化合物和无机离子的基频谱带(fundamental frequency band)出现在中红外光区。由于基频振动是红外光谱中吸收最强的振动,因此该区最适合进行红外光谱的定性和定量分析。同时由于中红外光谱仪最为成熟、简单,而且目前已积累了该区大量的数据资料,因此它是应用最广泛的光谱区。通常,中红外光谱法又简称为红外光谱法。

3) 远红外光区(50～1000 μm)

远红外光区的吸收带主要是由气体分子中的纯转动跃迁、振动-转动跃迁、液体和固体中重原子的伸缩振动、某些变角振动、骨架振动及晶体中的晶格振动引起的。由于低频骨架振动能很灵敏地反映出结构变化,因此对异构体的研究特别方便。此外,其还能用于金属有机化合物(包括络合物)、氢键、吸附现象的研究。但由于该光区能量弱,除非其他波长区间内没有合适的分析谱带,否则一般不在此范围内进行分析。

7.1.2 分子的振动与分子振动方程

1. 分子振动形式

分子中原子的振动形式分为伸缩振动和变形振动(或弯曲振动、变角振动)。伸缩振动以符号 ν 表示,变形振动以符号 δ 表示。

1) 伸缩振动

原子沿键轴方向伸缩、键长发生变化而键角不变的振动称为伸缩振动，用符号 ν 表示。伸缩振动可以分为对称伸缩振动(ν_s)和不对称伸缩振动(ν_{as})。对于同一基团，不对称伸缩振动的频率稍高于对称伸缩振动。

2) 变形振动

基团键角发生周期变化而键长不变的振动称为变形振动。变形振动可以分为面内变形振动和面外变形振动。面内变形振动又分为剪式(以 δ_s 表示)振动和面内摇摆(以 ρ 表示)振动。面外变形振动又分为面外摇摆(以 ω 表示)振动和扭曲(以 τ 表示)振动。

图 7-2 为亚甲基的振动示意图。

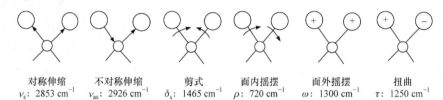

对称伸缩	不对称伸缩	剪式	面内摇摆	面外摇摆	扭曲
ν_s: 2853 cm^{-1}	ν_{as}: 2926 cm^{-1}	δ_s: 1465 cm^{-1}	ρ: 720 cm^{-1}	ω: 1300 cm^{-1}	τ: 1250 cm^{-1}

图 7-2　亚甲基的振动示意图
+和−分别表示运动方向垂直纸面向内和向外

2. 分子振动方程

为了便于理解和讨论，以双原子分子为例，忽略分子的转动，对于双原子分子的伸缩振动，可将其看成质量为 m_1 与 m_2 的两个小球，把连接它们的化学键看成质量可以忽略的弹簧，采用经典力学中的谐振子模型来研究。分子的两个原子以其平衡点为中心，以很小的振幅(与核间距相比)做周期性简谐振动。量子力学证明，分子振动的总能量为

$$E_振 = (n + 1)h\nu/2$$

式中，n 为振动量子数，数值上等于 0, 1, 2, 3, …；ν 为分子振动频率。

分子处于基态($n = 0$)时，$E_振 = 1/2 h\nu$，此时伸缩振动的振幅很小。若分子吸收红外光而跃迁至激发态，则振幅加大，振动能增加。由于振动能级是不连续的，能级跃迁具有量子化特征，因此所吸收的红外光光量子所具有的能量 E 必须恰好等于分子的振动能级能量差ΔE，即 $E_L = \Delta E$，光量子的能量 E 为 $E_L = h\nu_L$。

按照经典力学，简谐振动服从胡克定律，有

$$\nu = \frac{1}{2\pi}\sqrt{\frac{k}{m}} \quad 或 \quad \tilde{\nu} = \frac{1}{2\pi c}\sqrt{\frac{k}{m}}, \quad m = \frac{m_1 m_2}{m_1 + m_2} \tag{7-1}$$

式(7-1)称为分子振动方程。式中，k 为弹簧力常数，对分子来说就是化学键力常数；m 为双原子分子折合质量。

如果用相对原子质量代替绝对质量计算折合质量(以 M 表示)，化学键力常数 k 的单位是 N·cm^{-1}，波数 $\tilde{\nu}$ 的单位是 cm^{-1}，则有 $\tilde{\nu} = 1307\sqrt{\dfrac{k}{M}}$。从中可以看出：①化学键键能越大，说明化学键力常数 k 越大，化学键的振动波数越高；②成键原子的质量 m_1 或 m_2 下降，则折合质量 M 越小，化学键的振动波数越高。

如果知道了化学键力常数 k，就可以估算做简谐振动的双原子分子的伸缩振动频率。例如，

H—Cl 的 k 为 5.1 N·cm^{-1}，根据振动方程可计算其基频吸收峰频率为 2993 cm^{-1}，而红外光谱实测值为 2885.9 cm^{-1}，基本吻合。反之，由振动光谱的振动频率也可求出化学键力常数 k。

7.1.3　简正振动与分子振动自由度

1. 简正振动

多原子分子由于组成分子的原子数目增多、分子中的化学键或基团及空间结构的不同，其振动比双原子分子复杂得多。但是，可以把它们的振动分解成许多简单的基本振动，称为简正振动。

简正振动的振动状态是分子质心保持不变，整体不转动，每个原子都在其平衡位置附近做简谐振动，其振动频率和相位都相同，即每个原子都在同一瞬间通过其平衡位置，而且同时达到其最大位移值。分子中任何一个复杂振动都可以看成这些简正振动的线性组合。

简正振动具有以下特点：

(1) 振动的运动状态可以用空间自由度(空间三维坐标)来表示，体系中的每一质点(原子)都具有三个空间自由度。

(2) 分子的质心在振动过程中保持不变，分子的整体不转动。

(3) 每个原子都在其平衡位置上做简谐振动，其振动频率及相位都相同，即每个原子都在同一瞬间通过其平衡位置，又在同一时间到达最大的振动位移。

(4) 分子中任何一个复杂振动都可以看成这些简正振动的线性组合。

2. 分子振动自由度

分子的运动由平动、转动和振动三部分组成。平动可视为分子的质心在空间的位置变化，转动可视为分子在空间取向的变化，振动则可看成分子在其质心和空间取向不变时分子中原子相对位置的变化。

一个由 n 个原子组成的分子，其运动自由度应该等于各原子运动自由度的和。确定一个原子相对于分子内其他原子的位置需要三个空间坐标，则 n 个原子的分子需要 $3n$ 个坐标，即 $3n$ 个自由度，分别对应于 $3n$ 种运动状态，包括平动、转动和振动。分子重心的平移运动可沿轴三个方向进行，故需要 3 个自由度；转动自由度是由原子围绕一个通过其重心的轴转动引起的，如果这个分子是非直线的，则需要 3 个坐标来确定分子在空间的取向，剩余的 $3n-6$ 个自由度是分子的基本振动数；如果是直线分子，分子的转动只会围绕垂直于键轴方向 2 个方向发生，也就是只需要 2 个坐标就可以确定分子在空间转动的取向，剩余的 $3n-5$ 个自由度是分子的基本振动数。原则上讲，分子的每一个振动自由度相当于红外光区的一个吸收峰。

7.1.4　红外光谱产生的条件

并不是所有的振动形式都能产生红外吸收。要产生红外吸收必须具备哪些条件呢？实验证明，红外光照射分子，引起振动能级的跃迁，从而产生红外吸收光谱，必须具备以下两个条件：

(1) 红外辐射应具有恰好能满足能级跃迁所需的能量。与其他光谱一样，红外吸收光谱的产生首先必须使红外辐射光子的能量与分子振动能级跃迁所需能量相等，从而使分子吸收红外辐射能量产生振动能级的跃迁。这是红外光谱产生的必要条件。

(2) 物质分子在振动过程中应有偶极矩的变化,这是产生红外光谱的充分必要条件。在红外光的作用下,只有分子振动时偶极矩做周期性变化,才能产生交变的偶极场,并与其频率相匹配的红外辐射交变电磁场发生耦合作用,使分子吸收红外辐射的能量,从低的振动能级跃迁至高的振动能级,产生红外吸收。

7.1.5 红外光谱峰的种类与数目

1. 红外吸收峰的种类

(1) 基频峰:分子吸收红外光主要发生由基态到第一激发态的跃迁,由这种跃迁所产生的吸收称为基频吸收。振动的频率与其吸收峰频率是一样的。

(2) 泛频峰:包括倍频峰[分子振动能级由基态($n=0$)跃迁到第二激发态($n=2$)、第三激发态($n=3$)……产生的吸收峰]、合频峰(由$\nu_1+\nu_2$、$2\nu_1+\nu_2$、…产生的吸收峰)和差频峰($\nu_1-\nu_2$、$2\nu_1-\nu_2$、…产生的吸收峰)。

2. 红外吸收峰的数目

分子的基频吸收峰数目可由振动自由度计算,但实际上绝大多数化合物的红外吸收峰数目远小于理论计算振动自由度。例如,线形分子二氧化碳在理论上计算其基本振动数为4,共有4个振动形式(图7-3),在红外光谱图中应该有4个吸收峰,但在实际红外光谱图中只观察到2349 cm^{-1}和667 cm^{-1}两个吸收带,这是因为:

(1) 当振动过程中分子不发生瞬间偶极矩变化时,不引起红外吸收;通常对称性强的分子不出现红外光谱,即非红外活性的振动。例如,CO_2分子的对称伸缩振动ν_s为1386 cm^{-1},该振动$\Delta\mu=0$,没有偶极矩的变化,所以没有红外吸收。

(2) 频率完全相同的振动彼此发生简并,如CO_2的面内与面外弯曲振动。

(3) 强宽峰往往要覆盖与它频率相近的弱而窄的吸收峰。

(4) 吸收峰有时落在中红外光区(4000~200 cm^{-1})以外。

(5) 仪器分辨率低,一些频率很近的吸收峰分不开,一些弱峰因仪器灵敏度低而未检出等。

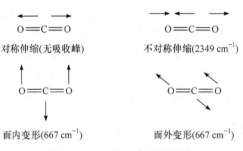

图7-3 CO_2的4个振动形式

另外,倍频、合频、差频峰等泛频峰的出现会使红外光谱中实际的峰数增加。因此,红外吸收的产生是复杂的,红外光谱图中的吸收带并不是都能够得到解释的。

7.1.6 基团频率和基团频率位移

分子被红外光激发后,分子中各个原子或基团都会产生特征的振动,从而在特定的位置出现吸收峰,称为基团频率。双原子分子特征吸收谱带的频率主要取决于原子质量和化学键力常数。复杂分子内某一基团或键的特征吸收谱带的频率还受到分子内其他部分及溶剂等条件的影响。因此,相同的基团或键在不同分子(或分子构型的不同)中的特征吸收谱带的频率并不出现在同一位置,而呈现出特征吸收频率的位移。例如,羰基(C=O)伸缩振动的频率范围为 $1850\sim1600\ \mathrm{cm^{-1}}$,因此认为这一频率范围是羰基的特征频率(基团频率)。

影响特征吸收谱带频率位移的原因主要是分子内和分子间存在力学和电学的相互作用力。这些影响因素大致可分为分子内部结构和外部环境两大类。

1. 分子内部结构

1) 诱导效应

两个原子结合成化学键是由于这两个原子的价电子进入成键的分子轨道,但是成键轨道上的电子云并不是完全固定的,它的电子云密度要受到邻近取代基的影响。由于取代基具有不同的电负性,通过静电诱导引起分子中电子分布的变化,改变了化学键力常数,从而引起化学键力常数的变化,该键的振动频率也发生变化,称为诱导效应。

取代基的给电子或斥电子性质是决定吸收谱带在某一频率范围内准确位置的重要因素。例如,R—C(=O)—H中 C=O 的吸收峰~$1725\ \mathrm{cm^{-1}}$;R—C(=O)—Cl中 C=O 的吸收峰~$1800\ \mathrm{cm^{-1}}$。

2) 共轭效应

分子中形成大 π 键所引起的效应称为共轭效应。

(1) π-π 共轭:对于能够形成 π-π 共轭的分子,所形成的分子轨道包括参与共轭的所有碳原子,电子云在整个大 π 键中运动。这样使原来的双键略有伸长,单键略有缩短。共轭使双键特性减弱,化学键力常数降低,伸缩振动向低频位移,同时吸收带强度增加。

(2) p-π 共轭:当含有易极化的孤对电子的原子与双键或三键相连时,则出现类似于 π-π 共轭的 p-π 共轭。与 π-π 共轭一样,p-π 共轭也使原来的双键或三键的电子云密度降低,双键或三键特性减弱,伸缩振动向低频位移。

3) 耦合作用

由于分子中基团或键的振动并非是孤立进行的,因而在其振动的过程中就有基团或键的振动频率的耦合。主要包括振动耦合和费米(Fermi)共振。

(1) 振动耦合:分子中相连的两个基团或化学键,如果它们的振动频率相同或相近,就会发生相互作用,原有谱带一分为二(高频和低频)的现象称为振动耦合。耦合程度越强,耦合产生的两个振动频率分得越开。CH_2、NH_2、NO_2、SO_2、CO_2 等基团的不对称和对称伸缩振动频率就是这种耦合效应的典型例子,羧酸酐分裂为 $\nu_{as}\ 1820\ \mathrm{cm^{-1}}$ 和 $\nu_s\ 1760\ \mathrm{cm^{-1}}$ 特征也很明显。

(2) 费米共振:是倍频或合频与基频之间的相互耦合作用。只有当相互作用的两个键在分子中相互靠近,且倍频或合频与基频相近时,这种耦合作用才能产生。费米共振的结果使倍频或合频的强度增加(基频被倍频或合频共享)或者发生分裂。正丁基乙烯醚中 $\delta_{=CH}$ 的倍频与 C=C 键的伸缩振动频率的耦合就是较典型的费米共振的实例。

4) 空间效应

空间效应主要表现为键角效应和空间位阻效应。

(1) 键角效应:这种效应在含有双键的振动中最为显著。当环中有张力时,环内各键削弱,伸缩振动频率降低，而环外的键增强，伸缩振动频率升高，强度也增大，对大于六元环的系统，其环内或环外的双键伸缩振动频率均接近正常的频率。例如

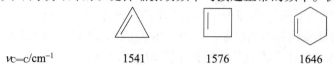

$\nu_{C=C}/cm^{-1}$ 1541   1576   1646

(2) 空间位阻效应：共轭效应和形成氢键都可使振动频率向低波数方向移动，但若分子结构中存在空间阻碍，则共轭效应被限制，而振动频率接近正常值。例如

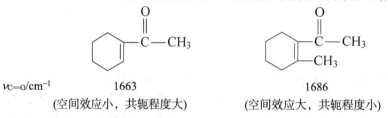

$\nu_{C=O}/cm^{-1}$ 1663   1686

             (空间效应小，共轭程度大)   (空间效应大，共轭程度小)

2. 外部环境

1) 样品状态

同一样品在不同的聚集态测其光谱时，由于分子间的相互作用力不同，所得到的光谱往往是不同的。

分子在气态时，分子间的相互作用力很弱，分子可以自由旋转，因此在低压下可测得孤立分子的光谱，并可观察到伴随振动光谱的转动精细结构。液态和固态分子由于分子间作用力较强，不出现转动结构，且由于有极性基团存在，可能发生分子间的缔合作用或形成氢键，使其特征吸收谱带的频率、强度和形状有较大的改变。例如，丙酮在气态时的 $\nu_{C=O}$ 为 1742 cm^{-1}，而在液态时的 $\nu_{C=O}$ 为 1718 cm^{-1}。从液态至结晶形固态，虽然也有吸收频率的位移，但一般来说除形成氢键外，这种位移并不是很大。

2) 溶剂效应

在溶液状态测定光谱时，由于溶剂的种类不同，同一物质所测得的光谱也可能不同。通常在极性溶剂中，NH、OH、C=O、C≡N 等极性基团的伸缩振动频率随溶剂极性的增加向低波数方向移动，强度也增大，而变形振动频率将向高波数方向移动。

3) 氢键效应

X—H···Y 结构氢键的形成使氢原子周围力场发生了变化，故 X—H 振动的化学键力常数和与其相连的 H···Y 的力常数均发生了改变，其结果是振动频率的位移及吸收谱带强度和形状均发生变化。对质子给予体 X—H 的影响较大，伸缩振动频率向低波数方向移动，强度增大且谱峰变宽；对质子接受体 H···Y，除共振稳定化的情况外，一般来说影响较小。

因此，在测定溶液的红外吸收光谱时，应尽可能在非极性稀溶液中测定。

7.2 红外光谱与有机化合物结构

7.2.1 官能团区和指纹区

如前所述，分子中各键的吸收频率受整个分子结构及环境的影响。不同类型的化学键受

影响程度具有不同的特征，如键能较大的三键、双键，或者末端连有特别轻的氢原子的 X—H 类型的键(如 N—H、O—H、C—H 等)，这些键的振动受分子其他部分的影响较小，伸缩振动频率显现特征吸收，集中表现在 4000～1500 cm^{-1}，因而将这一区段称为官能团区。该区域谱峰分布较稀疏，容易分辨，是基团鉴定的主要区域。

在 1500 cm^{-1} 以下区域出现的吸收带是由单键 C—C、C—N、C—O、C—X(卤素)等的振动引起的。由于单键的结合强度相对较小，原子质量较大，因此分子结构稍有不同都会导致该区的吸收产生差异。同时，该区吸收峰数目较多，代表了有机分子的具体特征，通常形象地称该区域为指纹区。指纹区的谱图解析不易，但对于区别结构类似的化合物很有帮助，而且可以作为化合物存在某种基团的旁证。

图 7-4 为乙醇羟基的振动吸收，不管是哪一种分子，凡是结构中含有羟基的化合物都出现这些吸收带。由于羟基伸缩吸收带(1)的频率很高，而 C—O 伸缩吸收带(3)的强度很大，因此对鉴别特别有用。弯曲振动频率(2)和(4)虽然很少用于鉴定，但可以帮助判断分子的结构(羟基是否连在伯、仲、叔碳原子上，基团是否为自由基、分子间氢键或分子内氢键、氢键强度等)，这些将为结构分析提供有力的证据。

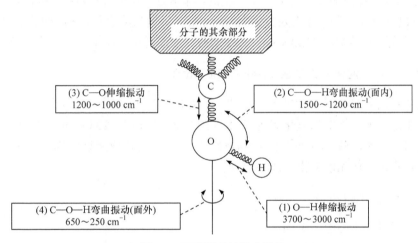

图 7-4　乙醇羟基的振动吸收

多数情况下，一个官能团有数种振动形式，因而有若干相互依存而又相互佐证的吸收谱带，称为相关吸收峰，简称相关峰。用一组相关峰确认一个基团的存在是红外光谱解析的一条重要原则。

7.2.2　各类化合物的特征基团频率

1. X—H 伸缩振动区(4000～2500 cm^{-1})

(1) O—H 键的伸缩振动。出现在 3650～3200 cm^{-1}，可以判断醇、酚、有机酸等。O—H 伸缩振动频率多年来一直用于检测氢键的强度。氢键越强，则 O—H 键越长，振动频率越低，并且吸收带也更宽更强。在气相、稀溶液或者分子因空间位阻因素妨碍氢键形成时，可以在 3650～3590 cm^{-1} 区域观察到尖锐的自由单体吸收带；而在纯液体、固体和许多溶液中通常在 3600～3200 cm^{-1} 区域显示宽的、多聚的吸收带，如图 7-5 所示。

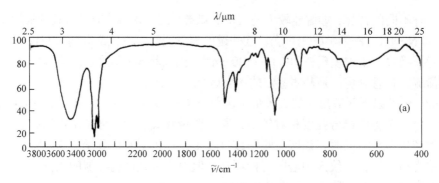

图 7-5　正己醇的红外光谱

(2) N—H 键的伸缩振动。有时会与形成氢键的 O—H 的吸收频率混淆。由于 N—H 键形成氢键的趋势小得多，其吸收通常更尖锐。除此之外，N—H 吸收的强度较弱，并且在稀溶液中不会产生类似自由 O—H 在 3600 cm^{-1} 高频率区域的吸收。

(3) C—H 键的伸缩振动。可分为饱和与不饱和碳原子形成的化学键，C—H 键不参与形成氢键，所以它们的位置受测量状态或化学环境的影响较小。由于绝大多数有机化合物含有烷基，所以上述饱和 C—H 吸收带对于鉴定并无太大的用处，不饱和及芳香 C—H 伸缩振动可以与饱和 C—H 吸收区分开，因为后者在 3000 cm^{-1} 以下吸收，而前者在 3000 cm^{-1} 以上给出弱的吸收峰。

2. 三键和累积双键伸缩振动区(2500～2000 cm^{-1})

该区域主要包括 C≡C、C≡N 伸缩振动，以及 C=C=C、C=C=O 等累积双键的不对称伸缩振动。在排除了空气中二氧化碳的吸收(大约在 2365 cm^{-1}、2335 cm^{-1} 两个峰)之后，需要注意此区域内任何吸收峰，即使是小的吸收峰，因为一些对称或接近对称的取代基会使 C≡C 伸缩振动吸收峰在红外光谱中很弱或不出现。

3. 双键伸缩振动区(2000～1200 cm^{-1})

该区域主要包括三种伸缩振动：

(1) C=O 伸缩振动吸收峰出现在 1850～1600 cm^{-1}，强度大，干扰少，易辨认。一般 R—CO—X 系统中 X 基团的电负性越大，则吸收频率越高；α, β-不饱和结构会导致频率降低；环状化合物中环张力会导致吸收峰向高频移动，这个现象可以清楚地区分四元、五元和更大的环酮、内酯和内酰胺，六元环和更大的环酮吸收频率则与一般的链状化合物基本相同。

(2) C=C、C=N、N=O 等双键的吸收出现在 1680～1500 cm^{-1}，强度中等或较低。对于 C=C，C 原子上取代基增多则吸收峰频率倾向于升高；两个 C 原子上的取代对称性升高可能导致吸收非常弱或不出现。当双键在环外时显示与环酮相同的趋势，即当环减小时频率上升，而 C—H 伸缩振动频率在环张力增加时略有上升。

(3) 苯环的骨架振动通常在 1600～1500 cm^{-1} 区域有 2 个或 3 个吸收带。它们对于鉴别这样的体系是非常有用的。在 2000～1660 cm^{-1} 区域弱的泛频和组合频吸收带可能对确定苯环的取代类型有帮助。杂芳环和苯环有相似之处。例如，呋喃在～1600 cm^{-1}、～1500 cm^{-1}、～1400 cm^{-1} 处均有吸收谱带；吡啶在～1600 cm^{-1}、～1570 cm^{-1}、～1500 cm^{-1}、～1435 cm^{-1} 处有吸收。

4. X—Y 单键伸展区、X—H 变形振动区

(1) 1500～900 cm^{-1} 是 C—O、C—N、C—F、C—P、C—S、P—O、Si—O 等单键的伸缩振动和 C=S、S=O、P=O 等双键的伸缩振动吸收区域。其中，～1380 cm^{-1} 的谱带是甲基的 δ_{CH} 对称弯曲振动，对判断甲基十分有用。甲基和亚甲基的不对称弯曲振动吸收频率为～1460 cm^{-1}，结合甲基在～1380 cm^{-1} 强的对称弯曲振动吸收和 3000～2800 cm^{-1} 的 C—H 伸缩振动吸收可有效判断甲基是否存在。

两个甲基连在同一碳原子上的偕二甲基在 1380 cm^{-1} 附近有特征分叉吸收峰。因为两个甲基连在同一碳原子上，会发生同相位和反相位的对称变形振动的相互耦合。例如，异丙基 (CH$_3$)$_2$CH— 在 1385 cm^{-1} 和 1375 cm^{-1} 附近出现两个吸收峰。叔丁基在 1390 cm^{-1} 和 1370 cm^{-1} 附近均有两个吸收峰。

C—O 的伸缩振动在 1300～1000 cm^{-1}，是该区域最强峰，也较易识别。例如，醇在 1100～1050 cm^{-1}、酚在 1250～1100 cm^{-1} 有强吸收；酯有两组吸收峰，分别位于 1240～1160 cm^{-1}(不对称)和 1160～1050 cm^{-1}(对称)。

(2) 900～650 cm^{-1}。苯环面外变形振动吸收峰出现在此区域。如果在此区域内无强吸收峰，则一般表示无芳香族化合物。此区域的吸收峰常与环的取代位置有关。与其他区域的吸收峰对照，可以确定苯环的取代类型。

另外，该区域的某些吸收峰也可用来确认烯烃化合物的顺反构型。例如，烯烃的=C—H 面外变形振动出现的位置很大程度上取决于双键的取代情况。对于 RCH=CH$_2$，在 990 cm^{-1} 和 910 cm^{-1} 出现两个强峰；对于 RHC=CHR，其顺、反构型分别在 690 cm^{-1}、970 cm^{-1} 出现吸收峰。

7.3 红外光谱仪

红外光谱仪的发展经历了三个阶段。第二次世界大战后，由于电子学技术的飞跃发展以及相应的检测器、辐射源、透光材料等问题的解决，1947 年出现了双光束自动记录的红外分光光度计，即第一代红外分光光度计。但由于采用人工晶体棱镜作色散元件，仪器的分辨率和测定波长范围都受到了限制。20 世纪 60 年代后，由于光栅刻划和复制技术以及消除多级次光谱的重叠干扰的滤光片技术的发展，以光栅代替棱镜作色散元件的红外分光光度计，即第二代红外分光光度计投入了使用。它不仅具有较高的分辨率，而且测定波长范围可延伸到近红外光区和远红外光区，对周围环境的要求也有所降低。20 世纪 70 年代开始，不需要单色器的干涉型傅里叶变换红外分光光度计快速发展，使仪器性能得到了极大的提高，成为第三代也是目前的通用仪器。

7.3.1 色散型红外光谱仪

色散型红外光谱仪主要由光源、吸收池、单色器和检测器构成，如图 7-6 所示。

1. 光源

红外辐射源应该是在整个测定波长区域，并且有均一、

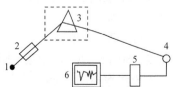

图 7-6 红外光谱仪基本构成
1. 光源；2. 吸收池；3. 单色器；
4. 检测器；5. 放大器；6. 记录器

平滑、连续的强度分布。目前，中红外光区较实用的红外光源主要有硅碳棒和能斯特灯。

1) 硅碳棒

硅碳棒是一种 SiC (硅碳)烧结的两端粗中间细的实心棒，发光面积大，价格便宜，操作方便。工作温度为 1200～1500℃，使用寿命可达 1000 h。由于硅碳棒在长波辐射效率方面强于能斯特灯，因而使用波长范围相对较宽。

2) 能斯特灯

能斯特灯是由稀土金属氧化物烧结的空心或实心棒，其主要成分为氧化锆、氧化钇、氧化钍，并含有少量的氧化钠、氧化钙、氧化镁等。工作温度为 1300～1700℃，使用寿命可达 2000 h。能斯特灯具有寿命较长、稳定性较好、不需水冷等优点，但存在价格较贵、机械强度差、操作不如硅碳棒方便(使用前需将其预热到 700℃以上)等缺点。

2. 吸收池

由于玻璃和石英对中红外光有强烈吸收，因此红外吸收池需使用可透过红外光的窗材料，在实际操作中，需保持恒湿且样品干燥，以免盐窗吸潮模糊。

常用的窗材料为碱金属卤化物，如 NaCl、KBr、CsI 等，这些物质的最大缺点是易受水蒸气侵蚀，所以红外光谱法需要在特定的湿度下工作。一种常用的材料是溴化铊-碘化铊混晶 KRS-5(TlI 58%、TlBr 42%)，透过波长范围可达 40 μm，且不溶于水。缺点是折射率较高，质地较软，因此不易加工且易变形。人工合成材料如 MgF_2、ZnS、CaF_2、ZnSe、MgO、CdTe 等也有应用。

3. 单色器

单色器的核心组件是色散元件，红外分光光度计使用的色散元件有棱镜和光栅。早期的红外分光光度计使用棱镜作色散元件。

(1) 棱镜。红外分光光度计所使用的棱镜大多是等边三角棱镜。它是基于棱镜材料对光线的折射率随波长而变化的特性进行分光。棱镜色散元件的缺点较多，主要是光线强度经透射与折射后大大减弱，棱镜材料的不纯可引起光谱质量的下降；其次是光谱波数的非线性，需用形状复杂的凸轮校正成线性，因此精度较差；并且棱镜色散范围狭小，大型仪器需采用多块棱镜，使结构及操作复杂，误差增大。

(2) 光栅。现在的色散型分光仪器的色散元件已经全部采用光栅作单色元件。

4. 检测器

由于红外光强度低、能量小，不足以引发光电子发射，故不宜用光电管作检测器，一般采用热电检测器，即将热能转变为电信号。常用的热电检测器有真空热电偶、热辐射计和热释电探测器。

(1) 真空热电偶。现在大多数红外分光光度计都采用高真空热电偶作检测器。它可以在波长 2～50 μm 使用。根据不同波长范围可选用 KBr、KRS-5、CsI 作红外透过窗。它是由两种温差电势率不同的金属制成的热容量很小的结点(装在涂黑的接受面上)。接受面吸收的辐射引起结点温度上升。因为温差电势与温度的上升成正比，对电势的测量就相当于对辐射强度的测量。

(2) 热辐射计。将很薄的黑化的金属片作受光面装在惠斯通电桥的一个臂上，当光照射到受光面上时，由于温度变化，测定的金属的电阻也随之变化，对电阻变化的测量即是对辐射强度的测量。

(3) 热释电探测器。这是利用热释电材料如硫酸三甘肽(triglycine sulfide，TGS)的自发极化强度随温度变化的效应制成的一种热敏型红外探测器。

7.3.2　傅里叶变换红外光谱仪

傅里叶变换红外光谱仪(Fourier transform infrared spectrometer, FTIR)问世于 20 世纪 70 年代。它是基于光相干性原理而设计的干涉型红外分光光度计。傅里叶变换红外光谱仪由红外光源、干涉仪[迈克耳孙(Michelson)干涉仪]、样品插入装置、检测器、电子计算机和记录仪等部分构成。傅里叶变换红外光谱仪的核心是干涉仪，检测器得到的样品干涉信号被计算机采集，通过傅里叶变换的数学方法将时间表示的光谱转换成通常的频率表示的光谱。

迈克耳孙干涉仪主要由相互垂直的固定反射镜和动镜及与两反射镜成 45°的分束器组成，其工作原理示意图见图 7-7。迈克耳孙干涉仪将光源发出的光分为两束后，以不同的光程差重新组合，发生干涉现象。迈克耳孙干涉仪按其动镜移动速率不同，可分为快扫描型和慢扫描型。慢扫描型迈克耳孙干涉仪主要用于高分辨光谱的测定，一般的傅里叶红外光谱仪均采用快扫描型迈克耳孙干涉仪。

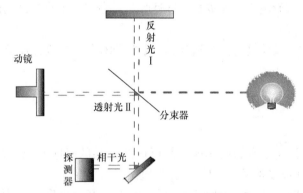

图 7-7　迈克耳孙干涉仪工作原理示意图

光程差为 λ 整数倍，相长干涉；分数倍，相消干涉；动镜连续移动，获得干涉图

由于傅里叶变换红外光谱仪摒弃了狭缝结构，因此它在任何测量时间内都能够获得辐射源的所有频率的全部信息，即"信号多路传输"，同时也消除了狭缝对光谱能量的限制，使光能的利用率大大提高，即"能量输出大"，其在实际使用上具有以下优点。

1) 扫描速率快

使用傅里叶变换红外光谱仪可以在不到 1 s 的时间内测得一张分辨率高、噪声水平低的红外光谱图。其扫描速率比色散型仪器快数百倍。因此，它不仅可以用于快速化学反应过程的追踪，也使得红外光谱检测与其他分析仪器联机使用得以实现。

2) 灵敏度高

傅里叶变换红外光谱仪能量输出大，在较短时间内可进行多次扫描，使得样品信号可以累加、储存，因而能够测量透光率极低的样品。换言之，它有极高的灵敏度(可达 $10^{-12} \sim 10^{-9}$ g)，对弱辐射的研究和微量组分的测定非常有利。

3) 分辨率高

通常傅里叶变换红外光谱仪的分辨率可达 0.1～0.005 cm^{-1}，而一般棱镜型仪器在 1000 cm^{-1} 处的分辨率为 3 cm^{-1}，光栅型红外光谱仪也只有 0.2 cm^{-1}。

4) 测定光谱范围宽

用一台傅里叶变换红外光谱仪，只要相应地切换斩光器和光源，就可以研究整个红外光区(12 800～10 cm^{-1})的光谱。

7.3.3　样品的处理和制备

测定样品的红外光谱时，必须依据样品的状态、分析的目的和测定装置的种类等条件，选择能够得到最满意结果的样品制备方法。在样品的制备过程中，不应引起样品的化学变化，但某种物理变化(如聚合态的改变等)有时难以避免，可能对样品的光谱带来影响，在制样过程中需加以注意。

1. 红外光谱法对样品的要求

(1) 样品可以是气体、液体或固体，一般要求样品是单一组分的纯物质，否则各组分光谱相互重叠，难以解析。

(2) 样品中不能含有游离水，水本身有红外吸收，会严重干扰样品谱图，而且会侵蚀吸收池的盐窗。

(3) 样品的浓度和测试厚度应选择适当，以使光谱图中大多数吸收峰的透光率处于 10%～80%为宜。

2. 制样方法

1) 气体样品

常温气体样品和蒸气压高的液体样品都可根据样品的吸收性质，在适当的压力下选择在 5 cm、10 cm 气体池或多重反射气体池中进行测定。

当样品量特别少或样品面积特别小时，可采用光束聚光器并配微量池，结合全反射系统或用带有卤化碱透镜的反射系统进行测量。

2) 液体和溶液样品

(1) 液膜法或夹层法。在可拆池两窗片之间滴 1～2 滴液体样品，使其形成薄液膜，故称为液膜法。液膜厚度可借助池架上的固紧螺丝进行微小调节(尤其是黏稠的液体样品)。如果样品吸收较弱，可在两窗片之间夹以不同厚度的垫片，使其形成液层，故称为夹层法。

(2) 液体池法。可将液体样品用适当的红外溶剂(CS_2、CCl_4、$CHCl_3$)稀释，用注射器注入不同厚度的固定池中进行测定。

3) 固体样品

(1) 压片法。常用的碱金属卤化物主要有 KCl、KBr，它们在加压下呈现冷胀现象，并在高压下变成可塑物，在中红外光区(4000～400 cm^{-1})完全透明，因而在红外光谱的测定上广泛用于固体样品的制备。若需要测定长波的红外吸收，特别是测定无机化合物的红外光谱时，一般采用 CsI 作基体，可测至 200 cm^{-1}。

(2) 石蜡糊法。将干燥处理后的样品研细，与液状石蜡或全氟代烃混合，调成糊状，夹在盐片中测定。石蜡是高碳数饱和烷烃，因此该法不适合研究饱和烷烃。

(3) 薄膜法。主要用于高分子化合物的测定，某些固体样品不能用前述的方法进行制备时，可将其制成薄膜测定，但需注意在制膜的过程中有可能引起分子的取向、晶形的改变及异构化等现象，在谱图解析时要加以辨析。常用的制膜方法有熔融法、溶液成膜法、真空蒸镀法等。

7.4　红外光谱的应用

红外光谱具有样品适用性广、测试迅速、操作方便、重复性好、灵敏度高、样品用量少、仪器结构简单等特点，是现代分析化学最常用和不可缺少的工具之一。

红外吸收峰的位置与强度反映了分子结构的特点，可以用来鉴别未知物的结构组成，采用与标准化合物的红外光谱对比的方法进行分析鉴定已很普遍。常见的标准谱图库包括萨特勒(Sadtler)标准红外光谱图、Aldrich 红外谱图库、Sigma Fourier 红外光谱图库等。而吸收谱带的强度与化学基团的含量有关，可用于定量分析和纯度鉴定。

7.4.1　定性分析

红外定性分析基于组成物质的分子都具有特定的红外光谱，并且分子的红外光谱受周围分子影响很小，即混合物的光谱是各自成分光谱的简单加和。另外，组成分子的基团或键都具有其特征振动频率，而其特征振动频率又受邻近的原子(或原子团)和分子构型等影响。利用以上两点，便可确定分子中所含的基团或化学键及其周围的环境。因此，红外光谱作为分子指纹，广泛应用于化合物的官能团定性和结构分析。

1. 红外光谱定性分析特点

(1) 特征性高。红外光谱常称为分子指纹，因为分子的红外光谱反映的是分子的振转特性，与分子的物理、化学性质及分子结构特点密切相关。与利用化学反应和物理常数进行的定性分析相比，它提供的信息大多具有特异性。

(2) 不受样品相态、熔点、沸点和蒸气压的限制。

(3) 所需样品量少且分析时间短。对于液体和固体样品，采用色散型红外光谱仪进行定性分析只需毫克、毫升级，从样品制备到测定一般只需 10~30 min；使用傅里叶变换红外光谱仪，则所需的时间可减至 3~5 s，而样品量可减至微克(μg)级。

(4) 非破坏分析。红外光谱法不破坏样品，也不改变样品的组成，测定后可回收保存或供其他测定和研究使用。

由于分析原理的不同，在实际应用中，红外光谱通常与质谱、核磁共振波谱等联合使用，以便发挥各自的特点，完成一些较复杂化合物的定性分析。

2. 红外光谱定性分析一般步骤

(1) 获得一张分辨率高、噪声低且不失真的红外光谱图是定性分析的基础，因而必须根据样品的性质和测定的目的，选择适宜的样品制备方法和光谱记录条件(狭缝宽度、增益、扫描速率)，并考虑样品测定状态和某些结构因素的影响而造成的光谱变化。

测定光谱时，要注意控制样品的透光率，一般以最强吸收谱带的透光率在 5%~10%，而基线透光率在 80%~90%为宜。但有时为了观察某些弱吸收谱带(或杂质的吸收)，通常需要采用提高样品浓度(或增加池厚)的方法进行灵活处理。

(2) 红外光谱的成功解释还需充分运用所有其他可以利用的物理和化学数据(如熔点、沸点、折射率、元素分析、相对分子质量、紫外光谱、拉曼光谱、核磁共振波谱和质谱等),结合样品的来源、制备方法所提供的信息等综合推断。

(3) 排除假峰,常见的"假谱带"主要有水(3400 cm^{-1}、1640 cm^{-1}、650 cm^{-1})和二氧化碳(2349 cm^{-1}、 667 cm^{-1})的吸收。水分的引入可能是由于样品本身混有微量水或样品与空气接触而吸湿,以及在样品的制备过程中带入。二氧化碳的引入则可能与样品性质或保存方法有关。

(4) 谱图的解析,根据红外光谱中出现的吸收谱带的位置、强度和形状,利用基团振动频率与分子结构的关系确定吸收谱带的归属。进而由其特征振动频率的位移、谱带强度和形状的改变推定分子结构。谱图解析的程序可大致分为三步:

(i) 确定所含的基团或键的类型。每种分子都具有其特征的红外光谱,谱图上的每个吸收谱带代表分子中某一基团或键的一种振动形式,可由特征吸收谱带的位置、强度和形状确定所含基团或键的类型。

(ii) 推定分子结构。分子中基团或键的特征振动频率主要取决于组成基团或键的原子质量和力常数,但也受分子结构、构型的影响,表现为基团或键的特征振动频率位移及谱带强度和形状的改变,因而可根据红外光谱图进一步推定分子结构。

(iii) 分子结构的验证。根据推定的分子结构,查找其标准红外光谱图。当谱图上所有特征吸收谱带的位置、强度、形状完全相同时,才能认为推定的分子结构是正确的。如果所测的样品没有标准谱图,可按推定的分子结构进行化学合成,并在与样品相同的条件下测其红外光谱图加以对比。或者结合其他分析表征结果综合判断。

下面举例简要说明谱图解析的一般方法。

例 7-1 图 7-8 是分子式为 $C_4H_6O_2$ 的液体化合物的红外光谱,试推定其结构。

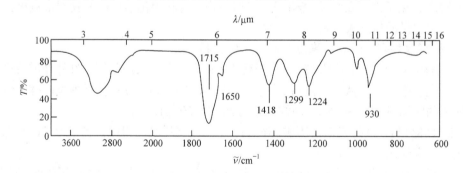

图 7-8 $C_4H_6O_2$ 的红外光谱

解 (1) 计算不饱和度:

$$\Omega = 1 + 4 + (0 - 6)/2 = 2$$

不饱和度为2。

(2) 谱图解析:红外光谱中 1715 cm^{-1}、1650 cm^{-1} 的吸收,表明该化合物含有 C=O、C=C 基团(这两个基团恰好提供不饱和度为2),而在 3300~2700 cm^{-1} 的宽吸收应归属为羧酸的 OH 吸收(如果是醇的 OH 吸收,应在 1050~1150 cm^{-1} 有明显的特征吸收)。从 $C_4H_6O_2$ 中扣除 CHO_2,则剩余的 C_3H_5 中必含有一个不饱和双键($\nu_{C=C}$ 1650 cm^{-1})。而谱图中 930 cm^{-1} 的吸收属于 CH_2=CH— 的 CH 面外变形振动,因此可判定该液体化合

物含有 CH_2=CH—基团。谱图中 1418 cm^{-1} 的吸收应归属为与 C=O 连接的 CH_2 的面内变形振动。

综合以上推断，$C_4H_6O_2$ 液体化合物的结构：CH_2=CHCH_2COOH。

(3) 验证：与 3-丁烯酸的标准红外谱图完全一致。

值得说明的是，完全依靠红外吸收光谱进行化合物的最后确认相当困难，往往需要结合其他谱图信息，如核磁共振波谱、质谱、紫外吸收光谱等加以确定。

7.4.2　定量分析

由于分子红外光谱的吸收谱带数目较多且对分子结构具有敏感性，因而利用红外光谱不仅可对单组分或多组分进行定量分析，而且可以测定化学反应速率和研究化学反应机理。

红外定量分析的特点是不需分离且不受样品状态(气体、液体、固体)的限制即可直接测定。这对于用气相色谱法测定困难的物质(如异构体、过氧化物、高分子等)的定量分析尤为有利，因而成为较普遍采用的定量分析方法。但也应指出，由于其灵敏度较低，还不适用于微量组分测定。

红外光谱定量分析的依据是朗伯-比尔定律。与其他定量分析方法相比，红外光谱定量分析存在一些明显的缺点，如红外谱图复杂，相邻峰重叠多，难以找到合适的检测峰；红外谱图峰形窄，光源强度低，检测器灵敏度低，测定时必须使用较宽的狭缝，从而导致对朗伯-比尔定律的偏离；红外测定时吸收池厚度不易确定，利用参比难以消除吸收池、溶剂的影响等，因此只在特殊的情况下使用。

下面介绍利用红外吸收光谱进行定量分析的方法。

1. 分析波长(或波数)的选择

由于红外吸收光谱的谱带较多，谱图复杂，且相邻峰重叠多，因而在红外定量分析中，首先遇到的问题是如何选择分析波长(或波数)。显然，在光谱区内的任一波长都可根据朗伯-比尔定律列出一个定量方程。但为了得到较高的准确度和灵敏度，分析波长应选在所测定组分的特征吸收谱带处且不被溶剂和其他组分的吸收谱带所干扰。

2. 吸光度的测定

红外定量分析表征吸光度的方法主要有基线法和一点法。

(1) 基线法。如图 7-9 所示，用基线表示该分析物不存在时的背景吸收，并用它代替记录纸上的 100%(透光率)坐标。具体做法是：在吸收峰两侧选透光率最高处 a 与 b 两点作基点，过这两点的切线称为基线，通过峰顶。作横坐标的垂线，与 0 线交点为 e，与切线交点为 d。分析波数处的垂线与基线的交点 d 与最高吸收峰顶点 c 的距离为峰高，根据公式 $A = \lg \dfrac{I_0}{I} = \lg \dfrac{de}{ce}$ 求出吸光度。这个方法不仅能测定固体样品(薄膜、压片)，而且对液体、气体同样适用。

(2) 一点法。将仪器固定在选定的吸收谱带峰最大吸收波长处，在相同的条件下分别测定样品溶液、溶剂的透光率，则样品的透光率等于两者之差，由此计算出样品的吸光度。但在实际定量分析中，样品

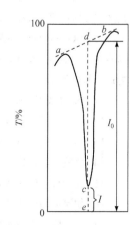

图 7-9　基线法示意图

可能含有较多组分，吸收谱带也多，谱带间干扰和叠加的重复性较差，因此通常采用基线法。

3. 定量分析方法选择

根据测定对象和要求，用标准法或补偿法等进行定量分析。

1) 标准法

测定样品中所有成分的标准物质的红外光谱，由各个成分的标准红外光谱选择每一成分与其他成分的吸收不重复的特征吸收谱带作为定量分析谱带。在定量分析谱带处，用已知浓度的标准样品和未知样品比较其吸光度进行定量分析，这种方法称为标准法。采用标准法进行红外定量分析绝大多数是在溶液状态下进行的。

2) 补偿法

进行混合物的定量分析时，往往由于吸收谱带的叠加干扰，即使根据谱带的对称性和光密度的加和性原则对干扰谱带进行分离处理，有时也可能得不到满意的测定结果，此时可采用补偿法测定。在参比光路侧加入混合物中的某些组分与样品光路的强度比较，以抵消混合物中某些组分的吸收，使混合物中被测组分有相对独立的定量分析谱带，其实质就是通过补偿法将多元混合物的组分减少，以消除或减少吸收谱带的重叠和干扰，使多元混合物的分析得以进行。

思考题和习题

1. 产生红外吸收的条件是什么？是否所有的分子振动都会产生红外吸收光谱？为什么？

2. 以亚甲基为例说明分子的基本振动模式。

3. 什么是基团频率？它有什么重要用途？

4. 红外光谱定性分析的基本依据是什么？简要叙述红外定性分析的过程。

5. 影响基团频率的因素有哪些？

6. 什么是指纹区？它有什么特点和用途？

7. 分别在 950 g·L^{-1} 乙醇和正己烷中测定 2-戊酮的红外吸收光谱，试预计 ν_{C-O} 吸收带在哪种溶剂中出现的频率较高，为什么？

8. 已知醇分子中 O—H 伸缩振动峰位于 2.77 μm，试计算 O—H 伸缩振动的化学键力常数。

9. 在 CH$_3$CN 中 C≡N 键的力常数 $k = 1.75 \times 10^3$ N·m^{-1}，光速 $c = 2.998 \times 10^{10}$ cm·s^{-1}，当发生红外吸收时，其吸收带的频率是多少(以波数表示)？阿伏伽德罗常量为 6.022×10^{23} mol^{-1}，$A_r(C) = 12.0$，$A_r(N) = 14.0$。

10. N$_2$O 气体的红外光谱有三个强吸收峰，分别位于 2224 cm^{-1}、1285 cm^{-1} 和 579 cm^{-1}。此外，还有一系列弱峰，其中的两个弱峰位于 2563 cm^{-1} 和 2798 cm^{-1}。已知 N$_2$O 分子具有线形结构，试推测 N$_2$O 分子的结构式，并简要说明理由。

11. CS$_2$ 是线形分子，试画出它的基本振动类型，并指出哪些振动是红外活性的。

12. 一种溴甲苯 C$_7$H$_7$Br 在 801 cm^{-1} 有一个单吸收带，它的正确结构是什么？

13. 不考虑其他因素影响，在酸、醛、酯、酰卤和酰胺类化合物中，C═O 伸缩振动频率的大小顺序如何？

14. 色散型红外分光光度计的参比池和样品池总放在单色器的后面，为什么？

15. 为什么液体样品应尽可能在非极性稀溶液中测定？

16. 如何利用红外吸收光谱区别烷烃、烯烃和炔烃？

17. 芳香族化合物的红外吸收光谱有哪几种吸收峰？

第 8 章 激光拉曼光谱法

拉曼光谱法是建立在拉曼散射效应基础上的分析方法。以激光为光源时，该方法称为激光拉曼光谱法。与红外光谱类似，拉曼光谱也是分子振动-转动光谱。但是，红外光谱与分子的偶极矩变化相关，属于吸收光谱；而拉曼光谱涉及分子极化率的改变，属于散射光谱。

1928 年，印度科学家拉曼发现了拉曼散射效应并提出了拉曼光谱分析方法，由此获得 1930 年诺贝尔物理学奖。与此同时，苏联、法国、美国和中国学者也开展了相关的拉曼光谱研究。但是，早期以汞弧灯为光源的拉曼光谱谱线太弱，其应用和发展受到极大限制。1962 年，美国学者波尔托(Porto)和伍德(Wood)用脉冲红宝石器作为光源开展激光拉曼光谱研究，使得拉曼光谱法成为分子或原子尺度上进行结构分析的重要方法，在化学、化工、材料、生物、医药、地矿、珠宝等领域获得广泛应用。

拉曼光谱法的特点是：

(1) 简便、快速、准确。数秒或数分钟即可完成测试。

(2) 可以分析固体、半固体、液体或气体，用样量少至毫克或微克级，通常不破坏样品，制样简单或不需样品制备。

(3) 分辨率高、重现性好。

(4) 适合水系实验，如生物样品分析，因为水的拉曼散射极弱。

(5) 灵敏度高，检出限达到 $10^{-8} \sim 10^{-6} \ mol \cdot L^{-1}$。

8.1 激光拉曼光谱法的基本原理

8.1.1 瑞利散射

当可见光区或近红外光区的强激光照射到样品时，有大约 0.1%的入射光子与样品分子发生没有能量交换的弹性碰撞，再以相同的能量或相同频率向各个方向散射，这种散射称为瑞利散射。

如图 8-1 所示，处于振动能级 $V = 0$(能量为 E_0)或 $V = 1$(能量为 E_1)的分子，受到能量为 $h\nu_0$ 的入射光子照射而激发，分别跃迁到能量为 $E_0 + h\nu_0$ 或 $E_1 + h\nu_0$ 的不稳定虚拟态(a)或(b)，再从虚拟态快速(约 10^{-8} s)返回原来的振动能级，原来吸收的能量 $h\nu_0$ 又以光的形式释放出来，产生瑞利散射。

瑞利散射中，光子能量不变，仅方向发生改变。瑞利散射光强度与入射光波长的四次方成反比，是全部散射光中最强的散射光。

8.1.2 拉曼散射

拉曼散射是指入射光与样品分子之间发生约为总碰撞数 $1/10^5$ 的非弹性碰撞，光子方向发生改变，能量也发生改变。

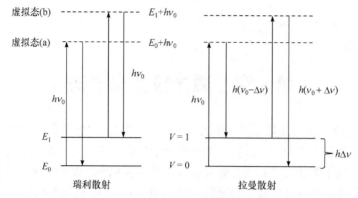

图 8-1　瑞利散射和拉曼散射的产生

如图 8-1 所示，吸收光子能量 $h\nu_0$ 的受激分子没有返回起始的振动能级 $V = 0$(能量为 E_0) 或 $V = 1$(能量为 E_1)，而是到达其他振动能级，产生拉曼散射。其中，从振动能级 $V = 0$ 跃迁到不稳定的激发虚拟态(a)，之后没有返回振动能级 $V = 0$，而是返回振动能级 $V = 1$，产生能量为 $h(\nu_0 - \Delta\nu)$ 的散射光，称为斯托克斯线。而从振动能级 $V = 1$ 跃迁到不稳定的激发虚拟态(b)，之后没有返回振动能级 $V = 1$，而是返回振动能级 $V = 0$，产生能量为 $h(\nu_0 + \Delta\nu)$ 的散射光，称为反斯托克斯线。根据玻尔兹曼统计，室温下分子处于振动激发态的概率小于 1%，因此斯托克斯线比反斯托克斯线强很多。

8.1.3　拉曼位移和拉曼光谱图

拉曼位移是指斯托克斯线或反斯托克斯线与入射光的频率差。拉曼位移反映了振动能级的变化，与入射光频率无关，是分子结构的特征参数。这是拉曼光谱结构分析的理论依据。

拉曼光谱图是以拉曼位移(波数)为横坐标，拉曼线强度为纵坐标作图得到的图谱。因为斯托克斯线比反斯托克斯线强很多，所以拉曼光谱仪通常记录的是前者。以入射光的波数作为零点，采用左正右负的规则，得到拉曼光谱图。图 8-2 是四氯化碳的拉曼光谱图。

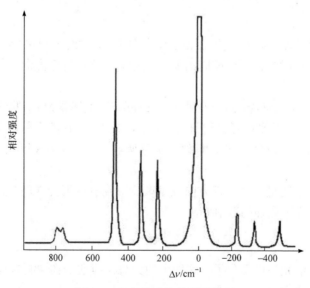

图 8-2　四氯化碳的拉曼光谱图

激光光源的波长不同时，相同物质的拉曼谱线中心频率不同，但谱线形状相同，即拉曼位移不变。分子的极化率、入射光强度、活性成分的浓度等是影响拉曼散射光强度的因素。极化率越高，拉曼散射越强；如果不考虑吸收，拉曼散射光强度与入射光频率的四次方成正比。拉曼谱线强度与活性成分的浓度成正比，这是拉曼光谱定量分析的理论依据。

8.1.4　退偏振比

激光是一种偏振光，当入射激光与分子碰撞时，可散射出不同方向的偏振光。偏振器在垂直于入射光方向测得的散射光强度为 $I_\perp$，在平行于入射光方向测得的散射光强度为 $I_\parallel$，两者的比值称为退偏振比，用 ρ 表示，即

$$\rho = \frac{I_\perp}{I_\parallel} \tag{8-1}$$

退偏振比是反映分子对称性的参数。对于对称振动，如甲烷的退偏振比 $\rho = 0$；对于非对称分子，其极化率为各向异性，$\rho = 3/4$。在入射光为偏振光的情况下，一般分子的退偏振比为 $0 \sim 3/4$，分子的对称性越高，其退偏振比越接近 0；反之，如果测得分子的退偏振比接近 3/4，表明分子具有不对称结构。

8.1.5　拉曼光谱与红外光谱的比较

拉曼光谱与红外光谱有许多异同点，是互补的结构分析方法。

从产生的机理来看，拉曼光谱和红外光谱都是分子振动-转动光谱，都是研究分子振动和分子结构的重要方法。两者也有许多不同，红外光谱是立足于分子偶极矩变化的吸收光谱，分子的不对称振动和极性基团的振动一般都会引起分子偶极矩的变化，出现红外吸收峰，如 C=O、C—H、C—X、N—H 和 O—H 等，其光源是红外光；而拉曼光谱是立足于分子极化率变化的散射光谱，分子的对称骨架振动和非极性基团的振动都会产生拉曼光谱，如 C—C、N—N 和 S—S 等，其入射光和散射光大多为可见光。

与红外光谱分析一样，拉曼光谱分析除了考虑谱线的特征频率，也要考虑谱带的强度和形状以及化学环境改变造成的影响等。

8.2　激光拉曼光谱仪

激光拉曼光谱仪可分为色散型激光拉曼光谱仪和傅里叶变换拉曼光谱仪。

8.2.1　色散型激光拉曼光谱仪

色散型激光拉曼光谱仪的主要部件有激光器、样品池、单色器、检测器、信号控制记录系统等，如图 8-3 所示。

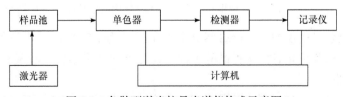

图 8-3　色散型激光拉曼光谱仪构成示意图

1. 激光器

激光器多使用连续波激光器和脉冲激光器。例如，大功率高强度的 Ar+ 激光器波长为 488.0 nm 和 514.5 nm、Kr+ 激光器波长为 468.2 nm，能提高拉曼谱线强度，但易造成样品的分解；He-Ne 激光器波长为 632.8 nm、红宝石激光器波长为 694.0 nm、二极管激光器波长为 782.0 nm 和 830.0 nm，这些属于近红外辐射，能量较低，不易造成样品分解，也不会造成分子外层电子激发跃迁而产生的荧光影响。

2. 样品池

样品池常用微量毛细管、常量液体池和压片样品架等。

3. 单色器

常以光栅分光，采用双单色仪或三单色仪提升分辨率。最好是用带有全息光栅的双单色仪以消除杂散光，有效检测与激发波长接近的较弱拉曼谱线。

4. 检测器

常用的检测器有 Ga-As 光阴极光电倍增管，其优点是光谱响应范围宽、量子效率高且在可见光区响应稳定。

8.2.2　傅里叶变换拉曼光谱仪

傅里叶变换拉曼光谱仪类似于傅里叶变换红外光谱仪，只是干涉仪与样品池的排列顺序不同。如图 8-4 所示，傅里叶变换拉曼光谱仪由激光器、样品池、干涉仪、滤光片组、检测器及控制系统的计算机构成。其工作过程是激光器发射出来的激光照射样品，被样品散射后经过干涉仪，得到散射光的干涉图，用计算机进行快速傅里叶变换，得到正常的拉曼谱线强度随着拉曼位移而变化的光谱图。由几个干涉滤光片构成的滤光片组可以除去比拉曼散射光强 10^4 倍以上的瑞利散射光。

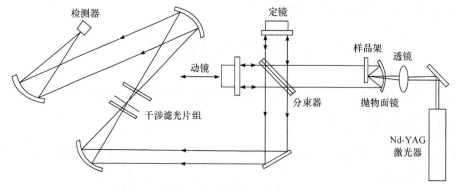

图 8-4　傅里叶变换拉曼光谱仪构成示意图

傅里叶变换拉曼光谱仪的 Nd-YAG 激光器发生波长为 1.064 μm，在近红外光区，能量较低，可有效避免大部分荧光对拉曼光谱的干扰。检测器通常采用置于液氮冷却下的 GeSi 检测器或 InGaAs 检测器。

傅里叶变换拉曼光谱仪的最大优势是可以消除荧光干扰，能量低而避免样品分解，适用于许多有机化合物、高分子及生物大分子研究，只是对于一般的拉曼散射研究，比常规拉曼散射的信号弱。与傅里叶变换红外光谱仪类似，这类仪器还具有扫描快速、分辨率高、波数精度高与重现性好的优点。

8.3　激光拉曼光谱法的应用

8.3.1　定性分析

拉曼位移是分子基团振动的特征参数，是分子定性和结构分析的依据，已经广泛应用于无机化合物、有机化合物及高分子化合物的定性分析，生物大分子的构象研究，材料分析与矿样、文物及宝石鉴定等。

8.3.2　定量分析

拉曼谱线强度与入射光强度及样品中被测化合物浓度成正比，这是拉曼光谱定量分析的理论依据，即一定实验条件下，拉曼光谱的强度与被测组分的浓度呈现良好的线性关系。内标法是拉曼光谱法常用的定量分析方法，主要用于有机化合物和无机阴离子的定量分析。

8.3.3　其他拉曼光谱法

1. 共振拉曼光谱法

共振拉曼光谱法是基于共振拉曼效应而建立的拉曼散射光谱法。

共振拉曼效应是当入射激光波长与被测化合物分子某电子吸收峰重合或靠近时，拉曼跃迁的概率大幅度增强，从而选择性地使某个或某些拉曼谱线强度达到正常谱线 $10^4 \sim 10^6$ 倍的现象。

共振拉曼光谱法的特点是：

(1) 选择性高：只有与生色基团有关的振动形式才具有拉曼增强效应，其他振动形式还是原有散射低效率。

(2) 灵敏度高：共振拉曼效应有效增强拉曼谱线强度，检出限达到 $10^{-8} \sim 10^{-6}\ mol \cdot L^{-1}$，适用于低浓度和微量样品的检测。

2. 表面增强拉曼光谱法

表面增强拉曼光谱法(surface enhanced Raman spectrometry，SERS)是基于表面选择性的拉曼增强效应而建立的拉曼散射光谱法。

拉曼散射光强度非常弱，极大地限制了拉曼光谱的应用。将样品吸附在金、银、铜等金属的粗糙表面或胶粒上时，拉曼光谱信号增强 4~8 个数量级，即产生了增强效应，得到表面增强拉曼光谱。例如，吸附在粗糙银表面上的吡啶比溶液中吡啶的拉曼散射信号增强约 6 个数量级。

表面增强拉曼光谱法检出限达到纳克或亚纳克级，灵敏度很高，在分析科学、表面科学、生命科学、环境科学、食品科学、材料科学、医药学、艺术和考古研究等领域得到广泛应用。

思考题和习题

1. 名词解释:

(1) 拉曼散射 　　　　　　　　　　　　(2) 拉曼位移

(3) 斯托克斯线 　　　　　　　　　　　(4) 反斯托克斯线

(5) 退偏振比 　　　　　　　　　　　　(6) 共振拉曼效应

2. 比较拉曼散射光谱法与红外光谱法的异同点。

3. 简述拉曼散射光谱仪的一般构成,并说明每个部件的作用。

4. 下列分子的振动方式中,哪些具有拉曼活性,哪些具有红外活性?

(1) O_2 的对称伸缩振动 　　　　　　　(2) CO_2 的不对称伸缩振动

(3) H_2O 的弯曲振动 　　　　　　　　(4) C_2H_4 的弯曲振动

5. 拉曼散射光谱图中包含哪些分子结构信息?

6. 共振拉曼光谱法的特点有哪些?

7. 查阅相关文献,阐述表面增强拉曼光谱法的原理、应用与发展。

第 9 章　分子发光分析法

物质的分子吸收一定的能量后，其电子从基态跃迁到激发态，如果在返回基态的过程中伴随有光辐射，这种现象称为分子发光(molecular luminescence)，以此建立起来的分析方法称为分子发光分析法。它具有如下特点：

(1) 灵敏度高。检出限比分光光度法低 1～3 个数量级。

(2) 线性范围宽。其线性范围也大于分光光度法。

(3) 方法简便，仪器价格较低，分析速度快，可用于高通量分析。

(4) 应用广泛。测定光致发光或化学发光的强度可以分析许多痕量的无机物或有机物。目前，分子发光分析法在生物化学、分子生物学、免疫学、环境科学及农牧产品分析、卫生检验、工农业生产和科学研究等领域得到了广泛的应用。

物质因吸收光能激发而发光，称为光致发光(根据发光机理和过程的不同又可分为荧光和磷光)；因吸收电能激发而发光，称为电致发光；因吸收化学反应或生物体释放的能量激发而发光，称为化学发光或生物发光。根据分子受激发光的类型、机理和性质的不同，分子发光分析法通常分为荧光分析法、磷光分析法和化学发光分析法。荧光和磷光同属光致发光，它们的不同点是，对于荧光，电子能量的转移不涉及电子自旋的改变，其结果是荧光的寿命较短，一般小于 10^{-8} s；相反，发射磷光时伴随电子自旋改变，并且在辐射停止几秒或更长一段时间后，仍能检测到磷光。在大多数情况下，光致发光所发射的波长比激发它们所用的辐射波长要长。化学发光是基于在化学反应过程中生成了能发射光谱的激发态物质。在某些情况下，这些能发射光谱的物质是分析物与适宜的试剂(通常是强氧化剂，如臭氧或过氧化氢)之间发生反应产生的，其结果是分析物(或试剂)氧化产物的光谱特征，而不是分析物本身。而在另一些情况下，分析物并不直接参与化学发光反应，而是分析物的抑制作用或催化作用作为化学发光反应的分析参数。

相对于磷光和化学发光而言，目前荧光法的应用较多。荧光分析法历史悠久，早在 16 世纪，西班牙内科医生和植物学家蒙纳尔德斯(Monardes)就发现含有一种称为"Lignum Nephriticum"的木头切片的水溶液呈现出漂亮的天蓝色，但未能解释这种荧光现象。直到 1852 年斯托克斯在考察奎宁和叶绿素的荧光时，用分光计观察到它们能发射比入射光波长稍长的光，才判明这种现象是这些物质在吸收光能后重新发射的不同波长的光，从而建立了荧光是光发射的概念，并根据萤石发荧光的性质提出"荧光"这一术语，他还论述了斯托克斯位移定律和荧光猝灭现象。到 19 世纪末，人们已经知道了荧光素、曙红、多环芳烃等 600 多种荧光化合物。近十几年来，激光、微处理机和电子学新成就等科学技术的引入大大地推动了荧光分析理论的进步，促进了同步荧光测定、导数荧光测定、时间分辨荧光测定、相分辨荧光测定、荧光偏振测定、荧光免疫测定、低温荧光测定、固体表面荧光测定、荧光反应速率法、三维荧光光谱技术和荧光光纤化学传感器等荧光分析的发展，加速了各种新型荧光分析仪器的问世，进一步提高了分析方法的灵敏度、准确度和选择性，解决了生产和科研中的不少难题。

9.1　分子荧光分析法

9.1.1　荧光、磷光的产生

物质受光照射时，光子的能量在一定条件下被物质的基态分子所吸收，分子中的价电子发生能级跃迁而处于电子激发态，在光致激发和去激发光过程中，分子中的价电子可以处于不同的自旋状态，通常用电子自旋状态的多重性来描述。一个所有电子自旋都配对的分子的电子态称为单重态，用 S 表示；分子中电子对的电子自旋平行的电子态称为三重态，用 T 表示。

电子自旋状态的多重态用 $2S+1$ 表示，S 为分子中电子自旋量子数的代数和，其数值为 0 或 1。当分子中全部轨道内的电子都是自旋配对时，即 $S=0$，多重态 $2S+1=1$，该分子体系处于单重态。大多数有机物分子的基态是处于单重态的，该状态用 S_0 表示。如果分子吸收能量后，电子在跃迁过程中不发生自旋方向的变化，这时分子处于激发单重态；如果电子在跃迁过程中伴随着自旋方向的改变，这时分子便具有两个自旋平行(不配对)的电子，即 $S=1$，多重态 $2S+1=3$，该分子体系便处于激发三重态。符号 S_0、S_1 和 S_2 分别表示基态单重态、第一和第二电子激发单重态；T_1 和 T_2 分别表示第一和第二电子激发三重态。

处于激发态的分子是不稳定的，它可能通过辐射跃迁和无辐射跃迁等分子内的去活化过程失去多余的能量而返回基态。辐射跃迁的去活化过程发生光子的发射，伴随着荧光或磷光现象；无辐射跃迁的去活化过程是以热的形式辐射多余的能量，包括内转换(ic)、系间穿越(isc)、振动弛豫(vr)及外转换(ec)等。各种跃迁方式发生的可能性及程度与荧光物质本身的结构及激发时的物理和化学环境等因素有关。

假设处于基态单重态中的电子吸收波长为 λ_1 和 λ_2 的辐射光之后，分别激发至第二激发单重态 S_2 及第一激发单重态 S_1，图 9-1 示意了分子内发生的各种光物理过程。

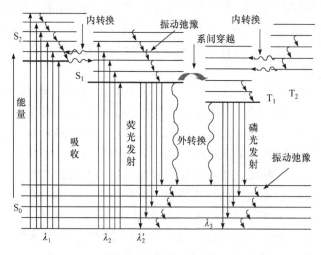

图 9-1　荧光、磷光能级图

(1) 振动弛豫。它是指在同一电子能级中，电子由高振动能级转至低振动能级，而将多余的能量以热的形式放出。发生振动弛豫的时间为 10^{-12} s 数量级。图 9-1 中各振动能级间的小箭头表示振动弛豫的情况。

(2) 内转换。当两个电子能级非常靠近以致其振动能级有重叠时，电子常以无辐射跃迁方式由高能级转移到低能级。如图 9-1 所示，处于高激发单重态的电子通过内转换及振动弛豫，均跃迁回到第一激发单重态的最低振动能级。

(3) 荧光发射。处于第一激发单重态最低振动能级的电子跃迁回到基态各振动能级时，所产生的光辐射称为荧光发射，将得到最大波长为 λ_3 的荧光。注意基态中也有振动弛豫跃迁。很明显，λ_3 比激发波长 λ_1 和 λ_2 都长，而且无论电子开始被激发至何高能级，最终将只发射出波长 λ_3 的荧光。荧光的产生在 $10^{-9} \sim 10^{-6}$ s 完成。

(4) 系间穿越。指不同多重态间的无辐射跃迁，如 $S_1 \to T_1$。通常发生系间穿越时，电子由 S_1 的较低振动能级转移到 T_1 的较高振动能级。有时，通过热激发有可能发生 $T_1 \to S_1$，然后由 S_1 发射荧光，即产生延迟荧光。

(5) 磷光发射。电子由基态单重态激发至第一激发三重态的概率很小，因为这是禁阻跃迁。但是，由第一激发单重态的最低振动能级有可能以系间穿越方式转至第一激发三重态，再经过振动弛豫转至其最低振动能级，由此激发态跃迁回到基态时，便发射磷光。这个跃迁过程 $(T_1 \to S_0)$ 也是自旋禁阻的，其发光速率较慢，为 $10^{-4} \sim 10$ s。因此，这种跃迁发射的光在光照停止后，仍可持续一段时间。

(6) 外转换。指激发态分子与溶剂分子或其他溶质分子的相互作用及能量转移，使荧光或磷光强度减弱甚至消失。这一现象称为熄灭或猝灭。

9.1.2　荧光寿命和荧光量子产率

1. 荧光寿命

荧光寿命和荧光量子产率是荧光物质的重要发光参数。荧光寿命(τ)定义为当激发光切断后荧光强度衰减至原强度的 1/e 所经历的时间。它表示了荧光分子的 S_1 激发态的平均寿命。

$$\tau = \frac{1}{k_f + \sum K}$$

式中，k_f 为荧光发射过程的速率常数；$\sum K$ 为各种分子内非辐射衰变过程的速率常数的总和。

荧光发射是一种随机的过程，只有少数激发态分子才是在 $t = \tau$ 时刻发射光子的。荧光的衰变通常属于单指数衰变过程，这意味着在 $t = \tau$ 之前有 63%的激发态分子已经衰变了，37%的激发态分子则在 $t > \tau$ 的时刻衰变。

激发态的平均寿命与跃迁概率有关，两者的关系可大致表示为

$$\tau \approx \frac{10^{-5}}{\varepsilon_{max}}$$

式中，ε_{max} 为最大吸收波长下的摩尔吸光系数(单位以 $m^2 \cdot mol^{-1}$ 表示)。$S_0 \to S_1$ 的跃迁是自旋允许的，一般情况下 ε 值为 10^3，因而荧光的寿命大致为 10^{-8} s；$S_0 \to T_1$ 的跃迁是自旋禁阻的，ε 值为 10^{-3}，因而磷光的寿命大致为 10^{-2} s。

没有非辐射衰变过程存在的情况下，荧光分子的寿命称为内在的寿命，用 τ_0 表示

$$\tau_0 = \frac{1}{k_f}$$

荧光强度的衰变通常遵循以下方程式：

$$\ln I_0 - \ln I_t = t/\tau$$

式中，I_0 和 I_t 分别为 $t=0$ 和 $t=t$ 时刻的荧光强度。通过实验测出不同时刻响应的 I_t 值，并做出 $\ln I_t$-t 关系曲线，由所得直线的斜率便可计算荧光寿命值。

2. 荧光量子产率

荧光量子产率(φ)定义为荧光物质吸收光后所发射的荧光的光子数与所吸收的激发光的光子数之比，即

$$\varphi = \frac{发射的光子数}{吸收的光子数}$$

或

$$\varphi = \frac{发射荧光的分子数}{激发分子总数}$$

荧光量子产率有时也称为荧光效率，φ 反映了荧光物质发射荧光的能力，其值越大，物质的荧光越强。

前面已经提到，在产生荧光过程中涉及辐射和无辐射跃迁过程，如荧光发射、内转换、系间穿越和外转换等。很明显，荧光量子产率与上述每个过程的速率常数有关。用数学式来表达这些关系，得

$$\varphi = \frac{k_f}{k_f + \sum K_i}$$

式中，k_f 为荧光发射过程的速率常数；$\sum K_i$ 为其他有关过程的速率常数的总和。显然，凡是能使 k_f 值升高而使其他 K_i 值降低的因素都可增强荧光。如果无辐射跃迁的速率远小于辐射跃迁的速率，即 $\sum K_i \ll k_f$，则荧光量子产率的数值接近于 1。在通常情况下，φ 的数值总是小于 1。不发荧光的物质，其荧光量子产率的数值为零或非常接近于零。一般来说，k_f 主要取决于化学结构，而 $\sum K_i$ 主要取决于化学环境，同时也与化学结构有关。

荧光量子产率的数值有多种测定方法，这里仅介绍参比的方法。这种方法是通过比较被测荧光物质和已知荧光量子产率的参比荧光物质两者的稀溶液在同样激发条件下所测得的积分荧光强度(校正的发射光谱所包括的面积)和对该激发波长入射光的吸光度而加以测量的。测量结果按下式计算被测荧光物质的荧光量子产率：

$$Y_u = Y_s \cdot \frac{F_u}{F_s} \cdot \frac{A_s}{A_u}$$

式中，Y_u、F_u 和 A_u 分别为被测物质的荧光量子产率、积分荧光强度和吸光度；Y_s、F_s 和 A_s 分别为参比物质的荧光量子产率、积分荧光强度和吸光度。有分析应用价值的荧光化合物，其荧光量子产率的数值通常为 0.1～1。

9.1.3　荧光强度的影响因素

1. 荧光强度与分子结构的关系

了解荧光与分子结构的关系，可以预示分子能否发光，在什么条件下发光，以及发射的

荧光将具有什么特征，以便更好地运用荧光分析技术，把非荧光体变为荧光体，把弱荧光体变为强荧光体。但至今对激发态分子的性质了解不深，因此还无法对荧光与分子结构之间的关系进行定量描述。

1) 有机物的荧光

(1) 共轭效应。具有共轭双键体系的芳环或杂环化合物，其电子共轭程度越大，越容易产生荧光；环越多，发光峰红移程度越大，发光也越强。如表 9-1 所示，苯和萘的荧光位于紫外光区，蒽位于蓝区，并四苯位于绿区，并五苯位于红区，且均比苯的量子产率高。

表 9-1　几种多环芳烃的荧光

化合物	φ_F	$\lambda_{ex}/\lambda_{em}$/(nm/nm)
苯	0.11	205/278
萘	0.29	286/321
蒽	0.46	365/400
并四苯(丁省)	0.60	390/480
并五苯(戊省)	0.52	580/640

共轭环数相同的芳香族化合物，线性环结构的荧光波长比非线性者要长。例如，蒽和菲的荧光波长分别为 400 nm 和 350 nm；并四苯和苯[a]蒽的荧光峰分别为 480 nm 和 380 nm。

(2) 刚性结构和共平面效应。一般来说，荧光物质的刚性和共平面性增大，分子与溶剂或其他溶质分子的相互作用减小，即使外转换能量损失减小，有利于荧光的发射。例如，芴与联苯的荧光效率分别约为 1.0 和 0.2。这主要是亚甲基使芴的刚性和共平面性增大的缘故。

芴　　　　联苯

如果分子内取代基之间形成氢键，加强了分子的刚性结构，其荧光强度也增大。例如，邻羟基苯甲酸(水杨酸)的水溶液，由于分子内氢键的生成，其荧光强度比对(或间)羟基苯甲酸大。

某些荧光体的立体异构现象对它的荧光强度也有显著影响。例如，1,2-二苯乙烯的分子结构为反式时分子空间处于同一平面，顺式则不处于同一平面，因而反式呈强荧光，顺式不发荧光。

(3) 取代基的类型和位置。取代基对荧光体的影响分为加强荧光的、减弱荧光的和影响不明显的三种类型。

加强荧光的取代基有—OH、—OR、—NH₂、—CN、—NHR、—NR₂、—OCH₃、—OC₂H₅等给电子取代基。由于它们 n 电子的电子云几乎与芳环上的 π 轨道平行，因而共享了共轭 π 电子结构，同时扩大了共轭双键体系。这类荧光体的跃迁特性接近 $\pi \to \pi^*$ 跃迁，而不同于一般的 $n \to \pi^*$ 跃迁。

减弱荧光的取代基有 $>C=O$、—COOH、—COOR、—COR、—NO₂、—NO 等吸电子取代基，它们 n 电子的电子云并不与芳环上 π 电子共平面。另外，减弱荧光的还有卤素取代，芳烃被 F、Cl、Br 和 I 原子取代之后，系间穿越加强，其荧光强度随卤素相对原子质量的增加而减弱，磷光相应加强，这种效应称为重原子效应。双取代和多取代基的影响较难预测，取代基之间如果能形成氢键增加分子的平面性，则荧光增强。

影响不明显的取代基有— NH_3^+、—R、—SO₃H 等。

除—CN 外，取代基的位置对芳烃荧光的影响通常为邻、对位取代增强荧光，间位取代减弱荧光，且随着共轭体系的增大，影响相应减小。—CN 取代的芳烃一般都有荧光。

(4) 电子跃迁类型。含有氮、氧、硫杂原子的有机物，如喹啉和芳酮类物质都含有未键合的 n 电子，电子跃迁多为 $n \to \pi^*$ 型，系间穿越强烈，荧光很弱或不发荧光，易与溶剂生成氢键或质子化，从而强烈地影响它们的发光特征吸收。

不含氮、氧、硫杂原子的有机荧光体多发生 $\pi \to \pi^*$ 跃迁，这是电子自旋允许的跃迁，摩尔吸光系数大(约为 10^4)，荧光辐射强。

2) 金属螯合物的荧光

除过渡元素的顺磁性原子会发生线状荧光光谱外，大多数无机盐类金属离子在溶液中只能发生无辐射跃迁，因而不能产生荧光。但是，在某些情况下，金属螯合物能产生很强的荧光，并可用于痕量金属离子的测定。

(1) 螯合物中配位体的发光。不少有机化合物虽然具有共轭双键，但由于不是刚性结构，分子不处于同一平面，因而不发生荧光。如果这些化合物与金属离子形成螯合物，随着分子的刚性增强，平面结构增大，常会发出荧光。例如，2,2′-二羟基偶氮苯本身不发生荧光，但与 Al^{3+} 形成反磁性的螯合物后，便能发出荧光：

又如，8-羟基喹啉本身有很弱的荧光，但其金属螯合物具有很强的荧光。这也是刚性和其共平面性增大所致。

一般来说，能产生这类荧光的金属具有硬酸型结构，如 Be、Mg、Al、Zr、Th 等。

(2) 螯合物中金属离子的特征荧光。这类发光过程通常是螯合物首先通过配位体的 $\pi \to \pi^*$ 跃迁而被激发，然后配位体把能量转移给金属离子，导致 $d \to d^*$ 或 $f \to f^*$ 跃迁，最终发射的是 $d^* \to d$ 跃迁或 $f^* \to f$ 跃迁光谱。例如，三价铬具有 d^3 结构，它与乙二胺等形成螯合物后，最终将产生 $d^* \to d$ 跃迁发光。二价锰具有 d^5 结构，它与 8-羟基喹啉-5-磺酸形成螯合物后，也将产生 $d^* \to d$ 跃迁发光。

2. 溶剂

同一种荧光体在不同的溶剂中，其荧光光谱的位置和强度都可能有显著的差别。溶液中溶质与溶剂分子之间存在静电相互作用，溶质分子的基态与激发态又具有不同的电子分布，从而具有不同的偶极矩和极化率，导致基态和激发态对溶剂分子之间的相互作用程度不同。这对荧光的光谱位置和强度有很大影响。

许多荧光体，尤其是芳环上含有极性取代基的荧光体，它们的荧光光谱易受溶剂的影响。溶剂的影响可分为一般的溶剂效应和特殊的溶剂效应。前者指的是溶剂的折射率和介电常数的影响，后者指的是荧光体和溶剂分子间的特殊化学作用，如形成氢键和配位作用。一般的溶剂效应是普遍存在的，而特殊的溶剂效应取决于溶剂和荧光体的化学结构。特殊的溶剂效应引起的荧光光谱的移动值往往大于一般的溶剂效应引起的移动值。

溶剂对荧光强度的影响比较复杂。一般来说，增大溶剂的极性，将使 $n \rightarrow \pi^*$ 跃迁的能量增大，$\pi \rightarrow \pi^*$ 跃迁的能量降低，从而导致荧光增强。在含有重原子溶剂如碘乙烷和四溴化碳中，也是由于重原子效应，增加系间穿越速率，使荧光减弱。

3. 温度

温度对溶液的荧光强度有显著的影响。通常，随着温度的降低，溶液的荧光强度将增大。这是因为随着溶液温度升高，分子间碰撞的次数增加，促进分子内能的转化，从而导致荧光强度下降。此外，随着溶液的温度上升，介质的黏度变小，从而增大了荧光分子与溶剂分子碰撞猝灭的机会。

4. pH

如果荧光物质是有机弱酸或弱碱，该弱酸或弱碱的分子及其相应的离子可视为两种不同的型体，各具有不同的荧光特性(如不同的荧光光谱、荧光量子产率或荧光寿命)，则酸碱性变化将使荧光物质的两种不同型体的比例发生改变，从而对荧光光谱的形状和强度产生很大的影响。具有酸性或碱性基团的有机物质，在不同 pH 时，其结构可能发生变化，因而荧光强度将发生改变；对于无机荧光物质，因 pH 会影响其稳定性，故其荧光强度也发生改变。

5. 荧光猝灭

荧光猝灭(fluorescence quenching，或称荧光熄灭)，广义地说，是指任何可使某种荧光物质的荧光强度下降的作用或任何可使荧光量子产率降低的作用。狭义地说，荧光猝灭是指荧光物质分子与溶剂分子或其他溶质分子的相互作用引起荧光强度降低的现象。这些引起荧光强度降低的物质称为猝灭剂。

下面讨论导致荧光猝灭作用的几种主要类型。

(1) 碰撞猝灭。碰撞猝灭是荧光猝灭的主要原因。它是指处于激发单重态的荧光分子 M^* 与猝灭剂 Q 发生碰撞后，使激发态分子以无辐射跃迁方式回到基态，因而产生猝灭作用。这一过程可用下列反应式表示：

相对速率

$$M + h\nu \longrightarrow M^* (激发) \qquad\qquad 1$$

$$M^* \xrightarrow{k_1} M + h\nu'(\text{发生荧光}) \qquad\qquad k_1[M^*]$$

$$M^* + Q \xrightarrow{k_2} M + Q + \text{热(猝灭)} \qquad\qquad k_2[M^*][Q]$$

式中，k_1、k_2 为相应的反应速率常数。显然，荧光猝灭程度取决于 k_1 和 k_2 的相对大小及猝灭剂的浓度。

碰撞猝灭还与溶液的黏度有关。在黏度大的溶剂中，猝灭作用较小。另外，碰撞猝灭随温度升高而增加。

(2) 能量转移。这种猝灭作用产生于猝灭剂与处于激发单重态的荧光分子作用后，发生能量转移，使猝灭剂得到激发，其反应如下：

$$M^* + Q \longrightarrow M + Q^*(\text{激发})$$

如果溶液中猝灭剂浓度足够大，可能引起荧光物质的荧光光谱发生畸变和造成荧光强度测定的误差。

(3) 电荷转移。这种猝灭作用是由猝灭剂与处于激发态的分子间发生电荷转移而引起的。由于激发态分子往往比基态分子具有更强的氧化还原能力，因此荧光物质的激发态分子比其基态分子更容易与其他物质的分子发生电荷转移作用。例如，甲基蓝分子(以 M 表示)可被 Fe^{2+} 猝灭：

$$M^* + Fe^{2+} \longrightarrow M^- + Fe^{3+}$$

生成的 M^- 进一步发生下列反应而成为无色染料：

$$M^- + H^+ \longrightarrow MH(\text{半醌})$$

$$2MH \longrightarrow M + MH_2(\text{无色染料})$$

(4) 转入三重态猝灭。由于内部能量转移，发生由激发单重态到三重态的系间穿越，多余的振动能在碰撞中损失掉而使荧光猝灭。例如，二苯甲酮的最低激发单重态是(n, π^*)态，由于 $n \to \pi^*$ 跃迁是部分禁阻的，因而 $\pi^* \to n$ 跃迁也是部分禁阻的，处于(n, π^*)态的最低激发单重态的寿命比处于(π, π^*)态的长，则转化为三重态的概率较大。此外，(n, π^*)态的 S_1 和 T_1 之间的能量间隙通常比较小，有利于加快 $S_1 \to T_1$ 系间穿越过程的速率。

(5) 光化学反应猝灭。由光致激发态分子发生的化学反应称为光化学反应，它可以是单分子反应也可以是双分子反应。荧光分析中经常遇到因发生光化学反应导致猝灭的现象，其中影响较大的是光解反应和光氧化还原反应。某些光敏物质在紫外光或可见光照射下很容易发生预解离跃迁(分子在接受能量跃迁过程中，某些键能低于电子激发能的化学键发生断裂的跃迁)，表现为在荧光测定过程中荧光强度随光照时间而减弱。

(6) 自猝灭和自吸收。当荧光物质浓度较大时，常会发生自猝灭现象，使荧光强度降低。这可能是激发态分子之间的碰撞引起的能量损失。当荧光物质的荧光光谱曲线与吸收光谱曲线重叠时，荧光被溶液中处于基态的分子吸收，称为自吸收。

6. 内滤作用

当溶液中存在能吸收荧光物质的激发光或发射光的物质时，也会使体系的荧光减弱，这种现象称为内滤作用。如果荧光物质的荧光发射光谱与该物质的吸收光谱有重叠，当浓度较大时，部分基态分子将吸收体系发射的荧光，从而使荧光强度降低，这种自吸收现象也是一种内滤作用。

9.1.4　荧光强度与荧光物质浓度的关系

假设以每秒每平方厘米的光强度为 I_0 的入射光照射一个吸光截面积为 A 的盛有荧光物质的液池，荧光强度为 F。

设在 dx 薄层所吸收的光能量为 dI，发射的荧光强度为 dF，则

$$dF = K'dI \tag{9-1}$$

$$dI = I_0 - I = AI_0e^{-acx} - AI_0e^{-ac(x+dx)} = AI_0e^{-acx}(1 - e^{-dx \cdot ac}) \tag{9-2}$$

因为 dx、ac 数值很小，所以

$$dI = AI_0ace^{-acx}dx \tag{9-3}$$

将式(9-3)代入式(9-1)，得

$$dF = K'AI_0ace^{-acx}dx \tag{9-4}$$

求液池中溶液的荧光强度时，应对整个液池长度 b 进行积分，即

$$
\begin{aligned}
F &= AK'I_0ac\int_0^b e^{-acx}dx = AK'I_0(1 - e^{-abc}) \\
&= AK'I_0\left[abc - \frac{(abc)^2}{2!} + \frac{(abc)^3}{3!} - \cdots \right] \\
&= AK'I_0abc\left[1 - \frac{abc}{2} + \frac{(abc)^2}{6} - \cdots \right]
\end{aligned} \tag{9-5}
$$

若 $abc \ll 0.05$，即对很稀的溶液，每平方厘米截面积上的荧光强度为

$$F = K''I_0abc \tag{9-6}$$

以摩尔吸光系数 ε 代替吸收系数 a，$\log_{10}$ 代替 $\log_e$ 标度，荧光量子产率 φ 代替荧光比率 K''，式(9-6)可改写为

$$F = 2.3\varphi I_0\varepsilon bc \tag{9-7}$$

当 I_0 一定时，有

$$F = Kc \tag{9-8}$$

由此可见，在低浓度时，荧光强度与物质的浓度呈线性关系。

当溶液浓度增大时，由于自猝灭和自吸收等，荧光强度与分子浓度不呈线性关系，从式(9-7)可以看出荧光强度 F 与入射光强度 I_0 成正比，因此使用激光器作为激发光源可以获得较高的荧光测量灵敏度。

9.2　荧光分析仪器

9.2.1　荧光光度计

荧光分析使用的仪器可分为荧光计和荧光分光光度计两种类型，通常均由光源、单色器(滤

光片或光栅)、样品池及检测器组成。图 9-2 为荧光分析仪基本部件示意图。

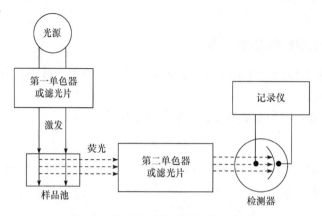

图 9-2　荧光分析仪基本部件示意图

由光源发出的激发光经过第一单色器(激发光单色器)，选择最佳波长的光激发样品池中的荧光物质。荧光物质被激发后，将向四面八方发射荧光。为了消除激发光及散射光的影响，荧光的测量不能直接对着激发光源。因此，荧光检测器通常放在与激发光成直角的方向上。否则，强烈的激发余光会透过样品池干扰荧光的测定，甚至损坏检测器。第二单色器(荧光单色器)的作用是消除荧光样品池的反射光、瑞利散射光、拉曼散射光及其他物质产生的荧光的干扰，使被测物质的特征性荧光照射到检测器上进行光电信号转换，所得到的电信号经放大后由记录仪记录下来。

1. 光源

光源应具有强度大、适用波长范围宽两个特点。常用光源有高压汞灯和氙弧灯(氙灯)。

高压汞灯的平均寿命为 1500～3000 h，荧光分析中常用的是 365 nm、405 nm、436 nm 三条谱线。

氙弧灯是连续光源，发射光束强度大，可用于 200～700 nm 波长范围。在 300～400 nm 波段内，光谱强度几乎相等。

此外，高功率连续可调染料激光光源是一种新型荧光激发光源。激发光源的单色性好，强度大。脉冲激光的光照时间短，并可避免感光物质的分解。

2. 单色器

简易的荧光计一般采用滤光片作单色器，由第一滤光片分离出需要的激发光，用第二滤光片滤去杂散光和杂质发射的荧光。但这种仪器只能用于荧光强度的定量测定，不能给出荧光的激发与发射光谱。荧光分光光度计最常用的单色器是光栅单色器，它具有较高的分辨率，能扫描光谱；缺点是杂散光较大，有不同的次级谱线干扰，但可用合适的前置滤光片加以消除。

3. 样品池

样品池通常是石英材料的方形池，四个面都透光。放入池架中时，要用手拿着棱边并规定一个插放方向，免得各透光面被指痕污染或被固定簧片擦坏。

4. 狭缝

狭缝越小，单色性越好，但光强度和灵敏度下降。当入射狭缝和出射狭缝的宽度相等时，单色器射出的单色光有 75% 的能量是辐射在有效的带宽内。此时，既有好的分辨率，又保证了光通量。

5. 检测器

简易的荧光计可采用日视或硒光电池检测。但一般较精密的荧光分光光度计均采用光电倍增管检测。施加于光电倍增管的电压越高，放大倍数越大，电压每波动 1 V，增益就随之波动 3%。因此，要获得良好的线性响应，需要稳定的高压电源。光电倍增管的响应时间很短，能检测出 10^{-8} s 和 10^{-9} s 的脉冲光。

荧光分光光度计使用的检测器还有光导摄像管。它具有检测效率高、动态范围宽、线性响应好、坚固耐用和寿命长等优点，但其检测灵敏度不如光电倍增管。

6. 读出装置

荧光分析仪器的读出装置有数字电压表、记录仪和阴极示波器等。数字电压表用于例行定量分析，既准确、方便又便宜。记录仪多用于扫描激发光谱和发射光谱。阴极示波器显示的速度比记录仪快得多，但其价格比记录仪高得多。

9.2.2　荧光(磷光)光谱曲线

荧光是光致发光现象，由于分子对光的选择性吸收，不同波长的入射光具有不同的激发效率。如果固定荧光的发射波长(测定波长)而不断改变激发光(入射光)的波长，并记录相应的荧光强度，所得到的荧光强度对激发波长的谱图称为荧光的激发光谱(简称激发光谱)。如果使激发光的波长和强度保持不变而不断改变荧光的测定波长(发射波长)并记录相应的荧光强度，所得到的荧光强度对发射波长的谱图则称为荧光的发射光谱(简称发射光谱)。激发光谱反映了在某一固定的发射波长下所测量的荧光强度对激发波长的依赖关系；发射光谱反映了在某一固定的发射波长下所测量的荧光的波长分布。图 9-3 为菲的荧光激发光谱、荧光和磷光发射光谱。

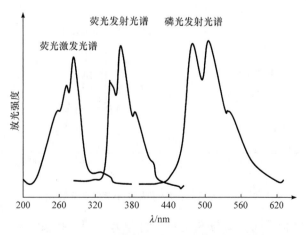

图 9-3　室温下菲的乙醇溶液的荧(磷)光光谱

激发光谱和发射光谱可用来鉴别荧光物质,并可作为进行荧光测定时选择合适的激发波长和测定波长的依据。荧光测量仪器的特性,如光源的能量分布、单色器的透光率和检测器的敏感度都随波长而改变,因而一般情况下测得的激发光谱和发射光谱均为表观光谱。同一份荧光化合物的溶液在不同的荧光测量仪器上所测得的表观光谱彼此间往往有所差异,只有对上述仪器特性的波长因素加以校正后,所得的校正光谱(或称真实光谱)才可能是彼此一致的。

某种化合物的荧光激发光谱的形状理论上应与其吸收光谱的形状相同。然而,由于上述仪器特性的波长因素,表观激发光谱的形状与吸收光谱的形状大多有所差异,只有校正的激发光谱才与吸收光谱非常相近。在化合物的浓度足够小,对不同波长激发光的吸收正比于其吸光系数,且荧光量子产率与激发波长无关的条件下,校正的激发光谱在形状上与吸收光谱相同。化合物溶液的发射光谱通常具有如下特征:

(1) 斯托克斯位移。斯托克斯在 1852 年首次观察到荧光波长总是大于激发光波长,这种波长移动的现象称为斯托克斯位移。

(2) 荧光发射光谱的形状与激发光波长无关。分子的电子吸收光谱可能含有几个吸收带,而其荧光光谱只含一个发射带。激发光波长改变,可能将分子激发到高于 S_1 的电子能级,但很快经过内转换和振动弛豫跃迁到 S_1 态的最低振动能级,然后产生荧光。由于荧光发射产生于第一电子激发态的最低振动能级,而与荧光体被激发到哪一个电子态无关,因此荧光光谱的形状通常与激发光波长无关。

(3) 荧光光谱与吸收光谱的镜像关系。基态分子通常处于最低振动能,受激时可以跃迁到不同的电子激发态,产生多个吸收带,其中第一吸收带的形成是由基态分子激发到第一电子激发单重态的各不同振动能级所引起的,因而第一吸收带的形状与第一电子激发单重态中振动能级的分布情况有关;荧光光谱的形成是激发分子从第一电子激发单重态的最低振动能级辐射跃迁至基态的各个不同振动能级所引起的,因此荧光光谱的形状与基态中振动能级的分布情况(能量间隔情况)有关。一般情况下,基态和第一电子激发单重态中振动能级的分布情况相似,且荧光带的强弱与吸收带强弱相对应,因此荧光光谱和吸收光谱的形状相似。

另外,在第一吸收带中,S_1 态的振动能级越高,与 S_0 态间的能量差越大,吸收峰的波长越短;相反,荧光光谱中 S_0 态的振动能级越高,与 S_1 态间的能量差越小,发射荧光的波长越长。因此,荧光光谱和吸收光谱的形状虽然相似,但呈镜像对称关系。图 9-4 是蒽乙醇溶液的吸收光谱和荧光光谱。

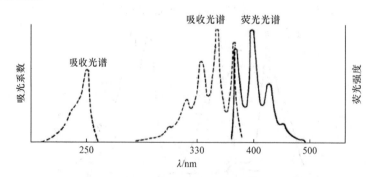

图 9-4 蒽乙醇溶液的吸收光谱和荧光光谱

不同的荧光物质结构不同,S_0 与 S_1 态间的能量差不同,基态中各振动能级的分布情况也不同,因此有不同形状的荧光光谱,据此可以进行定性分析。

9.3 荧光分析方法

9.3.1 荧光定量分析方法

1. 工作曲线法

这是常用的方法，即将已知量的标准物质经过与样品的相同处理后，配成一系列标准溶液并测定它们的相对荧光强度，以相对荧光强度对标准溶液的浓度绘制工作曲线，由溶液的相对荧光强度对照工作曲线求出样品中荧光物质的含量。

2. 比较法

如果样品数量不多，可用比较法进行测定。取已知量的纯荧光物质配制与样品浓度 c_x 相近的标准溶液 c_s，并在相同的条件下测得它们的荧光强度 F_x 和 F_s，若有试剂空白 F_0 需扣除，然后按式(9-9)计算样品的浓度 c_x：

$$c_x = \frac{F_x - F_0}{F_s - F_0} c_s \tag{9-9}$$

3. 荧光猝灭法

荧光猝灭剂的浓度 c_Q 与荧光强度的关系可用斯顿-伏尔莫方程表示：

$$F_0/F = 1 + K c_Q \tag{9-10}$$

式中，F_0 和 F 分别为猝灭剂加入前和加入后样品的荧光强度。由式(9-10)可见，F_0/F 与猝灭剂浓度呈线性关系。与工作曲线法相似，对一定浓度的荧光物质体系，分别加入一系列不同量的猝灭剂 Q，配成一个荧光物质-猝灭剂系列，然后在相同条件下测定它们的荧光强度。以 F_0/F 值对 c_Q 绘制工作曲线，即可方便地进行测定。该方法具有较高的灵敏度和选择性。

4. 多组分混合物的荧光分析

如果混合物中各组分的荧光峰相互不干扰，可分别在不同波长处测定，直接求出它们的浓度。如果荧光峰互相干扰，但激发光谱有显著差别，其中一个组分在某一激发光下不会产生荧光，则可以选择不同的激发光进行测定。例如，Al^{3+} 和 Ga^{3+} 的 8-羟基喹啉配合物的氯仿萃取液，荧光峰均在 520 nm，但激发峰分别为 365 nm 和 435.8 nm，因此可分别用 365 nm 及 435.8 nm 激发，在 520 nm 测定。

如果在同一激发光波长下荧光光谱互相严重干扰，则可以利用荧光强度的加和性，在适宜的荧光波长处测定，用列联立方程的方法求结果。例如，硫胺素和吡啶硫胺素在碱性介质中经 $K_3[Fe(CN)_6]$ 氧化为硫胺荧和吡啶硫胺荧之后，它们的异戊醇萃取液在紫外光照射下产生荧光。硫胺荧的激发峰在 385 nm，荧光峰在 435 nm，吡啶硫胺荧的激发峰在 410 nm，荧光峰在 480 nm。用上述激发光激发，测定混合物溶液在 435 nm 和 480 nm 的相对荧光强度 $F_{\lambda_{em}/\lambda_{ex}}$，并测定它们的纯物质分别在上述激发波长和荧光波长处的相对荧光强度，然后列出两组联立方程：

$$\begin{cases} F_{435/385} = 26339 \times 10^4 c_{\mathrm{T}} + 210 \times 10^4 c_{\mathrm{P}} \\ F_{480/385} = 9685 \times 10^4 c_{\mathrm{T}} + 1022 \times 10^4 c_{\mathrm{P}} \end{cases} \text{或} \begin{cases} F_{435/410} = 6419 \times 10^4 c_{\mathrm{T}} + 252 \times 10^4 c_{\mathrm{P}} \\ F_{480/410} = 2816 \times 10^4 c_{\mathrm{T}} + 1709 \times 10^4 c_{\mathrm{P}} \end{cases}$$

式中，c_{T} 和 c_{P} 分别为硫胺素和吡啶硫胺素的浓度。解上述任一方程组即可求得混合物溶液中的 c_{T} 和 c_{P}。借助计算机处理技术，可方便地对更多组分的复杂混合物进行分析。

9.3.2　荧光分析法的灵敏度

荧光分析法的灵敏度通常用两种方法表示。

1. 绝对灵敏度 S_α

绝对灵敏度是用荧光物质的荧光量子产率 φ_{F} 和摩尔吸光系数 ε 的乘积表示的灵敏度，即

$$S_\alpha = \varphi_{\mathrm{F}} \varepsilon \tag{9-11}$$

S_α 值越大，表示荧光物质越易发射荧光，灵敏度越高。

2. 以硫酸奎宁的检出限表示仪器的灵敏度

实际测定时，激发光源的强度和光电倍增管的光谱特性随波长而改变，灵敏度受仪器的质量(如光源的强度及其稳定性、单色器杂散光水平、光电倍增管的特性及放大器的质量等)和工作条件等诸多因素的影响，因此同一物质在不同的条件和仪器上测定的灵敏度不同。通常以在特定条件下能检出硫酸奎宁($0.05 \ \mathrm{mol \cdot L^{-1}} \ H_2SO_4$ 水溶液)的最低浓度(检出限)表示荧光仪器的灵敏度，其值多为 $10^{-12} \sim 10^{-10} \ \mathrm{g \cdot mL^{-1}}$。

3. 用纯水拉曼峰信噪比(S/N)表示仪器的灵敏度

当激发光照射荧光体溶液时，其能量一般不足以使溶剂或其他杂质分子中的电子跃迁到电子激发态，但可能将电子激发到基态中其他较高的振动能级。如果电子受激后能量没有损失并且在瞬间(约 10^{-12} s)又返回原来的振动能级，则会在各个不同的方向发射与激发光相同波长的辐射，这种辐射称为瑞利散射光，其强度与光波长的四次方成反比。溶剂和其他杂质的瑞利散射光会干扰荧光的测定，一般由第二单色器滤去散射光以消除其影响。因此，单色器的分辨率越高，荧光的斯托克斯位移越大，散射光的影响越小。

除瑞利散射光外，激发到基态中其他较高振动能级的电子也可能返回比原来的能级稍高或稍低的振动能级，产生波长略长或略短于激发光波长的散射光，称为拉曼散射光。拉曼散射光的波长随激发光的波长改变而改变，但与激发光之间存在一定的频率差。一般情况下，拉曼散射光的强度比瑞利散射光和荧光体的荧光弱得多。

近来仪器的灵敏度趋向于用纯水拉曼峰的信噪比(S/N)表示，以纯水的拉曼峰高为信号值(S)，并固定发射波长，使记录仪进行时间扫描，求出仪器的噪声(N)，用 S/N 值作为衡量仪器灵敏度的指标，其值大多为 $20 \sim 200$。水的拉曼峰越高，仪器的噪声越小，则 S/N 值越大，仪器对荧光信号的检测就越灵敏。这种方法不但简单易行，而且比较符合实际情况，因此被人们广泛采用。

9.3.3　荧光分析法的应用

荧光分析法具有灵敏度高、取样量少等优点，现已广泛应用于无机和有机物质的分析。

1. 无机化合物

能直接产生荧光并用于测定的无机化合物不多，一般是与有机试剂生成发射荧光的配合物后进行荧光分析，现在可以采用有机试剂进行荧光分析的元素已近 70 种。其中，铍、铝、硼、镓、硒、镁、锌、镉及稀土元素常采用荧光法进行分析。

采用荧光猝灭法进行间接荧光法测定的元素有氧、硫、铁、银、钴、镍、铜、钼、钨等。可采用催化荧光法进行测定的物质有铜、铍、铁、钴、锇、银、金、锌、铝、钛、钒、锰、铒、过氧化氢和 CN^- 等。

可在液氮温度下(-196℃)用低温荧光法进行分析的元素有铬、铌、铀、碲和铅等。

此外，还可用固体荧光法测定铀、铈、钐、铽、锑、钒、铅、铋、铌和锰等元素。

2. 有机化合物

脂肪族有机化合物的分子结构比较简单，产生荧光的物质不多。但也有许多脂肪族有机化合物与某些有机试剂反应后生成的产物在紫外光照射下产生荧光，可用荧光法测定。例如，丙三醇与苯胺在浓硫酸介质中发生反应生成喹啉。喹啉在浓硫酸介质中在紫外光照射下产生蓝色荧光，由喹啉的荧光强度可以间接测定丙三醇的含量；丙酮在紫外光照射下生成的自由基与荧光素钠结合生成无色衍生物，从而导致荧光素钠的荧光强度下降，据此可以测定丙酮的含量；草酸被还原为乙醛酸后可以与间苯二酚偶合形成一种有色的荧光配合物，可用来间接测定草酸的含量。

芳香族有机化合物因具有共轭的不饱和体系，易于吸光，其中分子庞大而结构复杂者在紫外光照射下多数能产生荧光。例如，蒽、菲、芘、并四苯在紫外光照射时均可产生荧光，可用荧光分析法直接测定。有时为了提高测定方法的灵敏度和选择性，常使弱荧光性的芳香族化合物与某种有机试剂作用而获得强荧光性的产物，然后进行测定。例如，降肾上腺素与甲醛缩合得到一种强荧光性产物，然后采用荧光显微镜法可以检测出组织切片中含量低至 10^{-7} g 的降肾上腺素。

在生命科学的研究中，荧光分析法是测定蛋白质、核酸等生物大分子最重要的方法之一。酪氨酸、色氨酸能吸收 270～300 nm 的紫外光，并分别发射 303 nm、348 nm 的荧光，含有这两种氨基酸的蛋白质可以直接用荧光法测定，如用于牛乳中蛋白质的测定。某些荧光染料与蛋白质作用后，荧光强度显著增大，而且荧光强度的增大与溶液中蛋白质的浓度呈线性关系，因此可用于蛋白质的测定。例如，8-苯胺基-1-萘磺酸作荧光染料可以测定 1～300 μg · (3 mL)$^{-1}$ 的蛋白质。在核酸的分析中，最重要的荧光试剂是溴乙锭，它能够嵌入 DNA 双螺旋结构的碱基对之间，使其荧光大大增强，不仅能检测含量低至 0.1 μg · mL^{-1} 的 DNA，而且可用于探测 DNA 的双螺旋结构，广泛用于核酸的变性与复性及 DNA 分子杂交的研究中。

荧光分析法，特别是新近发展起来的同步荧光法、时间分辨荧光法、相分辨荧光法、偏振荧光法等测定技术，都具有灵敏度高、选择性好、取样量少、简便快速等优点，已成为各领域中痕量及超痕量分析的重要工具。

9.4　磷光分析法

分子磷光光谱在原理、仪器和应用等方面与分子荧光光谱相似，其差别在于磷光是由第一激发单重态的最低能级经系间穿越至第一激发三重态，并经过振动弛豫至最低振动能级，然后经禁阻跃迁回到基态而产生的，因此发光速率较慢，而荧光则来自短寿命的单重态。因此，磷光的平均寿命比荧光长，在光照停止后还可保持一段时间。

9.4.1　低温磷光

低温磷光是将样品溶于有机溶剂中，在液氮(温度 77 K)条件下形成刚性玻璃状物后，测量磷光。样品的刚性可减少分子的碰撞使磷光猝灭。

溶剂的选择很重要，溶剂在低温下应使样品溶解并形成刚性玻璃状物，且具有磷光背景。最常用的溶剂 EPA 由乙醇、异戊烷和二乙醚按体积比 2：5：5 混合而成。其他溶剂如乙醇，或混合溶剂如乙醇-甲醇、异丙醇-异戊烷和水-甲醇也可以使用。溶剂应提纯，以除去芳香族和杂环化合物等杂质。

使用含有重原子的混合溶剂 IEPA(由 EPA：碘甲烷=10：1 组成)，有利于系间穿越，因此可增加磷光效率。

9.4.2　室温磷光

低温磷光的测量需要低温条件，而测量室温磷光避免了这一条件。将样品固定在固体基体上，也可溶解在胶束溶液或环糊精溶液中，从而在室温下就能测量磷光。

固体基体有纤维载体(如滤纸)、无机载体(如硅胶、氧化铝)及有机载体(如纤维素、蔗糖、淀粉等)。固体基体将被测物质束缚在固体上以增加其刚性，减少三重态的碰撞猝灭，增大磷光强度。

将具有非极性的疏水基团连接在极性的亲水基团上的分子称为表面活性剂或洗涤剂。非极性基团通常是碳链，极性基团是离子或中性化合物。表面活性剂在溶液中形成的胶状聚集体称为胶束。在室温下，许多有机分子在含有表面活性剂(如十二烷基硫酸钠)的溶液中形成胶束缔合物，使其刚性增强而产生磷光。样品测定时，用超声波将少量样品与胶束溶液混合均匀[如果掺入含有重原子离子 Tl(Ⅰ)、Pb(Ⅱ)的盐类可增强量子效率]，然后将溶液通入 N_2 除去 O_2，转入样品池中激发并测量磷光。也可使用环糊精溶液进行室温磷光测定。

9.4.3　磷光分析仪

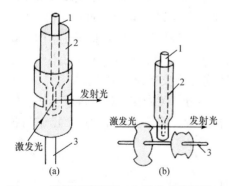

图 9-5　转筒式磷光镜(a)和转盘式磷光镜(b)
1. 样品池；2. 杜瓦瓶；3. 电机轴

磷光分析仪与荧光分析仪相似，由光源、样品池、单色器和检测器等组成。此外，磷光分析仪还需有装液氮的石英杜瓦瓶以及可转动的斩波片或可转动的圆柱形筒，如图 9-5 所示。

装液氮的杜瓦瓶用于低温磷光的测定。利用斩波片能测定磷光和荧光，还能测定不同寿命的磷光。两个斩波片可调节成同相或异相。当可转动的两个斩波片同相时，测定的是荧光和磷光的总强度；异相时，激发光被斩断，因荧光寿命比磷光短，消失快，所测定的就是磷光的强度。

9.4.4　磷光分析法的应用

磷光分析法在无机化合物测定中应用较少，主要用于环境分析、药物研究等方面的有机化合物的测定。

9.5　化学发光分析法

化学发光是由化学反应释放的化学能激发体系中某种化学物质分子，当受激发的分子跃迁回到基态时产生的光发射。利用化学发光测定体系中化学物质浓度的方法称为化学发光分析法。

9.5.1　化学发光分析法的原理

化学发光是化学反应释放的化学能激发体系中的分子而发光。一个化学发光反应包括化学激发和发光两个关键步骤，它必须具备以下条件：

(1) 提供足够的能量激发某种分子。这种能量主要来自反应焓。对于可见光范围的化学发光，其能量一般为 $150\sim400\ \mathrm{kJ\cdot mol^{-1}}$。许多氧化还原反应提供的能量可满足此条件，因此大多数化学发光反应为氧化还原反应。

(2) 有利的化学反应历程，使反应释放的能量激发生成大量的激发态分子。

(3) 发光效率高，化学发光效率取决于生成激发态分子的化学激发效率和激发态分子的发射效率。

当被测物的浓度很低时，化学发光反应的发光强度 I 与被测物的浓度 c 呈线性关系：

$$I = Kc$$

式中，K 为常数，与化学发光效率、化学反应速率等因素有关。发光强度既可以用峰高表示，也可以用总发光强度，即发光强度的积分值表示。

9.5.2　化学发光反应类型

1. 直接化学发光

直接化学发光使被测物作为反应物直接参与化学发光反应，当生成的激发态产物分子跃迁回基态时产生发光。反应式为

$$A + B \longrightarrow C^* + D$$

$$C^* \longrightarrow C + h\nu$$

式中，A 或 B 为被测物；C^* 为 A 和 B 反应产物 C 的激发态。

2. 间接化学发光

间接化学发光是被测物 A 或 B 通过化学反应生成激发态的 C^*，C^* 不直接发光，而是作为激发中间体将能量传递给 F，使 F 处于激发态 F^*，当 F^* 跃迁回到基态时产生发光。反应

式为

$$A + B \longrightarrow C^* + D$$

$$C^* + F \longrightarrow F^* + E$$

$$F^* \longrightarrow F + h\nu$$

例如，测定大气中臭氧时用罗丹明 B-没食子酸的乙醇溶液产生的化学发光反应就属于这一类型。其反应过程如下：

$$没食子酸 + O_3 \longrightarrow A^* + O_2$$

$$A^* + 罗丹明B \longrightarrow 罗丹明B^* + B$$

$$罗丹明B^* \longrightarrow 罗丹明B + h\nu$$

这里 A^* 是受激发的中间体，A^* 将能量传递给罗丹明 B，使其激发，当激发的罗丹明 B 分子回到基态时发出光子，该辐射的最大发射波长为 584 nm。

3. 液相化学发光

按反应体系的状态分类，可分为液相化学发光、气相化学发光等。

化学发光反应在液相中进行称为液相化学发光。常用的液相化学发光试剂主要有鲁米诺(3-氨基苯二甲酰肼)、光泽精(N, N-二甲基二吖啶硝酸盐)、洛粉碱(2,4,5-三苯基咪唑)等。其中，鲁米诺是最常用的发光试剂，它可以测定 Cl_2、$HOCl$、OCl^-、H_2O_2、O_2 和 NO_2，产生化学发光反应时量子效率为 $0.01 \sim 0.05$。

鲁米诺在碱性溶液中与 H_2O_2 作用，氧化过程中产生的化学能被产物氨基邻苯二甲酸根离子吸收，使其处于激发状态。当其价电子从第一电子激发态的最低振动能级跃迁回到基态中各个不同振动能级时，产生最大发射波长为 425 nm 的光辐射。可用下式表示：

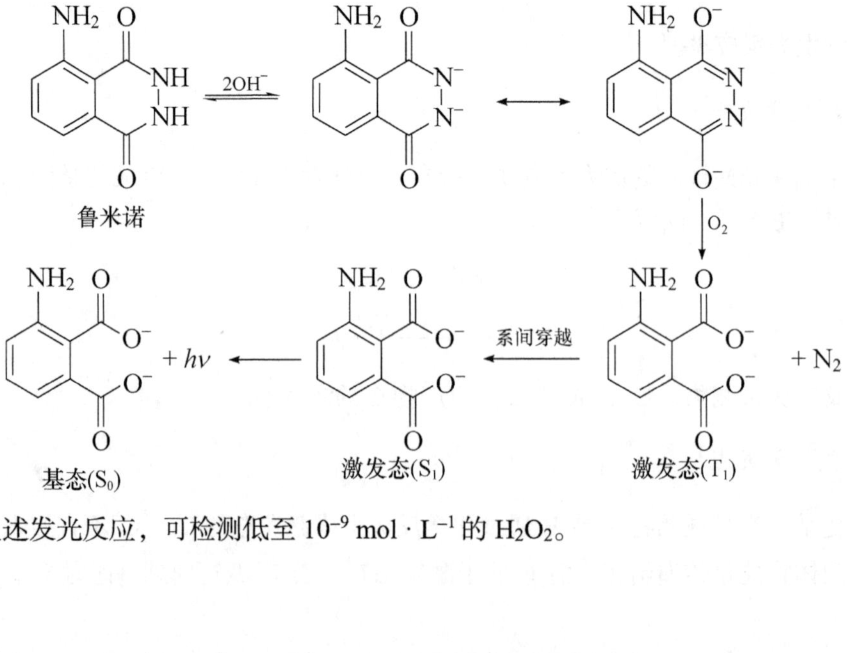

利用上述发光反应，可检测低至 $10^{-9} \text{ mol} \cdot \text{L}^{-1}$ 的 H_2O_2。

鲁米诺与 H_2O_2 的化学反应可以被一些痕量的过渡金属离子催化，使发出的光大大增强。利用这一现象，可以测定 $Co(II)$、$Cu(II)$、$Ni(II)$、$Cr(III)$、$Fe(II、III)$、$Ag(I)$、$Au(I)$、$Mn(II)$、$Hg(II)$ 等金属离子，检出限为 $0.01\sim40~\mu g\cdot mL^{-1}$。此外，利用某些金属离子对化学发光反应的抑制效应间接测定金属离子，如 $Ce(IV)$、$Hf(IV)$，也可得到较好的结果。

4. 气相化学发光

化学发光反应在气相中进行称为气相化学发光。气相化学发光法主要用于监测大气中的 O_3、NO、NO_2、H_2S、SO_2 和 CO 等。NO 与 O_3 的气相化学发光反应如下：

$$NO + O_3 \longrightarrow NO_2^* + O_2$$

$$NO_2^* \longrightarrow NO_2 + h\nu$$

该反应检测 NO 灵敏度可达 $1~ng\cdot cm^{-3}$，其发射波长范围为 $600\sim875~nm$。

对于臭氧，发光试剂是乙烯，其反应式为

$$2O_3 + C_2H_4 \longrightarrow 2HCHO^* + 2O_2$$

$$HCHO^* \longrightarrow HCHO + h\nu$$

在生成羰基化合物的同时产生化学发光，激发态甲醛为化学发光物质。该化学发光反应的发射波长为 $435~nm$，对 O_3 是特效的，检测的线性范围为 $0.01\sim200~mg\cdot L^{-1}$。

9.5.3 化学发光分析仪

化学发光分析仪比较简单，主要包括样品池、检测器、放大系统及记录系统，如图 9-6 所示。

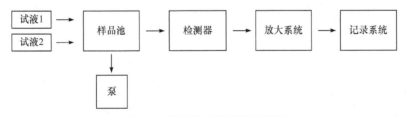

图 9-6 化学发光分析仪示意图

化学发光分析仪通过增加连续流动的进样系统可以设计成连续流动分析仪器，则在相同的体系中可以连续检测多个样品。此流动系统也可用作高效液相色谱的柱后检测系统。

9.5.4 化学发光分析法的应用

化学发光分析法具有选择性好、灵敏度高和方法简单等优点。对气体和金属离子的检出限可达 $ng\cdot cm^{-3}$。气相化学发光分析可用于 O_3、CO、SO_2、H_2S 和氮氧化物等有毒物质的测定。液相化学发光分析利用鲁米诺、光泽精等发光体系可测定废水和天然水中的金属离子。

思考题和习题

1. 名词解释：

(1) 单重态　　　　　　　　　　　　　　(2) 三重态

(3) 系间穿越　　　　　　　　　　　(4) 弛豫现象

(5) 荧光发射和磷光发射　　　　　　(6) 量子产率

(7) 荧光猝灭

2. 荧光发射光谱是如何产生的?

3. 如何区分荧光和磷光?

4. 荧光分光光度计由哪些部件构成? 每个部件的作用分别是什么?

5. 举例说明如何用荧光猝灭法进行荧光分析。

6. 说明荧光强度与分子结构的关系。

7. 为什么荧光光谱法的灵敏度比分光光度法的灵敏度高?

8. 酚酞和荧光素哪个的量子产率高? 为什么?

9. 比较荧光分析法和化学发光分析法的仪器特点。

第 10 章　核磁共振波谱法

核磁共振(nuclear magnetic resonance, NMR)波谱法是研究处于磁场中的原子核对射频辐射的吸收而进行样品成分与结构分析的方法, 也可进行定量分析。

1924 年, 泡利(Pauli)预言了 NMR 基本理论, 即有些原子核同时具有自旋和磁量子数而在磁场中发生分裂; 1946 年, 珀塞尔(Purcell)和布洛赫(Bloch)发现并证实了 NMR 现象; 1953 年, 瓦里安(Varian)开始商用仪器的研发, 同年制作了第一台高分辨 NMR 仪器; 1956 年, 奈特(Knight)发现元素所处的化学环境对 NMR 信号有影响, 而这一影响与分子结构有关; 1970 年, NMR 波谱仪开始市场化; 1991 年, 瑞士化学家恩斯特(Ernst)开发了高分辨率 NMR 波谱仪技术, 即二维 NMR 理论和傅里叶变换 NMR 技术; 2002 年, 维特里希(Wüthrich)将 2D-NMR 方法用于蛋白质研究, 用 NMR 方法解析出蛋白质的空间结构; 2003 年, 劳特伯(Lauterbur)和曼斯菲尔德(Mansfield)因在磁共振成像技术领域的突破性成就而获得诺贝尔生理学或医学奖。如今, NMR 已经成为化学、生物、医学和物理等众多领域十分重要的分析方法。

10.1　核磁共振波谱法的基本原理

核磁共振是处于强磁场中的原子核在另一电磁场作用下发生的物理现象。原子核因为具有核自旋而产生核磁共振现象, 并不是所有的原子核都能产生这种现象。

10.1.1　原子核自旋

原子核的自旋用自旋量子数 I 表示, I 值与原子核的质量数 A 和电荷数(质子数或原子序数)Z 有关。

按自旋量子数 I 的不同, 可以将原子核分为以下三类:

(1) 质量数和质子数均为偶数的原子核, 自旋量子数 $I = 0$, 如 ^{12}C、^{16}O、^{32}S 等, 这类原子核没有自旋现象, 称为非磁性核。

(2) 质量数为奇数的原子核, 自旋量子数为半整数, 如 ^1H、^{13}C、^{15}N、^{19}F、^{31}P、^{29}Si 等的 $I = 1/2$; ^7Li、^{23}Na 等的 $I = 3/2$; ^{17}O、^{27}Al 等的 $I = 5/2$。

(3) 质量数为偶数、质子数为奇数的原子核, I 为整数, 如 ^2H、^6Li、^{14}N 等的 $I = 1$; ^{58}Co 的 $I = 2$; ^{10}B 的 $I = 3$。

对于 $I = 1/2$ 的原子核, 如 ^1H、^{13}C、^{19}F、^{31}P, 可看成核电荷均匀分布的球体, 像陀螺一样自旋, 有磁矩产生, 是核磁共振研究的主要对象。

$I \neq 0$ 的原子核都有自旋现象, 可产生磁矩(μ), μ 与自旋角动量 P 有关。

$$\mu = \gamma P$$

式中, γ 为磁旋比, 是常数, 不同的核有不同的磁旋比。

不同的原子核具有不同的磁矩, 即

$$P = \sqrt{I(I+1)}\frac{h}{2\pi} \tag{10-1}$$

10.1.2　核磁共振现象

基态下的核自旋是无序的，彼此之间没有能量差，其能态是简并的。因此，无外加磁场(B_0)时，磁矩μ的取向是任意的。

由于原子核具有核磁矩，当外加一个磁场 B_0 时，根据量子力学原理，磁矩与磁场相互作用，磁矩相对于外加磁场 B_0 有不同的取向，其在外加磁场方向的投影是量子化的。对于 $I \neq 0$ 的自旋核，磁矩μ的取向不是任意的，而是量子化的，可用磁量子数 m 表示，即 $m = I$、$I-1$、$\cdots$、$-I+1$、$-I$，共有($2I+1$)种取向。例如，$I = 1/2$ 的自旋核，共有 2 种取向(+1/2，−1/2)；$I = 1$ 的自旋核，共有 3 种取向(+1，0，−1)。

原子核自旋产生磁矩，即核磁矩。当核磁矩处于静止的外加磁场中时，产生进动和能级分裂。对于 $I = 1/2$ 的核，在外加磁场 B_0 中，有两个自旋取向，$m = 1/2$ 时，自旋取向与外加磁场方向一致，能量较低；$m = -1/2$ 时，自旋取向与外加磁场方向相反，能量较高，如图 10-1 所示。

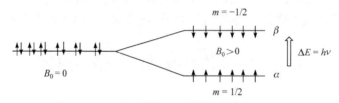

图 10-1　$I = 1/2$ 的核磁矩在 B_0 中的取向和能级

对于任何自旋角量子数为 I 的核，其相邻两个能级的能量差为 $\Delta E = \dfrac{1}{2I}\gamma h B_0$，当自旋核置于外加磁场 B_0 中，如图 10-2 所示，根据经典力学模型，此时会产生拉莫尔(Larmor)进动，$I \neq 0$ 的自旋核绕自旋轴旋转(自旋轴的方向与μ一致)，自旋轴又与 B_0 场保持角度θ，绕 B_0 进动或称拉莫尔进动。这是由于 B_0 对μ有一个扭力，μ 与 B_0 平行，旋转又产生离心力，平衡时θ保持不变。

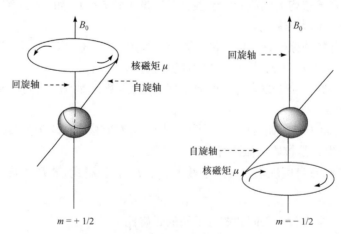

图 10-2　自旋核在外加磁场 B_0 中的拉莫尔进动

原子核进动的频率由外加磁场的强度和原子核本身的性质决定,对于特定原子,在一定强度的外加磁场中,其原子核自旋进动的频率固定不变。

原子核发生进动的能量与磁场、原子核磁矩及磁矩与磁场的夹角相关,根据量子力学原理,原子核磁矩与外加磁场之间的夹角并不是连续分布的,而是由原子核的磁量子数决定,原子核磁矩的方向只能在这些磁量子数之间跃迁,而不能平滑地变化,这样就形成了一系列能级。当原子核在外加磁场中接受其他来源的能量输入后,发生能级跃迁,即原子核磁矩与外加磁场的夹角发生变化,这种能级跃迁是获取核磁共振信号的基础。

为了让原子核自旋的进动发生能级跃迁,需要为原子核提供跃迁所需要的能量,这一能量通常由外加射频场提供。根据物理学原理,只有当外加射频场的频率与原子核自旋进动的频率相同时,射频场的能量才能够有效地被原子核吸收。因此,某种特定的原子核在给定的外加磁场中只吸收某一特定频率射频场提供的能量,这样就形成了一个核磁共振信号。

10.1.3　核磁共振波谱共振条件

产生核磁共振波谱的三个条件是:

(1) $I \neq 0$。

(2) 外加磁场 B_0。

(3) 与 B_0 相互垂直的射频场 B_1,且 $\nu_1 = \nu_2$, $\nu_0 = \dfrac{\gamma}{2\pi} B_0$。

10.2　化　学　位　移

10.2.1　核磁共振与化学位移

1. 屏蔽效应

理想化的裸露氢核满足共振条件,产生单一的吸收峰: $\nu = \dfrac{\gamma}{2\pi} B_0$。

实际上并不存在裸露的氢核。在有机化合物中,氢核不但受周围不断运动的价电子影响,还受到相邻原子的影响。带正电原子核的核外电子在与外加磁场垂直的平面上绕核旋转的同时,会产生与外加磁场方向相反的感生磁场,起到屏蔽作用,使氢核实际受到的外加磁场作用减小。核实际感受到的磁场强度(有效磁场 B_{eff}): $B_{eff} = B_0 - \sigma B_0$,其中 σ 为屏蔽常数,与核外电子云密度有关,密度越大, σ 越大,表明受到的屏蔽效应越大。

2. 化学位移的定义

一种核(如氢原子核)所处的化学环境不同,共振频率也不尽相同,其谱线出现在谱图的不同位置,这种现象称为化学位移(chemical shift)。核的共振频率为

$$\nu = \frac{\gamma}{2\pi} B_0 (1 - \sigma) \tag{10-2}$$

3. 化学位移的表示方法

若用磁场强度或频率表示化学位移,则不同照射频率的仪器所得的化学位移值不同,即

同一种化合物在不同仪器上测得的谱图以共振频率表示时没有简单、直观的可比性。

没有完全裸露的氢核,也没有绝对的标准。化学位移一般是选择四甲基硅烷 $Si(CH_3)_4(TMS)$ 为内标物,规定其化学位移为零,并采用位移常数 δ 表示化学位移:

$$\delta = \frac{\nu_S - \nu_{TMS}}{\nu_{TMS}} \times 10^6 \qquad (10\text{-}3)$$

式中, ν_S 为样品的频率; ν_{TMS} 为 TMS 的频率。

4. 基准参考物质 TMS 的特点

(1) TMS 不活泼,与样品不发生反应,不发生分子间的缔合。

(2) TMS 结构对称,在氢谱或碳谱中都只有一个吸收峰。

(3) 因为 Si 的电负性(1.9)比 C 的电负性(2.5)小, TMS 中的氢核和碳核处在高电子云密度区,产生很大的屏蔽效应,与绝大部分样品信号不会互相重叠干扰。

(4) TMS 沸点很低(27℃),容易去除,有利于回收样品。

10.2.2 化学位移的影响因素

1. 诱导效应

与质子相连的元素电负性越大,吸电子作用越强,质子周围的电子云密度越小,屏蔽作用越弱,信号峰向低场移动, δ 值越大,见表 10-1。

表 10-1   与 CH_3 连接基团(X)电负性对化学位移的影响

化合物	CH_3F	CH_3OH	CH_3Cl	CH_3Br	CH_3I	CH_4	TMS
电负性	4.0	3.5	3.0	2.8	2.5	2.1	1.8
δ_{CH_3}	4.26	3.14	3.05	2.68	2.16	0.23	0

取代基个数越多,吸电子诱导效应越大, δ 值越大,见表 10-2。

表 10-2   与 CH_3 连接基团(X)数目对化学位移的影响

化合物	CH_3Cl	CH_2Cl_2	$CHCl_3$
δ_{CH_3}	3.05	5.30	7.27

诱导效应是通过成键的键轴方向传递的,氢核与取代基的距离越远,相隔化学键的距离越大,影响越小,诱导效应越小, δ 值越小,见表 10-3。

表 10-3   与 CH_3 连接基团(X)距离对化学位移的影响

化合物	CH_3OH	CH_3CH_2OH	$CH_3CH_2CH_2OH$
δ_{CH_3}	3.39	1.18	0.93

2. 磁的各向异性效应

化合物中非球形对称的电子云,如 π 电子系统,对邻近质子附加一个各向异性的磁场,即该磁场在某些区域与外加磁场 B_0 的方向相反，使外加磁场强度减弱，产生抗磁性屏蔽作用(+)，发生高场位移；在另一些区域与外加磁场 B_0 的方向相同，对外加磁场起增强作用，产生顺磁性屏蔽作用(−)，发生低场位移。

产生各向异性的常见基团有双键、三键、苯环。

(1) 芳烃和烯烃：双键碳上的质子位于 π 键环流电子产生的感生磁场与外加磁场方向一致的区域，称为去屏蔽区。去屏蔽效应使双键碳上的质子共振信号移向稍低的磁场区，δ 值增大。

烯烃及苯环上的 H 核位于去屏蔽区，如图 10-3 所示，δ_H 向化学位移较大的方向移动，乙烯 H 的 δ=5.23，苯环上 H 的 δ=7.27。

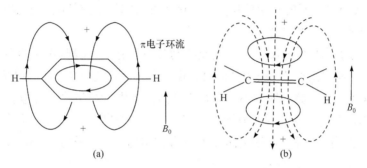

图 10-3　苯环(a)与烯烃(b)的去屏蔽效应示意图

(2) 羰基：羰基的屏蔽作用与双键相似，由于醛基质子位于去屏蔽区，而且受电负性较大的氧的影响，共振峰出现在低场，即 δ 在 10 左右。

双键和苯环的 π 电子云均为盘式，当它们的平面垂直于磁场时产生感应电流和感生磁场，在双键的上下为抗磁屏蔽区，在双键平面为顺磁屏蔽区。例如，典型的[18]-轮烯(安纽烯)有 18 个 H，分子内外 H 化学位移并不同。12 个环外 H 受到强的去屏蔽作用，$\delta_{环外氢} \approx 8.9$；6 个环内 H 受到强的屏蔽作用，$\delta_{环内氢} \approx -1.8$，如图 10-4 所示。

(3) 三键：三键 π 电子在 B_0 作用下绕 C—C 运动，在三键键轴方向产生抗磁屏蔽，质子正好位于其磁力线上，与外加磁场 B_0 方向相反，屏蔽强度增大，而三键上的质子正好在屏蔽区，如图 10-5 所示，δ 为 1.8～3.0。

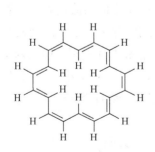

图 10-4　[18]-轮烯的结构式

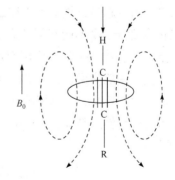

图 10-5　三键 π 电子环流示意图

3. 共轭效应

p-π 共轭作用增大某些基团的电子云密度，使其在高场共振，π-π 共轭作用可降低某些质子的电子云密度，使其在低场共振，如图 10-6 所示。

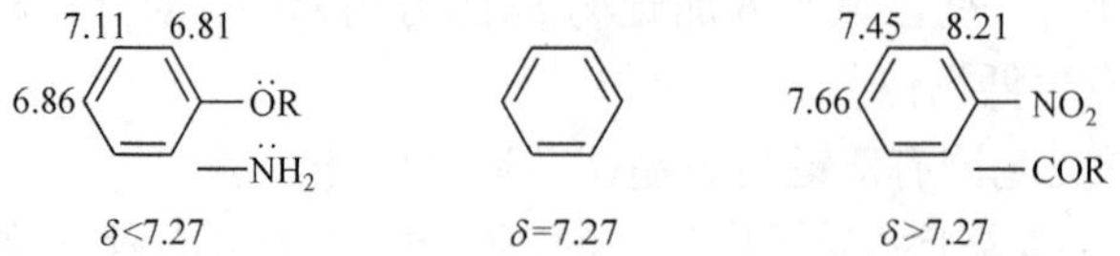

$$\delta<7.27 \qquad \delta=7.27 \qquad \delta>7.27$$

图 10-6　共轭作用对化学位移 δ 的影响

4. 氢键

氢键质子比无氢键质子的化学位移大，氢键的形成降低了核外电子云密度。

1) 氢键缔合对化学位移的影响

分子间氢键的形成与样品浓度、温度及溶剂等因素有关，因此相应的质子 δ 不固定，如醇羟基和脂肪族胺基的质子 δ 一般为 $0.5\sim5$，酚羟基质子 δ 则为 $4\sim7$。在非极性溶剂中，温度越高、浓度越低，对氢键形成越不利。可以通过改变温度或浓度，观察谱峰位置的变化，确定—OH 或—NH 等产生的信号。分子内氢键的形成与浓度无关，相应的质子总是出现在较低场。例如，β-二酮有酮式和烯醇式结构，在烯醇式结构中，分子内氢键的形成使化学位移高达 $15\sim19$。

2) 氢核交换效应

测定含有—OH、—COOH、—NH_2、—SH 等基团的化合物时，一般可加入几滴重水，振荡后再进行测试。此时，这些基团上的质子被重氢交换，相应共振峰强度衰减或消失。因此，识别活泼氢可采用重水交换：

$$ROH + D_2O \longrightarrow ROD + HOD$$

重氢交换的方法也是判断原样品分子中是否含有或含有几个活泼氢的一种有效手段。

5. 浓度、温度、溶剂等外界条件

通常，增大样品的浓度，活泼的羟基氢、氨基氢信号会逐步移向低场，δ 值增大。温度越低，谱峰的分辨率越高，越有利于核磁共振的测试。

有机化合物分子受不同溶剂的影响而引起质子化学位移变化称为溶剂效应。其原因有很多，如溶剂与化合物发生相互作用而形成氢键、配合物，或者分子与分子之间相互作用导致环境发生改变。一般来说，在 CCl_4、$CDCl_3$ 中化合物谱峰的重现性较好，但在苯中溶剂效应影响较大。例如，N,N-二甲基甲醛在氘代氯仿溶剂中，$\delta_\beta \approx 2.88$，$\delta_\alpha \approx 2.97$。在氘代氯仿溶剂中逐渐加入各向异性溶剂苯，$\alpha$ 和 β 甲基的化学位移逐渐靠近，然后交换位置，说明存在溶剂效应，如下所示：

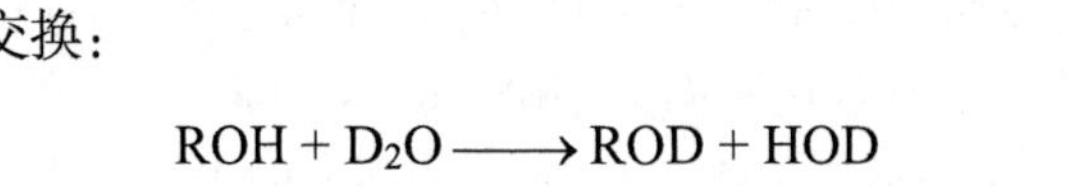

因此，在查阅或报道核磁共振谱图数据时，应标明溶剂。NMR 样品尽可能用同一种溶剂，如果使用混合溶剂，应说明混合溶剂的比例。

10.2.3　各类氢核的化学位移

1. sp³杂化碳上的氢

sp³杂化碳上的氢，即饱和烷烃中氢的化学位移一般为 0～2，且大致按以下顺序依次增大：环丙烷<CH₃<CH₂<CH。但是，当与 H 相连的碳上同时有强吸电子原子(如 O、Cl、N 等)或邻位有各向异性基团(如双键、羰基、苯基等)时，化学位移值将大幅度增加，往往会超出此范围。

2. 一些环状化合物 sp³杂环碳上的氢

一些环状化合物 sp³杂环碳上的氢化学位移如下：

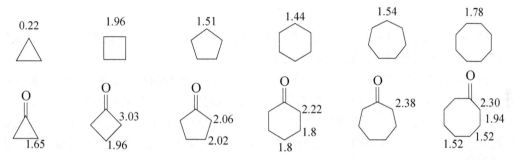

3. sp²杂化碳上的氢

sp²杂化碳上的氢是指烯氢和苯环上的氢，烯氢 δ 为 4.5～8.0，芳氢及 α, β 不饱和羰基系统中 β 位氢 δ 为 6.5～8.5，醛基氢 δ 为 9.4～10.0。

4. 芳环和芳杂环碳上的氢

芳环和芳杂环也是由 sp²杂化碳组成的，由于受到各向异性作用，芳环上的氢在较低场出现核磁共振信号。通常烷基取代的影响较小，极性和共轭取代基对环上剩余质子的化学位移和谱峰影响较大，常以多重峰出现。例如

5. 常见结构单元的化学位移范围

常见结构单元的化学位移范围如图 10-7 所示。

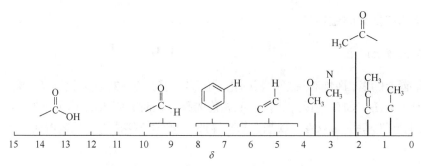

图 10-7　常见结构单元的化学位移范围

10.3　自 旋 耦 合

1951 年，古托夫斯基(Gutowsky)等发现 $POCl_2F$ 溶液中 ^{19}F 谱图中有两条谱线，而该分子中只有一个 F，由此发现了自旋-自旋耦合现象。

自旋核-自旋核之间的相互作用(干扰)称为自旋耦合，耦合的结果是谱线增多，称为自旋裂分。例如，乙烷分子中的 6 个 H 为磁等性的，H 核之间不发生自旋耦合裂分，而碘乙烷有两类 H 核，产生两组峰，$\delta 1.8$ 处的三重峰为—CH_3，$\delta 3.0$ 处的四重峰为—CH_2—，两组相邻的不同基团上的 H 核相互影响，使它们的共振峰产生了裂分，这种现象就是自旋耦合，也称为自旋干扰，见图 10-8。

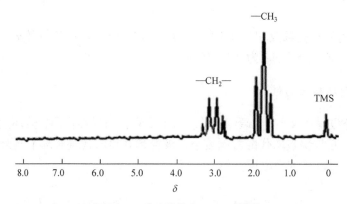

图 10-8　碘乙烷的 $^1H\,NMR$ 谱图

10.3.1　自旋-自旋耦合机理

自旋耦合是自旋核之间的相互作用，是一种自旋干扰现象，如 $R_1R_2CH_A$—$R_3R_4CH_B$ 中 H_A 和 H_B 之间的自旋耦合，如图 10-9 所示。

H_B 自旋取向 $m = +1/2$，与外加磁场方向一致，传递到 H_A 将增强外加磁场，故 H_A 共振峰将移向强度较低的外加磁场区，见图 10-9 中的 X 型分子。

H_B 自旋取向 $m = -1/2$，与外加磁场方向相反，传递到 H_A 将削弱外加磁场，故 H_A 共振峰将移向强度较高的外加磁场区，见图 10-9 中的 Y 型分子。

由自旋核在 B_0 中产生的局部磁场进行分析可知，H_A 使 H_B 或 H_B 使 H_A 的共振峰耦合裂分为两个等强度的峰，如图 10-10 所示。

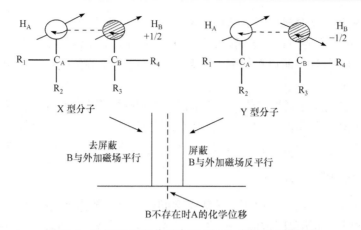

图 10-9　X 型和 Y 型分子中 H$_A$ 和 H$_B$ 之间的自旋耦合

同样，CH^{A}Cl$_2$— CH$_2^B$Cl 的 H-H 耦合裂分结果如图 10-11 所示。对于 CH^{A}Cl$_2$— CH$_2^B$Cl，δ_A 为 1∶2∶1 三重峰，δ_B 为 1∶1 双峰。

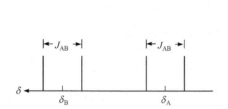

图 10-10　H$_A$ 和 H$_B$ 的自旋耦合裂分峰

图 10-11　CH^{A}Cl$_2$— CH$_2^B$Cl 中 H-H 自旋耦合的裂分峰

根据以上自旋耦合机理总结如下：

(1) $n+1$ 规则：环境相同的氢核与 n 个环境相同的氢核耦合，则被裂分为($n+1$)重峰(对于 H，其 $I=1/2$)，实际上为($2nI+1$)规则，n 为相邻碳原子上的质子数。

(2) 同时受两组磁性核影响的自旋裂分：结构类似的氢核分别与 n 个和 m 个环境不同的氢核耦合，因为存在谱峰重合而产生 $n+m+1$ 重峰，如 CH$_3$CH$_2^*$CH$_3$，中间碳上的 H 为 7 重峰；如果结构不类似，则将产生($m+1$)($n+1$)重峰，如 CH$_3$CH$_2^*$CH$_2$NO$_2$，中间 H 裂分为 12 重峰。

(3) 峰裂分强度比：为对应 H 峰面积比，近似为二项式($a+b$)^n 展开式系数比。例如，$n=1$，面积比为 1∶1；$n=2$，面积比为 1∶2∶1；$n=3$，面积比为 1∶3∶3∶1；$n=4$，面积比为 1∶4∶6∶4∶1。

(4) 向心规则：相互耦合的裂分峰，内侧高，外侧偏低，并且两组峰的化学位移越小，内侧峰越高。裂分峰组的中心位置是该组磁性核的化学位移 δ 值；裂分峰之间的裂距为耦合常数 J 的大小。

(5) 一级谱图：一般规定相互耦合的两组核的化学位移差$\Delta \nu$(以频率 Hz 表示)是它们的耦合常数的 6 倍以上，即$\Delta \nu / J > 6$ 时，得到的谱图为一级谱图。而$\Delta \nu / J < 6$ 时为高级谱图，高级谱图中磁核之间的耦合作用不符合 $n+1$ 规则，$n+1$ 规则主要适合一级谱图。

10.3.2　耦合常数

自旋-自旋耦合裂分后，两峰之间的距离，即两峰的频率差为 $\nu_a - \nu_b$，单位为 Hz，用耦合常数 J 表示，J 反映了自旋干扰核之间相互干扰的强弱。J 与化学键性质有关，与外加磁场强度无关，其数值依赖于耦合氢原子的结构关系。

影响 J 值大小的主要因素是核间距、原子核的磁性、分子结构及构象。因此，耦合常数是化合物分子结构的属性。简单自旋耦合体系 J 值等于多重峰的间距，复杂自旋耦合体系需要通过复杂计算求得。

耦合作用通过成键电子对间接传递，不是通过空间磁场传递，因此耦合的传递程度有限。

耦合常数 J 与化学位移值 δ 一样，是有机物结构解析的重要依据。根据核之间的距离常将耦合分为同碳耦合($^2J_{H-C-H}$ 或 ^2J)、邻碳耦合($^3J_{H-C-C-H}$ 或 ^3J)和远程耦合三种。

1. 同碳质子耦合常数(^2J)

连接在同一碳原子上的两个磁不等价质子之间的耦合常数称为同碳耦合常数，用 ^2J 或 $J_{同}$ 表示。^2J 变化范围大，如构象固定的环己烷(sp^3 杂化体系)，$^2J = -12.6$ Hz；端基烯烃($=CH_2$)(sp^2 杂化体系)，^2J 为 0.5～3 Hz。

2. 邻碳质子耦合常数(^3J)

邻碳质子耦合常数是相邻碳原子上质子通过 3 个化学键的耦合，用 ^3J 或 $J_{邻}$、J_0 表示，是氢谱中最重要的一种耦合常数。对于 sp^3 杂化体系，单键能自由旋转时，$^3J \approx 7$ Hz。

当构象固定时，^3J 是二面角 θ 的函数，符合卡普拉斯(Karplus)方程：

$$^3J = A + B\cos\theta + C\cos2\theta \tag{10-4}$$

式中，A、B、C 为与分子结构有关的常数。

对于乙烯型的 ^3J，因为分子为平面结构，处于顺位的两个质子，$\theta \approx 0°$；而处于反位的两个质子，$\theta \approx 180°$，所以 $^3J_{反}$ 总是大于 $^3J_{顺}$。例如，苯乙烯的 $^3J_{反} = 17.6$ Hz，$^3J_{顺} = 10.9$ Hz。

同时，$^3J_{反}$ 和 $^3J_{顺}$ 均与取代基电负性有关。如表 10-4 所示，随着电负性增加，$CHX=CH_2$ 耦合常数 ^3J 减小。

表 10-4　取代基对乙烯型 ^3J 的影响

取代基 X	Li	CH₃	F
$^3J_{顺}$	19.3	10.0	4.7
$^3J_{反}$	23.9	16.8	12.0

3. 远程耦合

大于 3 个键的耦合称为远程耦合。远程耦合的耦合常数(^4J, ^5J)一般较小，为 0～2 Hz，但在 W 折线形和共轭体系分子中较大，如图 10-12 所示。

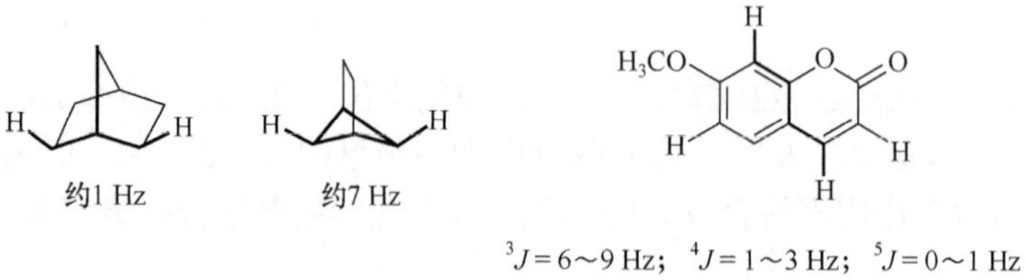

约1 Hz　　　约7 Hz　　　$^3J = 6～9$ Hz；　$^4J = 1～3$ Hz；　$^5J = 0～1$ Hz

图 10-12　W 折线形和共轭体系分子结构的耦合常数

10.4　核磁共振波谱仪

核磁共振波谱仪分为液体核磁共振、固体核磁共振和核磁共振成像三大类。也可以按照扫描方式不同分为两类，一类为连续波扫描的核磁共振波谱仪，即磁场强度不变而进行频率扫描，直到匹配发生核磁共振，这种方法称为扫频；另一类为傅里叶变换核磁共振波谱仪，即固定频率进行磁场扫描，直到匹配发生核磁共振，这种方法称为扫场。通常，核磁共振波谱仪采用扫场的方法。按照频率的不同，核磁共振波谱仪有 300 MHz、400 MHz、500 MHz 和 600 MHz 等不同类型。同时，不同的核磁共振波谱仪，生产厂家不同，配置也不同。总的来说，频率越大的核磁共振波谱仪，配置越好，分辨率也越高。

核磁共振波谱仪一般由磁体、磁场扫描发生器、射频发生器、射频接收器和信号记录系统等组成，如图 10-13 所示。

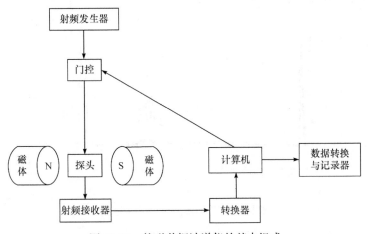

图 10-13　核磁共振波谱仪的基本组成

现代核磁共振波谱仪几乎都用傅里叶变换技术，其特点是使用可调制的电磁波，产生短而强的脉冲射频辐射至样品，由此产生各种自旋原子核共振所需的谐波，同时让各种原子核共振，极大地缩短了扫场时间和减少了样品用量。其优点是样品量少，多次采样。对于 NMR 测试，理想的溶剂是不产生 NMR 信号，具有磁各向同性及化学惰性，而样品在其中溶解性越大越好。通常使用氘代溶剂。使用氘代溶剂的原因是氘原子在核磁共振中非常敏感，信号强，易匀场和锁场；另外，有机化合物溶剂中含 H，它会干扰样品中 H 的检测，如果不用氘代溶剂，样品中的 H 和溶剂中的 H 产生的峰处于同一位置，而溶剂的峰比样品的峰大很多倍，样品的峰就淹没在溶剂峰中，从而无法观察。

10.5　典型的一维核磁共振氢谱解析

根据分子结构的对称性分析有机化合物的 NMR 谱图。

例 10-1　如图 10-14 所示，分析丙酮的 ^{1}H NMR 谱图。

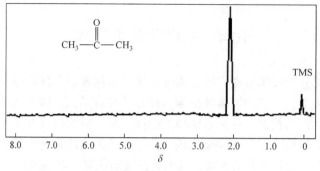

图 10-14　丙酮的 ^{1}H NMR 谱图

解　丙酮的 6 个质子处于完全相同的化学环境，无耦合裂分，应为单峰。—CH$_3$ 与羰基相连，化学位移在 2 左右。

例 10-2　如图 10-15 所示，分析异丙苯的 ^{1}H NMR 谱图。

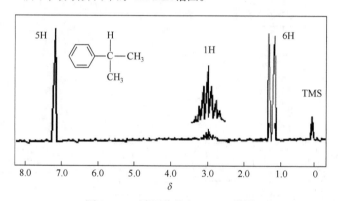

图 10-15　异丙苯的 ^{1}H NMR 谱图

解　首先判断异丙苯有三种环境的 H，其中苯环 H 的 δ 在低场 7 左右，丙基中的两个—CH$_3$ 对中间碳上的 H 按 $(n+m+1)$ 规则耦合得 7 重峰，两个—CH$_3$ 被 H 耦合后为双峰。

例 10-3　一个未知物的分子式为 C$_9$H$_{13}$N，δ_a 1.22(d)、δ_b 2.80(sep)、δ_c 3.44(s)、δ_d 6.60(m) 及 δ_e 7.03(m)。其核磁共振氢谱如图 10-16 所示，试确定该化合物的结构式。

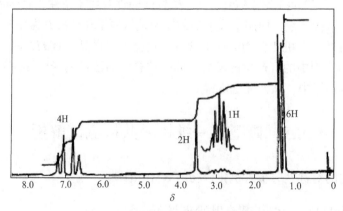

图 10-16　C$_9$H$_{13}$N 的 ^{1}H NMR 谱图

解 该化合物的不饱和度为 4，δ 7.0 有谱峰，说明可能有苯环；H 分布为 a : b : c : d : e = 6H(1.8) : 1H(0.3) : 2H(0.6) : 2H(0.6) : 2H(0.6)。

δ_a 1.22 处为二重峰，有 6 个 H，说明含有—CH(CH$_3$)$_2$；δ_b 2.80 处为七重峰，有 1 个 H，说明—CH(CH$_3$)$_2$ 与苯环相连；δ_d 6.60 处为二重峰，有 2 个 H，且 δ_e 7.03 处为二重峰，有 2 个 H，对应苯环的对位取代特征峰。

由分子式 C$_9$H$_{13}$N 减去(C$_3$H$_7$ + C$_6$H$_4$) = NH$_2$(氨基)，化学位移也相符。

δ 3.44 处为单峰，有 2 个 H，说明含有—NH$_2$。

因此，未知物为异丙基苯胺：

$$H_2N \overset{d\ \ \ e}{\underset{d'\ \ e'}{\bigcirc}} CH(CH_3)_2$$

10.6 核磁共振碳谱

大多数有机分子骨架由碳原子组成，因此可以用 ^{13}C NMR 研究有机分子结构。1957 年，劳特伯首次观测到 ^{13}C NMR 信号。在 C 的同位素中，只有 ^{13}C 有自旋现象，存在核磁共振吸收，其自旋量子数 I = 1/2。^{13}C NMR 的原理与 ^{1}H NMR 相同，但是 $\gamma_C = \gamma_H/4$，且 ^{13}C 的天然丰度只有 1.1%，因此 ^{13}C 核的测定灵敏度很低，大约是 H 的 1/6000，必须用有效的方法提高灵敏度。采用连续扫描方式绘制一张实用的碳谱需要很长时间，消耗大量的样品，并且 ^{13}C 与 ^{1}H 之间存在耦合(^1J-^4J)，裂分峰相互重叠，使得谱图解析非常困难。20 世纪 60 年代后期至 70 年代，脉冲傅里叶变换核磁共振波谱仪(pulse Fourier transform NMR spectrometer，PFT-NMR)的出现与去耦技术的发展，使 ^{13}C NMR 测试简单可行。

10.6.1 ^{13}C NMR 的特点

(1) 化学位移范围大：化学位移位于 0～300，是 ^{1}H NMR 化学位移范围的 20～30 倍(^{1}H NMR 的化学位移 δ 通常为 0～10)；分辨率高，谱线简单且谱线之间分得很开，容易识别，即使化学环境相差很小的碳，在碳谱上都能分开出峰。

(2) 可观察到不与氢相连的碳的共振吸收峰：可观察到季碳、羰基碳、氰基碳以及不含氢原子的烯碳和炔碳的特征吸收峰；在 ^{1}H NMR 谱中不能直接观测，只能靠分子式及其对相邻基团 δ 值的影响来判断，而在 ^{13}C NMR 谱中均能给出各自的特征吸收峰。弛豫时间对碳谱信号强度影响较大，可给出化合物骨架信息。

(3) 可区别碳原子级数(伯、仲、叔、季)，比氢谱信息丰富。

(4) 耦合复杂，耦合常数大：^{13}C NMR 中耦合情况比较复杂，除 ^{1}H-^{1}H 耦合外，还有 ^{1}H-^{13}C 以及 ^{1}H、^{13}C 与其他自旋核之间的耦合。^{1}H-^{13}C 的耦合常数通常为 125～250 Hz。因此，在谱图测定过程中，通常采用一些去耦技术，识谱时一定要注意谱图的测定方法及条件。

(5) 灵敏度低：需要样品量多，测定时间长，^{13}C 信号灵敏度是 ^{1}H 信号的 1/6000。

(6) 自然界 ^{13}C 丰度低：丰度为 1.1%，不必考虑 ^{13}C 与 ^{13}C 的耦合，一般只考虑与 ^{1}H 的耦合。

(7) ^{13}C NMR 的标准物质：与氢谱相同，也是采用 TMS 作内标或外标。实际上，溶剂的共振吸收峰经常作为 ^{13}C 化学位移的第二个参考标度。

10.6.2 提高 ^{13}C NMR 灵敏度的方法

(1) 提高仪器灵敏度。

(2) 提高仪器外加磁场强度和射频场功率，但是射频场过大易发生饱和。

(3) 增大样品浓度，以增大样品中核的数目。

(4) 降低测试温度(但要注意某些化合物的 ^{13}C NMR 谱可能随温度而变)。

(5) 多次扫描累加是最常用的有效方法。多次累加时，信号 S 正比于扫描次数，而噪声 N 反比于扫描次数，所以信噪比(S/N)正比于扫描次数。若扫描累加 100 次，S/N 增大 10 倍。

(6) PFT-NMR 与去耦技术相结合，采用双共振技术，利用 NOE[空间位置靠近($r < 0.5$ nm)的两个原子核，当其中一个核的自旋被干扰达到饱和时，另一个核的谱峰强度也发生变化]增大信号强度。

10.6.3 碳的化学位移及其影响因素

碳谱中各类碳的化学位移相差较大，主要受杂化状态和化学环境的影响，与其连接的质子的化学位移有很好的一致性。

氢谱与碳谱有较多的共同点。例如，其化学位移都是以 TMS 为参考标准，也可以以各种溶剂的溶剂峰作为参考标准。在从高场至低场的顺序中，碳谱的规律是饱和烃碳原子、炔烃碳、烯烃碳、羰基碳；氢谱的规律是饱和烃氢原子、炔烃氢、烯烃氢、醛基氢。另外，与电负性基团相邻时，化学位移向低场移动。

典型化合物碳的化学位移范围如下：

脂肪烃(sp^3 杂化)	0～55(与氧相连为 48～88)
烯烃和芳烃(sp^2 杂化)	90～160
酸和酯(C＝O)	155～190
醛和酮(C＝O)	175～225
炔烃(sp 杂化)	68～93
氰基(sp 杂化)	112～126

影响碳化学位移的因素主要有共轭效应、诱导效应、空间效应等。

1. 共轭效应

共轭效应引起电子分布不均匀，导致 δ_C 向低场或高场位移。如图 10-17 所示，反式 2-丁烯醛的 3-位碳带部分正电荷，较 2-位碳向低场位移，而醛基 C 与乙醛分子中醛基 C 的 δ 相比位于较高场。在茴香醚分子中，诱导效应使 1-位碳带有较多的正电荷，较苯分子中 δ_C 向低场位移，而 p-π 共轭使 2、4-位碳带有部分负电荷，故 δ 向高场移动。苯甲酸 2、4-位碳 δ 值的改

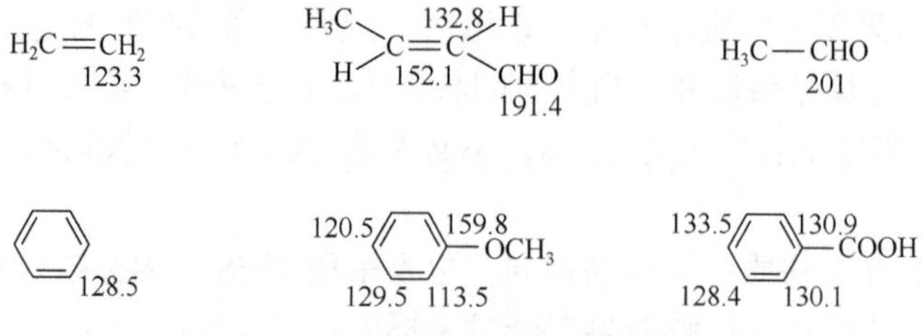

图 10-17 共轭效应对化学位移的影响

变相反，这是由于 π-π 共轭使苯环电子云密度降低。

2. 诱导效应

与电负性取代基相连，使碳核外电子云密度降低，δ 值向低场位移。取代基电负性越大，δ 值向低场位移越大，见表 10-5。但 I 有很多电子，对碳原子有很强的屏蔽作用，使碳原子共振移向高场，称为重原子效应。同一碳原子上，I 取代数目增多，屏蔽作用增强，如 CI_4 的 δ 值为 −292.5。

表 10-5　取代基诱导效应对化学位移的影响

化合物	CH_3I	CH_3Br	CH_3Cl	CH_3F	
δ	−20.7	20.0	24.9	80	
化合物	CH_4	CH_3Cl	CH_2Cl_2	$CHCl_3$	CCl_4
δ	−2.6	24.9	52	77	96

诱导效应是通过成键电子沿键轴方向传递的，随着与取代基距离增大，该效应迅速减弱。诱导效应对 α-C 影响较大，β-C、γ-C 的诱导位移随电负性取代基的变化不明显。

3. 空间效应

分子的空间构型对化学位移的影响十分敏感。碳核与碳核或与其他核相距几个键时，其相互作用大大减弱，而相互接近时，彼此之间产生范德华力，其 δ_C 向高场位移。例如，C—H 键受到空间立体作用后，氢核"裸露"，而成键电子偏向碳核一边，δ_C 向高场位移。当然，相互接近的原子之间也存在排斥力，从而影响电子分布和分子几何形状的变化，屏蔽常数也会发生变化。

4. 其他因素

(1) 溶剂的影响：以不同溶剂绘制 ^{13}C NMR 谱图，δ_C 会改变几至十几。

(2) 氢键的影响：氢键的形成使 C=O 中碳核电子云密度降低，δ_C 向低场位移。

(3) 温度的影响：温度的改变可使 δ_C 有较小的位移，当分子有构型、构象变化或有交换作用时，谱线的数目、分辨率、线形都会随温度变化而发生明显变化。

各类碳核的化学位移范围如下：

(1) 烷烃：饱和烃在高场范围(δ 为 0~45)共振，且化学位移 C>CH>CH_2>CH_3，直链端甲基的 $\delta \approx 14.0 (n > 4)$，支链烷烃甲基的 δ 为 7.0~30，据此可鉴别直链或支链烷烃，邻碳上取代基增多，δ 增大。

饱和烃衍生物：每有一个 α-H 或 β-H 被甲基取代，碳的化学位移增加大约 9，称为 α 或 β 效应，每一个 γ-H 被取代，碳的化学位移减小约 2.5。

(2) 烯烃：烯烃 sp^2 杂化碳的化学位移为 100~165，其中端烯基=CH_2 的 δ 为 104~115，随取代基不同而不同。带一个氢原子的=CHR 的 δ 为 120~140，而=CR_1R_2 的 δ 为 145~165。共轭双键体系存在共轭效应，中间的碳原子因键级减小，共振向高场移动。

(3) 炔烃：炔烃 sp 杂化碳的化学位移为 67~92。

(4) 芳烃：芳烃 sp^2 杂化碳的化学位移为 123~142，取代芳烃 sp^2 杂化碳的化学位移为 110~

170。取代基的电负性对直接相连的芳环碳原子影响最大，共轭效应对邻、对位碳原子影响较大。若苯环上的氢被其他基团所取代，被取代的 1-位碳原子δ值有明显变化，最大幅度可达 35，邻、对位碳原子δ值也可能有较大的变化，其变化幅度可达 16.5，间位碳原子δ值几乎不变。重原子效应可产生高场位移，I 取代会对 1-位碳原子共振产生很大的高场位移，Br 取代也使 1-位碳原子向高场位移。

(5) 羰基化合物：各类羰基化合物在 ^{13}C NMR 谱的最低场出峰，从低场到高场的顺序是：酮、醛＞酸＞酯≈酰氯≈酰胺＞酸酐。羰基化合物δ_C 值为 160～220；醛δ_C 值为(200±5)；酮δ_C 值为(210±10)；羧酸、酯、酰胺、酰卤δ_C 值为 160～185。

可见，在常见官能团中，羰基碳原子由于其共振位置在最低场，很容易识别。碳原子与具有孤对电子的杂原子或不饱和基团相连，羰基碳原子的电子短缺得以缓和，因此共振移向高场，δ_C 减小。

10.6.4 碳谱中的耦合及耦合常数

核之间的自旋耦合是通过成键电子自旋相互作用而产生的。不考虑 ^{13}C-^{13}C 耦合，只考虑 ^{13}C-^1H 耦合，其最重要的耦合作用是 $^1J_{CH}$，主要取决于 C—H 键的 s 电子，取代基电负性对 ^1J 也有影响。

在碳谱中，碳与氢核的耦合相当严重，使得碳谱很复杂，难以解析，需要使用特殊技术。

与碳直接相连的氢对碳的耦合用 $^1J_{CH}$ 表示，$^1J_{CH}$值较高，为 120～320 Hz。引起 $^1J_{CH}$值增大有两个因素：①碳原子杂化轨道中 s 成分增大；②碳原子与电负性取代基相连时，随着取代基的电负性增大，碳原子上的取代程度增大，$^1J_{CH}$值增大，见表 10-6。

表 10-6 取代基电负性对 $^1J_{CH}$ 值的影响

化合物	CH_4	CH_3NH_2	CH_3OH	CH_3Cl	CH_2Cl_2	$CHCl_3$
$^1J_{CH}$/Hz	123	133	141	150	178	209

$^1J_{CH}$ 与环张力有关，环张力增大，$^1J_{CH}$ 也增大。因此，$^1J_{CH}$ 还可以给出环大小的信息，见表 10-7。

表 10-7 环张力对 $^1J_{CH}$ 值的影响

sp^3 C	△	□	⬠	⬡	支链烷烃
$^1J_{CH}$/Hz	161	136	128	123	约 125
sp^2 C	△	▭	⬠	⬡	$CH_2=CH_2$
$^1J_{CH}$/Hz	220	170	160	157	165

在芳杂环中，杂原子的引入使 $^1J_{CH}$值增大，且与杂原子的相对位置有关。

氘代试剂常用作 NMR 溶剂。测试 ^{13}C NMR 是对 H 去耦，实际上不仅 H 对 C 有耦合，D 核对 C 也有耦合，$^1J_{CD}$也符合 $2n+1$ 规则，只是 $^1J_{CD}$值比 $^1J_{CH}$值小很多。

10.6.5　碳谱的解析

^{13}C NMR 谱图解析程序如下：

(1) 根据分子式计算不饱和度。

(2) 区分谱图中的溶剂峰和杂质峰。

(3) 分析化合物结构的对称性。

(4) 按化学位移分区确定碳原子类型。

(5) 对伯、仲、叔、季碳原子级数进行分类确定。

(6) 对碳谱的谱线进行归属。

例 10-4　图 10-18 是化合物 $C_4H_6O_2$ 的 ^{13}C NMR 谱图，据此确定其结构式。

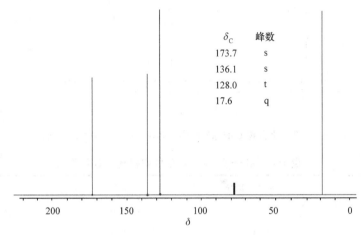

δ_C	峰数
173.7	s
136.1	s
128.0	t
17.6	q

图 10-18　化合物 $C_4H_6O_2$ 的 ^{13}C NMR 谱图

解　$C_4H_6O_2$ 的不饱和度为 2。

谱峰归属：4 个碳，^{13}C NMR 产生 4 个峰，分子没有对称性。峰的归属见表 10-8。

表 10-8　化合物 $C_4H_6O_2$ 峰的归属及结构推导

δ	偏共振多重性	归属	推导
17.6	q	CH_3	$\begin{array}{c}CH_3\\ \vert \\ -C=C\end{array}$
128.0	t	CH_2	$\begin{array}{c}H\\ \vert \\ -C=C-H\end{array}$
136.1	s	C	$\begin{array}{c}\vert \\ -C=C\end{array}$
173.7	s	C	$C=O$

推导的结构为：$HO-\overset{\overset{\displaystyle O}{\|}}{C}-\overset{\overset{\displaystyle CH_3}{|}}{C}=CH_2$。

例 10-5　图 10-19 是化合物 $C_9H_{10}O$ 的 ^{13}C NMR 谱图，据此确定该化合物的结构式。

解　$C_9H_{10}O$ 的不饱和度为 5。

谱峰归属：9 个碳，^{13}C NMR 产生 7 个峰，分子有对称性。峰的归属见表 10-9。

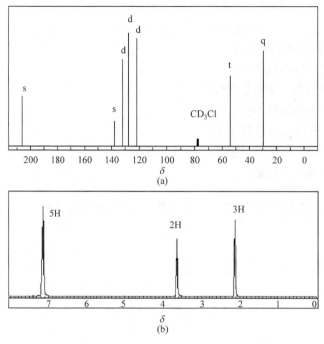

图 10-19　化合物 $C_9H_{10}O$ 的 ^{13}C NMR(a)和 ^1H NMR(b)谱图

表 10-9　化合物 $C_9H_{10}O$ 峰的归属及结构推导

δ	偏共振多重性	归属	推导
30	q	CH_3	$O{=}C{-}CH_3$
53	t	CH_2	$O{=}C{-}CH_2{-}C{=}C$
122	d	CH	
128	d	CH	苯环无取代碳
132	d	CH	
138	s	C	苯环取代碳
206	s	C	C=O

$\delta = 2.1$，3H，单峰，CH_3 基团，$-\overset{\displaystyle O}{\overset{\|}{C}}-CH_3$；

$\delta = 3.6$，2H，单峰，CH_2 基团，$C{=}C{-}CH_2{-}\overset{\displaystyle O}{\overset{\|}{C}}$；

$\delta = 7.2$，5H，单峰，烷基单取代苯，⟨苯环⟩；

该化合物的结构推导为：⟨苯环⟩$-CH_2-\overset{\displaystyle O}{\overset{\|}{C}}-CH_3$。

思考题和习题

1. 名词解释：

(1) 核磁共振　　　　　　　　　　(2) 化学位移

(3) 氢谱　　　　　　　　　　　　(4) 碳谱

(5) 耦合常数

2. 乙酸乙酯分子中三种氢核的电子屏蔽效应是否相同？若发生核磁共振，共振峰应如何排列？哪个氢的δ值最大？哪个氢的δ值最小？为什么？

3. 下列两组化合物用箭头标记的氢核中，哪个的共振峰位于低场，为什么？

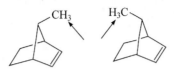

4. 有两种酯的分子式都是$C_{10}H_{12}O_2$，其^1H NMR 谱图分别见图 10-20(a)和(b)，写出这两个酯的结构式并标出各峰的归属。

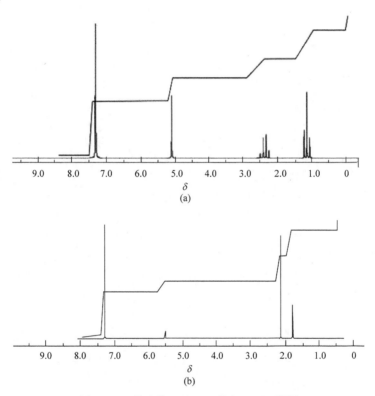

图 10-20　化合物 $C_{10}H_{12}O_2$ 的 ^1H NMR 谱图

5. 某化合物 C_3H_5Br，其 ^{13}C NMR 谱图如图 10-21 所示，试确定其结构式，并说明依据。

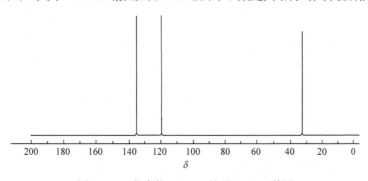

图 10-21　化合物 C_3H_5Br 的 ^{13}C NMR 谱图

第二部分　电分析化学法

第 11 章　电分析化学法导论

11.1　概　　述

11.1.1　电分析化学法的含义

电分析化学是依据电化学和分析化学的原理及实验测量技术获取物质的质和量及状态信息的一门学科。电分析化学法是基于物质在电化学池中的电化学性质及其变化规律进行分析的一类方法，是电化学和仪器分析的重要组成部分。

11.1.2　电分析化学法的分类

电分析化学法一般按照测量的电学量的不同分类如下：

(1) 电导分析法。根据溶液的电导性质进行分析的方法称为电导分析法。电导分析法分为直接电导法和电导滴定法。直接电导法是直接根据溶液的电导(或电阻)与被测离子浓度的关系进行分析的方法；电导滴定法是根据溶液电导的变化确定滴定终点的方法。

(2) 电位分析法。在零电流条件下，以测定电池电动势或其变化为基础的电分析化学方法称为电位分析法。将一个电极电位与被测组分活度有定量关系的指示电极与另一个电极电位稳定不变的参比电极浸入试液中组成电化学池，用电极电位仪(pH 计或离子计)在零电流条件下，测量所组成的电池电动势或指示电极电位进行定量分析。电位分析法分为直接电位法和电位滴定法。直接电位法是直接根据指示电极电位或电池电动势与被测物质浓度的关系进行分析的方法；电位滴定法是根据指示电极电位或电池电动势的变化确定滴定终点的方法。

(3) 电解分析法。通过外加电源电解试液，使两极上发生电极反应而引起物质分解的方法称为电解分析法。电解分析法分为电重量分析法和电解分离法。电重量分析法是直接称量电解后在电极上析出的被测物质的质量进行分析的方法；电解分离法是根据电解进行物质分离的方法。

(4) 库仑分析法。通过外加电源电解试液，在电流效率为 100%的条件下，根据电解过程中所消耗的电量求得被测物质含量的方法称为库仑分析法。

(5) 极谱法和伏安法。这是通过外加电源电解试液，根据电流-电位曲线进行分析的一类方法。极谱法是用液态滴汞电极作工作电极，根据电流-电位曲线进行分析的方法；伏安法是用固体或固定电极作工作电极，根据电流-电位曲线进行分析的方法。

除上述涉及电位、电导、电流和电荷量等电化学变量相关的电分析化学法外，将电化学方法与其他技术如光谱、毛细管电泳、色谱、流动注射及石英晶体微天平等相结合，建立了各种电化学联用技术。

11.1.3　电分析化学法的特点

电分析化学法具有如下特点：

(1) 分析速度快，伏安法或极谱法可以同时测定多种目标物。

(2) 灵敏度高，可以实现浓度低至 10^{-11} mol · L^{-1}、含量低至 10^{-9} 数量级成分的测定。

(3) 选择性好。

(4) 测定活度(浓度)范围宽。

(5) 所需样品量较少，适合微量操作。

(6) 仪器简单、价廉，易于自动控制。

11.1.4　电分析化学法的应用

电分析化学法应用日益广泛，主要应用领域包括：

(1) 组成、状态、价态和相态分析。

(2) 电极过程动力学和电极反应机理的研究。

(3) 表面和界面电化学的研究。

(4) 各种化学平衡常数的测定。

(5) 电化学联用技术的发展。

(6) 模拟生命过程，探索生命奥秘。

11.1.5　电分析化学法的发展历史

电分析化学法发展经历了以下三个阶段：

(1) 初级阶段，方法原理的建立。1801 年，克鲁克香克(Cruikshank)等发现金属的电解作铜和银的定性分析方法；1834 年，法拉第发表"关于电的实验研究"论文，提出法拉第定律；1889 年，能斯特提出能斯特方程；1922 年，海洛夫斯基(Heyrovsky)创立极谱学；1925 年，志方益三制作了第一台极谱仪；1934 年，伊尔科维奇(Ilkovic)提出扩散电流方程。上述三大定量关系即法拉第定律、能斯特方程和扩散电流方程的建立，是电化学分析成为独立方法分支的标志。

(2) 近代电分析方法。固体电子线路出现，从仪器上开始突破，克服充电电流的问题，1952 年巴克(Barker)提出方波极谱；脉冲极谱方法也相应地建立；1966 年弗兰特(Frant)和罗斯(Ross)提出三氟化镧单晶作为氟离子选择电极，膜电位理论建立并不断完善；其他分析方法，催化波和溶出法等的发展，主要在提高灵敏度方面做出贡献。

(3) 现代电分析方法。主要包括化学修饰电极、生物电化学传感器、光谱电化学方法、超微电极等。微型计算机的应用使电分析方法产生飞跃。电化学分析仪器具有微型化、智能化、信息化、自动化、仿生化等特点。

11.1.6　电分析化学法的展望

科学技术的快速发展必将推动电分析化学的迅猛发展，特别是在仪器设备袖珍化、智能化和电极微型化方面；在生命过程的模拟研究方面，生命过程的氧化还原反应类似电极上的氧化还原，用电极膜上反应模拟生命过程，可深化认识生命过程；在活体现场检测及无损伤分析方面；在药物的电化学筛选及重大疾病的早期诊断方面；在国家和公共安全方面的应用等。未来电化学分析在化工、材料、环境、能源、食品、医药、生命科学等领域具有广泛的应用前景，必将发挥其应有的作用。

11.2　电分析化学法中的基本概念和术语

11.2.1　稳态和暂态测试技术

稳态法又称静态法，是指平衡态或非极化条件下的测量方法。在电化学分析测量过程中，体系没有电流通过，如电位法和电位滴定法；或者即使有电流通过，但电流很小，电极表面能快速地建立起扩散平衡，如微电极体系等。

暂态法又称动态法，是指动态或极化条件下的测量方法。它是当电流刚开始通过，体系的变量如浓度分布、电流和电极电位等均在不断变化时所实现的测量方法。在现代电分析化学中，为了实现快速分析，暂态测量方法得到了广泛的应用，如伏安法。

11.2.2　电化学池

电化学池是一种电化学反应器，它是实现化学能与电能之间转换的一种装置。大多数电分析化学是通过电化学池实现的。

1. 类型

1) 原电池

含义：化学能转变成电能的一种装置。

机理：电化学反应是自发过程，利用电池反应产生的化学能转变为电能，如生活中常用的一次电池(又称不可充电电池，如 $Zn\text{-}MnO_2$ 电池)、二次电池(又称可充电电池，如 $Pb\text{-}PbO_2$ 蓄电池)、燃料电池($H_2\text{-}O_2$ 电池)。

电池反应：以铜锌原电池为例，其电池反应如下：

$$Zn + Cu^{2+} =\!\!= Zn^{2+} + Cu$$

2) 电解池

含义：电能转变成化学能的一种装置。

机理：电化学反应是非自发过程，由外加电源强制发生电池反应，将外部供给的电能转变为电池反应产物的化学能，如电镀、电解等。

电池反应：以铜银电解池为例，其电池反应如下：

$$Cu^{2+} + 2Ag =\!\!= Cu + 2Ag^+$$

2. 电化学池的图解表示式

上述铜锌原电池的图解表达式为

$$Zn|ZnSO_4\,(0.1\ mol \cdot L^{-1})\;\|\;CuSO_4(0.1\ mol \cdot L^{-1})|Cu$$

书写电化学池的图解表示式时需注意如下几点：

(1) 规定左边的电极上进行氧化反应，右边的电极上进行还原反应。

(2) 电极的两相界面和不相混的两种溶液之间的界面都用单竖线"|"表示；当两种溶液通过盐桥连接以消除液接电位时，用双虚线"⫴"表示。

(3) 电解质位于两电极之间。

(4) 气体或均相的电极反应，反应物本身不能直接作为电极，要用惰性材料 Pt、Au、C 等作电极，以传导电流。

(5) 电池中的溶液注明活度，气体注明压力、温度，若不注明，则指 25℃、100 kPa。

3. 法拉第过程与非法拉第过程

(1) 法拉第过程。在电极与溶液界面有电荷转移，电子转移引起氧化或还原反应发生，这些反应遵循法拉第定律，称为法拉第过程，其电流称为法拉第电流。

(2) 非法拉第过程。由于热力学或动力学方面的原因，可能没有电荷转移反应发生，而仅发生吸附和脱附等过程，电极与溶液界面的结构可以随电位或溶液组成的变化而改变，这类过程称为非法拉第过程。虽然电荷并不通过界面，但电位、电极表面积和溶液组成改变时，外部电流也可以通过，其电流称为非法拉第电流。

(3) 发生电极反应时，上述两个过程通常都会发生。

11.2.3 电极过程

1. 电极过程的定义

电极过程是指在电极和溶液界面上发生的一系列变化的总和，是一些性质不同的单元步骤串联组成的复杂过程。

2. 电极过程的基本历程

电极过程的基本历程如图 11-1 所示，其主要单元步骤有：

(1) 液相物质传递步骤。反应物通过扩散、对流和电迁移等传质方式，从溶液本体向电极表面传递。

(2) 前置的表面转化步骤。反应物在电极表面层中进行某些转化(如化学反应、吸附等)，此过程通常没有电子参与反应。

(3) 电子传递步骤。反应物在电极与溶液界面进行电子交换，生成反应产物。

(4) 随后的表面转化步骤。反应产物在电极表面层中进行某些转化(如脱附、化学反应等)。

(5) 液相物质传递步骤。反应产物生成新相，如结晶、生成气体等。或者反应产物是可溶性的，产物粒子从电极表面向溶液中或液态电极内部传递。

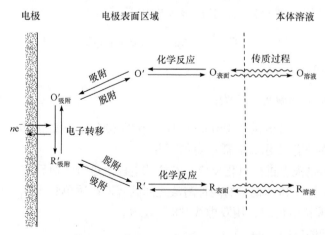

图 11-1 电极过程的基本历程示意图

电极过程由上述单元步骤中速率最慢的步骤控制。

11.2.4　相间电位

1. 电极/溶液界面双电层

(1) 双电层的形成、结构及性质。溶剂化效应、带电质点在两相间的转移、某些阳离子或阴离子及不带电的偶极质点在相界面附近的某一相内选择性(或定向)吸附等方式形成双电层。

(2) 充电电流。当向体系施加电扰动(改变电极的电位)时，双电层负载的电荷发生相应改变，从而导致电流的产生，这一部分电流称为充电电流。

如果溶液中存在可氧化还原的物质，而且这种电扰动又足够引起其氧化还原反应，这时流经电回路中的电流包括法拉第电流与充电电流，充电电流属于非法拉第电流。

电化学测量体系犹如一个 RC 电路(由电阻、电容构成的电路)，假设线路电阻和电解池电阻的总和为 R，电极/溶液界面双电层电容为 C，向体系施加的电位阶跃的值为 E，则这时所引起的充电电流为

$$i_c = \frac{E}{R} e^{-t/RC} \tag{11-1}$$

由式(11-1)可知，施加一个电位阶跃，充电电流随时间呈指数衰减，其时间常数为 RC。

2. 相间电位及其产生

(1) 含义：两种不同物相间的电位差。

(2) 产生：一是带电质点在两相间的转移，电位差发生在相界面的两侧；二是某些阳离子或阴离子在相界面附近的某一相内选择性吸附，电位差发生在相界面附近的某一相内；三是不带电的偶极质点(如有机极性分子和水偶极子)在相界面附近的定向吸附。

3. 液体接界电位(液接电位)

(1) 含义：两种化学组成或浓度不同的液相间的电位差称为液体接界电位，简称液接电位，它是一种特殊形式的相间电位。

(2) 产生原因：一是相接触的两溶液组成相同而活度不同；二是相接触的两溶液活度相同而组成不同(图 11-2)。

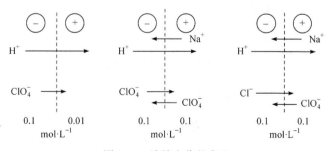

图 11-2　液接电位的产生

(3) 消除方法：两液相间用盐桥连接，其作用是接通电路，消除或减小液接电位。盐桥的组成通常是在 KCl 饱和溶液中加入 3%琼脂。一方面，KCl 饱和溶液浓度高($4.2\ mol \cdot L^{-1}$)；另一方面，K^+、Cl^- 的迁移速率接近，液接电位保持 1～2 mV 恒定。盐桥的基本要求是有足够

的离子强度(为被测液的 5～10 倍)；阴、阳离子迁移速率尽可能接近；溶液中不含能与试液中离子发生反应或生成沉淀的离子；不含电极干扰物质和被测离子；常用的有 KCl、NH_4NO_3 饱和溶液。

11.2.5　电池电动势

1. 数学表达式

电池电动势($E_{电池}$)是相互接触的相间电位代数和。例如，对于铜银电池，其电池反应式

$$Cu + 2Ag^+ \Longrightarrow Cu^{2+} + 2Ag$$

其电池电动势的数学表达式为

$$E_{电池} = E_右 - E_左 = E(Ag^+/Ag) - E(Cu^{2+}/Cu) \tag{11-2}$$

2. 符号

单位正电荷从电池的负极到正极由非静电力所做的功称为电压。化学反应的吉布斯自由能变化值 ΔG 等于电池所做的功

$$\Delta G = -nE_{电池}F \tag{11-3}$$

式中，n 为反应中电子转移数；F 为法拉第常量。如果电化学反应自发进行，$\Delta G < 0$，则 $E_{电池}$ 为正值；如果电化学反应非自发进行，$\Delta G > 0$，则 $E_{电池}$ 为负值。

3. 测定

采用对消法测量未知电池电动势 E_x，如图 11-3 所示。

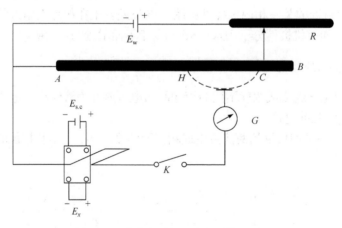

图 11-3　对消法测定电池电动势的原理

如果标准电池电动势为 E_s，E_x 表达式为

$$E_x = E_s \frac{L_{AC}}{L_{AH}} \tag{11-4}$$

11.2.6　电极电位

1. 符号

IUPAC 规定如下：

(1) 半反应写成还原过程:

$$O + ne^- \rightleftharpoons R$$

(2) 电极电位符号相当于该金属电极与标准氢电极组成电池时,该金属电极所带的静电荷的符号。

2. 测定

国际上规定以标准氢电极(SHE)作为标准,即人为地规定下列电极的电位为零:

$$Pt \mid H_2(p = 100 \text{ kPa}) \mid H^+(a = 1)$$

将它与被测电极组成电池,通过测量电池电动势的值,即可得到未知电极的电极电位,如图 11-4 所示。

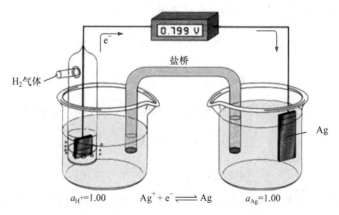

图 11-4　电极电位测定示意图

这里特别强调:

(1) 在任何温度下,SHE 的电极电位为零,测得的电池电动势即为该电极的电极电位。

(2) 电极电位是一个相对值,它与绝对电极电位的概念是不同的。通常绝对电极电位理解为电极与溶液之间的内电位差,此值无法直接测量。

3. 标准电极电位与条件电位

对于可逆电极反应 $O + ne^- \rightleftharpoons R$,用能斯特方程表示电极电位与反应物活度之间的关系为

$$\varphi = \varphi^\ominus + \frac{RT}{nF} \ln \frac{a_O}{a_R} \tag{11-5}$$

由式(11-5)可见,当氧化态活度与还原态活度相等且为 1 时,其电极电位即为标准电极电位。

$$\varphi = \varphi^\ominus + \frac{RT}{nF} \ln \frac{\gamma_O c_O}{\gamma_R c_R} \tag{11-6}$$

$$\varphi = \varphi^\ominus + \frac{RT}{nF} \ln \frac{\gamma_O}{\gamma_R} + \frac{RT}{nF} \ln \frac{c_O}{c_R} \tag{11-7}$$

前两项用 $\varphi^{\ominus\prime}$ 表示,即

$$\varphi^{\Theta'} = \varphi^{\Theta} + \frac{RT}{nF} \ln \frac{\gamma_O}{\gamma_R} \tag{11-8}$$

$$\varphi = \varphi^{\Theta'} + \frac{RT}{nF} \ln \frac{c_O}{c_R} \tag{11-9}$$

由式(11-9)可见,当氧化态浓度与还原态浓度相等且为 1 时,其电极电位即为条件电位。

条件电位随活度系数的不同而不同,受体系中各种因素的影响。在分析化学中,溶液中除被测离子外还有其他物质存在,它们虽然不直接参与电极反应,但通常显著地影响电极电位,因此使用条件电位常比标准电极电位具有更大的实际价值。

11.2.7 电极分类

电极按其组成体系及作用机理的不同,通常分为如下几类:

(1) 第一类电极。金属及其离子溶液组成的电极体系。

$$M^{n+} + ne^- \rightleftharpoons M$$

$$\varphi = \varphi^{\Theta}_{M^{n+}/M} + \frac{0.0592}{n} \lg a_{M^{n+}} \tag{11-10}$$

(2) 第二类电极。金属及其难溶盐(或配离子)组成的电极体系。例如

$$AgCl + e^- \rightleftharpoons Ag + Cl^-$$

$$\varphi = \varphi^{\Theta}_{AgCl/Ag} - 0.0592 \lg a_{Cl^-} \tag{11-11}$$

(3) 第三类电极。金属与两种具有共同阴离子的难溶盐或难解离的配离子组成的电极体系。例如

$$Hg \mid HgY^{2-}, MY^{n-4}, M^{n+}$$

第三类电极达到平衡态需要很长时间,因此其在分析化学中的实际应用较少。

(4) 零类电极。惰性物质如铂、金、碳等作为电极的电极体系,这类电极本身不参与电极反应,仅作为氧化态和还原态物质传递电子的场所,同时起传导电流的作用。

$$Pt \mid Fe^{3+}, Fe^{2+}$$

$$\varphi = \varphi^{\Theta}_{Fe^{3+}/Fe^{2+}} + 0.0592 \lg \frac{a_{Fe^{3+}}}{a_{Fe^{2+}}} \tag{11-12}$$

(5) 膜电极(离子选择电极)。具有敏感膜且能产生膜电位的电极,膜电位的产生不同于上述几类电极,它是离子在膜与溶液两相界面上的扩散产生的,如 pH 玻璃电极、氟离子选择电极等。

11.2.8 电化学池中的电极系统

1. 基本概念

(1) 指示电极。用来指示电极表面被测离子的活度,在测量过程中溶液本体浓度不发生变化的体系的电极。例如,电位测量的电极,测量回路中电流几乎为零,电极反应基本上不进行,本体浓度几乎不变。

(2) 工作电极。用来发生所需要的电化学反应或响应激发信号，在测量过程中溶液本体浓度发生变化的体系的电极，如电解分析中的阴极等。

(3) 参比电极。用来提供标准电位，电位不随测量体系的组分及浓度变化而变化的电极。这种电极必须有较好的可逆性、重现性和稳定性。常用的参比电极有标准氢电极(SHE)、Ag/AgCl 电极、Hg/Hg_2Cl_2 电极，尤以饱和甘汞电极(SCE)使用得最多。

(4) 辅助电极(或称对电极)。在电化学分析或研究工作中，通常使用三电极系统，除工作电极、参比电极外，还需要第三支电极，此电极所发生的电化学反应并非测试或研究所需要的，电极仅作为电子传递的场所，以便与工作电极组成电流回路，这种电极称为辅助电极或对电极。

2. 电极系统

电化学池的电极系统通常有二电极体系、三电极体系等。图 11-5 是二电极体系、三电极体系的示意图。

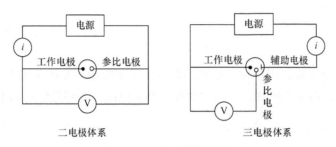

图 11-5　电极系统示意图

11.2.9　电流的性质与符号

IUPAC 将阳极(氧化)电流和阴极(还原)电流分别定义为在电极上发生纯氧化反应和纯还原反应产生的电流。规定阳极(氧化)电流为正值，阴极(还原)电流为负值。这与习惯相反。习惯上，阳极(氧化)电流为负值，阴极(还原)电流为正值。因此，在绘制电流-电位曲线时，应将阴极(还原)电流作为正的纵坐标，相应的电位的负值作为正的横坐标。

11.2.10　电极的极化

1. 基本概念

(1) 过电位：实际电极电位与平衡电极电位之间的差值。
(2) 过电压：两电极过电位的差值。
(3) 产生过电位的原因：电极极化。
(4) 电极极化：电解时，电极上有净电流流过，使实际电极电位偏离其平衡电极电位的现象。

2. 种类

(1) 浓差极化。电流流过电极，因扩散速率较慢使电极表面离子浓度与本体中离子浓度不一致(表面形成浓度梯度)而引起的电极电位对其平衡值的偏离现象。

以电极 $Cu(s)|Cu^{2+}(1\ mol \cdot L^{-1})$ 为例，作为阴极 $Cu^{2+} + 2e^- \rightleftharpoons Cu$。$Cu^{2+}$ 在阴极表面沉积，

若扩散速率小于电极反应速率，远处的 Cu^{2+} 来不及扩散到阴极附近，使阴极附近的 Cu^{2+} 浓度小于体相中的浓度，相当于将 Cu 电极插入一个浓度较小的电解质溶液中，即浓差极化导致阴极实际电极电位比平衡电极电位小。作为阳极 $Cu \longrightarrow Cu^{2+} + 2e^-$。Cu 溶入阳极附近的电解质溶液中，若扩散速率小于电极反应速率，阳极附近的 Cu^{2+} 来不及扩散到远处，使阳极附近的 Cu^{2+} 浓度大于体相中的浓度，相当于将 Cu 电极插入一个浓度较大的电解质溶液中，即浓差极化导致阳极实际电极电位比平衡电极电位大。减小电流、增加电极表面积以降低电流密度、搅拌溶液以加快扩散及升温，可减小浓差极化的程度。

(2) 电化学极化(动力极化)。电流流过电极，因电极反应速率较慢，电极上聚集了一定的电荷，从而引起的电极电位对其平衡值的偏离现象。

以电极 $Pt, H_2(g) | H^+ (1 \ mol \cdot L^{-1})$ 为例，作为阴极 $2H^+ + 2e^- \longrightarrow H_2$。当外电源将电子供给电极后，$H^+$ 来不及被立即还原而及时消耗外界输送来的电子，结果使阴极表面积累了多于平衡状态的电子，导致阴极实际电极电位比平衡电极电位更负。作为阳极 $H_2 \longrightarrow 2H^+ + 2e^-$。类似地，阳极表面的电子数小于平衡状态的电子数，导致阳极实际电极电位比平衡电极电位更正。

3. 极化结果

对于电解池，为了克服因极化而消耗的电能，外加电源需要提供更大的电能才能维持电解持续不断地进行；对于原电池，因极化消耗了部分电能，其对外供给的电能减少。

4. 影响极化和过电位的主要因素

(1) 与电流密度有关。电流密度增大，过电位增加。

(2) 与温度有关。温度升高，过电位减小。

(3) 与电极材料及表面性质有关。不同的电极材料，过电位不相同；同一电极材料，越光滑过电位越大，越粗糙过电位越小。

(4) 与析出物质形态有关。一般来说，析出气体的过电位大于析出金属的过电位。

(5) 与电解质性质、浓度及杂质有关。

(6) 与机械搅拌有关。对于浓差极化，过电位减小。

思考题和习题

1. 充电电流是如何形成的？它与时间有什么关系？试述充电电流与法拉第电流的区别。

2. 简单描述电极过程的基本历程。

3. 写出铜锌电池与铜银电池的图解表达式。

4. 电化学中的氧化还原反应与非电化学的氧化还原反应有什么区别？

5. 写出下列电池的半电池反应及电池反应，计算其电动势，并标明电极的正负。

(1) $Zn | ZnSO_4 (0.130 \ mol \cdot L^{-1}) \ \vdots\vdots \ AgNO_3 (0.013 \ mol \cdot L^{-1}) | Ag$

$$\varphi_{Zn^{2+}/Zn}^{\ominus} = -0.762 \ V, \quad \varphi_{Ag^+/Ag}^{\ominus} = +0.80 \ V$$

(2) $Pb | PbSO_4 (s), K_2SO_4 (0.200 \ mol \cdot L^{-1}) \ \vdots\vdots \ Pb(NO_3)_2 (0.130 \ mol \cdot L^{-1}) | Pb$

$$\varphi_{Pb^{2+}/Pb}^{\ominus} = -0.126 \ V, \quad K_{sp}(PbSO_4) = 2.0 \times 10^{-8}$$

(3) $Zn | ZnO_2^{2-} (0.010 \ mol \cdot L^{-1}), NaOH (0.500 \ mol \cdot L^{-1}) \ \vdots\vdots \ HgO (s) | Hg$

$$\varphi^{\ominus}_{ZnO_2^{2-}/Zn} = -1.216 \text{ V}, \quad \varphi^{\ominus}_{HgO/Hg} = +0.0984 \text{ V}$$

6. 已知下列半反应及其标准电极电位，计算 CuI 的溶度积常数。

$$Cu^{2+} + I^- + e^- \longequal CuI \qquad \varphi^{\ominus} = +0.86 \text{ V}$$

$$Cu^{2+} + e^- \longequal Cu^+ \qquad \varphi^{\ominus} = +0.159 \text{ V}$$

7. 已知下列半电池反应及其标准电极电位为

$$Sb + 3H^+ + 3e^- \longequal SbH_3 \qquad \varphi^{\ominus} = -0.15 \text{ V}$$

计算半电池反应：$Sb + 3H_2O + 3e^- \longequal SbH_3 + 3OH^-$ 在 25℃时的 $\varphi^{\ominus}$ 值。

8. 通过计算说明下列半电池的标准电极电位是相同的。

$$H^+ + e^- \longequal 1/2 \ H_2$$

$$2H^+ + 2e^- \longequal H_2$$

9. 已知下列半电池反应及其标准电极电位为

$$IO_3^- + 6H^+ + 5e^- \longequal 1/2 \ I_2 + 3H_2O \qquad \varphi^{\ominus} = +1.195 \text{ V}$$

$$ICl_2^- + e^- \longequal 1/2 \ I_2 + 2Cl^- \qquad \varphi^{\ominus} = +1.06 \text{ V}$$

计算半电池反应：$IO_3^- + 6H^+ + 2Cl^- + 4e^- \longequal ICl_2^- + 3H_2O$ 的 $\varphi^{\ominus}$ 值。

第 12 章　电导分析法

12.1　概　述

12.1.1　含义

电解质溶液的导电过程是通过溶液中所有离子的迁移运动实现的，溶液的电导随着离子浓度的变化而改变。电导分析法是基于电导与溶液中离子浓度的关系进行定量分析的方法。

12.1.2　分类

电导分析法主要分为两种：直接电导法和电导滴定法。

直接电导法通过测定溶液的电导值，基于电导与溶液中被测离子浓度之间的定量关系获得被测离子的含量。

电导滴定法是基于滴定过程中化学反应所引起的溶液电导的变化确定滴定终点。化学反应一般是中和反应和沉淀反应。电导滴定要求反应物和生成物的离子淌度有较大的改变。这种方法不需要知道电导池常数，只需要记录溶液在滴定过程中的电导变化即可，滴定过程中注意保持温度恒定。

12.1.3　特点

(1) 简单快速。

(2) 准确度高。

(3) 灵敏度较高。

(4) 测量范围宽，可用于水质纯度鉴定，以及生产中某些中间流程的控制及自动分析。

(5) 仪器设备简单，价格低廉，仪器的调试和操作都较简单，容易实现自动化。

(6) 测量时以交流电作为电源，不破坏被测试液。

(7) 测得的电导值是样品中全部离子电导的总和，而不能区分和测定其中某一种离子的含量，离子间干扰严重，选择性差。

12.2　电导分析法的基本原理

12.2.1　电导和电导率

电解质导体的导电能力用电导(G)表示，它与电阻互为倒数，单位为西门子(S)。

$$G = \frac{1}{R} \tag{12-1}$$

对于同一导体，其电阻与导体的长度 l 成正比，与其截面积 A 成反比：

$$R = \rho \frac{l}{A} \tag{12-2}$$

式中，ρ 为比例常数，称为电阻率，单位为欧姆·厘米($\Omega \cdot cm$)。

电导与电阻互为倒数，因此电导可以表示为

$$G = \frac{1}{R} = \frac{1}{\rho} \cdot \frac{A}{l} = \kappa \cdot \frac{A}{l} \tag{12-3}$$

式中，κ 为比例常数，称为电导率，与 ρ 互为倒数，单位为西门子·厘米$^{-1}$($S \cdot cm^{-1}$)。

电导率相当于长度为 1 cm、截面积为 1 cm^2 的导体的电导。对于电解质溶液，电导率相当于 1 cm^3 溶液在两电极距离为 1 cm 时所具有的电导。电解质溶液的电导率不仅与电解质的本性、温度及溶剂的性质有关，还与溶液的浓度有关。

12.2.2 摩尔电导

为了比较不同电解质溶液的导电能力，引入了摩尔电导。摩尔电导是指含 1 mol 电解质的溶液在两电极距离为 1 cm 时所具有的电导。

若 1 mol 电解质溶液的体积为 $V(cm^3)$，电导率为 κ，则其摩尔电导 (Λ) 为

$$\Lambda = \kappa V \tag{12-4}$$

若溶液的物质的量浓度为 $c(mol \cdot L^{-1})$，则

$$V = \frac{1000}{c} \tag{12-5}$$

两式合并得

$$\Lambda = \kappa \cdot \frac{1000}{c} \tag{12-6}$$

式(12-6)为摩尔电导与电导率的关系，Λ 的单位为西门子·厘米^2·摩尔$^{-1}$($S \cdot cm^2 \cdot mol^{-1}$)。

若用表面积为 $A(cm^2)$、距离为 $l(cm)$ 的两电极进行检测，则电导为

$$G = \kappa \cdot \frac{1}{l/A} = \frac{\Lambda c}{1000} \cdot \frac{1}{l/A} \tag{12-7}$$

对于固定的两电极，其表面积 A 和距离 l 是固定的，因此 l/A 值为常数，称为电导池常数，用 θ 表示，则

$$G = \frac{\Lambda c}{1000} \cdot \frac{1}{\theta} \tag{12-8}$$

12.2.3 极限摩尔电导

由式(12-6)可知，电解质溶液的摩尔电导随着溶液浓度的降低而升高。当溶液无限稀释时，摩尔电导达到极值，此值称为极限摩尔电导，用 Λ_0 表示：

$$\Lambda_0 = \Lambda_0^+ + \Lambda_0^- \tag{12-9}$$

式中，Λ_0^+、Λ_0^- 分别为正、负离子的极限摩尔电导。无限稀释的溶液中，正、负离子的电导都只取决于离子的本性，不受共存的其他离子影响。表 12-1 列出了常见离子在水溶液中的极限摩尔电导值。

表 12-1　常见离子的极限摩尔电导(298 K)

阳离子	Λ_0^+ /(S · cm² · mol⁻¹)	阴离子	Λ_0^- /(S · cm² · mol⁻¹)
H^+	349.82	OH^-	197.6
Li^+	38.69	Cl^-	76.34
Na^+	50.11	NO_3^-	71.44
Ag^+	61.90	HCO_3^-	44.48
K^+	73.52	IO_3^-	41.00
NH_4^+	73.40	CH_3COO^-	40.90
Tl^+	74.70	$C_6H_5COO^-$	32.30
$\frac{1}{2}Ba^{2+}$	63.64	$\frac{1}{2}CO_3^{2-}$	69.30
$\frac{1}{2}Ca^{2+}$	59.50	$\frac{1}{2}C_2O_4^{2-}$	74.20
$\frac{1}{2}Mg^{2+}$	53.06	$\frac{1}{2}SO_4^{2-}$	79.80
$\frac{1}{2}Pb^{2+}$	69.50	$\frac{1}{3}[Fe(CN)_6]^{3-}$	101.00
$\frac{1}{2}Ni^{2+}$	52.00	$\frac{1}{4}[Fe(CN)_6]^{4-}$	110.50
$\frac{1}{2}Cu^{2+}$	54.00		
$\frac{1}{3}Fe^{3+}$	68.40		

电解质溶液的总电导是其所有离子电导的总和，即

$$G = \frac{1}{1000} \cdot \frac{1}{\theta} \sum c_i \Lambda_i \tag{12-10}$$

式中，c_i 为某离子的物质的量浓度；Λ_i 为其摩尔电导。

12.2.4　电导的测量

电导与电阻互为倒数，测定溶液的电导实际上就是测定其电阻。电导仪可测定电解质溶液的电阻或电导，测量电路主要分为电桥平衡式和分压式。

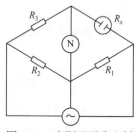

图 12-1　惠斯通平衡电桥

惠斯通平衡电桥法的测量原理如图 12-1 所示。测量电源通常采用交流电源，因为直流电施加到电解质溶液时，溶液会发生电解，溶液中各组分浓度会发生变化，从而影响电阻测量。R_1 和 R_2 为标准电阻，组成不同比值的 R_1/R_2 比例臂。R_3 为可调精密电阻，R_x 为电导池的电阻。施加交流电压于电桥时，调节 R_1/R_2 和 R_3 使电桥平衡，示零装置 N(电表或电眼)显示零，则

$$R_x = R_3 \cdot \frac{R_1}{R_2} \tag{12-11}$$

根据 R_1/R_2 值与 R_3 示数，计算得到未知电阻 R_x。

　　分压法电路示意图如图 12-2 所示，通过振荡器输出交流电压 E 施加在电导池(R_x)及电阻 R_m 的两端，E_m 为 R_m 两端的分压，则

$$E_m = \frac{R_m}{R_m + R_x} \cdot E \tag{12-12}$$

式中，E 和 R_m 为固定值，E_m 随着 R_x 变化而发生相应的变化。因此，通过测量 E_m 可得到 R_x 的值。

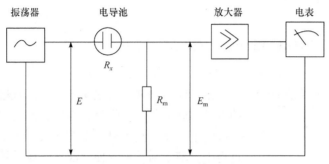

图 12-2　分压法电路示意图

　　以上均是电导的测量原理及公式。若用电导率表示，则

$$\kappa = G \cdot \frac{l}{A} \tag{12-13}$$

但是电极截面积 A 和两电极间距离 l 不易准确测量，若两电极不平行，则 l 更难测量。因此，电导池常数 l/A 不易直接测量获得，而是根据电导率已知的某电解质溶液，通过测量的电导值，由式(12-13)得到电导池常数。一般选用氯化钾溶液作为标准电导溶液。

12.3　电导分析法的应用

12.3.1　直接电导法

　　直接电导法仪器简单、操作简便、信号输送方便等，广泛应用于自动监测和连续监测。

　　1) 水质纯度的监测

　　实验室用水、天然水矿化度、企业用水及环境污染等方面的监测，通常电导率是一项重要指标。电解质越多，溶液的电导率越高。测定水的电导率，可以鉴定水的纯度，作为水质纯度的指标。普通蒸馏水的电导率约为 2×10^{-6} S·cm^{-1}，去离子水的电导率小于 5×10^{-7} S·cm^{-1}。

　　2) CO 和 CO_2 的监测

　　在合成氨的过程中，需要采用直接电导法监测 CO 和 CO_2 的含量。因为当其含量超过一定值时，会使催化剂铁中毒而影响生产的进行。将浓度固定的 NaOH 溶液连续通过电导池，其电导值在一定的温度下是恒定的。当含有 CO 和 CO_2 的被测气体通入电导池时，发生下列化学反应：

$$CO_2 + 2NaOH \Longrightarrow Na_2CO_3 + H_2O$$

由于 CO_3^{2-} 的摩尔电导比 OH^- 小得多，溶液的电导随着 CO_2 的吸收量发生明显变化，通过标准样品绘制的工作曲线可以实现未知样品的测定。

12.3.2　电导滴定法

电导滴定法是根据滴定过程中化学反应引起溶液电导的变化确定滴定终点。该方法一般适用于中和反应和沉淀反应，不太适用于氧化还原反应和配位反应，因为氧化还原反应和配位反应一般需要加入其他试剂以调控溶液的酸度，导致滴定过程中电导变化不太明显，滴定终点不易得到。

1) 酸碱滴定

强碱滴定强酸以 NaOH 滴定 HCl 为例，反应式为

$$H^+ + Cl^- + Na^+ + OH^- =\!=\!= H_2O + Na^+ + Cl^-$$

滴定过程中 H^+ 不断被 Na^+ 取代。由于 H^+ 的摩尔电导远大于 Na^+，因此化学计量点前溶液

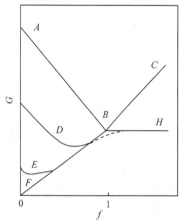

图 12-3　酸碱电导滴定曲线

的电导不断下降。化学计量点后，由于过量 NaOH 的加入，溶液的电导又逐渐上升，如图 12-3 中曲线 ABC 所示。滴定过程中，滴定剂的加入使溶液不断被稀释，为了减弱稀释效应的影响，需要选择浓度较大的滴定剂，其浓度一般是被滴定溶液的 10 倍。

图 12-3 中曲线 ABH 为弱碱滴定强酸的滴定曲线，以氨水滴定 HCl 为例，反应式为

$$H^+ + Cl^- + NH_3 =\!=\!= NH_4^+ + Cl^-$$

滴定开始后由于氨水是难解离的，且滴定产物 NH_4^+ 抑制氨水的解离，因此化学计量点后溶液的电导为定值，不随氨水的加入而变化。

强碱滴定弱酸时，反应式为

$$HA + M^+ + OH^- =\!=\!= H_2O + M^+ + A^-$$

当强碱分别滴定解离常数为 10^{-3} 和 10^{-5} 的弱酸时，滴定曲线如图 12-3 中曲线 DBC 和 EBC 所示，弱酸的解离常数越小，初始电导越低。滴定开始后受弱酸解离平衡的控制，滴定产物 A^- 抑制了弱酸 HA 的解离，溶液的电导降低。到达最低值(此点并非等当点)后，滴定产物 M^+ 与 A^- 的电导大于 HA 解离出来的离子的电导，溶液的电导开始直线升高。在等当点后，随着过量碱的加入，电导增加稍快一些，得到直线 BC，转折点 B 即为等当点。用强碱滴定极弱酸 $(K_a \leqslant 10^{-7})$ 时，其滴定曲线不出现最低点(曲线 FBC)，并且曲线在等当点附近为圆弧状，这是滴定反应不完全所致。

当两种酸的解离常数相差 10 倍以上时，电导滴定能用于混合酸的滴定。例如，用 NaOH 滴定 HCl 和 HAc 的混合溶液，其滴定曲线如图 12-4 所示。图中有两个转折点，第一个转折点 b 为 HCl 的等当点，第二个转折点 c 为 HAc 的等当点。

2) 沉淀滴定

若用盐 NB 滴定盐 MA，反应生成 MB 沉淀，反应式为

$$M^+ + A^- + N^+ + B^- =\!=\!= MB\!\downarrow + N^+ + A^-$$

反应结果是 N^+ 替代了溶液中的 M^+。若 $\Lambda_M = \Lambda_N$，则等当点前溶液的电导不变，等当点后电导随过量盐的加入而上升，滴定曲线如图 12-5 中曲线 DBC 所示。若 $\Lambda_M > \Lambda_N$，滴定曲线如图中曲线 ABC 所示。若 $\Lambda_M < \Lambda_N$，滴定曲线如图中曲线 EBC 所示。

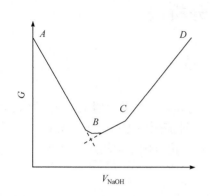

图 12-4　强碱滴定混合酸的电导滴定曲线

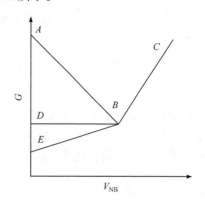

图 12-5　沉淀电导滴定曲线

思考题和习题

1. 将两个面积为 $1.35\ cm^2$、距离为 $1.60\ cm$ 的平行电极插入电导池中，装满某溶液后，测得电阻为 $1.12\ k\Omega$，试求溶液的电导率。

2. 在 25℃时，将 $0.0200\ mol \cdot L^{-1}$ KCl 放入电导池中测得电阻为 $412.5\ \Omega$，求电导池常数。已知 $0.0200\ mol \cdot L^{-1}$ KCl 溶液在 25℃的电导率为 $0.002\ 768\ S \cdot cm^{-1}$。

3. 计算 25℃时纯水的电导率。

4. 试求 $0.1\ mol \cdot L^{-1}$ 乙酸溶液的电导率。

5. 用图 12-1 中的电桥法测定某溶液的电导，已知 $R_1 = 1800\ \Omega$，$R_2 = 600\ \Omega$，$R_3 = 12\ k\Omega$，试求该溶液的电导。

6. 用图 12-2 中的分压法测定某溶液的电导，已知 $E = 220\ V$，$R_m = 12\ \Omega$，$E_m = 55\ V$，试求该溶液的电导。

7. 绘出下列滴定体系的电导滴定曲线：

(1) 用 KCl 滴定 $AgNO_3$　　　　(2) 用 HCl 滴定 NaAc

(3) 用 NaOH 滴定 HCl　　　　(4) 用 NaOH 滴定 HAc

第 13 章 电位分析法

13.1 概 述

电位分析法(potential analysis)是一类通过测量电极电位测定物质含量的方法，其定量分析的依据是电极电位与电极活性物质的活度之间的关系，即能斯特方程。电位分析法广泛应用于环境保护、生化分析、临床检测等领域，在工业流程中也可用于自动在线分析。

13.1.1 含义及分类

电位分析法是通过化学电池的电流为零的一类电化学分析方法。电极电位的测量需要构建一个化学电池，包含一个指示电极和一个参比电极。指示电极的电极电位随被测物质的活度改变而变化，其响应结果可以在电位计上读取。参比电极的电极电位恒定，是提供测量电位参考的电极，与被测物质的活度无关。电解质溶液一般是含有被测物质的测量溶液。

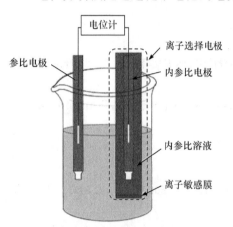

图 13-1 电位分析法的测量装置

电位分析法可以分为两类，即直接电位法和电位滴定法。直接电位法一般是将专用的指示电极(如离子选择电极)浸入被测试液，测量其相对于参比电极的电位，然后根据能斯特方程求出被测物质的活度。电位测量装置如图 13-1 所示，测量时需要用磁力搅拌器搅拌试液。电位滴定法类似于化学滴定法，是向试液中滴加能与被测物质发生化学反应的标准溶液，利用电极电位在化学计量点附近的突变确定滴定终点。其被测物质含量的计算方法与化学滴定法完全相同。

13.1.2 指示电极

理想的指示电极应具有对被测离子响应快速、稳定和选择性高的特点，并且有良好的重现性和较长的使用寿命。电位分析法使用的指示电极可以大致分为两类：金属基指示电极(metallic indicator electrode)和离子选择电极(ion selective electrode，ISE)。金属基指示电极主要包括金属-金属离子电极、金属-金属难溶盐电极、汞电极、惰性金属电极。金属基指示电极上一般能发生电子交换反应，即存在氧化还原反应。离子选择电极上往往不发生电子交换反应。离子选择电极是电位法中最常见的一类指示电极，是本章重点介绍的内容。

13.2 离子选择电极

离子选择电极被 IUPAC 定义为一类电化学传感器。最早制成有使用价值的离子选择电极是玻璃膜氢离子选择电极，随后，LaF₃ 单晶氟离子选择电极问世。目前商品化的离子选择电极已经达 30 多种，广泛应用于各个领域。

13.2.1　离子选择电极的基本构成

离子选择电极是一类典型的膜电极，其敏感膜是一个能分开两种电解质溶液并对某类物质有选择性响应的薄膜。电极的膜/液界面上不发生电子交换反应，但能形成膜电位。

13.2.2　膜电位的产生

膜电位是膜内扩散电位和膜与电解质溶液形成的内外界面的界面电位的代数和。

1. 扩散电位

在两种不同离子或离子相同而活度不同的液/液界面上，由于离子扩散速率不同而造成电位差，即液接电位，也称扩散电位。这类离子扩散没有强制性和选择性，正、负离子可自由通过界面。扩散电位不仅存在于液/液界面，也存在于固体膜内。离子选择电极存在膜内扩散电位，扩散电位可以表示为

$$E_d = \frac{RT}{F}\int_1^2 \sum \frac{t_i}{n_i}\ln a_i \tag{13-1}$$

式中，n_i 和 t_i 分别为离子 i 的电荷数和迁移数。当 $n_+ = n_- = 1$，$a_+ = a_- = 1$ 时，式(13-1)可简化为

$$E_d = \frac{RT}{F}(t_+ - t_-)\ln \frac{a_{i(2)}}{a_{i(1)}} \tag{13-2}$$

可见，当正、负离子的迁移数相等时，扩散电位数值为 0。这就是在盐桥中选用迁移数相等的正、负离子消除液接电位的依据。

2. 界面电位

离子选择电极品种较多，目前还没有一个简单统一的理论模型解释电极膜/液界面上产生电位差的机理。尽管如此，被测正、负离子从溶液到电极界面所造成的两相界面电位差仍可以表示为

$$E_D = k \pm \frac{RT}{nF}\ln \frac{a_{相1}}{a_{相2}} \tag{13-3}$$

式中，+号对应正离子，-号对应负离子。离子选择电极一般都有两个相界面，所以应包含两相界面电位差，如图 13-2 所示。

3. 膜电位

膜电位方程可表示为

$$E_膜 = E_D^外 + E_d^外 + E_D^内 \tag{13-4}$$

图 13-2 是离子选择电极的膜电位示意图。电极膜相中的 $a_外^m$、$a_内^m$、E_d 一般恒定不变，因此膜电位方程可表示为

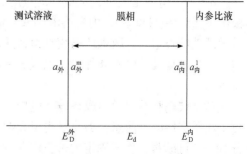

图 13-2　膜电位示意图

$$E_{膜} = k' \pm \frac{RT}{nF} \ln \frac{a_{外}^1}{a_{内}^1} \tag{13-5}$$

因为内参比溶液相的 $a_{内}^1$ 一般也被固定，所以膜电位方程可进一步简化为

$$E_{膜} = 常数 \pm \frac{RT}{nF} \ln a_{离子} \tag{13-6}$$

13.2.3 离子选择电极电位法的测量原理

离子选择电极的电位值为内参比电极电位与膜电位之和，即

$$E_{ISE} = E_{内参比} + E_{膜} \tag{13-7}$$

$E_{内参比}$ 一般为常数，因此离子选择电极的电位表示为

$$E_{ISE} = 常数' \pm \frac{RT}{nF} \ln a_{外}^1 \tag{13-8}$$

如果外参比电极为饱和甘汞电极(SCE)，测量电池的图解式可表示为

$$ISE \big| 试液(x \, mol \cdot L^{-1}) \big\| SCE$$

电池电动势为

$$E_{电池} = E_{SCE} - E_{ISE} \tag{13-9}$$

E_{SCE} 为常数，将式(13-8)代入式(13-9)，则有

$$E_{电池} = E_{SCE} - 常数 \mp \frac{RT}{nF} \ln a_{外}^1 = K \mp \frac{RT}{nF} \ln a_{外}^1 \tag{13-10}$$

注意式中−号对应正离子，+号对应负离子。例如，氟离子选择电极测定 F⁻时，电位计上的读数随着 F⁻浓度的增大向正变大，符合式(13-10)的关系。

13.3 离子选择电极的类型及响应机理

直接电位法是通过测量离子选择电极的电位值测定被测离子的浓度。不同类型的离子选择电极的敏感膜材料、性质和形式各不相同，其响应机理也各有特点。

13.3.1 玻璃电极

pH 玻璃电极是最早也是最广泛应用的膜电极，是用来测定溶液 pH 的指示电极。玻璃电极由电极腔体(玻璃管)、内充溶液(AgCl 饱和的缓冲溶液)、内参比电极(Ag/AgCl)和下端球状的敏感玻璃膜组成。敏感玻璃膜是由特殊成分的玻璃吹制而成的，厚度约为 0.1 mm。目前市面上主要是集玻璃电极和外参比电极于一体的复合电极，使用更方便牢靠，其结构如图 13-3 所示。

敏感玻璃膜的化学组成是玻璃电极产生选择性响应的关键。石英是纯 SiO_2 的结构，没有可供离子交换的电荷点，因此对离子无响应。硅酸盐玻璃中含有金属离子(如 Na^+)，可以使部分 Si—O 键断裂，生成固定的带负电荷的三维网络骨架。Na^+与氧原子以离子键的形式结合，能在骨架的网络中活动，承担电荷传导的作用。硅酸盐玻璃膜的结构如图 13-4 所示。

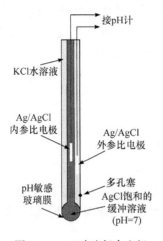

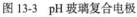

图 13-3 pH 玻璃复合电极

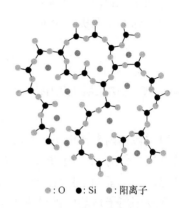

⬤: O ⬤: Si ⬤: 阳离子

图 13-4 硅酸盐玻璃膜的结构

当玻璃膜浸泡在水溶液中时，由于 Si—O 键与 H⁺的结合力更大，原来骨架中的 Na⁺与水中的 H⁺发生交换反应：

$$G^-Na^+ + H^+ \rightleftharpoons G^-H^+ + Na^+$$

该反应的平衡常数很大，反应向右进行的趋势大，玻璃膜表面会形成水化层。因此，在水中浸泡后的玻璃膜由三部分组成：膜内外表面的两个水化凝胶层和膜中间的干玻璃层，如图 13-5 所示。

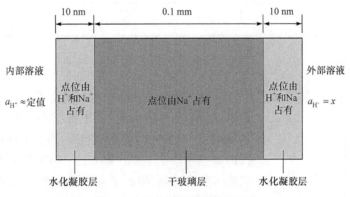

图 13-5 水化敏感玻璃膜的组成

其中，干玻璃层中的电荷传导主要由 Na⁺承担；干玻璃层和水化凝胶层之间为过渡层，G^-Na^+ 只部分转化为G^-H^+，由于 H⁺在未水化的玻璃中的扩散系数小，因此其电阻率比干玻璃层高 1000 倍左右；水化凝胶层表面 Na⁺点位被交换为 H⁺，H⁺的扩散系数大，电阻率较小，其界面电位主要取决于表面 $\equiv SiO^-H^+$ 的解离平衡：

$$\equiv SiO^-H^+ + H_2O \rightleftharpoons \equiv SiO^- + H_3O^+$$

H_3O^+能在溶液与水化凝胶层表面之间进行扩散，从而在内外两相界面上形成双电层结构，产生两个相间电位差，在内外两个水化凝胶层与干玻璃层之间形成两个扩散电位。如果玻璃膜两侧的水化凝胶层性质完全相同，则这两个扩散电位大小相等，符号相反，结果相互抵消。

如果不相等，就存在不对称电位，其大小与玻璃膜的工艺质量有关。因此，玻璃膜的膜电位取决于内外两个水化凝胶层与溶液的相间电位和不对称电位。不对称电位变化一般较小，当内充液组成与内参比电极一定时，膜电位与溶液中 H^+ 活度的关系为

$$E_{膜} = 常数 + \frac{RT}{nF} \ln a_{H_外^+} \tag{13-11}$$

在 25℃时，pH 玻璃电极电位与 pH 的关系为

$$E_H = 常数' - 0.0592\, pH \tag{13-12}$$

式中，常数项包括内参比电极电位和不对称电位等。

玻璃电极不仅对 H^+ 产生电位响应，也对其他碱金属离子活度有响应。改变玻璃膜的化学成分，如加入一定量的 Al_2O_3，改变 $Na_2O\text{-}Al_2O_3\text{-}SiO_2$ 三种组分的相对含量，能改变玻璃膜的选择性。部分阳离子玻璃电极见表 13-1。

表 13-1　部分阳离子玻璃电极

主要响应离子	玻璃膜组成(摩尔分数/%)			电位选择性系数
	Na_2O	Al_2O_3	SiO_2	
Na^+	11	18	71	K^+ 3.3×10^{-3}(pH 7)，3.6×10^{-4}(pH 11) Ag^+ 500
K^+	27	5	68	Na^+ 5×10^{-2}
Ag^+	11	18	71	Na^+ 1×10^{-3}
	28.8	19.1	52.1	H^+ 1×10^{-5}
Li^+	Li_2O 15	25	60	Na^+ 0.3 K^+ $<1\times10^{-3}$

13.3.2　晶体膜电极

晶体膜电极的敏感膜是难溶性的晶体，具有离子导电性。氟离子选择电极(简称氟电极)是最典型的晶体膜电极，其电极结构如图 13-6 所示。该电极的敏感膜由 LaF_3 单晶薄片制成。为了提高膜的导电性，还在 LaF_3 单晶中掺杂了 Eu^{2+} 和 Ca^{2+}，替换晶格中少量的 La^{3+}，形成较多晶格缺陷，降低了晶体膜的电阻。电荷传导由 F^- 承担。由于晶格缺陷空穴的大小、形状和电荷分布只能容纳特定的、可移动的晶格离子 F^-，其他离子不能进入空穴，因此该晶体膜对 F^- 具有选择性。

晶体膜表面不存在离子交换作用，因此膜电极在使用前不需要浸泡活化。当晶体膜电极插入 F^- 的溶液中，溶液中的 F^- 扩散进入膜相的缺陷空穴，膜相中的 F^- 也进入溶液相，因而在两相界面上形成双电层结构，产生膜电位。如果以甘汞电极为外参比电极组成电池，则由式(13-10)可知该电池电动势为

$$E_{电池} = K + \frac{RT}{nF} \ln a_{F^-} \tag{13-13}$$

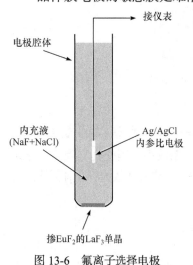

图 13-6　氟离子选择电极

（图中标注：接仪表；电极腔体；内充液(NaF+NaCl)；Ag/AgCl 内参比电极；掺EuF$_2$的LaF$_3$单晶）

在 25℃时，电动势可表示为

$$E_{电池} = K + 0.0592 \lg a_{F^-} \tag{13-14}$$

氟电极对 F^- 的线性响应范围为 $5×10^{-7}～1×10^{-1}$ mol·L^{-1}。电极的选择性高，除 OH^- 外，常见阴离子均无干扰。这是因为当 OH^- 存在时，晶体膜表面存在下列反应：

$$LaF_3(固) + 3OH^- \rightleftharpoons La(OH)_3(固) + 3F^-$$

释放出来的 F^- 会增加电极表面 F^- 的浓度，产生测量误差。一般使用晶体膜电极测定氟离子的最适宜 pH 为 5～6。如果酸度过高，F^- 形成 HF 或 HF_2^-，从而降低游离 F^- 的浓度；如果酸度过低，则产生 OH^- 的干扰。

能与 F^- 形成配合物的铁、铝、锆等金属离子可能会产生干扰，导致测定结果偏低，一般加入柠檬酸盐掩蔽其干扰。另外，为了稳定活度与浓度的关系，测定时常加入惰性电解质(如 KNO_3)控制溶液的离子强度。含有惰性电解质的溶液一般称为总离子强度缓冲液(total ionic strength adjustment buffer，TISAB)。对于氟电极，TISAB 由 KNO_3、HAc-NaAc 缓冲液、柠檬酸钾组成，pH 控制为 5.5。

微溶性银盐，如 Ag_2S、AgX(X 为 Cl^-、Br^-、I^-)，可以在 $10^8～10^9$ Pa·cm^{-2} 的压力下压制成致密的薄膜，制成对硫离子、银离子、卤素离子有敏感响应的电极。铜、铅或镉等重金属离子的硫化物与 Ag_2S 混匀压片，也可以制成响应这些重金属离子的电极。Ag_2S 是低电阻的离子导体，膜内导电离子是银离子。由于这些微溶性银盐的溶度积很小，因此制成的晶体膜电极具有很好的选择性和灵敏度。表 13-2 列出了一些晶体膜电极的品种和性能参数。

表 13-2　一些晶体膜电极的品种和性能参数

响应离子	膜材料	线性响应范围/(mol·L^{-1})	pH 适用范围	主要干扰离子
F^-	$LaF_3 + Eu^{2+}$	$5×10^{-7}～1×10^{-1}$	5～6.5	OH^-
Cl^-	$AgCl + Ag_2S$	$5×10^{-5}～1×10^{-1}$	2～12	Br^-，$S_2O_3^{2-}$，I^-，CN^-，S^{2-}
Br^-	$AgBr + Ag_2S$	$5×10^{-6}～1×10^{-1}$	2～12	$S_2O_3^{2-}$，I^-，CN^-，S^{2-}
I^-	$AgI + Ag_2S$	$1×10^{-7}～1×10^{-1}$	2～11	S^{2-}
CN^-	AgI	$1×10^{-6}～1×10^{-2}$	>10	I^-
Ag^+，S^{2-}	Ag_2S	$1×10^{-7}～1×10^{-1}$	2～12	Hg^{2+}
Cu^{2+}	$CuS + Ag_2S$	$5×10^{-7}～1×10^{-1}$	2～10	Ag^+，Hg^{2+}，Fe^{3+}，Cl^-
Pb^{2+}	$PbS + Ag_2S$	$5×10^{-7}～1×10^{-1}$	3～6	Cd^{2+}，Ag^+，Hg^{2+}，Cu^{2+}，Fe^{3+}，Cl^-
Cd^{2+}	$CdS + Ag_2S$	$5×10^{-7}～1×10^{-1}$	3～10	Pb^{2+}，Ag^+，Hg^{2+}，Cu^{2+}，Fe^{3+}

13.3.3　液膜电极

液膜电极也称流动载体电极，与玻璃电极不同，其载体(能与被测离子发生作用的活性物质)可以在膜相流动。其敏感膜是浸有载体的惰性微孔支持体。敏感膜将被测溶液与内充液分开，膜中的液体离子交换剂与被测离子结合，并能在膜中迁移。溶液中被测离子伴随的电荷相反的离子被排斥在膜相外，引起相界面电荷分布不均匀，在界面上形成膜电位。流动载体膜也可以制成类似固态的固化膜，如聚氯乙烯(polyvinyl chloride，PVC)膜电极。它是将一定比例的活性物质(离子交换剂)溶于一定的有机溶剂(增塑剂)后，再加 PVC 粉末，混匀，溶于四氢呋喃中，在玻璃板上铺开。四氢呋喃挥发后即可形成以 PVC 为支持体的薄膜。这种薄膜的稳定性和寿命高于一般的流动载体膜。

液膜电极的载体若是带电荷的有机离子，则可能与响应离子生成离子型缔合物。该缔合

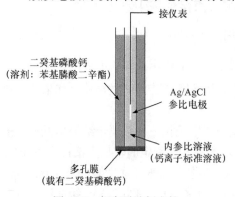

二癸基磷酸钙
(溶剂: 苯基膦酸二辛酯)

接仪表

Ag/AgCl
参比电极

内参比溶液
(钙离子标准溶液)

多孔膜
(载有二癸基磷酸钙)

图 13-7　钙离子选择电极

物越稳定，响应离子在有机溶剂中的湍度越大，电极的选择性越好。活性物质在水相中的分配系数越大，电极的灵敏度越高。常见的钙离子选择电极就是一种带负电荷的液膜电极，结构如图 13-7 所示。其载体为二癸基磷酸根 $(C_{10}H_{21}O)_2PO_2^-$，能与 Ca^{2+} 作用生成二癸基磷酸钙 $[(C_{10}H_{21}O)_2PO_2]_2Ca$。当其溶于癸醇或苯基膦酸二辛酯等有机溶剂时，能得到离子缔合型的液态活性物质(有机离子交换剂)，从而制成对 Ca^{2+} 有响应的液态敏感膜。在薄膜两面的界面发生如下的离子交换反应：

$$RCa \rightleftharpoons Ca^{2+} + R^{2-}$$

有机相　　水相　　有机相

由于水相中 Ca^{2+} 能在有机离子交换剂中出入，而 Ca^{2+} 在水相(内参比溶液及试液)中的活度与有机相中的活度存在差异，因此在两相之间产生相界电位，这与玻璃膜产生的电位相似。钙离子选择电极的膜电位方程可表示为

$$E_{Ca^{2+}} = 常数' + \frac{RT}{2F}\ln a_{Ca^{2+}} \tag{13-15}$$

液膜电极的载体若是含有孤对电子的中性有机分子，则可能与响应离子生成配合阳离子而带电荷。响应离子从溶液相进入膜相生成配合阳离子，破坏了两相界面附近的电荷分布均匀性，产生相间电位。配合阳离子越稳定，电极的选择性越好。响应阳离子的萃取常数越大，电极的灵敏度越高。抗生素、杯芳烃衍生物、冠醚等都可以作为中性载体使用。其共同特征是具有稳定构型，有吸引阳离子的极性键位(空腔)，并被亲脂性的外壳环绕。钾离子选择电极就是利用冠醚化合物，如二甲基二苯基-30-冠-10 作中性载体，K^+ 能被螯合在其中间，从而制成中性载体钾电极。

13.3.4　气敏电极

气敏电极是一种气体传感器，可测定溶液或其他介质中某气体的含量。气敏电极的结构如图 13-8 所示，其端部是微多孔性的气体渗透膜，由醋酸纤维、聚四氟乙烯、偏氟乙烯等材料制成，具有疏水性。测量时，将电极浸入试液，被测气体通过渗透膜进入管内的中介溶液，引起电解液中的离子活度变化。这种变化由复合电极(由离子指示电极和参比电极组成)进行检测。

例如，CO_2 气敏电极采用 pH 玻璃电极作为指示电极。当 CO_2 通过气体渗透膜，与中介溶液(0.01 $mol \cdot L^{-1}$ $NaHCO_3$)接触

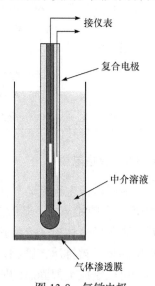

接仪表

复合电极

中介溶液

气体渗透膜

图 13-8　气敏电极

时，CO_2 与水作用生成碳酸，影响 $NaHCO_3$ 的电离平衡，使溶液的 pH 发生变化。通过 pH 玻璃电极测定 pH 的变化就可以间接测定 CO_2 的含量。根据类似的原理，气敏电极可以实现对 NH_3、NO_2、H_2S、SO_2 等气体的测量。

13.3.5　生物膜电极

生物膜电极(biomembrane electrode)是一种结合生物化学与电化学分析原理而制成的电极，其敏感膜的关键组成是具有分子识别能力的生物活性物质，如酶、微生物、生物组织、核酸、抗原或抗体等，因此具有很高的选择性。

将生物酶固定在电极的敏感膜中，通过酶催化作用，使被测物质产生能在该电极上响应的离子或其他物质，从而间接测定该物质的方法称为酶电极法。例如，葡萄糖氧化酶(GOD)能催化葡萄糖的氧化反应：

$$\text{葡萄糖} + O_2 + H_2O \xrightarrow{\text{GOD}} \text{葡萄糖酸} + H_2O_2$$

采用氧电极检测试液中氧含量的变化可以间接测定葡萄糖的含量。也可将反应产物 H_2O_2 与定量的 I^- 在 Mo(Ⅵ) 的催化下反应：

$$H_2O_2 + 2I^- + 2H^+ \xrightarrow{\text{Mo(Ⅵ)}} I_2 + 2H_2O$$

用碘离子选择电极检测碘离子的变化量，推算出葡萄糖的含量。

动、植物的某些组织内存在某种酶，以这些组织薄片材料作为敏感膜的电极可制得各种组织电极，部分举例见表 13-3。组织电极是属于酶电极的衍生型电极，其利用天然酶作反应的催化剂，具有酶活性高、稳定性强和材料容易获得的优点。

表 13-3　组织电极

组织	测定对象	使用指示电极
猪肾	谷氨酰胺	NH_3
兔肝	鸟嘌呤	NH_3
黄瓜	谷氨酸	CO_2
大豆	尿素	NH_3，CO_2
香蕉肉	多巴胺	O_2

13.3.6　离子选择场效应晶体管

离子选择场效应晶体管(ion selective field effect transistor, ISFET)是一种结合离子选择电极制作工艺与半导体微电子技术的微电子化学敏感元件。它既具有离子选择电极对敏感离子响应的特性，又保留了场效应晶体管的性能。ISFET 是在金属-氧化物-半导体场效应晶体管(metal-oxide-semiconductor field effect transistor，MOSFET)的基础上制得的。MOSFET 的剖视结构如图 13-9(a)、(b)所示，在一块 P 型硅衬底上有两个高掺杂的 N 区，分别作为源极 s 和漏极 d，两个 N 区之间的硅衬底表面生长一层很薄的 SiO_2 绝缘层，其上再覆盖一层金属作为栅极 g。连接源极 s 和 P 型衬底使其具有相同的电势。当在漏极 d 与源极 s 之间施加电压，并使 U_{ds} 为正电压时，漏极 d 和衬底之间 PN 结因为反向偏置而形成耗尽层，如图 13-9(a)所示，所以几乎无电流产生，即漏极电流为 0。但当在栅极 g 与源极 s 上施加正电压 U_{gs} 时，栅极 g 和

P 型衬底构成以 SiO_2 为介质的平板电容器，产生垂直向下的电场。P 型硅表面空穴受到电场的排斥而移向体内，加大了 U_{ds}，电场将 P 型衬底中少量电子吸引到表面，从而在漏极 d 和源极 s 之间形成一个导电沟道，如图 13-9(b)所示。而且栅极 g 上的电压 U_{gs} 越正，漏极电流越大。如果将 MOSFET 的金属栅极换为离子选择电极的敏感膜，就是可以对离子响应的 ISFET。当其与试液接触并与参比电极组成测量体系时，由于膜电位的产生叠加在栅压上，将引起漏极电流的变化，如图 13-9(c)所示。I_d 与响应离子活度之间具有类似能斯特方程的关系，这就是 ISFET 定量分析的基础。

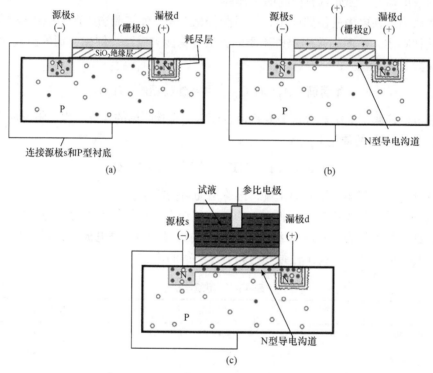

图 13-9　MOSFET 的剖视结构[(a)和(b)]与 ISFET 的装置(c)

　　许多离子选择电极的敏感膜材料，如各种晶体膜、PVC 膜和酶膜等，都可以作为 ISFET 膜，固定在栅极上制成各种离子的响应器件。现已制得 K^+、Ca^{2+}、H^+、卤素离子和青霉素敏感的 ISFET 电极等。这类电极体积小、易微型化和多功能化，是一种具有发展潜力的电极方法。

13.4　离子选择电极的性能参数

13.4.1　能斯特响应斜率、线性范围和检出限

　　以离子选择电极的电位(或电池电动势)对响应离子活度的对数作图，得到的曲线称为校准曲线，如图 13-10 所示。如果这种响应变化服从能斯特方程，则称为能斯特响应。校准曲线的直线部分对应的离子活度范围称为离子选择电极响应的线性范围，直线的斜率称为级差 S，是电极的实际响应斜率(理论斜率为 $59.2/n$ mV)。当活度很低时，曲线逐渐弯曲。图中 CD 和 GF

延长线的交点 A 所对应的活度值称为检出限。

13.4.2　电位选择性系数

膜电极对离子响应的选择性是相对的，没有绝对的专一性。离子选择电极除对某特定离子响应外，溶液中的共存离子也对电极电位有贡献。这时，电极电位可写成

$$E_M = 常数 \pm \frac{RT}{n_i F} \ln(a_i + \sum_j K_{ij}^{pot} a_j^{n_i/n_j}) \tag{13-16}$$

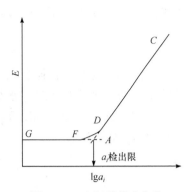

图 13-10　电极的校准曲线

式中，i 为特定离子；j 为共存离子；n_i 为特定离子的电荷数；K_{ij}^{pot} 为选择性系数，其值越小表示 i 离子抗 j 离子干扰的能力越大。式中第二项，+号对应正离子，−号对应负离子。

K_{ij}^{pot} 有时也写为 K_{ij}，仅表示某一离子选择电极对各种不同离子的响应能力。其数值大小随离子活度及溶液条件不同而异，并不是一个热力学常数。K_{ij}^{pot} 的数值可以在某些手册中查到，也可以用 IUPAC 建议的混合溶液法测定。

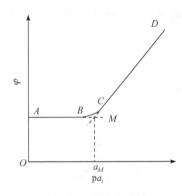

图 13-11　固定干扰法

混合溶液法是在被测离子与干扰离子共存时进行测定的，求出选择性系数。它包括固定干扰法和固定主响应离子法。固定干扰法是配制一系列含有固定活度的干扰离子 j 和不同活度的主响应离子 i 的标准混合溶液，分别测定其电位值，然后将电位值对 pa_i 作图。如图 13-11 所示，校准曲线的直线部分 CD($a_i > a_j$，j 离子的干扰可忽略)的响应方程为

$$\varphi_i = 常数 + \frac{RT}{n_i F} \ln a_i \tag{13-17}$$

校准曲线的水平部分 AB 对应的 $a_i < a_j$，电位值由 j 干扰离子决定，则响应方程为

$$\varphi_j = 常数 + \frac{RT}{n_i F} \ln K_{ij} a_j^{n_i/n_j} \tag{13-18}$$

在 AB 和 CD 的延长线交点 M 处，$\varphi_i = \varphi_j$，可得

$$a_i = K_{ij} a_j^{n_i/n_j} \tag{13-19}$$

$$K_{ij} = \frac{a_i}{a_j^{n_i/n_j}} \tag{13-20}$$

13.4.3　响应时间

膜电位的产生是响应离子在敏感膜表面扩散和建立双电层的结果。电极达到这一平衡的速度可以用响应时间表示。响应时间的长短取决于敏感膜的结构性质，一般晶体膜的响应时间短，流动载体膜则因涉及表面的化学反应过程而需要长时间达到平衡。响应时间也与响应离子的扩散速率、浓度、共存离子的种类、溶液温度等因素有关。实际工作中常采用搅拌试

液的方法加快扩散速率，缩短响应时间。

13.4.4　内阻

离子选择电极的内阻包括膜内阻、内充液和内参比电极的内阻等。各种类型电极的内阻值不同，晶体膜电极较低，玻璃电极较高。内阻值的大小直接影响测量误差的大小。测量误差可用离子选择电极的内阻 $R_{内}$ 和测量仪表的输入阻抗 R_{λ} 进行估算。例如，玻璃电极的内阻为 $10^8\ \Omega$，如果读数为 $1\ V$，要求误差控制在 0.1% 以内，则测试仪表的输入阻抗应满足下式要求：

$$\frac{R_{内}}{R_{内}+R_{\lambda}}<0.1\%$$

$$R_{内}+R_{\lambda}\approx R_{\lambda}$$

$$R_{\lambda}>\frac{R_{内}}{0.1\%}=10^{11}\ \Omega$$

即测量仪表的输入阻抗应不低于 $10^{11}\ \Omega$。因此，测量离子选择电极的电动势需要采用高输入阻抗的电位计。高输入阻抗仪表一般采用 MOS 型场效应管作为仪器的输入极，其输入阻抗高达 $10^{13}\ \Omega$，使流经电池回路的电流小于 $10^{-12}\ A$。例如，测量 pH 的玻璃电极的内阻高达 $10^8\ \Omega$ 数量级，流经电极所产生的电压降引起的误差为

$$\Delta E=\Delta i\cdot R=10^{-12}\times 10^8=0.0001(V)$$

相对于酸度的测量来说，$0.0001\ V$ 的误差仅相当于 0.002 个 pH 单位。

13.5　直接电位法

直接电位法是测量离子选择电极的电位值进行定量分析的方法。能斯特方程表示的是电极电位与离子活度之间的关系，必须求出活度系数才能计算出离子浓度。由于离子活度系数难以计算，被测离子的含量通常需要通过校准曲线法、标准加入法或直接比较法测定。

1. 校准曲线法

校准曲线法适用于组成简单的大批量样品分析。配制一系列含有不同浓度的被测离子的标准溶液，先用惰性电解质调节标准溶液和被测溶液的总离子强度一致(如测定 F^- 时常用 TISAB)。将选定的指示电极和参比电极插入标准溶液，测得电动势 E。作 E-$\lg c$(或 E-pM)图，在一定范围内得到一条直线。再用同一对电极测定被测溶液的电动势 E_x，从 E-$\lg c$ 图上找出对应的 c_x。由于标准溶液与被测溶液的总离子强度一致，两者的活度系数基本相同，因此可以用浓度代替活度。另外，由于被测溶液与标准溶液组成基本相同，又使用同一套电极，通过校准曲线也可以校正液接电位和不对称电位的影响。

2. 标准加入法

对于组成复杂的样品，较难配制合适的标准溶液，可以采用标准加入法克服基体问题。直接电位法测得的电动势 E 为离子选择电极电位 φ_{in}、参比电极电位 φ_r、液接电位 φ_j 的代数和：

$$E = \varphi_{in} - \varphi_r + \varphi_j \tag{13-21}$$

浓度为 c_x、体积为 V_x 的样品溶液的电动势为

$$
\begin{aligned}
E &= (\varphi^{\ominus} + \frac{RT}{nF}\ln \gamma_x c_x) - \varphi_r + \varphi_j \\
&= (\varphi^{\ominus} - \varphi_r + \varphi_j) + \frac{RT}{nF}\ln \gamma_x c_x \\
&= 常数 + \frac{RT}{nF}\ln \gamma_x c_x
\end{aligned} \tag{13-22}
$$

在被测溶液中加入浓度为 c_s、体积为 V_s 的标准溶液,用同一对电极测定其电动势 E' 为

$$E' = 常数 + \frac{RT}{nF}\ln \gamma'_x c'_x \tag{13-23}$$

一般加入标准溶液的体积很小,即 $V_x \gg V_s$,则

$$c'_x = \frac{c_x V_x + c_s V_s}{V_x + V_s} \approx c_x + \frac{c_s V_s}{V_x} = c_x + \Delta c \tag{13-24}$$

标准溶液加入后离子强度基本不变,基体组成变化极小,所以 $\gamma_x = \gamma'_x$。又因为使用同一对电极测定,φ_r 和 φ_j 也保持不变,所以常数相等。综合式(13-22)~式(13-24),得

$$\Delta E = E' - E = \frac{RT}{nF}\ln \frac{c_x + \Delta c}{c_x} = \frac{2.303RT}{nF}\lg\left(1 + \frac{\Delta c}{c_x}\right) \tag{13-25}$$

令 $S = \frac{2.303RT}{nF}$,则

$$\Delta E = S\lg\left(1 + \frac{\Delta c}{c_x}\right)$$

进而

$$c_x = \Delta c(10^{\frac{\Delta E}{S}} - 1)^{-1} \tag{13-26}$$

式中,Δc 和 ΔE 由实验数据可得,则可求出被测溶液的浓度 c_x。

3. 直接比较法

直接比较法主要用于以活度的负对数($pA = -\lg a_A$)表示结果的测定,适用于组分简单、稳定的样品。测量仪器通常以 pA 值作为标度。测量时,先用一两个标准活度溶液校准仪器,然后测量试液,直接读取试液的 pA 值。根据试液的温度和电极的响应斜率,可使用温度补偿和斜率校正装置调整能斯特系数。其中,溶液 pH 的测定应用最为普遍。

测定溶液 pH 常用玻璃电极作指示电极,甘汞电极作参比电极,与被测溶液组成测量电池,可表示为

pH玻璃电极|标准缓冲溶液s或被测溶液x‖SCE

测量电池的电动势为

$$E = \varphi_{SCE} - \varphi_G = 常数 - \frac{RT}{F}\ln a_{H^+} \tag{13-27}$$

由于 pH 理论定义为

$$pH = -\lg a_{H^+} \tag{13-28}$$

因此

$$E = 常数 + 2.303 \frac{RT}{F} pH \tag{13-29}$$

为了消去常数项的影响，实际测定时用该电池测量 pH 标准缓冲溶液和被测溶液，分别得到 E_s 和 E_x，将两个电动势方程相减，则有

$$pH_x = pH_s + \frac{E_x - E_s}{2.303RT/F} \tag{13-30}$$

式(3-30)称为 pH 的实用定义。这表明 $E_x - E_s$ 与 pH_x 具有线性关系，直线的斜率是温度的函数，截距与标准缓冲溶液有关。

pH 计是一台高阻抗输入的毫伏计，两次测量得到的是 $E_x - E_s$。pH 计的定位过程就是用标准缓冲溶液校准曲线的截距，温度校准即调整校准曲线的斜率。校准完成后，pH 计的刻度符合校准曲线的要求，可以对未知溶液进行测定。测定的准确度首先取决于标准缓冲溶液 pH_s 的准确度，其次是标准溶液和被测溶液组成接近的程度。因为溶液 pH 或组成直接影响包含液接电位的常数项是否相同。为了尽量减小误差，应该选与被测溶液 pH 相近的标准缓冲溶液，并保持温度恒定。

由于测量 pH 需要相应的以活度表示的标准溶液，美国国家标准局(National Bureau of Standards，NBS)制定了一套标准缓冲溶液(pH 1.7~12.5)，推荐供测定 pH 使用，详见表 13-4。

表 13-4　pH 标准溶液的配制及性能

pH 标准溶液	标准物质的用量/[g·(1000 g 水)$^{-1}$]	pH(25℃)	使用温度范围/℃
0.05 mol·kg^{-1} 四草酸氢钾	12.61	1.679	0~95
饱和酒石酸氢钾(25℃)	>7	3.557	25~95
0.05 mol·kg^{-1} 柠檬酸二氢钾	11.41	3.776	0~50
0.05 mol·kg^{-1} 邻苯二甲酸氢钾	10.12	4.004	0~95
0.025 mol·kg^{-1} 磷酸二氢钾-0.025 mol·kg^{-1} 磷酸氢二钠	3.387 3.533	6.863	0~50
0.008 695 mol·kg^{-1} 磷酸二氢钾-0.030 43 mol·kg^{-1} 磷酸氢二钠	1.179 4.303	7.415	0~50
0.016 67 mol·kg^{-1} 三羟甲基氨基甲烷-0.05 mol·kg^{-1} 三羟甲基氨基甲烷盐酸盐	2.005 7.822	7.699	0~50
0.01 mol·kg^{-1} 硼砂	3.80	9.185	0~50
0.025 mol·kg^{-1} 碳酸氢钠-0.025 mol·kg^{-1} 碳酸钠	2.092 2.640	10.014	0~50
饱和氢氧化钙(25℃)	>2	12.454	0~60

注：标准物质邻苯二甲酸盐于 110℃，磷酸盐于 110~130℃，碳酸盐于 275℃干燥 2 h。

4. 直接电位法的误差

直接电位法测定被测离子浓度的相对误差主要来源于电池电动势的测量误差。对式(13-22)进行微分得

$$dE = \frac{RT}{nF} \cdot \frac{dc}{c} \quad 或 \quad \Delta E = \frac{RT}{nF} \cdot \frac{\Delta c}{c}$$

25℃时，有

$$\frac{\Delta c}{c} = \frac{n}{RT/F} \cdot \Delta E \approx 3900n \cdot \Delta E\% \tag{13-31}$$

当电动势测量误差 ΔE 为 1 mV 时，对于一价离子，其浓度测定的相对误差为±4%；对于二价离子，其浓度测定的相对误差为±8%。如果 ΔE 为 0.1 mV，则其相对误差分别降低至±0.4%和±0.8%。这说明仪器的电位读数精度和稳定性对测量结果的误差影响较大。

13.6　电位滴定法

电位滴定法是以指示电极的电位变化判断滴定终点的分析方法。测量指示电极电位变化必须用指示电极、参比电极和试液组成电池。滴定过程中，被测离子与滴定剂发生化学反应，离子浓度的改变引起指示电极的电位变化。在化学计量点前后，溶液中的离子浓度往往发生几个数量级的变化，指示电极的电位产生突跃，由此可以确定滴定终点。电位滴定法中，被测离子的含量仍然是根据化学反应计量关系，通过消耗滴定剂的量进行计算。电位滴定法的装置如图 13-12 所示，与电位测量装置的区别仅仅是多了一根滴定管。

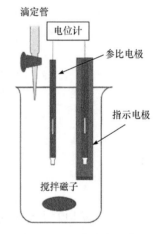

电位滴定法采用电位变化代替指示剂颜色变化确定终点，提高了滴定分析的准确度和精度，拓宽了其应用范围。有色和浑浊溶液的滴定分析往往无法找到合适的指示剂，就可以考虑电位滴定法。另外，电位滴定法化学计量点和终点选在重合位置，不存在终点误差。

图 13-12　电位滴定法装置

13.6.1　电位滴定终点的确定

电位滴定法是根据滴定反应化学计量点前后指示电极的电位突跃确定滴定终点。滴定过程中，记录一系列滴定剂体积(V)和相应的指示电极电位(E)数值，绘制电位滴定曲线。图 13-13(a)是用 0.1 mol · L^{-1} AgNO$_3$ 滴定 2.433 mmol · L^{-1} Cl$^-$绘制的 E-V 曲线。在 S 形滴定曲线上，作两条与滴定曲线相切的平行线。再作两平行线的等分线，其与曲线的交点即曲线的拐点，图中虚线对应的横坐标 24.30 mL 就是滴定至终点时所需滴定剂的体积。

如果突跃范围太小，变化不明显，可采用绘图软件进行微分处理，绘制微分滴定曲线。图 13-13(b)是图 13-13(a)进行一级微分处理后得到的 $\frac{dE}{dV}$-V 曲线,曲线的最高点用外延法绘出,

对应滴定终点。图 13-13(c)是图 13-13(a)进行二级微分处理后得到的 $\dfrac{\mathrm{d}^2E}{\mathrm{d}V^2}\text{-}V$ 曲线，$\dfrac{\mathrm{d}^2E}{\mathrm{d}V^2}$ 等于零处对应 $\dfrac{\mathrm{d}E}{\mathrm{d}V}\text{-}V$ 曲线的最高点，即可求得滴定终点时滴定剂消耗的体积。采用二级微分曲线法相对更简便准确。

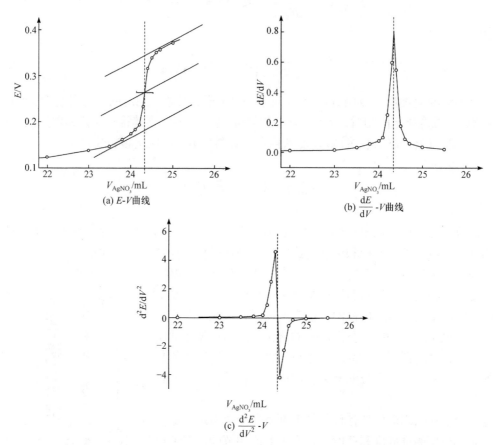

图 13-13　用 0.1 mol · L^{-1} AgNO$_3$ 滴定 2.433 mmol · L^{-1} Cl$^-$ 的电位滴定曲线

13.6.2　指示电极的选择

电位滴定法应根据不同的反应选择合适的指示电极，电极指示的变化物质必须直接或间接参与滴定反应。

酸碱滴定中常选用 pH 玻璃电极作指示电极。许多弱酸弱碱的非水滴定都可以用电位滴定法。例如，在乙酸介质中，可以用高氯酸溶液滴定吡啶。

氧化还原滴定中常选择铂电极为指示电极。例如，以铂电极作指示电极，可以用高锰酸钾滴定 I$^-$、NO$_2^-$、Fe^{2+}、V^{4+}、Sn^{2+} 和 C$_2$O$_4^{2-}$ 等。

沉淀滴定中最常用的指示电极是银电极。例如，以银电极作指示电极，可以用 AgNO$_3$ 滴定 Cl$^-$、Br$^-$、I$^-$、S^{2-}、CN$^-$ 和 CNS$^-$ 等。此外，以汞电极作指示电极，可用硝酸汞溶液滴定 Cl$^-$、Br$^-$、I$^-$、S^{2-}、CNS$^-$ 和 C$_2$O$_4^{2-}$ 等。用卤化银或硫化银薄膜离子选择电极作指示电极，可用 AgNO$_3$ 滴定 Cl$^-$、Br$^-$、I$^-$ 和 S^{2-} 等，与传统银电极相比，这些离子选择电极具有抗表面中毒的优点。

配位滴定时可以采用三种类型的指示电极：一是铂电极作指示电极，利用氧化还原体系在滴定过程中的电位变化确定终点。例如，EDTA 滴定铁离子时可选用铂电极，体系中需加入亚铁离子。二是汞电极作指示电极，用 EDTA 滴定多种金属离子。在试液中加入 Hg-EDTA 配合物，当用 EDTA 滴定某金属离子时，溶液中游离汞离子浓度受游离 EDTA 浓度的制约，而游离 EDTA 的浓度又受该被滴定离子的浓度约束，因此汞电极的电位可以指示溶液中游离 EDTA 的浓度，间接反映被测金属离子浓度的变化。三是离子选择电极作指示电极。例如，以钙离子选择电极作指示电极，可以用 EDTA 滴定钙离子；以氟离子选择电极作指示电极，可以用镧滴定氟化物或用氟化物滴定铝。电位滴定法扩大了离子选择电极的使用范围，可以测定如 Al^{3+} 这类对电极没有选择性的离子。

思考题和习题

1. 电位分析法的定量依据是什么？可以分为哪两类？

2. 电位分析法装置中，构成化学电池的两个电极分别是什么电极？简述其各自的特点和作用。

3. 离子选择电极的电极电位是如何形成的？

4. pH 玻璃电极的实用定义是什么？如何精确测量溶液的 pH？

5. 评价离子选择电极的质量参数有哪些？简述各参数的含义。

6. 计算下列电池的电动势，并标明电极的正负：

$$Ag, AgCl \left| \begin{array}{l} 0.100\ mol \cdot L^{-1}\ NaCl \\ 1.00 \times 10^{-3}\ mol \cdot L^{-1}\ NaF \end{array} \right| LaF_3 单晶膜 \left| 0.01\ mol \cdot L^{-1}\ KF \right\| SCE$$

已知：$\varphi_{AgCl/Ag}^{\ominus} = 0.288\ V$，$\varphi_{SCE}^{\ominus} = 0.244\ V$。

7. 当下列电池中的溶液是 pH 5.00 的缓冲溶液时，25℃时用毫伏计测得电动势为 0.309 V。

$$玻璃电极 \left| H^+(a = x) \right\| SCE$$

当缓冲溶液由未知溶液代替时，毫伏计读数为 0.412 V，试计算溶液的 pH。

8. 某 pH 计的标度每改变一个 pH 单位，相当于电位改变 60 mV。现欲用响应斜率为 50 mV·pH^{-1} 的玻璃电极测定 pH 为 5.00 的溶液，采用 pH 为 4.00 的标准溶液定位，测定的绝对误差为多少？

9. 设某 pH 玻璃电极的内阻为 100 MΩ，响应斜率为 50 mV·pH^{-1}，测量时通过电池回路的电流为 10^{-11} A，则因电压降产生的测量误差相当于多少 pH 单位？

10. 钙离子选择电极常受镁离子的干扰，在固定镁离子浓度为 1.0×10^{-4} mol·L^{-1} 的情况下，实验测得钙离子的电极电位如下。请用作图的方法求出 $K_{Ca^{2+}, Mg^{2+}}^{pot}$。

$c(Ca^{2+})/(mol \cdot L^{-1})$	1.0×10^{-2}	1.0×10^{-3}	1.0×10^{-4}	1.0×10^{-5}	1.0×10^{-6}
$\varphi(vs.SCE)/mV$	+30.0	+2.0	−26.0	−45.0	−47.0

11. 冠醚中性载体膜钾电极和饱和甘汞电极(以乙酸锂为盐桥)组成测量电池：K$^+$-ISE |测量溶液|SCE。当测量溶液分别为 0.01 mol·L^{-1} KCl 溶液和 0.01 mol·L^{-1} NaCl 溶液时，测得电动势分别为−88.8 mV 和 58.2 mV，若电极的响应斜率为 58.0 mV·pK^{-1} 时，计算 K_{K^+, Na^+}^{pot}。

12. 用氟离子选择电极和饱和甘汞电极组成测量电池：氟电极|试液||SCE，测定天然水中氟离子的含量。取 25.00 mL 水样，用 TISAB 稀释至 50.00 mL，测得电位值为−88.3 mV；连续 5 次加入 5.0×10^{-4} mol·L^{-1} 氟离子标准溶液 0.50 mL，依次测定电位值如下：

次数	0	1	2	3	4	5
φ(vs. SCE)/mV	−88.3	−68.8	−58.0	−50.5	−44.8	−40.0

已知该氟离子选择电极的实际响应斜率为 58.0 mV·pF^{-1}。请用标准加入法计算水样中的氟离子含量。

13. 称取牙膏样品 2.00 g，用 50 mL 柠檬酸缓冲溶液(含有 NaCl)煮沸得到游离态的氟离子，冷却后稀释至 100 mL。取 25.00 mL，用氟离子选择电极测得电池电动势为−0.1823 V，加入 $1.07×10^{-3}$ mg·L^{-1} 氟离子标准溶液 5.0 mL 后，其电位值为−0.2446 V。计算牙膏样品中氟离子的质量分数。

14. 用 0.1 mol·L^{-1} AgNO$_3$ 滴定 0.005 mol·L^{-1} KI 溶液，以全固态晶体膜碘电极为指示电极，饱和甘汞电极为参比电极。如果碘电极的响应斜率为 60.0 mV·pI^{-1}，计算滴定开始时和计量点时的电池电动势，并指出碘电极的正负。

15. 采用下列反应进行电位滴定时，应选用什么指示电极？并写出滴定反应式。

(1) $Ag^+ + S^{2-} \rightleftharpoons$

(2) $Ag^+ + CN^- \rightleftharpoons$

(3) $NaOH + H_2C_2O_4 \rightleftharpoons$

(4) $H_2Y^{2-} + Co^{2+} \rightleftharpoons$

第 14 章　电解分析法和库仑分析法

电解分析法是建立在电解过程基础上的电化学分析法，也是最早出现的电化学分析方法，包括以下两种：一是利用外电源将被测溶液进行电解，使被测物质在电极上析出，然后称量析出物的质量，计算出该物质在样品中的含量，称为电重量分析法；二是使电解的物质由此得以分离，称为电分离分析法。

库仑分析法是在电解分析法的基础上发展起来的一种分析方法。它不是通过称量电解析出物的质量，而是通过测量被测物质在 100%电流效率下电解所消耗的电荷量进行定量分析的方法，定量依据是法拉第定律。

电重量分析法比较适合测定高含量物质，而库仑分析法即使用于痕量物质的分析，仍然具有很高的准确度。与大多数其他仪器分析方法不同，库仑分析法在定量分析时不需要基准物质和标准溶液，是电荷量对化学量的绝对分析方法。

14.1　电解分析法

14.1.1　基本原理

1. 电解

在电解池的两个电极上加上一直流电压，使溶液中有电流通过，则在两电极上发生电极反应而引起物质的分解，这个过程称为电解。例如，在酸性的 $CuSO_4$ 溶液中插入两个铂电极，将一可调压直流电源的正、负极分别与两个铂电极连接，调节可变电阻，使溶液中有电流通过(图 14-1)。可以观察到，正极上有气泡逸出，负极慢慢变色，其实质是在电极上发生了化学反应。对于 $CuSO_4$ 溶液，发生在正铂电极的反应是氧化反应，即

$$2H_2O \longrightarrow 4H^+ + O_2\uparrow + 4e^-$$

发生在负铂电极的反应是还原反应，即

$$Cu^{2+} + 2e^- \longrightarrow Cu$$

IUPAC 定义，发生氧化反应的电极为阳极，发生还原反应的电极为阴极。也就是说，电解池的正极为阳极，它与外电源的正极相连，电解时阳极上发生氧化反应；电解池的负极为阴极，它与外电源的负极相连，电解时阴极上发生还原反应。

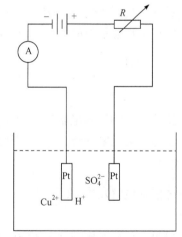

图 14-1　电解装置示意图

2. 分解电压和析出电位

电解时，当直流电通过电解溶液时，水溶液中除电解质的离子外，还有由水解离出来的

氢离子和氢氧根离子。换句话说，水溶液中存在两种或两种以上的阳离子和阴离子。究竟哪一种离子先发生电极反应，不仅与其在电动序中的相对位置有关，也与其在溶液中的浓度有关，在某些情况下还与构成电极的材料有关。

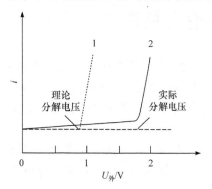

图 14-2 电解 Cu^{2+} 的 i-$U_外$曲线
1. 理论曲线；2. 实测曲线

在铂电极上电解硫酸铜溶液，当外加电压较小时，不能引起电极反应，几乎没有电流或只有很小的电流通过电解池。继续增大外加电压，电流略微增加，直到外加电压增加至某一数值后，通过电解池的电流明显变大。这时电极上发生明显的电解现象。如果以外加电压$U_外$为横坐标、通过电解池的电流i为纵坐标作图，可得如图 14-2 所示的i-$U_外$曲线。图中曲线 1 对应的电压为引起电解质电解的最低外加电压，称为该电解质的分解电压。分解电压是对电解池而言，如果只考虑单个电极，就是析出电位。分解电压$(U_分)$与析出电位$(E_析)$的关系为

$$U_分 = E_{阳析} - E_{阴析} \tag{14-1}$$

显然，要使某物质在阴极上析出，产生迅速的、连续不断的电极反应，阴极电位必须比析出电位更负(即使是很微小的数值)。同样，要使某物质在阳极上氧化析出，则阳极电位必须比析出电位更正。在阴极上，析出电位越正，越易还原；在阳极上，析出电位越负，越易氧化。通常，在电解分析中只需考虑某一工作电极的情况，因此析出电位比分解电压更具有实用意义。

如果将正在电解的电解池的电源切断，这时外加电压虽然已经除去，但电压表上的指针并不回到零，而向相反的方向偏转，这表示在两电极间仍保持一定的电位差。这是由于在电解作用发生时，阴极上镀了金属铜，另一电极则逸出氧。金属铜和溶液中的 Cu^{2+}组成电对，另一电极则成为 O_2电极。当把两电极连接时，形成一个原电池，此原电池的反应方向是由两电极上反应物质的电极电位大小决定的。该电池上发生的反应为

负极 $\qquad\qquad Cu^{2+} + 2e^- \longrightarrow Cu$

正极 $\qquad\qquad O_2 + 4H^+ + 4e^- \longrightarrow 2H_2O$

反应方向刚好与电解反应相反。可见，电解时产生了一个极性与电解池相反的原电池，其电动势称为反电动势$(E_反)$。因此，要使电解顺利进行，首先要克服这个反电动势，至少要使

$$E_反 = E_{阳平} - E_{阴平} \tag{14-2}$$

才能使电解发生。而

$$U_分 = E_反 \tag{14-3}$$

可见，分解电压等于电解池的反电动势，而反电动势等于阳极平衡电位与阴极平衡电位之差。因此，对于可逆电极过程，分解电压与电池的电动势对应，析出电位与电极的平衡电位对应，它们可以根据能斯特方程进行计算。

3. 过电压和过电位

电解 $1.0\ mol \cdot L^{-1}\ CuSO_4$溶液，其$U_分$不是 0.89 V，而是 1.49 V。1.49 V 是实际分解电压$U'_分$

(图 14-2 中曲线 2 切线交点处)。$U'_分$ 比 $U_分$ 大，有两个原因：一是电解质溶液有一定的电阻，欲使电流通过，必须用一部分电压克服 iR(i 为电解电流，R 为电解回路总电阻)降，一般很小；二是主要用于克服电极极化产生的阳极反应和阴极反应的过电位($\eta_阳$ 和 $\eta_阴$)。

如果忽略 iR 降，代入平衡电位，则式(14-3)可表示为

$$U'_分 = (\varphi_{阳平} + \eta_阳) - (\varphi_{阴平} + \eta_阴) \tag{14-4}$$

$$= (\varphi_{阳平} - \varphi_{阴平}) + (\eta_阳 - \eta_阴) \tag{14-5}$$

式(14-5)称为电解方程。

因此，电解 $1 \ mol \cdot L^{-1} \ CuSO_4$ 溶液时，需要外加电压 1.49 V 而不是 0.89 V，多加的 0.60 V 用于克服 iR 降和极化产生的阳极反应和阴极反应的过电位。

过电位可分为浓差过电位和电化学过电位两类，前者是由浓差极化产生的，后者是由电化学极化产生的。电解进行时，由于电极表面附近的一部分金属离子在电极上沉积，而溶液中的金属离子又来不及扩散至电极表面附近，因此电极表面附近金属离子的浓度(c)与本体浓度(c_0)不再相同。但电极电位取决于其表面浓度，因此电解时的电极电位不等于其平衡时的电极电位，两者之间存在偏差，这种现象称为浓差极化。电化学极化是由电化学反应本身的迟缓性引起的。一个电化学过程实际上由许多分步过程组成，其中最慢的一步对整个电极过程的速率起决定性作用。在许多情况下，电极反应这一步的速率很慢，需要较大的活化能。因此，电解时为使反应顺利进行，对于阴极反应，必须使阴极电位比其平衡电位更负；对于阳极反应，则必须使阳极电位比其平衡电位更正。这种由电极反应引起的电极电位偏离平衡电位的现象称为电化学极化。电化学极化伴随产生过电位。

过电位的大小与许多因素有关，主要有以下几方面：电极材料和电极表面状态；析出物质的形态；电流密度；温度，通常过电位随温度升高而降低，如温度每升高 10℃，氢的过电位降低 20～30 mV。

4. 电解析出离子的次序及完全程度

用电解法分离某一离子时，必须首先考虑其他共存离子的共沉积问题。两种离子的析出电位差越大，被分离的可能性越大。在不考虑过电位的情况下，往往先用它们的标准电位值作为判断的依据。例如，电解 Ag^+ 和 Cu^{2+} 的混合溶液，它们的标准电极电位分别是 $\varphi^{\ominus}_{Ag^+/Ag}$ = 0.779 V 和 $\varphi^{\ominus}_{Cu^{2+}/Cu}$ = 0.377 V，差别比较大，故可认为能将它们分离。而对于铅和锡，$\varphi^{\ominus}_{Pb^{2+}/Pb}$ = −0.126 V 和 $\varphi^{\ominus}_{Sn^{2+}/Sn}$ = −0.136 V，则不易分离。

例 14-1 现有含 $2.0 \ mol \cdot L^{-1} \ Cu^{2+}$ 和 $0.01 \ mol \cdot L^{-1} \ Ag^+$ 的混合溶液，若采用铂电极进行电解，在阴极上哪个离子先析出？这两种离子是否可以完全分离？

解 铜初始析出电位是

$$\varphi_{Cu^{2+}/Cu} = \varphi^{\ominus}_{Cu^{2+}/Cu} + \frac{0.0592}{2} \lg 2 = 0.337 + 0.0089 = 0.346(V)$$

银初始析出电位是

$$\varphi_{Ag^+/Ag} = \varphi^{\ominus}_{Ag^+/Ag} + \frac{0.0592}{2} \lg 0.01 = 0.799 - 0.118 = 0.681(V)$$

因为银的析出电位比铜的正，所以银先在阴极上还原析出。

随着电解的进行，Ag^+浓度逐渐降低，阴极电位也随之变化，改变的数值可计算如下：假设 Ag^+浓度降至原浓度的 0.01%时，可认为 Ag^+ 已析出完全，此时的电极电位为

$$\varphi_{Ag^+/Ag} = \varphi_{Ag^+/Ag}^{\ominus} + \frac{0.0592}{1} \lg 10^{-6} = 0.799 - 0.355 = 0.444(V)$$

可见，此时 Ag^+的电极电位仍比 Cu^{2+}的电极电位正，即 Ag^+电解阴极析出完全时，Cu^{2+}尚未电解析出。故可认为 Ag^+、Cu^{2+}能完全分离。

通常，对于分离两种共存的一价离子，当它们的析出电位相差在 0.30 V 以上时，可认为能完全分离；两种共存的二价离子，当它们的析出电位相差在 0.15 V 以上时，即可达到分离的目的。这只是相对的，如果要求高，则析出电位差要加大。

在电解分析中，有时利用电位缓冲的方法分离各种金属离子。这种方法是在溶液中加入各种去极化剂。它们的存在可限制阴极(或阳极)的电位变化，使电极电位稳定于某值不变。这种去极化剂在电极上的氧化或还原反应并不影响沉积物的性质，但可以防止电极上发生其他反应。

例如，在铜电解时，阴极若有氢气析出，会使铜的沉积不好。但是若有 NO_3^- 存在，就可以防止 H^+ 的还原。阴极电位变负时，NO_3^- 比 H^+ 先在电极上还原产生 NH_4^+；而 NH_4^+ 不会在阴极上沉积，所以也不会影响铜镀层的性质。因此，铜的电解应在硝酸介质中进行。另外，若溶液中还存在 Ni^{2+} 及 Cd^{2+}，它们也不会在阴极上还原析出，因为有大量的 NO_3^- 存在，在一定的时间内，电极电位稳定于 NO_3^- 的还原反应的电位。NO_3^- 在阴极上的还原反应为

$$NO_3^- + 10H^+ + 8e^- \longrightarrow NH_4^+ + 3H_2O$$

NO_3^- 就是电位缓冲剂。

14.1.2 电解分析方法及其应用

1. 控制电流电解法

控制电流电解法一般指恒电流电解法，它是在恒定的电流条件下进行电解，然后直接称量电极上析出物质的质量进行分析。这种方法也可用于分离。

控制电流电解法用直流电源作为电解电源。加在电解池的电压可用可变电阻器调节，并由电压表指示电压值。通过电解池的电流则可从电流表读出。电解池中，一般用铂网作阴极，螺旋形铂丝作阳极并用于搅拌。

电解时，通过电解池的电流是恒定的。一般来说，电流越小，析出的镀层越均匀，但所需时间越长。在实际工作中，一般控制电流为 0.5～2 A。恒电流电解法仪器装置简单，准确度高，方法的相对误差小于 0.1%，但选择性不高。本法可以分离电动序中氢以上与氢以下的金属离子。电解时，氢以下的金属先在阴极上析出，继续电解，就析出氢气。因此，在酸性溶液中，氢以上的金属不能析出，而应在碱性溶液中进行。

恒电流电解法可以测定的金属元素有锌、铜、镍、锡、铅、铜、铋、锑、汞及银等，其中有的元素需在碱性介质中或配位剂存在的条件下进行电解。目前该方法主要用于精铜产品的鉴定和仲裁分析。

2. 控制电位电解法

控制电位电解法是在控制阴极或阳极电位为一恒定值的条件下进行电解的方法。如果溶液中有 A、B 两种金属离子存在，它们电解时的电流与阴极电位的关系曲线如图 14-3 所示。

图 14-3 中 a、b 两点分别代表 A、B 离子的阴极析出电位。若控制阴极电位电解时，使其负于 a 而正于 b，如图中 d 点的电位，则 A 离子能在阴极上还原析出而 B 离子不能，从而达到分离 B 离子的目的。

在控制电位电解过程中，被电解的只有一种物质。由于电解开始时该物质的浓度较高，因此电解电流较大，电解速率较快。随着电解的进行，该物质的浓度越来越小，因此电解电流也越来越小。当该物质被全部电解析出后，电流就趋近于零，说明电解完成。电流与时间的关系如图 14-4 所示。

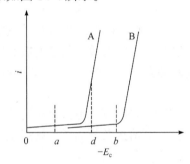

图 14-3 控制电位与析出电位的关系   图 14-4 电流与时间的关系

电解时，如果仅有一种物质在电极上析出，且电流效率 100%，则

$$i_t = nAFD\frac{c_t}{\delta} \tag{14-6}$$

$$dQ_t = nFV dc_t \tag{14-7}$$

$$i_t = i_0 10^{-kt} \tag{14-8}$$

$$k = 26.1\frac{DA}{V\delta} \tag{14-9}$$

式中，i_0 为开始电解时的电流；i_t 为时间 t 时的电流；k 为常数，与电极和溶液性质等因素有关；D 为扩散系数($cm^2 \cdot s^{-1}$)；A 为电极表面积(cm^2)；V 为溶液体积(cm^3)；δ 为扩散层的厚度(cm)；常数 26.1 中已包括将 D 单位转换为 $cm^2 \cdot min^{-1}$ 的换算因子 60 在内。式(14-8)中的 t 以 min 为单位。D 和 δ 的数值一般分别为 10^{-5} $cm^2 \cdot s^{-1}$ 和 2×10^{-3} cm。由式(14-8)和式(14-9)可知，若要缩短电解时间，则应增大 k 值，这就要求电极表面积大、溶液的体积小，升高溶液的温度及有效的搅拌可以提高扩散系数和降低扩散层厚度。

控制电位电解法的主要特点是选择性高，可用于分离并测定银(与铜分离)、铜(与铋、铅、银、镍等分离)、铋(与铅、锡、锑等分离)、镉(与锌分离)等。

14.2 库仑分析法

根据电解过程中消耗的电荷量求得被测物质含量的方法称为库仑分析法。库仑分析法也可以分为控制电位库仑分析法与控制电流库仑分析法两种。

14.2.1　基本原理

　　库仑分析的定量依据是法拉第定律。法拉第定律是指在电解过程中电极上析出的物质的量与通过电解池的电量的关系，可用数学式表示如下：

$$m = \frac{M}{nF} it$$

式中，m 为析出物质的质量(g)；M 为其摩尔质量；n 为电极反应中的电子数；F 为法拉第常量 $(96\,485\ \text{C} \cdot \text{mol}^{-1})$；$i$ 为通过溶液的电流(A)；t 为通过电流的时间(s)。

　　法拉第定律是自然科学中最严格的定律之一，它不受温度、压力、电解质浓度、电极材料和形状、溶剂性质等因素的影响。

　　由于库仑分析测量的是电量，因此电极反应的电流效率必须为100%，即通过溶液的电量应全部用于电解被测物质，而无其他副反应发生。只有这样，才可以通过测量电极反应消耗的电量确定被测物质的量。为了满足此条件，可以采用两种方法——控制电位库仑分析法及库仑滴定法。

　　在一定的外加电压条件下，通过电解池的总电流 i_T 实际上是所有在电极上进行反应的电流的总和。它包括：①被测物质电极反应产生的电解电流 i_e；②溶剂及其离子电解产生的电流 i_s；③溶液中参与电极反应的杂质产生的电流 i_{imp}。电流效率 η_e 为

$$\eta_e = i_e / (i_e + i_s + i_{imp}) \times 100\% = i_e / i_T \times 100\% \tag{14-10}$$

　　由式(14-10)可见，要提高电流效率，则 i_e 应尽可能大，i_s 和 i_{imp} 应尽可能小。电重量分析法不要求电流效率100%，但要求副反应产物不沉积在电极上，否则影响沉积物的纯度。库仑分析法则要求电流效率100%，即电极反应按化学计量进行，无副反应，然而实际上很难达到。在常规分析中，电流效率不低于99.9%是允许的。

14.2.2　库仑分析方法及其应用

　　1. 控制电位库仑分析法

　　1) 方法原理

　　控制电位库仑分析法是直接根据被测物质在控制电位电解过程中消耗的电量求其含量的方法。其基本装置与控制电位电解法相似，见图 14-5。

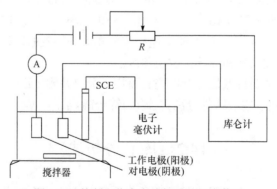

图 14-5　控制电位库仑分析法的基本装置

电解池中除工作电极和对电极外,还有参比电极,它们共同组成电位测量与控制系统。在电解过程中,控制工作电极的电位保持恒定值,使被测物质以 100%的电流效率进行电解,当电解电流趋近于零时,指示该物质已电解完全。如果用与其串联的库仑计精确测量使该物质全部电解所需的电量,即可由法拉第定律计算其含量。常用的工作电极有铂、银、汞、碳电极等。

库仑分析要求电流效率为 100%,但实际上因副反应的产生常难以达到。一般来说,电极上可能发生的副反应有下列几种:

(1) 溶液的电解:由于电解一般都是在水溶液中进行的,因此要控制适当的电极电位及溶液 pH 范围,以防止水的分解。当工作电极为阴极时,应避免有氢气析出;为阳极时,要防止有氧气产生。采用汞阴极能提高氢的过电位,使用范围比铂电极广。

(2) 电极本身参与反应:铂电极在较正的电位时不致被氧化,因此常用作工作阳极。但当溶液中有能与铂配位的试剂(如大量卤素离子等)存在时,则会降低其电极电位,当阳极电位高于此电位值时,铂电极本身被氧化,产生电极副反应。

(3) 氧的还原:溶液中溶解有氧气,在阴极上还原为过氧化氢或水,电解前常在溶液中通入惰性气体(如氮气等)将其除去。

(4) 电解产物的副反应:如在汞阴极上还原 Cr^{3+} 为 Cr^{2+} 时,电解产物 Cr^{2+} 会被溶液中 H^+ 氧化又生成 Cr^{3+}。

(5) 析出电位相近的物质或比被测物质易还原(对阴极反应)、易氧化(对阳极反应)的物质,这实际上属于干扰情况,一般可采用配位、分离等方法消除。

在常规分析中,电流效率损失不超过 0.1%是允许的。

2) 电量的测定

在控制电位电解时,由公式 $i_t = i_0 10^{-kt}$ 可知,电流随时间而变化,是时间的复杂函数,因此电解过程中消耗的电量不能简单地根据电流与时间的乘积来计算,而要采用电量计进行测量。早期多用化学电量计,如银库仑计、氢氧气体库仑计等。此类库仑计本身也是一种电解电池,只是应用了不同的电极反应来构成。其共同的特点是电量(10 C 以上)测量准确。但银库仑计不能直接指示读数;氢氧气体库仑计虽然可以根据电解时产生的气体体积直接读数,但是在微量电量的测定常产生较大的误差。现代的仪器多采用电流-时间积分仪(又称积分运算放大器库仑计)测定通过的电量。其测量原理如下:

从图 14-4 电流-时间(i-t)曲线可知,电解过程中消耗的电量为

$$Q = \int_0^t i_t \mathrm{d}t \tag{14-11}$$

i-t 曲线下的面积即为电量值。将 $i_t = i_0 10^{-kt}$ 代入式(14-11)得

$$Q = \int_0^t i_0 10^{-kt} \mathrm{d}t = \frac{i_0}{2.303 k}(1 - 10^{-kt}) \tag{14-12}$$

当 t 增加时,10^{-kt} 减小。kt 值一般大于 3,故 10^{-kt} 项相比 1 可以忽略。因此,当 t 较大时,Q 的极限值为 $i_0/2.303k$。

$i_t = i_0 10^{-kt}$ 的对数形式为 $\lg i_t = \lg i_0 - kt$,以 $\lg i$ 对 t 作图可得直线关系(图 14-4),直线 $\lg i$-t 的斜率为 $-k$,在纵坐标上的截距($t = 0$)为 $\lg i_0$。因此,即使在无电量计时,也可通过测量 n 个 t 时的 i_t 值,作图求得 i_0 与 k,从而计算电量值,不必等待电解终了。

电流-时间电子积分仪就是根据上述数学关系设计的，可直接显示电解过程中消耗的电量值，精度可达 $0.01 \sim 0.001 \ \mu C$。

3) 特点及应用

(1) 方法的准确度、灵敏度均较高。相对误差为 $0.1\% \sim 0.5\%$。可测定微克级物质，最低能测定至 $0.01 \ \mu g$。

(2) 选择性好。

(3) 本法不要求被测物质在电极上沉积为金属或难溶化合物，因此可用于测定进行均相电极反应的物质(如 $Fe^{3+} \rightarrow Fe^{2+}$、$I^- \rightarrow I_2$、$AsO_3^{3-} \rightarrow AsO_4^{3-}$、$N_2H_4 \rightarrow N_2$、芳香族硝基化合物的还原等)，特别适用于有机物的分析。

(4) 能用于测定电极反应中的电子转移数。

2. 控制电流库仑分析法

1) 方法原理

本法是用恒定的电流以 100%的电流效率进行电解，在电解池中产生一种物质，此物质与被分析物质进行定量的化学反应，反应的等当点可借助指示剂或其他电化学方法指示。此法与滴定分析有相似之处，不过滴定剂不是由滴定管加入的，而是由电解产生的，因此称为库仑滴定法。由于采用恒定的电流进行电解，电解过程中消耗的电量可以简单地由电流与时间的乘积求得，因此又称为控制电流库仑分析方法。

在库仑滴定法中，由于一定量的被分析物质需要一定量的由电解产生的试剂与其作用，而此一定量的试剂又是被一定量的电量电解产生的，因此被分析物质与产生试剂所消耗的电量之间的关系符合法拉第定律。

库仑滴定的基本装置见图 14-6。恒电流电源可采用稳压电源，也可用 45 V 叠层电池，通过溶液的电解电流可调节 R 控制。电解时，为了防止可能产生的干扰反应，保证 100%电流效率，可使用多孔性套筒将阳极与阴极分开，对电极置于多孔性套筒中。电解时间由计时器指示。当到达滴定反应的等当点时，指示电路发出信号，指示滴定终点，用人工或自动装置切断电解电源，同时记录时间。

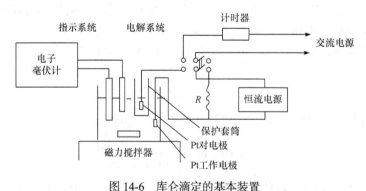

图 14-6　库仑滴定的基本装置

2) 指示滴定终点的方法

(1) 指示剂法：与滴定分析一样，库仑滴定可以用指示剂确定滴定终点。例如，在碳酸氢钠缓冲溶液中，电解碘化钾，在铂阳极产生碘作为滴定剂，与被测物质三价砷反应，可用淀粉作指示剂。当三价砷全部被碘氧化为五价砷后，过量的碘将使淀粉溶液变为蓝紫色，指示反应终点。

(2) 电位法：与电位滴定相同，库仑滴定也可用电位法指示滴定终点。此时，在电解池中另外配置指示电极与参比电极作为指示系统。例如，采用库仑滴定自动测定钢铁中含碳量可用电位法确定终点，其方法原理如下：

钢样在 1200℃ 左右通氧灼烧，样品中的碳经氧化后产生二氧化碳气体，导入一预定 pH 的高氯酸钡溶液中，二氧化碳被吸收，发生下列反应：

$$Ba(ClO_4)_2 + H_2O + CO_2 \rightleftharpoons BaCO_3\downarrow + 2HClO_4$$

生成的高氯酸使溶液的酸度提高。在电解池中，用一对铂电极作为工作电极和对电极，电解时阴极上产生氢氧根离子：

$$2H_2O + 2e^- \rightleftharpoons H_2 + 2OH^-$$

氢氧根离子与高氯酸反应，中和溶液直至恢复到原来的 pH 为止。根据消耗的电量可求得碳的含量。

仪器的指示电路中采用玻璃电极为指示电极，饱和甘汞电极为参比电极，指示溶液 pH 的变化。

此外，指示终点的方法还有电流法、电导法及光度法等。

3) 特点及应用

(1) 由于在现代技术条件下，电流和时间都可精确地测量，并且本法不需要标准溶液作相对比较标准，避免了因使用基准物质及标定标准溶液所引起的误差，因此本法准确度、灵敏度均较高。分析微量组分，方法的相对误差一般为 0.2%～0.5%；分析常量组分(注意：取少量样品并适当稀释，以避免因采用大电解电流使测定时间过长、电流效率降低、结果偏高)，可达到更高的准确度。若采用精密库仑滴定法，由计算机程序控制确定滴定终点，准确度可达 0.01%以下，能用作标准方法。

(2) 由于库仑滴定法所用的滴定剂是由电解产生的，边产生边滴定，因此有可能使用不稳定的电生滴定剂，如 Cl_2、Br_2、Cu^+、Ag^{2+}、Mn^{3+}、Ti^{3+}，从而扩大了分析范围。库仑滴定还可用于各种反应的滴定，典型的应用示例列于表 14-1 及表 14-2。在酸碱滴定时采用酸碱电生滴定剂 H^+、OH^-；在沉淀滴定时采用沉淀电生滴定剂 Ag^+、Hg^{2+}、Hg_2^{2+} 等；在氧化还原滴定时采用氧化型电生滴定剂(如 Cl_2、Br_2、I_2、Ag^{2+}、Mn^{3+}、Ce^{4+}、$[Fe(CN)_6]^{3-}$ 等)及还原型电生滴定剂(如 Cu^+、Fe^{2+}、Sn^{2+}、Cr^{2+}、Ti^{3+}、$CuBr$、$[Fe(CN)_6]^{4-}$、U^{4+}等)；在配位滴定时采用 EDTA、CN^-等电生滴定剂。

(3) 仪器设备较简单，操作快速(测定时间一般仅 1～2 min)，易于实现自动化，因此可用于动态流程控制分析。例如，大气中 H_2S、SO_2 等污染气体的监测；钢铁中碳的快速测定；用自动滴定微库仑计作气相色谱的检测器时，特别适合测定有机物中 N、S、Cl 等组分。

表 14-1　应用酸碱、沉淀及配位反应的库仑滴定法

被测物质	产生滴定剂的电极反应	滴定反应
酸	$2H_2O + 2e^- \rightleftharpoons H_2 + 2OH^-$	$OH^- + H^+ \rightleftharpoons H_2O$
碱	$2H_2O \rightleftharpoons O_2 + 4H^+ + 4e^-$	$H^+ + OH^- \rightleftharpoons H_2O$
卤素离子	$Ag \rightleftharpoons Ag^+ + e^-$	$Ag^+ + X^- \rightleftharpoons AgX\downarrow$

续表

被测物质	产生滴定剂的电极反应	滴定反应
硫醇	$Ag = Ag^+ + e^-$	$Ag^+ + RSH = AgSR\downarrow + H^+$
卤素离子	$2Hg = Hg_2^{2+} + 2e^-$	$Hg_2^{2+} + 2Cl^- = Hg_2Cl_2\downarrow$
Zn^{2+}	$[Fe(CN)_6]^{3-} + e^- = [Fe(CN)_6]^{4-}$	$2[Fe(CN)_6]^{4-} + 3Zn^{2+} + 2K^+ = K_2Zn_3[Fe(CN)_6]_2\downarrow$
Ca^{2+}		
Cu^{2+}	$HgNH_3Y^{2-} + NH_4^+ + 2e^- = Hg + 2NH_3 + HY^{3-}$	
Zn^{2+}	（Y^{4-} 为 EDTA 离子）	$HY^{3-} + Ca^{2+} = CaY^{2-} + H^+$
Pb^{2+}		

表 14-2　应用氧化还原电极反应的库仑滴定法

滴定剂	产生滴定剂的电极反应	测定物质
Br_2	$2Br^- = Br_2 + 2e^-$	As(Ⅲ), Sb(Ⅲ), U(Ⅳ), Ti(Ⅰ), I⁻, SCN⁻, NH₃, N₂H₄, NH₂OH, 苯酚, 苯胺, 8-羟基喹啉, 芥子气
Cl_2	$2Cl^- = Cl_2 + 2e^-$	As(Ⅲ), I⁻
I_2	$2I^- = I_2 + 2e^-$	As(Ⅲ), Sb(Ⅲ), $S_2O_3^{2-}$, H_2S
Ce^{4+}	$Ce^{3+} = Ce^{4+} + e^-$	Fe(Ⅱ), Ti(Ⅲ), U(Ⅳ), As(Ⅲ), I⁻, $[Fe(CN)_6]^{4-}$
Mn^{3+}	$Mn^{2+} = Mn^{3+} + e^-$	$H_2C_2O_4$, Fe(Ⅱ), As(Ⅲ)
Ag^{2+}	$Ag^+ = Ag^{2+} + e^-$	Ce(Ⅲ), V(Ⅳ), $H_2C_2O_4$, As(Ⅲ)
Fe^{2+}	$Fe^{3+} + e^- = Fe^{2+}$	Cr(Ⅵ), Mn(Ⅵ), V(Ⅴ), Ce(Ⅳ)
Ti^{3+}	$TiO^{2+} + 2H^+ + e^- = Ti^{3+} + H_2O$	Fe(Ⅲ), V(Ⅴ), Ce(Ⅳ), U(Ⅵ)
$CuCl_3^{2-}$	$Cu^{2+} + 3Cl^- + e^- = CuCl_3^{2-}$	V(Ⅴ), Cr(Ⅵ), IO_3^-
U^{4+}	$UO_2^{2+} + 4H^+ + 2e^- = U^{4+} + 2H_2O$	Cr(Ⅵ), Ce(Ⅳ)

14.3　微库仑分析法

微库仑法(microcoulometry)与库仑滴定法相似，也是由电生滴定剂滴定被测物质的浓度，不同之处在于输入电流的大小是随被测物质含量的大小而变化的，所以又称为动态库仑滴定。它是在预先含有滴定剂的滴定池中加入一定量的被滴定物质后，由仪器自动完成从开始滴定到滴定完毕的整个过程。

14.3.1　基本原理

微库仑分析法的工作原理如图 14-7 所示。

滴定池有两对电极，一对工作电极(发生电极和辅助电极)和一对指示电极(指示电极和参比电极)。为了减小体积和防止干扰，参比电极和辅助电极被隔离放置在较远处。

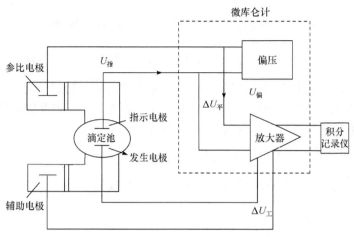

图 14-7　微库仑分析法工作原理示意图

在滴定开始之前，指示电极和参比电极组成的监测系统的输出电压 $U_{指}$ 为平衡值，调节 $U_{偏}$ 使 $\Delta U_{平}$ 为零，经过放大器放大后的输出电压 $\Delta U_{工}$ 也为零，因此发生电极上无滴定剂生成。当有能与滴定剂发生反应的被滴定物质进入滴定池后，由于被滴定物质与滴定剂发生反应浓度变化而使指示电极的电位产生偏离，这时的 $\Delta U_{平} \neq 0$，经放大后的 $\Delta U_{工}$ 也不为零，则 $\Delta U_{工}$ 驱使发生电极上开始进行电解，生成滴定剂。随着电解的进行，滴定渐趋完成，滴定剂的浓度又逐渐回到滴定开始前的浓度值，使得 $\Delta U_{平}$ 也渐渐回到零；同时，$\Delta U_{工}$ 也越来越小，产生滴定剂的电解速率也越来越慢。当达到滴定终点时，体系又恢复到滴定开始前的状态 $\Delta U_{平} = 0$，$\Delta U_{工}$ 也为零，滴定完成。其滴定曲线如图 14-8 所示。

在滴定过程中，采用积分仪直接记录滴定所需电荷量，据此可计算出进入滴定池中的物质的浓度。

在微库仑分析中，靠近滴定终点时，$\Delta U_{工}$ 越来越小，则电解产生滴定剂的速率也越来越慢，直到终点。因此，该法确定终点较为容易，准确度较高，应用较为广泛。

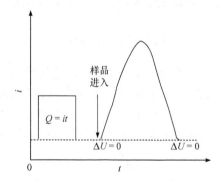

图 14-8　微库仑分析法的滴定曲线

14.3.2　应用

1. 微量水分的测定

卡尔·费歇尔(Karl Fischer)在 1935 年首先提出测定水分含量的特效滴定分析法，称为卡尔·费歇尔法。它以卡尔·费歇尔试剂作为滴定剂滴定样品中的水分，相当于滴定分析中的碘量法。1955 年迈耶尔(Meyer)和 Bogd 等将卡尔·费歇尔滴定法与库仑分析法相结合，用电解方式产生 I_2，建立了卡尔·费歇尔库仑法测定水分含量的方法。该方法是一种广泛用于测定液体、气体和固体样品中微量水分的电化学分析法，操作方便，易于自动化。

卡尔·费歇尔试剂是含有甲醇、二氧化硫、吡啶和碘的混合试剂。

在醇介质中，卡尔·费歇尔反应如下：

$$2ROH + SO_2 \rightleftharpoons RSO_3^- + ROH_2^+ \qquad 溶剂化作用$$

$$B + RSO_3^- + ROH_2^+ \rightleftharpoons BH^+SO_3R^- + ROH \quad 缓冲作用$$

$$H_2O + I_2 + BH^+SO_3R^- + 2B \longrightarrow BH^+SO_4R^- + 2BHI \quad 氧化还原$$

在含碱 B(吡啶)的缓冲溶液中，SO_2 与醇反应产生烷基磺酸盐，其最佳 pH 为 5～8。pH<3 时，反应缓慢。pH>8 时，副反应发生。当 H_2O 存在时，若加入 I_2，则发生氧化还原反应。在滴定分析中，I_2 由滴定管加入。在库仑滴定中，I_2 由 I^- 在阳极上电解产生：

Pt 阳极　　　　　　　　　　　　　$2I^- \longrightarrow I_2 + 2e^-$

由于吡啶、甲醇有毒，可改用无毒无味的卡尔·费歇尔试剂。

2. 有机化合物中硫的测定

样品中的硫在合适的条件下，经燃烧转化为 SO_2，由载气带入电解池中发生如下反应：

$$SO_2 + I_3^- + 2H_2O \rightleftharpoons SO_4^{2-} + 3I^- + 4H^+$$

导致 I_3^- 浓度降低，微库仑放大器的平衡状态被破坏，$\Delta E \neq 0$，放大器中输出相应的电流。此时，阳极发生如下反应：

$$3I^- \rightleftharpoons I_3^- + 2e^-$$

从而使 SO_2 消耗的 I_3^- 恢复至原浓度，到达终点，自动停止电解。由读出装置显示硫的含量。

3. 化学需氧量的测定

在环境保护中需要测定化学需氧量(COD)，这是评价水质污染的重要指标之一。COD 是指在一定条件下，1 L 水中可被氧化的物质(有机物或其他还原性物质)氧化时所需要的氧的量。

在 10.2 mol·L^{-1} 硫酸介质中，以重铬酸钾为氧化剂，将水样回流消化 15 min。通过 Pt 阴极电解产生的亚铁离子与剩余的重铬酸钾作用。由消耗的电量计算 COD 值，即

$$COD = \frac{i(t_0 - t_1)}{96\,485V} \times \frac{32}{4} \times (1 \times 10^{-3})$$

式中，i 为恒电流强度(mA)；t_0 为电解产生的 Fe^{2+} 标定电解池中重铬酸钾浓度所需的电解时间(s)；t_1 为测定剩余重铬酸钾所需的电解时间(s)；V 为水样体积(mL)。

14.4　库仑阵列电极

14.4.1　含义

库仑电极(coulometric electrode)是一种用于高效液相色谱分析的电化学分析检测器的专用电极，它采用穿透式多孔石墨碳电极。定量依据是法拉第定律，所以称为库仑电极。

14.4.2　特点

这种电极对化学结构的细微变化有很高的灵敏度，能依据被测物质的氧化还原性质差异进行检测。它可使被测物质在电极上实现 100%的氧化或还原效率，没有信号丢失。库仑池装有保护电极和双工作电极，在保护电极上施加适当的电压可以使流动相中的杂质先反应，以

降低背景电流，使基线平稳。双工作电极同时施加不同大小的分析电压，以使响应峰值不再彼此覆盖，从而为检测提供可信的分析结果。图 14-9 是库仑电极系统示意图。它像一个反应过滤器，通过它的 A 物质 100%变成了 B 物质，效率达到 100%。

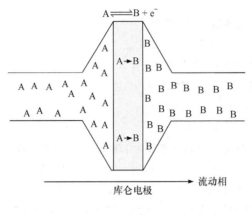

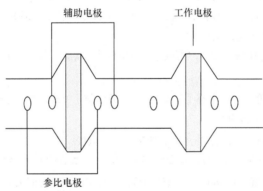

图 14-9　库仑电极系统示意图

14.4.3　库仑电极系统

将多个电极串联使用，就组成了库仑阵列电极。当与高效液相色谱联用时，可得到时间、电流和电位的三维谱图，见图 14-10。这种新型电极具有广泛的应用前景，如在诊断学、临床

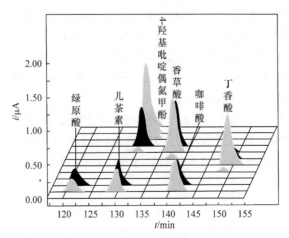

图 14-10　库仑阵列电极检测谱图

药理学、中药现代化研究、抗衰老研究、天然产物及食品科学、化妆品分析等方面有望成为强有力的测试工具。

思考题和习题

1. 比较电解分析方法与库仑分析方法的异同点。

2. 如何理解理论分解电压与实际分解电压的关系?

3. 控制电位库仑分析法和库仑滴定法在原理上有什么不同?

4. 为什么库仑分析中要求在电流效率100%下进行电解?

5. 为什么恒电流库仑分析法又称为库仑滴定法?

6. 比较化学滴定、电位滴定、库仑滴定的异同。

7. 在 $0.100\ mol \cdot L^{-1}\ CuSO_4$ 溶液中,H_2SO_4 浓度为 $1.00\ mol \cdot L^{-1}$,在一对 Pt 电极上电解,O_2 在 Cu 和 Pt 电极上析出的过电位分别为 0.85 V 和 0.40 V,H_2 在 Cu 上析出的过电位为 0.60 V:

(1) 外加电压达到什么数值时,铜才开始在阴极上析出?

(2) 若外加电压刚好等于氢析出的分解电压,则电解完毕后留在溶液中未析出的铜的浓度是多少?

8. 在 $1.0\ mol \cdot L^{-1}$ 硝酸介质中,电解 $0.1\ mol \cdot L^{-1}\ Pb^{2+}$ 以 PbO_2 析出,如果电解至还留下 0.01% 视为电解完全,此时工作电极电位的变化值为多大?

9. 用汞阴极恒电流电解 pH 为 1 的 Zn^{2+} 溶液,在汞电极上加 $\eta_{H_2} = -1.0\ V$,试计算在氢析出前,试液中残留的 Zn^{2+} 浓度。

10. 在 $1.0\ mol \cdot L^{-1}$ 硫酸介质中,电解 $1.0\ mol \cdot L^{-1}$ 硫酸锌与 $1.0\ mol \cdot L^{-1}$ 硫酸镉混合溶液:

(1) 电解时,锌与镉哪个先析出?

(2) 能否用电解法完全分离锌与镉? 电解时,应采用什么电极?

已知: η_{H_2}(铂电极上) $= -0.2\ V$,η_{H_2}(汞电极上) $= -1.0\ V$,$\eta_{Cd} \approx 0$,$\eta_{Zn} \approx 0$。

11. 用控制电位电解法电解 $0.10\ mol \cdot L^{-1}$ 硫酸铜溶液,控制电解时的阴极电位为 $-0.10\ V$(vs. SCE),使电解完成。计算铜离子的析出分数。

12. 在 100 mL 试液中,使用表面积为 $10\ cm^2$ 的电极进行控制电位电解。被测物质的扩散系数为 $5 \times 10^{-5}\ cm^2 \cdot s^{-1}$,扩散层厚度为 $2 \times 10^{-3}\ cm$,若以电流降至起始值的 0.1% 时视为电解完全,需要多长时间?

13. 用控制电位法电解某物质,初始电流为 2.20 A,电解 8 min 后,电流降至 0.29 A,则该物质析出 99.9% 时所需的时间为多少?

14. 用控制电位库仑法测定 Br^-。在 100.0 mL 酸性试液中进行电解,Br^- 在铂阳极上氧化为 Br_2,当电解电流降至接近于零时,测得消耗的电荷量为 105.5 C。计算试液中 Br^- 的浓度。

15. 某含砷样品 5.000 g,经处理溶解后,将试液中的砷用肼还原为三价砷,除去过量还原剂,加入碳酸氢钠缓冲液,置于电解池中,在 120 mA 恒定电流下,用电解产生的 I_2 进行库仑滴定 $HAsO_3^{2-}$,经 9 min 20 s 到达滴定终点。试计算样品中 As_2O_3 的质量分数。

16. 取 20.00 mL $2.5 \times 10^{-3}\ mol \cdot L^{-1}$ 的 Pb^{2+} 标准溶液在极谱仪上测量。假设电解过程中扩散电流(i_d)的大小不变。已知滴汞电极毛细管常数 $K = 1.10\ mg \cdot s$,溶液 Pb^{2+} 的扩散系数 $D = 1.60 \times 10^{-5}\ cm^2 \cdot s^{-1}$。电解 1 h 后,试计算被测离子 Pb^{2+} 浓度变化的分数。从计算结果说明极谱分析法的特点,并与库仑分析法作比较。

第 15 章　极谱法和伏安法

极谱法和伏安法是特殊形式的电解方法，是在小面积的工作电极上形成浓差极化，根据得到的电流-电压曲线进行分析。使用表面周期性或不断进行更新的液态电极(如滴汞电极等)作为工作电极的一类方法称为极谱法；而使用静止的或固体的电极(如悬汞电极、铂电极、石墨电极等)作为工作电极的一类方法称为伏安法。近年来，由于各类固态电极不断发展，传统的滴汞电极不仅受到了很大限制，而且在技术上滴汞电极表面积已变得可控或固定化(如静汞滴电极)，因此伏安法已成为最主要的分析方法。但值得指出的是，伏安法的发展与经典极谱法的基本理论密切相关。

伏安法不同于近乎零电流下的电位分析法，也不同于溶液组成发生很大改变的电解分析法。由于其工作电极表面积小，虽然有电流通过，但电流很小，因此溶液的组成基本不变。它的实际应用相当广泛，凡能在电极上还原或氧化的无机离子和有机化合物一般都可用伏安法测定；利用间接测定和电流滴定的方法，可测定一些在电极上不发生反应的物质。除测定痕量物质外，伏安法还是化学反应机理、电极过程动力学及平衡常数测定等基础理论研究的重要手段。

15.1　直流极谱法

极谱法通常是各类极谱分析方法的总称，包括早期的极谱法和后面发展起来的方波极谱法和脉冲极谱法等。早期的极谱法称为直流极谱法(direct current polarography)或经典极谱法，1922 年海洛夫斯基提出极谱分析法，其基本理论经历了较长时期的发展，是现代伏安分析法的基础。由于在发现和发展极谱法方面的成就和贡献,海洛夫斯基于 1959 年获得诺贝尔化学奖。

15.1.1　直流极谱的仪器装置

直流极谱采用两电极系统，即以滴汞电极(dropping mercury electrode，DME)为工作电极、甘汞电极为参比电极组成电解池。滴汞电极的构造如图 15-1 所示，其上部为储汞瓶，下端为内径约 0.05 mm 的毛细管，中间用硅橡胶管连接。汞滴从毛细管中以 3～5 s 的周期长大落下。实验过程中记录的电流-电位曲线称为极谱图 (polarogram) 或伏安图 (voltammogram)。极谱分析中，在电解池进行电解时，以面积较小的滴汞电极作阴极，为极化电极，以面积较大的甘汞电极作阳极，为去极化电极。极谱波的产生是由在极化电极(滴汞电极)上出现浓差极化引起的。

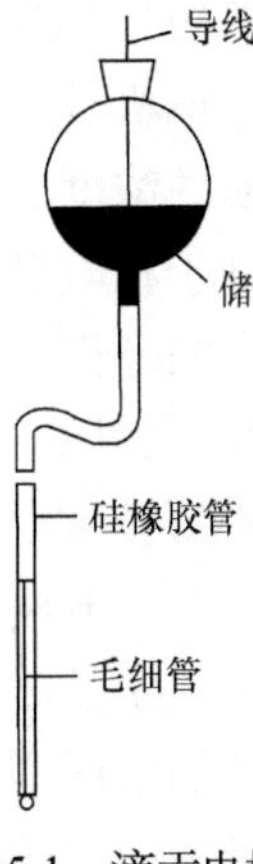

滴汞电极作为工作电极具有以下特点：①滴汞电极的汞滴不断生长和落下，每一周期汞滴都在更新，故分析结果重现性很好；②许多金属还原时能与汞生成汞齐，从而降低了它们的析出电位，

图 15-1　滴汞电极示意图

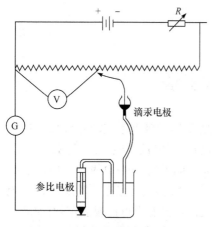

图 15-2　直流极谱的基本装置

使得氧化还原电位很负的金属离子也能用极谱分析；③氢在汞电极上有较高的过电位，在中性甚至酸性介质中进行测定时，不会产生氢离子还原的干扰[中性、酸性时滴汞电极电位可分别负至−1.5 V、−1.0 V(vs. SCE)]；④滴汞电极作为阳极时，汞自身被氧化，其电位一般不能正于+0.4 V(vs. SCE)；⑤汞遇热易挥发，危害人体健康，使用滴汞电极时应予注意。

直流极谱的基本装置如图 15-2 所示，主要由电子线路组成的极谱仪和电解池两部分组成。直流电源施加于滑线电阻两端，通过移动触点，在电解池的滴汞电极和甘汞电极两端产生连续变化的电压，其电压变化由伏特表显示，电解回路电流 i 由检流计测量，记录滴汞电极上电流随电位变化的曲线，即得到极谱分析用的极谱图。

在极谱分析中，外加电压 $U_外$ 与两个电极电位 $E_{工作}$ 和 $E_{参比}$ 有如下关系：

$$U_外 = E_{工作} - E_{参比} + iR \tag{15-1}$$

式中，R 为回路中的电阻；i 为回路中的电流。由于极谱分析中的电流很小(一般小于 100 μA)，因此 iR 项可以忽略，得到

$$U_外 = E_{工作} - E_{参比} \tag{15-2}$$

由于参比电极处于去极化状态，其电位稳定不变，可作为电位的参比标准，因此式(5-2)也可表示为

$$U_外 = -E(\text{vs. SCE}) \tag{15-3}$$

即滴汞电极电位在数值上与外加电压一致，符号相反。

15.1.2　极谱波的形成

直流极谱分析中，工作电极电位以缓慢的线性扫描速率(150 mV · min⁻¹ 左右)变化，在相对短的滴汞周期内，电位基本不变，称为直流。极谱波的产生是由极化电极(滴汞电极)上出现的浓差极化现象引起的，因此其电流-电位曲线也称为极化曲线，极谱的名称由此而来。

浓差极化的建立需具备以下条件：①作为极化电极的表面积小，电流密度大，则单位面积上发生电极反应的离子数量很多，电极表面被还原离子浓度越容易趋近于零；②溶液中被测定物质的浓度低，一般不大于 10^{-2} mol · L⁻¹，使其在电极表面浓度易趋近于零；③溶液不搅拌，有利于在电极表面附近建立扩散层。

极谱图是记录滴汞电极上电流大小随电极电位变化的曲线。以 Cd^{2+} 为例说明极谱曲线的形成过程。如图 15-3 所示，在连续电位扫描过程中记录电流信号，电流随着滴汞的生长和滴落出现振荡式的变化，其波形呈阶梯状。当电位从 0 V 开始逐渐增加，在未达到 Cd^{2+} 的分解电位以前，电极上没有 Cd^{2+} 被还原，理论上没有电流通过电解池，但此时仍有微小电流通过(图 15-3 ab 段)，这种电流称为残余电流(residual current)i_r。当电位增加到 Cd^{2+} 分解电位时，电流随外加电压增大而上升，Cd^{2+} 在滴汞电极上被还原，并生成镉汞齐，产生电解电流。此时，滴汞电极表面的 Cd^{2+} 浓度迅速减小，出现浓差极化现象，使得溶液中的 Cd^{2+} 不断地扩散至滴

汞电极表面又迅速被还原。对于可逆电极过程，电极反应的速率比 Cd^{2+} 的扩散速率快得多，因此随着电位的持续增大，滴汞电极表面扩散层的浓度梯度逐步加大。这种由于电活性物质不断扩散引起电极反应而产生的电流称为扩散电流，扩散电流正比于电极表面的浓度梯度，故扩散电流不断增大(图 15-3 *bcd* 段)。随着外加电压的继续增加，滴汞电极电位负到一定值，电极反应速率远大于 Cd^{2+} 的扩散速率，电极表面 Cd^{2+} 的浓度趋近于零，电流达到一个稳定值，不再随电压增加而升高，此电流值称为极限电流(limiting current)i_l。极限电流减去残

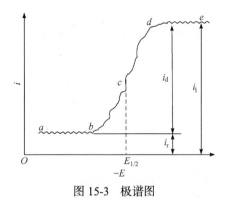

图 15-3　极谱图

余电流称为极限扩散电流，即 $i_d = i_l - i_r$，它与物质的浓度成正比，这是极谱定量分析的基础。电流处于极限扩散电流一半时对应的电极电位(图 15-3 *c* 点)称为半波电位，用 $E_{1/2}$ 表示。当溶液的组分和温度一定时，每种电活性物质的半波电位不随其浓度的变化而改变，这是极谱定性分析的依据。

15.1.3　极限扩散电流

扩散是指固体、液体或气体介质中的粒子在浓度梯度作用下，自高浓度向低浓度移动，直到均匀分布的现象。粒子的扩散速率与浓度差成正比，也与扩散物质和介质的性质有关。对于一个电化学反应，随着反应的进行，反应粒子不断地消耗，反应产物不断地生成，则在电极表面附近的液层中形成浓度梯度，导致粒子的扩散，这种扩散通常决定电化学反应速率和电流的大小。滴汞电极上的扩散电流，可以从基本的一维(线性)扩散过渡到面积不断变化的球面扩散。

对于一维(线性)扩散，根据菲克第一定律、菲克第二定律和法拉第定律，可以得到平面电极上发生 $O + ne^- \rightleftharpoons R$ 的电化学反应时，在 t 时间的瞬时线性扩散电流为

$$i = nFAD_o \frac{c_o^b - c_o^s}{\sqrt{\pi D_o t}} = nFAD_o \frac{c_o^b - c_o^s}{\delta} \tag{15-4}$$

式中，n 为电子转移数；F 为法拉第常量；A 为电极的面积；D_o 为反应物的扩散系数；c_o^b 为反应物的本体浓度，即初始浓度；c_o^s 为电极表面反应物的浓度；δ 为扩散层厚度，即

$$\delta = \sqrt{\pi D_o t}$$

若电极表面反应物 O 的浓度 c_o^s 趋近于零，即完全浓差极化，扩散电流将趋于最大值，此时得到极限扩散电流(i_d)，式(15-4)变为

$$i_d = nFAD_o^{1/2} \frac{c_o^b}{\sqrt{\pi t}} \tag{15-5}$$

式(15-5)称为科特雷尔(Cottrell)方程。可见，极限扩散电流与本体溶液中反应物的浓度成正比，且随时间的延长而衰减。

与平面电极相比，滴汞电极上的扩散电流还必须考虑汞滴的不断生长和球形的扩散情况。滴汞电极上的表面积随时间而变化，滴汞向溶液方向生长运动，使扩散层厚度变小，约为线

性扩散层厚度的 $\sqrt{\dfrac{3}{7}}$ 。根据式(15-5)可得到某一时刻的极限扩散电流

$$i = nFAD_o^{1/2} \frac{c_o^b}{\sqrt{\dfrac{3}{7}\pi t}} \tag{15-6}$$

式中，A 为滴汞的表面积。假设滴汞为圆球形，则可求得某一时刻滴汞的表面积为

$$A / cm^2 = 8.49 \times 10^{-3} m^{2/3} t^{2/3} \tag{15-7}$$

式中，m 为滴汞流量($mg \cdot s^{-1}$)；t 为时间(s)。将上述 A 值代入式(15-6)，得某一时刻的扩散电流为

$$i_d = 708nD^{1/2}m^{2/3}t^{1/6}c \tag{15-8}$$

可见，扩散电流与时间有关，当时间 t 达到最大 τ(滴汞从开始生长到滴下所需时间，称为滴下时间或滴汞生长周期)时，i_d 达最大值：

$$i_\tau = 708nD^{1/2}m^{2/3}\tau^{1/6}c \tag{15-9}$$

最大扩散电流是在每滴汞长到最大时获得的，但极谱分析实际记录的是滴汞生长过程的平均电流，如图 15-4 所示。对于周期为 t 时间的滴汞，其平均扩散电流为

$$i_d = \frac{1}{\tau}\int_0^\pi i_t dt = 607nD^{1/2}m^{2/3}\tau^{1/6}c \tag{15-10}$$

式(15-10)即为扩散电流方程，也称伊尔科维奇方程，是极谱定量分析的基本关系式。式中，m 与 τ 均为毛细管的特性，所以 $m^{2/3}\tau^{1/6}$ 称为毛细管常数，它们与汞柱高度有关。

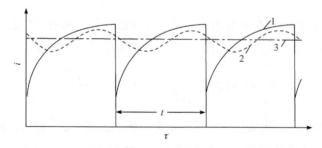

图 15-4　滴汞电极上扩散电流随时间的变化

1. 真实的电流-时间曲线；2. 记录仪得到的振荡曲线；3. 平均极限扩散电流

15.1.4　极谱定量分析

极谱图上的波高代表扩散电流，正确地测量波高可以减少分析误差。测量波高一般采用三切线法，如图 15-5 所示。在伏安图上作出 AB、CD 及 EF 三条切线，相交于 O 点和 P 点，通过 O 点和 P 点作平行于横轴的平行线，此两平行线间的垂直距离即为波高。

常用的极谱定量分析方法有校准曲线法和标准加入法。

(1) 校准曲线法。当分析同一类的批量样品时，常用此方法。其方法是配制一系列标准溶液，在相同实验条件下分别测量其波高，绘制波高-浓度关系曲线，该曲线通常是一条通过原点的直线。在相同条件下测量被测物溶液的波高，从曲线上获得其相应的浓度。

(2) 标准加入法。标准加入法分别测量加入标准溶液前后的波高(i_d)，即可求得被测物的浓度。加标准溶液前测得波高为 h，加标准溶液后测得波高为 H，则有

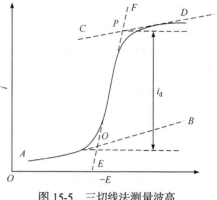

图 15-5　三切线法测量波高

$$h = kc_x$$

$$H = k\left(\frac{V_x c_x + V_s c_s}{V_x + V_s}\right)$$

求得被测物的浓度为

$$c_x = \frac{c_s V_s h}{H(V_x + V_s) - hV_x} \tag{15-11}$$

若试液的体积为 10 mL，加入标准溶液的量以 0.5～1.0 mL 为宜，并使加入后的波高增加 50%～100%。由于加入标准溶液前后试液的组成基本保持一致，通常可消除由底液不同引起的误差。标准加入法一般适用于单个样品的分析。

15.1.5　极谱干扰电流及其消除方法

极谱干扰电流是指极谱过程中产生的与被测物质浓度之间无定量关系的电流。干扰电流与扩散电流有本质的区别，其影响极谱定量分析，必须设法消除。常见的干扰电流有如下几种。

1. 残余电流

极谱分析过程中，外加电压还没有达到被测电活性物质的氧化还原电位或溶液中没有被测离子时，电极上仍会产生微小的电流，称为残余电流。它主要包括两个部分：①杂质的电解电流，由溶液中易在滴汞电极上还原的微量杂质引起的法拉第电流，可通过纯化试剂和溶剂降低或去除；②电容电流，也称充电电流，由电极/溶液界面上双电层的充电过程引起，是残余电流的主要组成部分。直流极谱无法有效地克服充电电流，一般依靠作图法加以扣除 (图 15-5)。

2. 迁移电流

被测离子除由于电极附近存在浓度梯度经由扩散作用而到达电极表面外，还由于电场力的作用，一部分离子迁移到电极表面上，这部分离子也同样在滴汞电极上还原而产生电流，称为迁移电流。迁移电流与被测离子的浓度之间无定量关系，一般通过加入大量能导电但在该电位条件下不发生电极反应的惰性电解质消除，加入量比被测物质浓度大 50～100 倍。

当在电解池中加入大量惰性电解质后，由于负极对所有正离子都有静电吸引力，因此作用于被测离子的静电吸引力大大减弱，从而使电场力引起的迁移电流趋于零，达到消除迁移电流的目的。

3. 极谱极大

在电流-电位曲线上出现的比扩散电流大得多的突发的电流峰称为极谱极大。它的产生是汞滴在生长过程中其表面各部分(如上部和下部)的电流密度分布不均匀，进而引起表面张力不

同。表面张力小的部分向表面张力大的部分运动，形成汞滴表面的切向运动，从而搅动溶液，发生溶液切向对流运动，将被测离子迅速地带向电极表面，立即还原形成极大电流。被测离子的迅速消耗使电极表面附近的浓度趋于零，达到完全浓差极化，电流又立即下降到极限扩散电流值。通常加入表面活性剂抑制极谱极大，由于表面活性剂在汞滴表面的吸附，汞滴表面各部分的表面张力均匀，从而消除了产生极大的切向运动。常用的表面活性剂有明胶、聚乙烯醇、曲拉通 X-100 及某些有机染料等。

4. 氧电流

室温和常压下，氧在水中的浓度为 $10 \sim 20 \ mg \cdot L^{-1}$。当进行电解时，溶解氧很容易在电极上被还原，产生两个极谱波，也称为氧波。

第一个波：　　　　$O_2 + 2H^+ + 2e^- \longrightarrow H_2O_2$ (酸性溶液)

$$O_2 + 2H_2O + 2e^- \longrightarrow H_2O_2 + 2OH^- \text{(中性或碱性溶液)}$$

第二个波：　　$H_2O_2 + 2H^+ + 2e^- \longrightarrow 2H_2O$ (酸性溶液)

$$H_2O_2 + 2e^- \longrightarrow 2OH^- \text{(中性或碱性溶液)}$$

其 $E_{1/2}$ 分别为 $-0.2 \ V$ 和 $-0.8 \ V$ 左右，通常与被测物质的极谱波重叠，产生干扰。一般可通入惰性气体，或者在中性或碱性溶液中加入 Na_2SO_3，在强酸中加入 Na_2CO_3 或 Fe 粉，从而消除氧电流的干扰。

5. 叠波、前波、氢波

当两种物质的极谱半波电位相差小于 0.2 V 时，由于仪器分辨率导致两个极谱波重叠，即叠波现象。消除的办法是加入适当的配位剂，改变它们的半波电位，使两波分开；或者用化学方法分离或改变其价态，排除干扰。

溶液中除被测物质外，还存在大量比被测物质更易还原的物质。由于该大量物质先在电极上还原，产生很大的扩散电流，掩盖后还原的被测物质的极谱波，称为前波的干扰。常用分离或用其他化学方法加以克服，如大量的前放电物质 Cu^{2+}、Fe^{3+}，可在强酸性介质中加入还原铁粉，使 Cu^{2+} 变成金属铜析出，将 Fe^{3+} 还原成半波电位很负的 Fe^{2+}，从而消除干扰。

在酸性溶液中，随着酸度的不同，H^+ 在滴汞电极上析出电位为 $-1.2 \sim 1.4 \ V$，其还原电流很大，影响半波电位较负的、位于氢还原之后的物质 Co^{2+}、Ni^{2+}、Zn^{2+}、Mn^{2+} 的极谱测定，这便是氢波的干扰。消除干扰的办法是改变还原体系，在氨性溶液中进行测定。

15.1.6 极谱波类型与极谱波方程

极谱波只是一个总称，根据形成极谱波的体系不同，通常有不同的类型。不同类型的极谱波又有各自特征的电流-电位曲线，通常将这类曲线称为极化曲线。极谱电流与电极电位之间的关系可用数学式表达，此表达式称为极谱波方程。

1. 极谱波类型

电极上进行的氧化还原反应是在电极/溶液界面上进行的非均相反应。它包含一系列连续步骤：①电活性物质由溶液向电极界面的传质过程；②电活性物质在界面双电层中发生吸附或化学转化的前转化过程；③电活性物质与电极间发生电子转移的电化学反应；④电化学反应产物在电极界面上发生化学转化或解吸的后转化过程；⑤反应产物在电极表面形成新相或向溶液中传递或向电极内部扩散等过程。其中，进行速率最慢的步骤起控制作用，决定整个电极过程的速率与极谱电流的性质。因此，极谱电流可以分为受扩散控制的扩散电流、受化学反应速率控制的动力电流和受吸附过程控制的吸附电流，其相应的极谱波分别为扩散波、动力波和吸附波。

按照电极反应的可逆性，极谱波可分为可逆波和不可逆波。极谱电流完全受扩散速率控制的可逆波有很好的波形，在任何电位下，电极表面能迅速达到平衡，符合能斯特方程。极谱电流不完全受扩散速率控制，而是受电极反应速率控制的不可逆波，极谱波形较差，要使电极反应进行需要增加额外电压，表现出明显的过电位，才能产生电流，因此不能简单地应用能斯特方程。电极过程可逆性区别不是绝对的。一般认为，电极反应速率常数 k_s 大于 2×10^{-2} cm·s^{-1} 时为可逆，小于 3×10^{-5} cm·s^{-1} 时为不可逆，介于两者之间为准可逆或部分可逆。

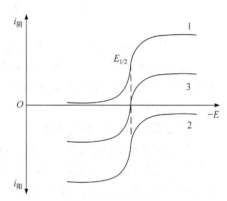

图 15-6　阴极波、阳极波和阴-阳极波

按照电极反应的氧化还原过程，极谱波可分为还原波(也称为阴极波)和氧化波(也称为阳极波)。极谱分析中，习惯上规定还原电流为正电流。对于可逆波，同一物质在相同的底液条件下，其还原波与氧化波的半波电位相同(图 15-6 中曲线 1 和曲线 2)。但对于不可逆波，由于还原过程的过电位为负值，氧化过程的过电位为正值，其还原波与氧化波的半波电位不同。

2. 极谱波方程

1) 简单金属离子的极谱波方程

金属水合离子发生下列可逆电极反应：

$$M^{n+} + ne^- + Hg \rightleftharpoons M(Hg) \tag{15-12}$$

其可逆极谱波方程为

$$E_{de} = E^{\ominus} - \frac{RT}{nF}\ln\frac{D_s^{1/2}}{D_h^{1/2}} - \frac{RT}{nF}\ln\frac{i}{i_d - i} \tag{15-13}$$

式中，D_s 为金属离子在溶液中的扩散系数；D_h 为金属在汞齐中的扩散系数。以滴汞电极电位 E_{de} 对 $\ln\dfrac{i}{i_d - i}$ 作图，根据所得直线的斜率可求得电极反应的电子转移数 n，并可用来判断极谱波的可逆性。$\ln\dfrac{i}{i_d - i} = 0$ 的电位为半波电位。

2) 配合物的极谱波方程

对于配合物在滴汞电极上的还原

$$MX_p^{(n-pb)+} + ne^- + Hg \rightleftharpoons M(Hg) + pX^{b-} \tag{15-14}$$

其极谱波方程为

$$E_{de} = E^{\ominus} + \frac{RT}{nF}\ln K_c - \frac{RT}{nF}\ln\frac{D_{MX_p}^{1/2}}{D_h^{1/2}} - p\frac{RT}{nF}\ln c_x - \frac{RT}{nF}\ln\frac{i}{i_d - i} \tag{15-15}$$

式中，$E^{\ominus}$ 为式(15-12)的标准电极电位；K_c 为配合物的不稳定常数；D_{MX_p} 为配离子在溶液中的扩散系数；c_x 为配体的浓度(其浓度远大于 M^{n+} 的浓度，可视为恒定值)；p 为配位数。

当 $i = i_d / 2$ 时，配合物还原的极谱波半波电位为

$$(E_{1/2})_c = E^{\ominus} + \frac{RT}{nF}\ln K_c - \frac{RT}{nF}\ln\frac{D_{MX_p}^{1/2}}{D_h^{1/2}} - p\frac{RT}{nF}\ln c_x \tag{15-16}$$

则

$$E_{de} = (E_{1/2})_c - \frac{RT}{nF}\ln\frac{i}{i_d - i} \tag{15-17}$$

在一定的实验条件下，从上述配合物极谱波方程可求得 p、n 或 K_c。

从式(15-16)可以看出，配离子的半波电位比简单金属离子的负；配离子越稳定(K_c 越小)，或配合物浓度越大，则半波电位越负。因此，在极谱分析中，常用配位的方法使半波电位发生移动，以消除干扰。

3) 偶联化学反应的极谱波

偶联化学反应的极谱波是指在电极反应过程中伴有化学反应发生，其电流大小不是由扩散控制，而是由电极表面液层中化学反应的速率所控制。习惯上称这类极谱波为动力波。根据化学反应的偶联特征，可以将其分为三种类型：

(1) 化学反应先行于电极反应：

$$A \xrightarrow{k} B \qquad\qquad C(化学反应)$$

$$B + ne^- \longrightarrow C \qquad\qquad E(电极反应)$$

(2) 化学反应后行于电极反应：

$$A + ne^- \longrightarrow B \qquad\qquad E(电极反应)$$

$$B \xrightarrow{k} C \qquad\qquad C(化学反应)$$

(3) 化学反应平行于电极反应：

$$A + ne^- \longrightarrow B \qquad\qquad E(电极反应)$$

$$B + C \xrightarrow{k} A \qquad\qquad C(化学反应)$$

上述三类反应分别称为 CE 过程、EC 过程和 EC'过程。第(3)种类型产生的极谱波通常称为催化波或平行催化波，它在电化学分析中有广泛的应用。对于这类催化波，可以认为物质 A(称为催化剂)在电极上的浓度没有发生变化，消耗的是物质 C。物质 C 能在电极上还原，但具有很高的过电位，当物质 A 还原时，它不能在电极上还原。同时，它具有相当强的氧化性，能迅速地氧化物质 B 而再生出物质 A，从而形成循环。常用的物质 C 有过氧化氢、硝酸盐、亚硝酸盐、高氯酸及其盐、氯酸盐和羟胺等。

正是这种 EC'的循环过程，使得电极上消耗的 A 及时得到补充，极谱波的极限电流增大，

故称催化波。其灵敏度很高，检出限一般达 $10^{-8} \sim 10^{-6}$ mol·L^{-1}，有时可达 10^{-10} mol·L^{-1}。催化电流的公式为

$$i_{ca} = 0.51 nFD^{1/2} m^{2/3} t^{2/3} k^{1/2} c_C^{1/2} c_A \tag{15-18}$$

式中，c_A 和 c_C 分别为被测物 A 和氧化剂 C 在溶液中的浓度；k 为化学反应速率常数。由式(15-18)可见，催化电流由偶联的化学反应速率常数控制。而且当 C 的浓度一定时，催化电流的大小与被测物 A 的浓度成正比，这是物质定量分析的依据。

15.2　其他极谱法

极谱和伏安技术发展的一个重要目标是提高极谱分析的灵敏度，使其能测量更低浓度的物质；其次是改善波形，提高测量物质间的分辨能力，以减少相互间的干扰。

提高灵敏度的主要途径有：一是改进和发展测量方法的仪器技术，增大信号与噪声的比值，即信噪比。可采用提高被测物质的电解电流值或降低电容电流值的方法，如单扫描极谱法、循环伏安法、交流极谱法、方波极谱法和脉冲极谱法等。二是提高溶液中被测物质的有效利用率，如催化极谱法、极谱络合吸附波法和溶出伏安法等。

15.2.1　单扫描极谱法

直流极谱法的电位扫描速率一般为 200 mV·min^{-1}，若将扫描速率加快至 250 mV·s^{-1}，则电极表面的被测离子迅速被还原，瞬间产生很大的极谱电流。由于被测离子在电极表面迅速减少，以至于电极周围的离子来不及扩散到电极表面，使扩散层加厚，导致极谱电流迅速下降，形成峰形。其峰电流与溶液浓度成正比，这就是单扫描极谱法(single sweep polarography)的定量分析基础。单扫描极谱法的特点是：①在汞滴的生长后期施加线性扫描电压；②用阴极射线示波器记录电流-电位曲线；③在一滴汞生长周期内完成一个极谱波的测定。

图 15-7 是单扫描极谱法原理图，(a)和(b)分别表示汞滴表面积和电极电位随时间变化的曲线。由图可见，滴汞生长周期与电极电位的变化是同步控制的，即汞滴生长周期为 7 s，前 5 s 为休止期，到后 2 s 才加上一个变化速率极快(250 mV·s^{-1})的线性扫描电位，这时汞滴表面积改变很慢，而扫描速率很快，因此可以认为极化过程中汞滴表面积是不变的。图 15-7(c)记录的是电流-电位曲线，即单扫描极谱图。

与线性扫描伏安图一样，单扫描极谱图也是一种峰状的电流-电位曲线。线性扫描伏安法的峰电流方程及峰电位与直流极谱半波电位的关系式都适用于单扫描极谱法。

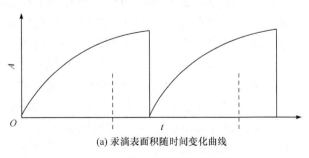

(a) 汞滴表面积随时间变化曲线

图 15-7　单扫描极谱法原理图

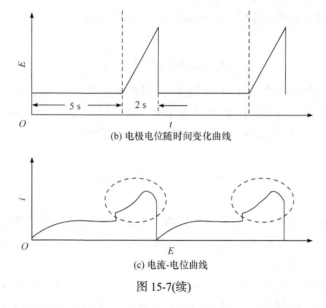

(b) 电极电位随时间变化曲线

(c) 电流-电位曲线

图 15-7(续)

单扫描极谱法是应用非常广泛的一类电分析方法，不仅仪器简单，而且具有许多优点，如分析速率快、灵敏度高、分辨率好等。但是，单扫描极谱法的极快电位扫描速率很难适用于电极反应完全不可逆的物质的测定，如溶液中氧的还原，从这点来说，氧的干扰可忽略。

15.2.2　交流极谱法

直流极谱法的特点之一是极谱池上的电压是恒定的(或变化极慢)，研究电流随电压变化的关系。将一个小振幅(几到几十毫伏)的低频正弦电压叠加到直流极谱的直流电压上，研究当电压或电流随时间而变化，极谱池上电压、电流和时间的关系，称为交流极谱法(alternating current polarography)。交流极谱法的峰电位等于直流极谱的半波电位 $E_{1/2}$，峰电流 i 与被测物质的浓度成正比。

交流极谱法的特点是：①交流极谱波呈峰形，灵敏度比直流极谱高，检测下限可达到 $10^{-7}\,\mathrm{mol \cdot L^{-1}}$；②分辨率高，可分辨峰电位相差 40 mV 的相邻两极谱波；③抗干扰能力强，前还原物质不干扰后还原物质的极谱波测量；④叠加的交流电压使双电层迅速充放电，充电电流较大，限制了最低可检测浓度进一步降低。

15.2.3　脉冲极谱法

脉冲极谱法(pulse polarography)是巴克等继 1952 年提出方波极谱法之后，为进一步提高灵敏度，于 1960 年提出的。它是在进一步研究消除电容电流方法、克服毛细管噪声影响、提高对不可逆体系测定灵敏度的基础上发展起来的一种极谱技术，比普通极谱法有更低的检测下限和更高的分辨率。该方法的关键是在汞滴即将滴落之前施加一个仅为 0.05 s 宽度的矩形脉冲电压，然后在脉冲电压后期记录脉冲电解电流。按照施加脉冲电压的方式及电解电流取样方式的不同，脉冲极谱法可分为常规脉冲极谱法和微分脉冲极谱法。

常规脉冲极谱法(normal pulse polarography，NPP)是在汞滴生长后期施加一个矩形的脉冲，脉冲持续 40～60 ms 后再跃回到起始电位 E_i 处，脉冲跃回与汞滴击落保持同步，其电位与时间的关系如图 15-8(a)所示。在脉冲结束前某一固定时刻，用电子积分电路采集电流，随后汞被强制敲落。下一滴汞产生，加入另一个振幅稍高的脉冲，再采集电流。这样周而复始地循环采样，就得到如图 15-8(b)所示的常规脉冲极谱图。

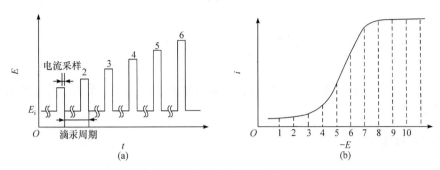

图 15-8　常规脉冲极谱

对于可逆极谱波，常规脉冲极谱的极限电流方程为

$$i_1 = nFAD^{1/2}(\pi t_m)^{-1/2}c \tag{15-19}$$

式中，t_m 为每个周期内从开始施加脉冲到进行电流采样所经历的时间。

微分脉冲极谱法(differential pulse polarography)也称示差脉冲极谱法，它与常规脉冲极谱有些类似，但微分脉冲极谱施加的脉冲和电流取样的方式不同。微分脉冲极谱法是在一个线性变化的电位上，在每滴汞下落之前施加一个脉冲振幅相同的矩形脉冲电压，脉冲宽度为 40～80 ms，脉冲振幅保持在 10～100 mV。在脉冲施加前 20 ms 和脉冲终止前 20 ms 内测量电流，以每滴汞上两次采样电流差Δi 对电位作图，即得到微分脉冲极谱图，如图 15-9 所示。由图可见，微分脉冲极谱图不同于常规脉冲极谱图，它在极谱波 $E_{1/2}$ 处电流最大，呈现对称的峰形。对于可逆极谱波，微分脉冲极谱峰电流可表示为

$$\Delta i_p = \frac{n^2F^2}{4RT}A\Delta UD^{1/2}(\pi t_m)^{-1/2}c \tag{15-20}$$

式中，ΔU 为脉冲振幅；其他各项意义同前。其峰电位与直流极谱的半波电位的关系为

$$E_p = E_{1/2} \pm \Delta U/2 \tag{15-21}$$

式(15-21)中，还原过程 ΔU 取负值，氧化过程 ΔU 取正值。

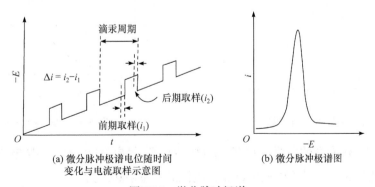

(a) 微分脉冲极谱电位随时间变化与电流取样示意图　　(b) 微分脉冲极谱图

图 15-9　微分脉冲极谱

脉冲极谱法对电极反应可逆物质的检出限可达到 10^{-8} mol·L^{-1}，结合溶出伏安技术，检出限可达 10^{-11}～10^{-10} mol·L^{-1}。两种电活性物质峰电位相差 25～30 mV 即可分辨。即使前放电

物质比被测物质浓度大 50 000 倍也不干扰测定。它对不可逆波也很灵敏，检出限可达 $10^{-7}\sim$ 10^{-6} mol · L^{-1}。

15.3　伏　安　法

　　伏安法是一种根据指示电极电位与通过电解池的电流之间的关系进行分析的方法。下面介绍几种常用的伏安法。

15.3.1　线性扫描伏安法

　　线性扫描伏安法(linear sweep voltammetry，LSV)也称线性电位扫描计时电流法，其工作电极上的电位随扫描速率线性增加(图 15-10)，测量不同电位时相应的极化电流，根据记录的电流-电位曲线进行分析。直流极谱施加的也是线性扫描电位，但速率很慢，线性扫描伏安法电位变化速率很快，而且使用的是固体电极或表面积不变的悬汞滴电极。电极电位与扫描速率和时间的关系表示为

$$E = E_{i} - vt \tag{15-22}$$

式中，v 为电位扫描速率(V · s^{-1})；E_{i} 为起始扫描的电位(V)；t 为扫描时间(s)。

　　线性扫描伏安图是一种峰形的曲线，如图 15-11 所示。当电位较正时，不足以使被测物质在电极上还原，电流没有变化，即电极表面和本体溶液中物质的浓度是相同的，无浓差极化。当电位变负，达到被测物质的还原电位时，物质在电极上很快地还原，电极表面物质的浓度迅速下降，电流急速上升。若电位变负的速率很快，可还原物质急剧地还原，其在电极表面附近的浓度迅速地降低并趋近于零，此时电流达最大值。电位继续变负，溶液中的可还原物质从更远处向电极表面扩散，扩散层因此变厚，电流随时间的变化按式(15-5)的规律缓慢衰减，形成一种峰形的电流-电位曲线。

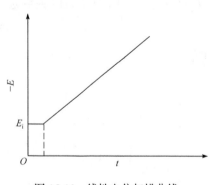

图 15-10　线性电位扫描曲线

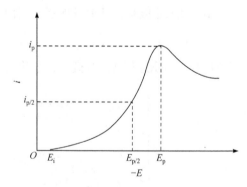

图 15-11　线性扫描伏安图

　　描述线性扫描伏安图的主要参数有 i_{p} (峰电流)、E_{p} (峰电位)和 $E_{p/2}$ (半峰电位，即电流为 $i_{p/2}$ 处的电位)，见图 15-11。对于可逆极谱波，电流的定量表达式为

$$i_{p} = 2.69 \times 10^{5} n^{3/2} D^{1/2} v^{1/2} Ac \tag{15-23}$$

式中，i_p 为峰电流(A)；n 为电子转移数；D 为扩散系数($cm^2 \cdot s^{-1}$)；v 为电位扫描速率($V \cdot s^{-1}$)；A 为电极表面积(cm^2)；c 为被测物质的浓度($mol \cdot L^{-1}$)。式(15-23)又称为兰德尔斯-寒夫契克(Randles-Sevci)方程。可见，峰电流与被测物质的浓度成正比且与扫描速率等因素有关。

由能斯特方程可以导出 E_p 和 $E_{p/2}$ 与直流极谱的半波电位 $E_{1/2}$ 的关系

$$E_p - E_{1/2} = E_{1/2} - E_{p/2} = -1.109 \frac{RT}{nF} \tag{15-24}$$

在 25℃时，峰电位 E_p 与半波电位 $E_{1/2}$ 相差约 28.5 mV/n。

对于受扩散控制的可逆极谱波，其线性扫描伏安图一般具有下列特征：i_p 与 $v^{1/2}$ 成正比；E_p 与 v 无关；由 $E_p - E_{1/2}$ 的实验值可求得 n 值。如果在 25℃时 $E_p - E_{1/2}$ 大于 57 mV/n，则可能是准可逆或不可逆波电极反应。

15.3.2　循环伏安法

循环伏安法(cyclic voltammetry)与单扫描极谱法相似，都以快速线性扫描方式施加电压，其不同处在于单扫描极谱法施加的是锯齿波，而循环伏安法施加等腰三角形脉冲电压于电解池两电极，如图 15-12 所示，电位扫描曲线从起始电位 E_i 开始，线性扫描到终止电位 E_r 后，再回过头来扫描到起始电位，在一次三角波电位扫描过程中完成一个还原和氧化过程的循环。

对于可逆的电化学反应，当电位从正向负线性扫描时，溶液中的氧化态物质 O 在电极上还原生成还原态物质 R：

$$O + ne^- \longrightarrow R$$

当电位逆向扫描时，R 则在电极上氧化为 O：

$$R \longrightarrow O + ne^-$$

其电流-电位曲线如图 15-13 所示，上半部为物质氧化态还原产生的电流-电位曲线，其电流和电位分别称为阴极峰电流($i_{p,c}$)和阴极峰电位($E_{p,c}$)；下半部为还原的产物在电位回扫过程中重新被氧化产生的电流-电位曲线，其电流和电位分别称为阳极峰电流($i_{p,a}$)和阳极峰电位($E_{p,a}$)。

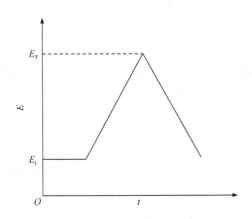

图 15-12　三角波电位扫描曲线

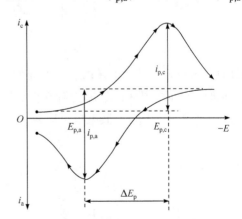

图 15-13　循环伏安法电流-电位曲线

循环伏安法可用于电极过程的可逆性判断，对于电极反应速率很快、符合能斯特方程的反应，即通常所说的可逆过程，其循环伏安图的峰电流和峰电位值具有如下特征：

$$i_{p,a}/i_{p,c} \approx 1 \tag{15-25}$$

$$\Delta E_p = E_{p,a} - E_{p,c} = 2.2\frac{RT}{nF} = 56.5 \text{ mV}/n \tag{15-26}$$

一般来说，ΔE_p 值与实验条件有关，其值为 55 mV/n ~ 65 mV/n 时，可以判断为可逆。对于电极反应速率很慢、不符合能斯特方程的反应，即不可逆过程，反扫时不出现阳极峰，且电位扫描速率增加时，$E_{p,c}$ 明显变负。

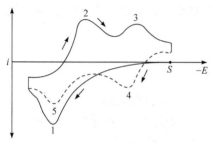

图 15-14　对氨基苯酚的循环伏安图

循环伏安法也可用于电极反应机理的判断。图 15-14 为对氨基苯酚的循环伏安图。扫描先从图上的 S 点电位出发，电位向正方向进行扫描，得到阳极峰 1；然后反向(负电位方向)扫描，得到两个阴极峰 2 和 3；再一次阳极化扫描时，先后得到两个阳极峰 4 和 5(图中的虚线)，且峰 5 与峰 1 的峰电位相同。

根据对氨基苯酚的循环伏安图，可以得到下列信息。在第一次阳极化扫描时，峰 1 是对氨基苯酚的氧化峰。电极反应为

$$\tag{15-27}$$

得到的电极反应产物对亚氨基苯醌在电极表面发生如下化学反应：

$$\tag{15-28}$$

部分对亚氨基苯醌转化为苯醌，而对亚氨基苯醌和苯醌均可在电极上还原，因此在进行阴极化扫描时，对亚氨基苯醌还原为对氨基苯酚，形成还原峰 2；而苯醌则在较负的电位还原为对苯二酚，产生还原峰 3，其电极反应为

$$\tag{15-29}$$

当再一次阳极化扫描时，对苯二酚又氧化为苯醌，形成峰 4。峰 5 与峰 1 相同，仍为对氨基苯

酚的氧化峰，但由于反应(15-27)和反应(15-28)的进行，对氨基苯酚的浓度逐渐减小，故峰 5 低于峰 1。由此可以得出，峰 1、峰 5、峰 2 对应电极反应(15-27)，而峰 3、峰 4 对应电极反应(15-29)。

可见，利用循环伏安法可以获得电极表面物质和电极反应的有关信息，可以对有机化合物、金属化合物及生物物质等的氧化还原机理做出准确的判断。

15.3.3　溶出伏安法

溶出伏安法(stripping voltammetry)是先将被测物质以某种方式富集在电极表面，富集时通常搅拌溶液以加快传质，然后借助线性电位扫描或脉冲技术将电极表面富集物质溶出(解脱)，根据溶出过程得到的电流-电位曲线进行分析的方法。富集过程往往通过电解实现，电解富集时工作电极作为阴极，溶出时作为阳极，称为阳极溶出伏安法(anodic stripping voltammetry)；反之，工作电极作为阳极进行电解富集，而作为阴极进行溶出，则称为阴极溶出伏安法(cathodic stripping voltammetry)。如果富集过程不是通过电解实现，而是通过被测物质的某种表面吸附作用完成的，即富集过程并不涉及被测物质的电化学反应，则称为吸附溶出伏安法(adsorptive stripping voltammetry)。溶出伏安法具有很高的灵敏度，对某些金属离子及有机化合物的测定，检出限甚至达 $10^{-15} \sim 10^{-12}$ mol · L^{-1}，是当前应用最为广泛的一种电化学分析方法。

1. 阳极溶出伏安法

阳极溶出伏安法的电流-电位曲线包括电解富集和溶出两个过程(图 15-15)。富集时工作电极的电位选择在被测物质的极限电流区域(图 15-15 中虚线处)，金属离子在汞电极表面还原形成金属汞齐，因电极表面积很小，经较长时间富集后电极表面汞齐中金属的浓度相当大(浓缩作用)。溶出时以快速的阳极电位扫描方式，汞齐中的金属迅速被氧化，从而产生尖峰状的溶出电流曲线。图 15-16 为 Cu^{2+}、Pb^{2+}、Cd^{2+} 在 HCl 介质中的阳极溶出伏安曲线。对于线性扫描溶出过程，溶出峰电流与被测物质浓度的关系可简单地表示为

$$i_p = -Kc_0 \qquad (15\text{-}30)$$

这就是溶出伏安法的定量分析基础。

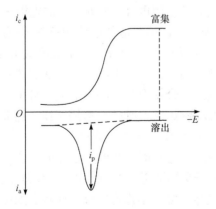

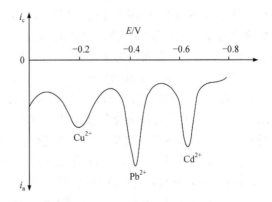

图 15-15　阳极溶出伏安法的富集和溶出过程　　　　图 15-16　金属离子的阳极溶出伏安曲线

2. 阴极溶出伏安法

溶出伏安法除用于测定金属离子外，还可以测定一些阴离子如氯、溴、碘、硫等，这称为阴极溶出伏安法。阴极溶出伏安法虽然也包含电解富集和溶出两个过程，但其原理恰恰相反，即富集过程是被测物质的氧化沉积，溶出过程是沉积物的还原。阴极溶出伏安法的富集过程通常有两种情况。

(1) 被测阴离子与阳离子(电极材料被氧化的产物)生成难溶化合物而富集，如阴离子(X^-)在汞或银电极上的阳极溶出伏安法：

富集：
$$Hg \longrightarrow Hg^{2+} + 2e^-$$

$$Hg^{2+} + 2X^- \longrightarrow HgX_2 \downarrow$$

溶出：
$$HgX_2 \downarrow + 2e^- \longrightarrow Hg + 2X^-$$

(2) 被测离子在电极上氧化后与溶液中某种试剂在电极表面生成难溶化合物而富集，如Tl^+在 pH 8.5 的介质中和石墨碳电极上的阴极溶出伏安法：

富集：
$$Tl^+ \longrightarrow Tl^{3+} + 2e^-$$

$$Tl^{3+} + 3OH^- \longrightarrow Tl(OH)_3 \downarrow$$

溶出：
$$Tl(OH)_3 \downarrow + 2e^- \longrightarrow Tl^+ + 3OH^-$$

许多生物物质或药物(如嘧啶类衍生物等)能够与Hg^{2+}生成难溶化合物，因此能用阴极溶出伏安法测定，而且具有很高的灵敏度。

3. 吸附溶出伏安法

吸附溶出伏安法类似于上述阳极或阴极溶出伏安法，不同的是其富集过程是通过非电解过程即吸附来完成的，而且被测物质可以是开路富集，也可以是控制工作电极电位富集，被测物质的价态不发生变化。但溶出过程与上述溶出伏安法一样，即借助电位扫描使电极表面富集的物质氧化或还原溶出，根据其溶出峰电流-电位曲线进行定量分析。某些生物分子、药物分子或有机化合物(如血红素、多巴胺、尿酸和可卡因等)在汞电极上具有强烈的吸附性，它们从溶液相向电极表面吸附传递并不断地富集在电极上。因电极面积很小，故电极表面被测物质浓度远远大于本体溶液中的浓度。在溶出过程中，使用快速的电位扫描速率(通常大于 $100 \, mV \cdot s^{-1}$)，富集的物质迅速氧化或还原溶出，故能获得大的溶出电流而提高灵敏度。

对于析出电位很正或很负的一些金属离子，如镁、钙、铝和稀土离子等，伏安法一般难以直接测定，但是它们能与某些配体形成吸附性很强的配合物而在汞电极上吸附富集。在溶出过程中，通过配体的还原间接地测定这些离子，如以铬黑 T 为配体，可用于镁、钙离子的吸附溶出伏安法测定。这类方法灵敏度很高，检出限可达 $10^{-9} \sim 10^{-7} \, mol \cdot L^{-1}$。

值得指出的是，在非电解富集过程中可以通过吸附，也可借助其他方法完成。常见的是利用被测物质与电极表面之间的各种反应(如共价、离子交换等)进行富集。不过，常规电极(如汞、金、碳电极等)受到限制，这时需要使用一些新技术，如化学修饰电极，使具有配位、离子交换性质的化合物连接到常规电极表面。

15.4　强制对流技术

电化学理论和实践证实，常规工作电极上的电流分布是不均匀的，这会引起电极表面反应产物的不均匀分布。同时，水溶液中的传质速率较小，又会影响电解的速率。因此，在伏安分析中往往采用强制对流技术，搅拌溶液是常见的一种方式，而使用旋转电极是一种极为理想的搅拌方式。

15.4.1　旋转圆盘电极

对于常用的圆盘电极，如果用一个电动机带动其旋转，就得到了旋转圆盘电极，如图 15-17 所示。实际使用的电极面积是电极中间部分的圆盘，其周围是绝缘体，电极围绕垂直于盘面的轴转动。因为电极是在强制对流下工作的，所以传质的速率更快，得到的扩散电流也就更大，从而提高了测量的灵敏度。

当电极旋转时，强制电极附近的溶液产生流动，液体流动可分解为三个方向，如图 15-18 所示。由于离心力的作用，液体在径向(r 方向)以一定流速向外流动；电极带动液体以切向(φ 方向)流速甩向圆盘边缘；因圆盘电极中心区的液体压力降低，离电极远处的液体在轴向(y 方向)以一定流速向中心区流动。若以 ω 表示电极旋转的角速率，它由上述三个方向的流速决定。

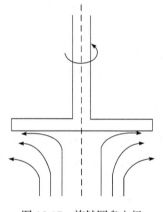

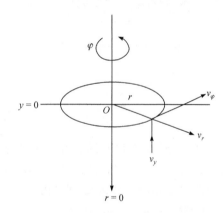

图 15-17　旋转圆盘电极　　　　　　　图 15-18　旋转圆盘电极圆柱坐标系统

假如旋转圆盘电极上发生电极反应 $O + ne^- \longrightarrow R$，当 ω 一定时，电位阶跃至极限电流区域，这时得到完全浓差极化时的极限扩散电流为

$$i = 0.62nFAD_o^{2/3}\omega^{1/2}\nu^{-1/6}c_o \tag{15-31}$$

式中，ν 为动力黏度；其他符号的意义与以前讨论的相同。无论电极反应的可逆性如何，对简单的电极过程，式(15-31)都适用。

15.4.2　旋转环-圆盘电极

旋转环-圆盘电极的构造如图 15-19 所示，即在圆盘电极的外围还有一个同心的环电极，两电极之间用绝缘材料隔开，构成环-圆盘电极。

旋转环-圆盘电极常用来研究某些电化学反应的机理。氧的电化学还原是比较复杂的，它可以经历不同的反应途径，为此人们通常用旋转环-圆盘电极进行研究。氧在旋转环-圆盘电极上的电流-电位曲线如图 15-20 所示。实验时，在圆盘电极上施加能使 O_2 还原的电位，同时在环电极上施加某一恒定的正电位使 H_2O_2 氧化为 O_2。若在 O_2 还原的过程中生成了 H_2O_2(图 15-20 中上曲线 *ab* 段)，则电极旋转时圆盘电极上的中间产物 H_2O_2 被带到环电极上并氧化为 O_2(图 15-20 中下曲线 *cd* 段)。当圆盘电极上中间产物 H_2O_2 全部还原后(图 15-20 中上曲线 *ef* 段)，再无 H_2O_2 在环电极上反应，此时环电流下降至零。由此可见，根据环电极和圆盘电极上的电流关系，不仅可检测中间产物 H_2O_2 是否存在，还可以了解其电化学反应机理，测定相应的动力学参数。

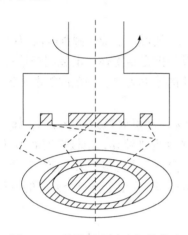

图 15-19　旋转环-圆盘电极的构造

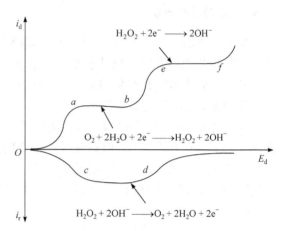

图 15-20　氧在旋转环-圆盘电极上的电流-电位曲线

上曲线：圆盘电极上的电流-电位曲线；下曲线：环电极上的电流-圆盘电极电位曲线

思考题和习题

1. 在极谱分析中所用的电极，为什么一个电极的面积应该很小，而参比电极应具有大面积？

2. 极谱分析中，当达到极限扩散电流区域后，继续增加外加电压，是否还引起滴汞电极电位的改变及参与电极反应的物质在电极表面浓度的变化？

3. 什么是迁移电流？如何消除？

4. 溶出伏安法有哪几种？为什么它的灵敏度高？

5. 在直流极谱中，当达到极限扩散电流区域后，继续增加外加电压，是否还引起滴汞电极电流的改变及参与电解反应的物质在电极表面浓度的变化？

6. 在一底液中测得 1.25×10^{-3} mol · L^{-1} Zn^{2+} 的扩散电流为 7.12 μA，毛细管特性 $t = 3.47$ s，$m = 1.42$ mg · s^{-1}。试计算 Zn^{2+} 在该试液中的扩散系数。

7. 用极谱法测定未知铅溶液的浓度。取 25.00 mL 未知试液，测得扩散电流为 1.86 μA。然后在同样的实验条件下，加入 2.12×10^{-3} mol · L^{-1} 铅标准溶液 5.00 mL，测得其混合液的扩散电流为 5.27 μA。试计算未知铅溶液的浓度。

8. 25℃时氧在水溶液中的扩散系数为 2.65×10^{-5} cm² · s^{-1}，使用一个 $m^{2/3} t^{1/6} = 1.85$ mg²ᐟ³ · $s^{-1/2}$ 的直流极谱仪测定天然水样，第一个氧波的扩散电流为 2.3 μA，试计算水中溶解氧的浓度。

9. 在 KNO_3 介质中，于 −0.65 V 测得下列溶液的极限扩散电流，计算样品中 Pb^{2+} 的质量浓度，以 mg · L^{-1} 表示。

溶液	电流/mA
25.0 mL 0.040 mol·L^{-1} KNO$_3$ 稀释至 50.0 mL	12.4
25.0 mL 0.040 mol·L^{-1} KNO$_3$ 加 10.0 mL 试液，稀释至 50.0 mL	58.9
25.0 mL 0.040 mol·L^{-1} KNO$_3$ 加 10.0 mL 试液，加 5.0 mL 1.7×10^{-3} mol·L^{-1} Pb^{2+}，稀释至 50.0 mL	81.5

10. 溶解 0.2 g 含镉样品，测得其极谱波的波高为 41.7 mm，在同样实验条件下测得含镉 150 mg、250 mg、350 mg 及 500 mg 的标准溶液的波高分别为 19.3 mm、32.1 mm、45.0 mm 及 64.3 mm。计算样品中镉的质量分数。

11. 用电流极谱法测定某样品中 Pb 的含量。将 1.00 g 样品溶解后加入 5 mL 1 mol·L^{-1} KNO$_3$ 溶液、少量 Na$_2$SO$_3$ 和 0.5% 的动物胶，定容为 50.00 mL。移取 10.00 mL 该试液在 -0.2～-1.0 V 记录极谱波。测得残余电流为 2.4 μA，极限电流为 11.6 μA。然后加入 0.50 mL 1.00 mg·mL^{-1} Pb^{2+} 标准溶液，在同样条件下测得极限电流为 25.2 μA。试计算样品中 Pb 的质量分数，并说明加入 KNO$_3$、Na$_2$SO$_3$ 和动物胶的作用。

12. 在 0.1 mol·mL^{-1} 氢氧化钠溶液中，用阴极溶出伏安法测定 S^{2-}，以悬汞电极为工作电极，在 -0.4 V 时电解富集，然后溶出：

(1) 分别写出富集和溶出时的电极反应式。

(2) 画出溶出伏安图。

13. 在 0.1 mol·L^{-1} 硝酸介质中，1×10^{-4} mol·L^{-1} Cd^{2+} 与不同浓度的 X$^-$ 形成的可逆极谱波的半波电位值如下：

X$^-$ 浓度/(mol·L^{-1})	-0.00	1.00×10^{-3}	3.00×10^{-3}	1.00×10^{-2}	3.00×10^{-2}
E(vs. SCE)/V	-0.586	-0.719	-0.743	-0.778	-0.805

电极反应是二价镉还原为镉汞齐，试求该配合物的化学式及稳定常数。

14. 在 1 mol·L^{-1} NaOH 介质中，4.00×10^{-3} mol·L^{-1} TeO$_3^{2-}$ 在滴汞电极上还原产生一个可逆极谱波。汞在毛细管中的流速为 1.50 mg·s^{-1}，汞滴落下的时间为 3.15 s，测得其平均极限扩散电流为 61.9 μA。若 TeO$_3^{2-}$ 的扩散系数为 7.5×10^{-6} cm^2·s^{-1}，求电极反应的电子转移数，在此条件下，碲被还原为哪种状态？

15. 阳极溶出伏安法测定海水中铜离子浓度，分析 50.0 mL 样品测得峰电流为 0.886 μA。加入 10.0 mol·L^{-1} Cu^{2+} 标准溶液 5.00 μL 后，峰电流增加到 2.52 μA。计算海水样品中铜离子的浓度。

16. In^{3+} 在 0.1 mol·L^{-1} 高氯酸钠溶液中还原为 In(Hg) 的可逆波半波电位为 -0.500 V。当有 0.1 mol·L^{-1} 乙二胺(en)同时存在时，形成的配离子 [In(en)$_3$]$^{3+}$ 的半波电位向负方向位移 0.059 V(设与配离子的 D 相近)，计算此配合物的配位比及稳定常数。

第 16 章 电分析化学新方法

16.1 化学修饰电极

对于电化学反应，往往需要考虑电活性分子从溶液到电极表面的扩散传质过程。若将电活性分子事先连接到电极表面，就可以调控分子结构并加快电化学反应过程。化学修饰电极是电分析化学的一种新方法，主要是通过某种技术或方法将分子、纳米材料或聚合物等修饰到电极表面。

16.1.1 基底电极的预处理

1. 研磨和抛光

对于商品化的固体工作电极，无论是长时间放置的还是使用后的，电极表面都很容易被污染，再次使用前需要进行机械研磨、抛光等预处理。

电极的抛光材料有金刚砂、CeO_2、ZrO_2、MgO 和 Al_2O_3 粉及其抛光液。其中，最常用的是 Al_2O_3 粉末，如新购买的金电极或玻碳电极依次用 $1.0~\mu m$、$0.3~\mu m$ 和 $0.05~\mu m$ 粒度的 Al_2O_3 粉末在抛光布上进行研磨，用超纯水冲洗后，将电极依次置于乙醇、超纯水中超声清洗 $2 \sim 3~min$，就得到一个平滑光洁的、新鲜的电极表面。

2. 化学法和电化学法处理

固体电极经过机械研磨、抛光处理后，如何衡量电极表面被清洁的程度和如何计算电极的活性表面积，需要根据电极材料的不同选择合适的测量方法。对于碳电极，观测电极在 $K_3Fe(CN)_6$ 中性电解质水溶液中的伏安曲线是典型的方法。例如，将玻碳电极置于 $1~mmol \cdot L^{-1}~K_3Fe(CN)_6$ 磷酸盐缓冲溶液中进行循环伏安扫描，直至出现可逆的阴极峰和阳极峰。对于铂电极，往往需要结合化学法和电化学法，先将铂电极进行阳极化，然后浸入新配制的冷王水中除去氧化层，用超纯水冲洗干净后进行阴极极化，最后电位保持在 $0~V$ 处，除去吸附的氢。

16.1.2 电极类型及制备方法

根据修饰技术或方法的不同，化学修饰电极可以分为以下几种主要类型。

1. 共价键合型

共价键合法是最早用于电极表面进行人工修饰的方法。将固体电极清洁处理后，表面往往会带上可供键合的基团，如羟基、羧基等含氧基团及氨基、卤基等，可以利用这些基团与化学修饰剂之间的共价键合反应，实现电极表面的修饰。例如，卤化硅烷化修饰电极的制备，先将铂或金电极表面进行氧化还原处理带上羟基，然后与加入的卤化硅烷试剂通过硅氧键发生反应，在电极表面修饰上 R 基团，如图 16-1 所示。

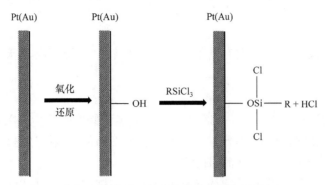

图 16-1　卤化硅烷化修饰电极制备过程

2. 吸附型

吸附法可制备单分子层或多分子层化学修饰电极，其主要实现方法有：

(1) 静电吸附：带电荷的离子型修饰剂与带相反电荷的电极表面发生静电吸引聚集，可以实现多分子层修饰。

(2) 化学吸附：利用修饰剂分子上的 π 电子与电极表面之间存在的强的、有效的相互作用，如含苯环的分子在热解石墨电极上的强烈吸附。

(3) LB(Langmuir-Blodgett)膜法：将具有脂肪疏水基团和亲水基团的双亲分子溶于挥发性的有机溶剂中，铺展在气-水界面上，等溶剂挥发后沿水面施加一定表面压，使溶质分子在水面上形成紧密排列的单分子层膜，然后将膜转移到电极表面，得到 LB 修饰电极。

(4) 分子自组装：与 LB 膜的制备不同，分子通过化学键相互作用在电极表面自然地形成高度有序的单分子层膜。该方法比 LB 膜法更加简单易行，且膜的稳定性好。

3. 聚合物型

聚合物薄膜的制备对基底电极的表面状态要求不苛刻，修饰的聚合物可以是导电的也可以是非导电的。制备的方法主要有：

(1) 滴涂、旋涂及溶剂挥发法：将聚合物溶于低沸点溶剂中，滴加到基底电极表面，在静置或电极旋转过程中让溶剂挥发后制得修饰膜。

(2) 电化学聚合：有机物的电化学反应过程中，往往有活泼的自由基离子中间体生成，该中间体可以作为聚合反应的引发剂。能用电化学反应引发聚合的单体有含氨基、羟基和乙烯基的芳香族化合物、稠环化合物、杂环和冠醚等。电化学聚合法还可以制备导电聚合物薄膜电极，如聚吡咯、聚噻吩、聚苯胺修饰电极等。

(3) 电化学沉积法：基于聚合物在氧化或还原状态下溶解度的不同，当聚合物被氧化或还原到其难溶状态时，在电极表面沉积为膜。例如，在铂电极表面，聚乙烯二茂铁被氧化成难溶状态而沉积成膜。

4. 复合型

复合法是将化学修饰剂与电极材料混合后制备修饰电极的一种方法，典型的是化学修饰碳糊电极。化学修饰碳糊电极是将化学修饰剂、碳粉和液状石蜡调和制备的。

16.1.3　表征方法

化学修饰电极的表征方法主要有电化学方法、光谱法、石英晶体微天平、显微学等。

1. 电化学方法

电化学方法表征化学修饰电极是通过研究电极表面修饰剂发生相关的电化学反应的电流、电量、电位和电解时间等参数定性、定量地表征修饰剂的电极过程和性能。表征方法主要有循环伏安法、计时电流法、交流阻抗法等。

循环伏安法和计时电流法都是对体系施加一个大的扰动信号，使电极反应处于远离平衡的状态来研究电极过程。交流阻抗法是用小幅度交流信号扰动电解池，观察体系在稳态时对扰动跟随的情况，已成为研究电极过程动力学和电极界面现象的重要手段。

2. 光谱法

光谱法是将各种光谱技术与电化学相结合，在同一个电解池内进行测量的方法。这种电化学微扰与分子的特征光谱检测结合成功地解决了与电流响应相对应的分子结构信息有限的问题，可以在电极反应过程中获得更多有用的信息，为研究电极过程机理、电极表面特性、监测反应中间体及测定电化学参数提供了十分有力的研究手段。

3. 石英晶体微天平

石英晶体微天平(quartz crystal microbalance，QCM)是一种具有 10^{-9} g 数量级测量质量变化能力的特别灵敏的检测器。把电化学小室中与溶液接触的 QCM 电极作为工作电极，由于沉积-溶解、吸附-脱附等质量转移过程都发生在电极上，因此可进行测定。这种技术已经成功地用于电极表面的研究，测量固体电极表面层中电量和电流随电位变化的关系，从而认识电化学的界面过程、膜内物质传输、膜生长动力学和膜内的化学反应等。

4. 显微学

显微技术主要用于表征化学修饰电极的表面形貌，可以从原子水平研究化学修饰电极。自从 1933 年德国的鲁斯卡(Ruska)和诺尔(Knoll)等研制了第一台电子显微镜后，几十年来显微学发展极为迅速，先后出现了透射电子显微镜(transmission electron microscope，TEM)、扫描电子显微镜(scanning electron microscope，SEM)、场电子显微镜(field electron microscope，FEM)和场离子显微镜等。这些技术对表面科学的发展起了巨大的推动作用。特别是扫描隧道显微镜(scanning tunnel microscope，STM)的研制使人类第一次能够实时观察单个原子在物质表面的排列状态和与表面电子行为有关的物理化学性质，在表面科学、材料科学、生命科学等领域的研究中有着重大的意义。在 STM 出现以后，又陆续发展了一系列新型的扫描探针显微镜，如原子力显微镜(atomic force microscope，AFM)、扫描热显微镜和扫描电化学显微镜(scanning electrochemical microscope，SECM)等。这些显微技术相互补充，是获得各种表面信息的重要工具。

16.1.4　应用

化学修饰电极在不同的方面为分析应用提供了优势，如加速电子转移反应、选择性膜透作用或优先富集作用，赋予了工作电极较高的灵敏度与选择性。化学修饰电极在化学与生物分析中取得了广泛的应用。在化学分析方面，基于化学修饰电极的传感器可用于无机离子、小分子及有机化合物的测定。例如，在环境分析中化学修饰电极可用于重金属离子及多种污染物的同时监测，具有较高的灵敏度。在食品分析中，可用于各种防腐剂、添加剂及亚硝酸盐等物质的检测。在生物分析方面，化学修饰电极可用于各种生物物质(如 DNA、RNA、蛋白质、病原体、细菌及细胞)的检测，还可用于各种生物电化学传感器的构建。

16.2　生物电化学传感器

生物电化学传感器是一种将生物化学反应能转换为电信号的装置。将生物物质(如酶、寡核苷酸链、适配体、抗原、动植物组织等)修饰到电极表面，实现生物分子识别或生物化学受体的作用。生物电化学传感器种类较多，包括酶传感器、微生物传感器、免疫传感器、动植物组织传感器等，其中酶传感器和免疫传感器应用较为广泛。

16.2.1　信号转换器

信号转换器包括固体电极、丝网印刷电极、玻碳电极、气敏电极、金电极等。当目标物引入后，靶目标物与分子识别元件发生特异性识别能够产生各种物理或化学变化。在转换元件的作用下，能够输出与目标物浓度相关的电响应信号，如电容、电阻、电位或电流等，以此实现对靶目标物的定量分析。

电极分为电位型和电流型两种，其中电位型电极包含离子选择电极和氧化还原电极，典型的电流型电极为氧电极。

1. 电位型电极

离子选择电极是一类对特定的阳离子或阴离子有选择性响应的电极，具有快速、灵敏、可靠、价廉等优点。在生物医学领域常直接用它测定体液中的一些成分(如 H^+、K^+、Na^+、Ca^{2+}等)。

2. 电流型电极

生物电化学传感器中采用电流型电极为信号转换器的趋势日益增加，这是因为这类电极与电位型电极相比有以下优点：

(1) 电极的灵敏度更高。

(2) 电极输出值的读数误差所对应的被测物浓度的相对误差比电位型电极的小。

(3) 电极的输出直接与被测物浓度呈线性关系，不像电位型电极那样与被测物浓度的对数呈线性关系。

氧电极：有不少酶特别是各种氧化酶在催化底物反应时要用溶解氧为辅助试剂，反应中所消耗的氧量就用氧电极测定。此外，在微生物电极、免疫电极等生物传感器中也常用氧电极作为信号转换器。

16.2.2　酶传感器

酶促反应具有高选择性和高活性的特点。酶对底物具有高度的专一性，每种酶只能催化一类底物的反应，而且酶的催化效率很高，可达到无机催化剂的 10^{10} 倍。将酶与电化学检测相结合，既能实现酶对底物测定的高选择性和高灵敏度，又利用了电化学方法响应快、操作简单的特点，可快速检测样品中分析物的浓度。根据检测信号的不同，酶传感器有电位型与电流型之分，下面主要介绍电流型酶传感器。

1. 以氧作为电子受体的酶传感器

电流型酶传感器是利用酶促反应的产物在电极上发生氧化或还原产生的电流与被测物浓度之间的线性关系实现检测。以葡萄糖氧化酶(GOD)为例，在氧气存在下，GOD 催化葡萄糖产生葡萄糖酸和 H_2O_2，其检测原理为

酶层：
$$葡萄糖 + O_2 + H_2O \xrightarrow{\text{GOD}} 葡萄糖酸 + H_2O_2$$

电极：
$$H_2O_2 \longrightarrow 2H^+ + O_2 + 2e^-$$

H_2O_2 的氧化电流信号与葡萄糖的浓度成正比。这种检测原理适用于各种以氧为辅助底物的酶传感器。

2. 介体型酶传感器

上述酶传感器是通过检测产物 H_2O_2 浓度的变化或 O_2 的消耗量测定底物。该方法存在一些问题：溶解氧的变化可能引起电流响应的波动；缺氧环境下电流信号很弱，影响检出限；电流响应受 pH 与温度影响。针对上述问题，可以引入一种介体替换 O_2/H_2O_2 电对。介体起到从酶的氧化还原中心到电极表面传递电子的作用。常用的介体有二茂铁及其衍生物、铁氰化物、氧化还原染料、醌类、钌和锇等金属的配合物、导电有机盐类等。以葡萄糖氧化酶为例，酶首先与底物进行氧化还原反应，然后被介体重新氧化，最后介体在电极上被氧化产生电流信号，其检测原理为

酶层：
$$葡萄糖 + GOD/FAD + H_2O \longrightarrow 葡萄糖酸 + GOD/FADH_2$$

$$GOD/FADH_2 + 2M_{Ox} \longrightarrow GOD/FAD + 2M_{Red} + 2H^+$$

电极：
$$2M_{Red} \longrightarrow 2M_{Ox} + 2e^-$$

式中，FAD 为葡萄糖氧化酶分子上的黄素氧化还原中心；M_{Ox}/M_{Red} 为介体的氧化还原电对。介体型酶传感器电流检测如图 16-2 所示。

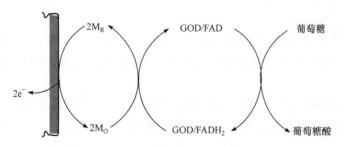

图 16-2　介体型酶传感器电流检测示意图

3. 直接电子传递型酶传感器

上述以氧为电子受体及介体型酶传感器都是间接测定底物的方法。实现酶的直接电化学

检测一直是研究者努力的方向。例如，对于下列生物催化反应：

$$\text{葡萄糖} + \text{GOD/FAD} + H_2O \longrightarrow \text{葡萄糖酸} + \text{GOD/FADH}_2$$

产物 GOD/FADH$_2$ 直接在电极上氧化：

$$\text{GOD/FADH}_2 \longrightarrow \text{GOD/FAD} + 2H^+ + 2e^-$$

由于酶一般具有较大的相对分子质量，酶分子的氧化还原活性中心深埋在分子内部，且在电极表面吸附后易发生变形，因此酶与电极难以发生直接电子传递。目前仅有过氧化物酶、脱氢酶、氧化酶、超氧化物歧化酶等几种相对分子质量相对较小的酶能在电极表面直接进行有效的电子传递。例如，将酶固定在锇氧化还原聚合物膜中(图 16-3)，以锇-联吡啶配合物为电子中继体，酶氧化还原中心可以通过电子中继体与电极表面进行电子交换。

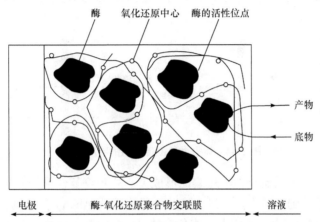

图 16-3　以锇氧化还原中心为电子中继体的酶电极表面结构示意图

16.2.3　免疫传感器

基于抗体与抗原特异性反应形成稳定的免疫复合物，将高灵敏的传感技术与特异性免疫反应相结合，发展了多种免疫传感器。电化学免疫传感器是免疫传感器中研究最早、种类最多，也较为成熟的一个分支。传感器是基于抗原与抗体反应而进行特异性的定量或半定量分析的集成器件，包括分子识别单元与信号转换器，将被测物质的浓度信息转换为电信号，可以用于多种抗原、半抗原或抗体的检测。根据测量信号的不同，传感器主要有电位型和电流型两种。

1. 电位型免疫传感器

电位型免疫传感器是根据免疫反应过程中某种离子电位的变化实现各种抗原、抗体的检测，它结合了酶免疫分析的高灵敏度和离子选择电极、气敏电极等的高选择性。常用作基底电极的离子选择电极有 I$^-$ 电极、F$^-$ 电极、三甲基苯胺阳离子电极等。常用的气敏电极有 CO$_2$、NH$_3$、O$_2$ 等。例如，利用聚氯乙烯膜将抗体固定在电极表面，当相应的抗原与其特异性结合后，抗体膜中的离子迁移率发生变化，导致电极上的电位发生相应改变，据此测定被测物浓度。该方法操作简单，电位变化明显，可用于免疫反应动力学研究，但是存在非特异性吸附和背景干扰等问题。

2. 电流型免疫传感器

电流型免疫传感器是在恒电位条件下测量通过电化学池的电流，结合酶的催化作用，可将免疫反应的信号进行放大，具有较高的灵敏度。传感器一般包括两个步骤：首先通过竞争型或夹心式免疫反应，将酶标记物结合到电极表面，然后利用酶的催化反应，检测免疫反应引起的电流变化实现检测。

竞争型免疫传感器的基本过程如图 16-4 所示，首先通过吸附或共价键合将抗体(Ab)固定到电极表面，然后将此电极浸入含抗原样品(Ag)和酶标记抗原(Ag*)的溶液中，Ag* 和 Ag 与电极表面有限的 Ab 进行竞争反应。反应一段时间后，洗去游离的 Ag* 和 Ag。加入底物 S，Ag* 上的酶催化底物得到电活性产物 P，最后利用 P 在电极表面的氧化还原反应产生的电流与被测抗原浓度成反比实现检测。这种方法已应用于糖蛋白、强心苷类药物地高辛及免疫球蛋白等的测定。

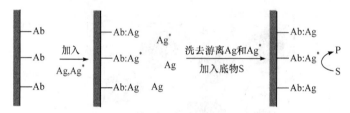

图 16-4　竞争型免疫传感器的响应原理

另一种电流型免疫传感器是在电极表面形成夹心式免疫复合物的方法，其过程如图 16-5 所示。首先将抗体固定到电极表面，浸入抗原样品中形成 Ab-Ag 复合物。洗去游离的抗原，加入另一种酶标记抗体(Ab*)，形成夹心式化合物 Ab-Ag-Ab*。洗去过量的 Ab*，加入底物 S，结合在传感器表面的标记酶催化底物产生电活性物质 P，从而在电极上被检测，电流大小与被测抗原浓度成正比。

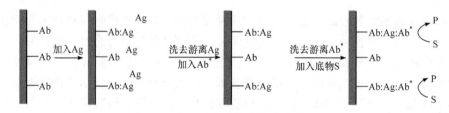

图 16-5　夹心式免疫传感器的响应原理

16.3　微 电 极

现今诸多科学领域的研究对象正在不断地由宏观转向微观，由宏型转向微型。微电极作为一种新的研究和测试工具，已发展成为电分析化学的重要分支。微电极也称超微电极，通常是指其一维尺寸小于 100 μm，或者小于扩散层厚度的电极。当电极尺寸从毫米级降至微米级或纳米级时，它呈现出许多不同于常规电极的电化学性质：

(1) 从大电极的线性扩散到微电极的球形扩散，传质速率加快，响应速度加快。

(2) 微电极的 iR 降较小，在高阻抗体系(支持电解质浓度低甚至无支持电解质溶液)的测量中，可以不考虑欧姆电位降的补偿。

(3) 微电极的电流密度大，灵敏度高。

(4) 微电极几乎是无损伤测试，可应用于生物活体及单细胞分析。

16.3.1　基本特征

微电极的基本特征归纳起来有以下几个方面。

1. 传质速率快

微电极的尺寸很小，电解时在电极表面形成薄而稳定的半球形扩散层，半径为 2 μm 的微电极的传质速率与转速为 10×10^4 r · min^{-1} 的常规旋转圆盘电极相近。理论上，扩散过程与球形电极非常相似，可近似地用球形电极模型处理。对于反应 O + ne^- ——→ R，非稳态扩散过程的电流为

$$i = 4\pi nFDc_0\left[r_0 + \frac{r_0^2}{(\pi Dt)^{1/2}}\right] \tag{16-1}$$

式中，c_0 为氧化态物质的浓度；r_0 为电极半径；$D = D_O = D_R$ 为扩散系数。

由式(16-1)可见，扩散电流 i 随 t 的增加而减小，当 $t \to \infty$ 时才达到稳态值。对于微电极，由于其尺寸(r_0)很小，很容易满足 $(\pi Dt)^{1/2} \gg r_0^2$，中括号中的第二项可忽略，则

$$i = 4\pi nFDc_0r_0 \tag{16-2}$$

此时，扩散电流与时间 t 无关，表明微电极上传质速率非常快，电极过程很容易达到稳态。

2. 时间常数低

任何电解池都有电容电流，暂态的电化学测试受时间的限制。由于电极/溶液界面的电容 $C \propto r_0^2$，而溶液阻抗 $R \propto 1/r_0$，时间常数 $RC \propto r_0$，因此电极尺寸降低会使时间常数 RC 降低。微电极可用于快速的暂态研究，能检测出一般电化学方法难以检测的一些半衰期短的中间产物或自由基。

3. iR 降小

iR 降使得加在电极上的电压不是所加的激励信号。在常规电极上，为了防止 iR 降扭曲伏安曲线，影响测量精度，需要采用三电极系统补偿 iR 降的影响。而对于微电极，由于通过微电极的法拉第电流和电容电流都很小，电解池的 iR 降常小至可以忽略不计，因此可用于高电阻的溶液，也可用于有机体系、固相、气相及不加支持电解质体系的电化学研究。这时可用二电极体系替代三电极体系，既简化了装置，又降低了噪声。

16.3.2　应用

微电极的形状各异，有盘状、柱状、环状、带状、交指状、阵列微电极(芯片)及粉末微电极等。制作微电极的材料有碳纤维、铂、金、银等贵金属，以及铜、钨、汞、碳糊、玻碳、石墨、导电聚合物等。经化学或生物成分修饰的微电极，既可作化学传感器，又可作生物传感器。图 16-6 是用于活体 NO 检测的针形 NO 化学修饰微电极的结构。该微电极由圆柱绝缘外层、基底电极和涂覆在圆锥体上的修饰层组成。

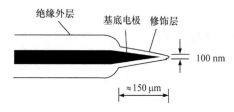

图 16-6　用于活体 NO 检测的针形 NO
化学修饰微电极的结构

微电极体积很小，制成微探针后，可以插入活体而不损伤组织又不破坏体系平衡状态，能适应动物体内生理环境。并且微电极响应速度快，能快速响应生物体内物质的瞬间变化，非常适合脑神经递质的测定，成为活体分析的重要工具。近年来，微电极也广泛应用于细胞的电化学分析，如将牛肾上腺细胞置于尼古丁中，细胞中的囊泡与细胞壁发生融合，将囊泡中的儿茶酚胺挤压出细胞外，用微电极即可检测到细胞分泌的儿茶酚胺。

16.4　纳米电分析化学

纳米材料具有独特的性质，广泛应用于发展具有超高灵敏度、选择性的电化学分析方法。因其大的比表面积、尺寸效应和化学反应活性，纳米材料在生物分析中具有极大的应用前景。纳米电化学是电化学新出现的一门技术，它是研究材料在纳米尺寸时所呈现出的特异电化学性质。

1. 纳米材料在生物电化学传感器中的特殊功能

纳米材料一般是指尺寸为 $1 \sim 100$ nm 的材料。由于其小的体积和大的比表面积，纳米材料表现出独特的电子、光学和异相催化特性。纳米材料在固体表面的二维和三维有序组装，可制备多种复合纳米光学和电子传感器件，对于保持蛋白质和酶等生物分子在固体表面上的生物活性、促进氧化还原蛋白质的直接电子传递和蛋白质或酶与底物间的电子传递具有重要作用。例如，带负电荷的金纳米粒子表面能为蛋白质分子提供一个特殊的、具有生物兼容性的微环境，这将导致蛋白质与其处于天然状态时一样，能与底物分子发生特殊的具有选择性的相互作用。一些基于蛋白质在金纳米粒子上的固定而发展起来的生物传感器已经应用于过氧化氢、葡萄糖、亚硝酸盐和苯酚的测定。

2. 纳米微粒膜电极

纳米微粒膜电极是指将微粒嵌于薄膜中制成的薄膜电极。通常选用两种组分制成溶液，使其在电极表面自然干燥形成薄膜，改变膜材中的组分或组分的比例，可以很方便地改变膜中微粒的分布及形态，从而控制膜电极的特性。制备时先将纳米微粒材料分散在化学试剂中，得到一种分散均匀的悬浊液，再按化学修饰电极的方法制备纳米微粒膜电极。例如，将碳纳米管溶解或分散在丙酮、浓硫酸、双十六烷基磷酸等溶液中，制备出不同功能的碳纳米管膜电极，它们分别对一氧化氮、辅酶 I、肾上腺素、抗坏血酸等物质具有选择性响应。

3. 功能化纳米结构电极

利用纳米微粒膜电极上纳米材料大的比表面积和表面丰富的官能团，通过静电吸附、共价键合等化学反应，进一步组装上功能化分子，可制备功能化纳米结构电极。由于功能化分子千差万别，这类电极通常呈现出千变万化的结构和性质。以碳纳米管为例，在其表面修饰上一层 Nafion(一种全氟化阳离子交换剂)，制备出一种新型膜电极。Nafion 分子上有磺酸基团，使得碳纳米管膜表面带负电，它会排斥带负电荷的物质而吸附带正电荷的物质，因此可用于含多巴胺、抗坏血酸、尿酸的生物样品中多巴胺的选择性测定。若在碳纳米管表面进行分子自组装，可以在其表面连接上酶、抗体或抗原等生物成分，从而制备出纳米生物传感器。

4. 纳米阵列电极

制备纳米阵列电极通常采用模板法，其中最普遍的是以多孔氧化铝作为模板。首先将铝箔经阳极氧化为氧化铝，这种氧化铝模板具有大面积且规则排列的纳米孔洞阵列，然后将纳米电极材料填充在孔洞内，最后将氧化铝模板溶解于碱性溶液中，得到具有高密度、尺寸均一、排列有序的纳米阵列电极。图 16-7 表示纳米阵列金电极的制备过程。这种方法的优点是适用性广，可使用溶液注入或电化学聚合生长等方法。除了上述称为硬模板的氧化铝模板法外，还有一种软性模板法，采用表面活性剂分子的界面自组装原理，当其自组装成一定形状时，后续步骤与阳极处理的氧化铝模板相同。

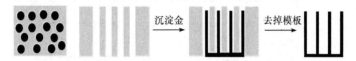

图 16-7　氧化铝模板法制备纳米阵列电极示意图

16.5　电分析化学联用技术

将电分析化学方法与其他分析方法如光谱、色谱、毛细管电泳、石英晶体微天平等相结合，构成各种电分析化学联用技术。

1. 光谱电化学

光谱电化学是将光谱技术与电化学方法结合起来，在一个电解池中同时进行测量的方法。一般以电化学为激发信号，体系对电激发信号的响应用光谱技术进行监测。这种电化学微扰与分子的特征光谱检测结合对于解释反应机理和描述动力学和热力学参数是非常重要的，可以很好地解决纯电化学方法难以解决的问题。光谱电化学的主要特点是电化学和光谱同时获得的信息可以相互验证，具有较高的准确度。它使用的是一种特殊的电解池，其光透电解池与光谱电化学检测原理如图 16-8 所示。

当一束光透过电极和溶液时，根据溶液或电极表面物质吸收光谱的变化，可以判断电极反应的分子信

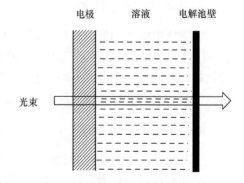

图 16-8　光透电解池与光谱电化学检测

息。光谱电化学中使用的是一种光透电极，它是将导电材料涂到玻璃、石英或由金属丝编织的网栅电极上。对这类光透电极进行化学修饰可以改变电极的表面特性。例如，蛋白质很难在常规电极上直接氧化还原，但是在金网栅电极表面修饰一层紫精聚合物可以催化肌红蛋白的还原。

不同光谱技术与电化学方法相结合可以构成不同的光谱电化学方法，如紫外光谱、拉曼光谱、红外光谱等都能与电化学联用。光谱电化学为研究电极过程机理，鉴定反应的中间体、电极表面特性、瞬间状态和产物性质、电极反应速率常数及扩散系数等提供了有力的研究手段。

2. 色谱电化学

液相色谱是分离科学的重要研究领域，检测器作为其核心部件之一，起着非常重要的作用。电化学检测器具有响应快、灵敏度高、死体积小、线性范围宽、可连续检测、成本低等特点，液相色谱与电化学检测技术相结合可用于测定多种化合物，成为一种灵敏度高、选择性好的分离分析方法。此外，化学修饰电极的发展使得色谱电化学应用范围不断扩大，广泛用于生化、食品、医药和环境等领域。以碳纳米管/Nafion 修饰电极作为高效液相色谱的检测器为例，测定大米样品中 α-羟基-4-硝基苯基二甲基磷酸酯(1)、α-羟基-4-硝基苯基二乙基磷酸酯(2)、杀螟松(3)、甲基对硫磷(4)和对硫磷(5)的色谱图。由图 16-9 可知，五种有机磷化合物都达到了基线分离，可实现复杂组分中对硫磷的选择性检测。

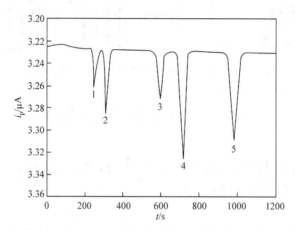

图 16-9　碳纳米管/Nafion 修饰电极作为高效液相色谱检测器的色谱图

3. 毛细管电泳电化学

毛细管电泳(CE)作为一种高效分离工具，具有进样体积非常小、分析效率高、分离速度快、生物环境友好等特点，适用于多种组分同时分离和定量检测。将 CE 的高效分离与电化学检测的高灵敏度相结合，可用于痕量、超痕量组分的分析。毛细管电泳电化学具有灵敏度高、检出限低、选择性好、线性范围宽及设备简单等优点，可用于单细胞分析。

4. 电化学石英晶体微天平

石英晶体微天平(QCM)也称压电石英晶体传感器，可以检测到 10^{-9} g 数量级的质量变化，是一种超高灵敏的检测工具。电化学石英晶体微天平(EQCM)是在 QCM 基础上发展起来的高灵敏电化学质量传感器。EQCM 是通过同时检测电化学参数和电极表面质量变化解释电极界面反应的强大工具，其以石英晶片为基础材料，夹在两个电极中间用以产生感应电场。该电场引起晶片产生机械振动，表面的反应引起的微小质量变化对晶体振荡频率产生微扰，为研究电极反应机理提供了新的信息。

以锇-联吡啶氧化还原聚合物修饰电极的电化学石英晶体微天平为例。从图 16-10(a)的循环伏安图可知，聚合物膜中 Os^{2+}/Os^{3+}电对表现出典型的可逆伏安响应，峰电位分别为 280 mV 和 300 mV。从图 16-10(b)的频率图可知，对应 Os^{2+}/Os^{3+}电对的氧化还原过程，石英晶体频率出现相应的下降和上升，且氧化过程中的下降值和还原过程中的上升值基本一致，说明 Os^{2+}氧化为 Os^{3+}时发生的膜内质量的增加在 Os^{3+}还原为 Os^{2+}时得以恢复。

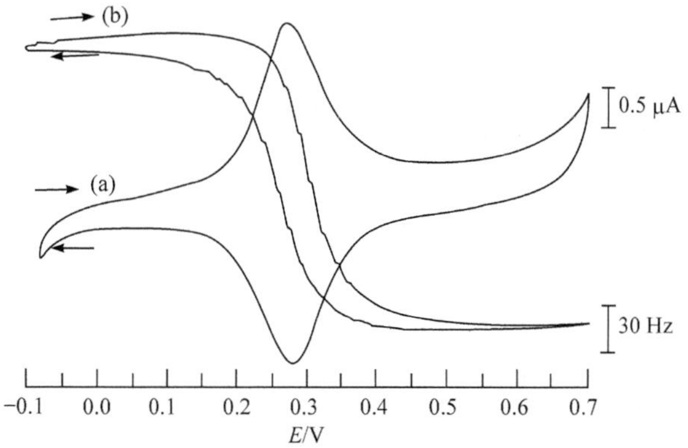

图 16-10　锇-联吡啶氧化还原聚合物修饰电极的循环伏安(a)和频率(b)响应

5. 电化学发光成像技术

电致化学发光(ECL)是将电化学手段与化学发光方法相结合的一种分析技术。该技术集成了发光分析高灵敏度和电化学电势可控性的优点，已经成为分析化学工作者十分感兴趣的研究领域之一。利用电化学发光成像法可以很好地观察电极表面电化学发光强度的分布情况，而电化学发光强度对电极表面的活性有很大的依赖性，因此利用电化学发光成像法可以直观地反映电极表面活性分布。例如，采用 ECL 成像技术对多晶金刚石的表面状态进行研究，通过对其表面不同电化学活性区域的尺寸、位置进行表征，发现金刚石表面结构的微观差异会造成不同的电化学活性区域。

思考题和习题

1. 简述化学修饰电极的类型及其制备方法。

2. 用葡萄糖氧化酶制作的葡萄糖传感器，一般通过氧的检测间接测定葡萄糖。能否通过其他物质的检测间接测定葡萄糖？试说明其检测原理。

3. 比较竞争型免疫传感器与夹心式免疫传感器的异同点。

4. 对于微电极，可以使用二电极体系替代传统的三电极体系，试解释其理由。微电极有哪些优点？

5. 列举纳米材料在电化学分析中的应用。

6. 氮氧自由基或超氧阴离子自由基都是半衰期很短的物质，电化学传感器能否实现对这类物质的测定？使用哪类方法或技术有可能实现对这类物质的测定？

7. 电分析化学与其他技术联用方法有哪些主要的优点？根据所学的知识，设计一种可能实现电分析化学联用检测的方法。

第三部分　色谱分析法

第 17 章 色谱法导论

17.1 概 述

17.1.1 分离科学概述

自然科学研究的对象往往是复杂的体系,相互的影响和干扰必然存在,分离是解决实际复杂化学问题的关键步骤。分离科学广泛应用于几乎所有自然科学领域的研究和工农业生产中,帮助解决了众多基础和前沿研究中的难题,如新元素的发现、药物研发、农产品改良、食品毒素和环境污染检测、新材料研制和钢铁生产、水的净化等。

分离科学是涉及化学、物理、生物、材料和数学等多学科的一门交叉学科,分离方法众多,其中最基础、最重要和应用最广泛的是色谱法。

17.1.2 色谱法概述

色谱法(chromatography)又称为色谱分离法、层析法、色层分离法或色层法,是指混合物中各组分因结构不同而在流动相和固定相中分配能力(如溶解分配、吸附、离子交换或体积排阻等)有差异,即分配系数不同,当流动相推动组分进入固定相并不断前行时,组分在固定相和流动相中进行连续的多次分配,相当于多级分离,使得各组分以不同的速度移动,即混合物中的各组分在固定相中的保留时间不同,在柱尾实现分离。因此,色谱法是继萃取、精馏、升华、结晶和吸附等分离方法之后建立的一种物理化学分离法,特别适合于性质不同或相近的多组分复杂混合物的分离。

色谱法始于 1906 年,俄国植物学家茨维特(Tswett)利用吸附原理分离植物叶片中的色素成分,即将植物叶片的石油醚提取液倾入装有碳酸钙颗粒的玻璃管中,如图 17-1(a)所示。用石油醚自上而下连续淋洗,植物汁液中的各种色素因为碳酸钙的吸附力不同而在玻璃管中移动速率不同,见图 17-1(b),各色素成分接近柱尾时得以分离,形成胡萝卜素、叶黄素、叶绿素 A 和叶绿素 B 等各种呈现不同颜色的色谱带,见图 17-1(c),该分离方法由此得名。这是最早的柱层析,其中色谱分离的玻璃管称为色谱柱,管内填充的固体碳酸钙颗粒称为固定相,石油醚淋洗液称为流动相。色谱法产生于有色化合物的分离,但随着各类检测器的产生和应用,色谱法不再局限于有色化合物的分离,几乎可以应用于所有的无机物和有机物、小分子和大分子化合物,在许多学科的前沿领域研究中发挥着十分重要的作用。

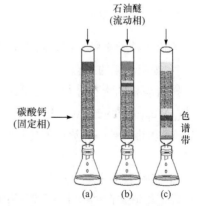

图 17-1 植物叶片提取液的色谱柱分离

色谱法是分离科学发展中的重要里程碑,100 多年来发展快速且应用广泛。20 世纪 40~

50 年代，分别出现了纸色谱和薄层色谱。1941 年，英国的马丁(Martin)和辛格(Synge)结合色谱法和溶剂萃取法而建立了液液分配色谱法，并提出了色谱的塔板理论，这两位科学家因此获得了 1952 年诺贝尔化学奖。1952 年，马丁和詹姆斯(James)创立了气相色谱法，奠定了色谱法在现代分析化学中的重要地位。20 世纪 60～70 年代出现的高效液相色谱法加速了色谱法在化学及其相关学科的应用，帮助解决了众多自然科学中的复杂化学问题。20 世纪 80 年代，乔根森(Jorgenson)推动了高效毛细管电泳的快速发展和应用。之后，伴随着色谱理论的深化、检测技术的发展和联用技术的应用，特别是进入 21 世纪以来，自动化、微型化和信息化技术的融合，以及多维色谱、新型固定相、新型检测器和新方法的建立使得色谱法的分离分析效率不断提升，色谱法已经成为最高效的现代分离方法，极大地提高了分析化学解决实际复杂混合物分离分析问题的能力，广泛应用于化学、生物、食品、环境、材料和医药等领域的科研和生产中。

依据方法的发展历程，色谱法分为经典色谱法(或常规色谱法)和现代色谱法。经典色谱法是指气相色谱和高效液相色谱等现代色谱法产生之前的常压液相色谱技术，包括柱色谱、纸色谱和薄层色谱等，经典色谱法主要是分离，没有在线检测。现代色谱法主要有气相色谱法和高效液相色谱法，此外还有毛细管电泳法、超临界流体色谱法、离子色谱法等，在分离之后有高灵敏度的信号检测、处理和输出，即分离的同时完成检测，发挥了色谱法的特长，加速了色谱法的广泛应用。

1. 色谱法的特点

(1) 所需样品量少，通常是 mg、μg、ng 级或更少，或者 mL、μL、nL 级或更少。

(2) 分离高效：可以在较短时间内实现复杂多组分混合物的高效分离，分离效率远远高于其他分离方法。而且，现代色谱法可以同时实现复杂多组分混合物的高效分离和快速灵敏检测。

(3) 应用广泛：适合于常量、微量或痕量组分分析；广泛应用于无机物、有机物、小分子和大分子的分离分析；可以进行定性定量分析，也可以应用于常数测定和机理研究等；可以进行分离分析，也可以进行分离纯化的样品制备。

(4) 易于实现仪器的微型化和在线的自动化操作。

2. 色谱法的分类

色谱法种类多样，可以从不同的角度进行分类。

1) 按流动相的物态分类

按流动相的物态进行分类是色谱最基本的分类方法。流动相为气体的色谱法称为气相色谱法(gas chromatography, GC)。流动相为液体的色谱法称为液相色谱法(liquid chromatography, LC)。流动相为超临界流体的色谱法称为超临界流体色谱法(supercritical fluid chromatography, SFC)。

2) 按固定相的外形分类

固定相填装在色谱柱或色谱管内称为柱色谱法(column chromatography)，有填充柱、整体柱、毛细管或开管柱等类型，这是应用最为广泛的色谱方法。固定相呈平面状称为平面色谱法(planar chromatography)，包括以层析滤纸为固定相或固定相载体的纸色谱法(paper chromatography)和固定相均匀薄层涂敷在玻璃或塑料板上的薄层色谱法(thin layer chromatography, TLC)。

3) 按分离机理分类

根据色谱分离过程中被分离的化合物与固定相、流动相之间的作用机理进行分类。

吸附色谱法(adsorption chromatography)是利用样品各组分在固体吸附剂固定相表面的吸附亲和力的差异而实现分离的色谱法，有气固吸附色谱法和液固吸附色谱法。

分配色谱法(partition chromatography)是利用样品各组分在固定相和流动相之间分配系数的差异而进行分离的色谱法，有气液分配色谱法和液液分配色谱法。

离子交换色谱法是利用样品中各离子组分在离子交换功能材料固定相表面的离子交换亲和力的差异而进行分离的色谱法。当使用微米级高效离子交换功能材料为固定相和高灵敏度电导检测器时，称为离子色谱法。两者的分离机理一样，但方法具有较大的差异。

尺寸排阻色谱法或凝胶色谱法是利用多孔凝胶的孔穴对不同尺寸分子排阻效应的差异而进行分离的色谱法。

亲和色谱法是利用样品组分与固定相上的配基间专一的生物亲和作用而进行分离的色谱法。

本书主要介绍现代色谱法。

17.2　色谱法基础知识

现代色谱法通常是柱色谱分离法，在分离柱后在线连接检测器，可以同时实现样品各组分的分离和信号检测。与其他分析方法一样，其数据结果可以列表，也可以用色谱图表示。

17.2.1　色谱图

色谱法的分离分析过程是流动相推动进样后的样品各组分在分离柱中进行分离，由于样品各组分结构、性质或尺寸大小不同，与固定相、流动相的相互作用能力不同而在色谱柱中停留时间不同，即在色谱柱尾部不同组分先后流出而在色谱柱后的检测器中产生各组分的响应信号，这些信号被采集、记录、处理和输出。色谱仪的基本构成如图 17-2 所示。

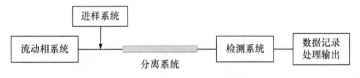

图 17-2　色谱仪的基本构成

以组分的信号强度对组分流出时间作图，得到对应的色谱流出曲线，即色谱图。色谱图的横坐标通常是时间，单位是 min 或 s，也可以是流动相的流出体积或距离；纵坐标是组分在检测器中的响应信号，其数值的大小与流动相中被分离组分的含量或质量有关。检测器种类不同，响应信号参数不同，如电压大小或电流大小等。图 17-3 是典型的色谱图，其中 A 代表与固定相没有相互作用的组分，B 代表与固定相有相互作用的组分。样品进入色谱系统的瞬间开始计时，之后在检测器中没有响应信号的流动相呈现的平直曲线称为基线。经过一段时间，与固定相没有相互作用的组分先流出色谱柱到达检测器，而呈现出该组分的色谱峰，其次是作用力弱的组分出峰，以此类推，最后流出色谱柱出峰的是与固定相相互作用最强的组分。

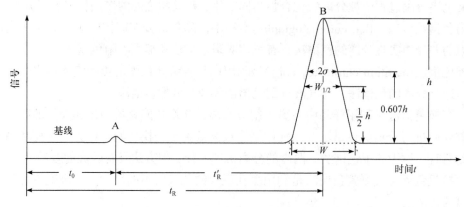

图 17-3　典型的色谱图

　　正常的色谱峰应该是以峰尖对称的正态分布曲线，如图 17-3 所示，据此可以进行可靠和准确的色谱定性和定量分析。有时会因为色谱条件不合适而出现不正常的畸形色谱峰，如拖尾峰、前沿峰或平顶峰等，如图 17-4 所示。此时，不适合进行色谱定性、定量分析。

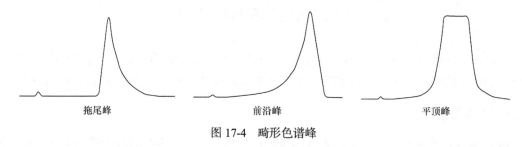

图 17-4　畸形色谱峰

17.2.2　色谱法基本概念

　　如图 17-3 所示，色谱图中的不同参数表示不同的概念，这些参数可以分别应用于定性、定量分析或进行色谱法的相关研究。

　　1. 保留值

　　保留值是色谱法定性分析的依据，包括保留时间、保留体积、相对保留值和分离因子等。
　　1) 保留时间
　　(1) 死时间。死时间是指流动相流经色谱柱的平均时间，也是不与固定相相互作用的组分从进样开始到色谱柱后出现最高峰所需要的时间，用 t_0 表示。死时间的长短正比于色谱柱空隙体积。
　　如果色谱柱长度为 L(cm 或 mm)，流动相的平均线速度为 u(cm·s^{-1} 或 mm·s^{-1})，则死时间可以表示为

$$t_0 = \frac{L}{u} \tag{17-1}$$

　　在实际工作中，通常选用与流动相性质相近且不与固定相产生相互作用的组分进行死时间的测定，如在气相色谱中通常选用空气，液相色谱中通常选用甲烷等烷烃(正相色谱)或甲醇、

乙醇等(反相色谱)。

(2) 保留时间。保留时间是指被测组分从进样计时开始到色谱柱后出现检测信号最大值时的时间，用 t_R 表示。

(3) 调整保留时间。调整保留时间是指被测组分在固定相上滞留的时间，即扣除死时间后的保留时间，用 t'_R 表示，即

$$t'_R = t_R - t_0 \tag{17-2}$$

调整保留时间表示被测组分因固定相的吸附或溶解作用而比不与固定相发生相互作用的组分流出色谱柱所多出的时间，真正反映了被测组分在固定相中的保留特性，比保留时间具有更加重要的意义。

保留时间是色谱法定性分析的依据，但是在相同的条件下，同一种组分的保留时间也会受到流动相流速等因素的影响而改变，因此有时可以用保留体积表示保留值。

2) 保留体积

(1) 死体积。死体积是指从进样口到检测口之间的空隙体积，包括色谱柱内固定相颗粒之间的空隙，以及进样器与色谱柱头之间管路、色谱柱尾与检测器之间管路和检测器内部空隙等，即在死时间内流经色谱柱的流动相的体积，用 V_0 表示。

如果只考虑色谱柱内空隙体积而忽略占比很小的各种管路体积，则

$$V_0 = t_0 F_c \tag{17-3}$$

式中，F_c 为色谱柱出口处校正了温度和压力后流动相的平均体积流速，单位通常为 $mL \cdot min^{-1}$。

(2) 保留体积。保留体积是指从进样开始到色谱柱后出现检测信号最大值时的流动相体积，即保留时间内流经色谱柱的流动相体积，用 V_R 表示。同样

$$V_R = t_R F_c \tag{17-4}$$

保留体积 V_R 与流动相的体积流速 F_c 没有关系，因为如果流动相流速 F_c 增加，则保留时间 t_R 会缩短，两者的乘积不变。所以，保留体积是很好的定性参数。

(3) 调整保留体积。调整保留体积是指扣除死体积后的保留体积，即调整保留时间内流经色谱柱的流动相体积，用 V'_R 表示，即

$$V'_R = V_R - V_0 \tag{17-5}$$

或者

$$V'_R = t'_R F_c \tag{17-6}$$

调整保留体积 V'_R 与流动相流速也没有关系，也是很好的定性参数。同样，调整保留体积的大小能够客观反映出被测组分在色谱柱固定相中的保留特性。

3) 相对保留值

相对保留值是指一定色谱分离条件下，被测组分 i 与指定内标物 s 的调整保留值的比值，用 $r_{i,s}$ 表示，即

$$r_{i,s} = \frac{t'_{R_i}}{t'_{R_s}} = \frac{V'_{R_i}}{V'_{R_s}} \tag{17-7}$$

当内标物一定时，相对保留值 $r_{i,s}$ 只与被测组分的性质、固定相和流动相的性质及柱温有关，而与色谱柱的柱长、内径、装填情况及流动相流速等实验条件没有关系，是色谱法定性分

析的重要参数之一。

4) 分离因子

分离因子是指色谱图中相邻两组分调整保留值的比值，又称为选择性因子，用 α 表示，即

$$\alpha = \frac{t'_{R_2}}{t'_{R_1}} = \frac{V'_{R_2}}{V'_{R_1}} \tag{17-8}$$

式中，$t'_{R_2} > t'_{R_1}$，即 $V'_{R_2} > V'_{R_1}$，因此 $\alpha \geqslant 1$。

分离因子 α 的大小反映出不同组分与固定相作用力的差异。α 越大，表示两组分在固定相中的作用力相差越大。因此，α 可作为色谱固定相对不同组分进行分离的选择性指标。

2. 峰高与峰面积

峰高与峰面积是色谱法定量分析的依据。

1) 峰高

峰高是指组分色谱峰的最高点到峰底基线之间的垂线距离，用 h 表示。峰高的数值大小常用检测器的响应信号表示。

2) 峰面积

峰面积是指色谱峰曲线与峰底基线之间围成的面积，用 A 表示，是色谱法定量分析的主要依据。通常用仪器的自动积分或计算软件完成峰面积的计算。

峰高与峰面积都是色谱法定量分析的依据，但以峰面积定量分析较为准确。

3. 峰区域宽度

峰区域宽度是描述色谱峰形状的指标，是色谱图中的重要参数之一，其数值大小反映出色谱柱的分离效能好坏或色谱条件是否适合，可以与峰高进行峰面积的计算，以实现定量分析。

色谱峰的区域宽度越窄，代表分离效能越好。通常，色谱峰区域宽度的表示方法有以下三种。

1) 标准偏差

色谱峰的标准偏差是指 $0.607h$ 处色谱峰宽度的一半，简称标准差，用 σ 表示。

2) 半峰宽

半峰宽是指色谱峰峰高一半处对应的峰宽度，又称为半高峰宽或半宽度，用 $W_{1/2}$ 表示。半峰宽与标准偏差之间的关系为

$$W_{1/2} = 2\sigma\sqrt{2\ln 2} = 2.354\sigma \tag{17-9}$$

因为色谱峰的半峰宽易于测量，所以通常用半峰宽表示峰区域宽度。

3) 峰底宽

峰底宽是指色谱峰底部两边拐点所作的切线与基线相交的两点之间的距离，用 W 表示。色谱峰底宽并非半峰宽的一半。峰底宽和标准偏差、半峰宽的关系为

$$W = 4\sigma = 1.70W_{1/2} \tag{17-10}$$

综上所述，色谱流出曲线能够反映许多信息：

(1) 根据色谱峰的个数，可以判断样品中所含的最少组分数。

(2) 根据色谱峰的保留值，可以进行定性分析。

(3) 根据色谱峰的面积或峰高，可以进行定量分析。

(4) 根据色谱峰的保留值及其区域宽度，可以评价色谱柱的分离效能。

(5) 根据相邻两色谱峰间的距离，评价固定相或流动相选择是否合适。

4. 分配系数和分配比

1) 分配系数

分配系数是指一定温度和压力下，组分在固定相和流动相之间分配达到平衡时浓度的比值，用 K 表示，即

$$K = \frac{c_s}{c_m} \tag{17-11}$$

式中，c_s 和 c_m 分别为组分在固定相和流动相中的平衡浓度。

分配系数 K 是分配色谱中的重要参数，与色谱柱内固定相、流动相的体积无关，主要取决于组分在固定相和流动相中的热力学性质，即与柱温、柱压有关。分配系数 K 越大，表明组分在固定相中的分配浓度大，滞留时间长，出峰晚，即保留时间长；而 K 小的组分在流动相中分配的浓度大，容易流出色谱柱，保留时间短。

2) 分配比

分配比是指一定温度和压力下，组分在固定相和流动相之间分配达到平衡时的质量比，又称为容量因子或分配容量，用 k 表示，即

$$k = \frac{m_s}{m_m} \tag{17-12}$$

式中，m_s 和 m_m 分别为组分在固定相和流动相中分配平衡时的质量。

分配比 k 也是衡量色谱柱对被测组分保留能力的重要参数，与组分性质、固定相和流动相的性质、柱温及柱压等因素有关，还与固定相及流动相的体积有关。因此，k 成为研究各种物质的物理化学性质及色谱过程中分子间作用或保留机理的理论基础。对于一般的被测组分，$k>1$，而且 k 越大，说明组分在固定相中分配的质量越多，即色谱柱对该组分的分配容量越大，所以 k 称为分配容量或容量因子。同样，k 越大，组分的保留时间越长，反之亦然。

当组分的 $k=0$ 时，说明组分在色谱柱中没有滞留，$t_R = t_0$，该组分在死时间处出峰。组分在固定相中有保留而使得 $k>0$，因此保留因子 k 可以看成组分在固定相中的时间(调整保留时间 t_R')和在流动相中的时间(死时间 t_0)的比值，可以从色谱图中进行直接计算：

$$k = \frac{t_R'}{t_0} \tag{17-13}$$

3) 分配系数与分配比的关系

分配系数与分配比的关系为

$$k = \frac{m_s}{m_m} = \frac{c_s V_s}{c_m V_m} = K \frac{V_s}{V_m} \tag{17-14}$$

式中，V_m 为色谱柱中流动相的体积，近似等于死体积 V_0；V_s 为色谱柱中固定相的体积，在不同类型的色谱中，V_s 代表不同的含义。例如，在分配色谱中，V_s 指分离柱中固定液的体积；在尺寸排阻色谱中，V_s 指分离柱中多孔固定相的微孔体积；在吸附色谱中，V_s 指分离柱中吸附剂

固定相的表面积；在离子交换色谱中，V_s 指分离柱中离子交换树脂固定相的交换容量。

对于给定的色谱分离体系，色谱柱固定相对于组分的保留能力取决于组分在两相中的质量，而不只是相对浓度。因此，相对于分配系数 K，分配比 k 的大小更能够客观反映色谱柱对组分的保留能力，实际应用更广泛。

4) 分配系数、分配比与分离因子的关系

分离因子 α 与分配系数 K、分配比 k 之间的关系为

$$\alpha = \frac{t'_{R_2}}{t'_{R_1}} = \frac{k_2}{k_1} = \frac{K_2}{K_1} \tag{17-15}$$

因此，相邻组分的分离因子 α 也可以从色谱图中进行计算。显然，两组分的分配系数 K 或分配比 k 有差异是色谱分离的首要条件。而且，分配系数 K 或分配比 k 相差越大，保留值才能相差较大，色谱峰之间距离较大。

17.3　色谱法基本理论

色谱分析法的策略就是将混合物样品在色谱柱中进行各组分的有效分离，然后以每个组分的保留值和峰高或峰面积进行定性和定量分析。在色谱分离过程中，相邻组分因为分配系数 K 或分配比 k 不同在色谱柱中随着时间的增加而逐渐拉开距离，即色谱分离过程的热力学性质决定相邻峰之间的距离。显然，相邻组分的色谱峰分开的距离要足够大，即保留值相差足够大，这是色谱分离分析的前提。但是，组分之间分离的同时，两组分的区域宽度也在逐渐增加，对分离不利，即距离足够大的色谱峰之间不一定保证相互之间的完全分离，还要考虑色谱峰的区域宽度。如果区域展宽造成色谱峰都很宽，距离相差很大的相邻色谱峰也有可能相互重叠而无法分开。色谱峰的宽窄是由各组分在色谱柱中的传质和扩散等行为决定的，即色谱分离过程的动力学性质决定峰的宽度。因此，需要从热力学和动力学两个方面研究色谱的分离行为。

总之，组分分离的条件应该有三点：一是组分的分配系数或分配比不同，即组分之间存在明显的差速迁移，保证色谱峰之间有足够的距离；二是组分的区域展宽速度小于组分分离的速度，即色谱峰尽可能较窄；三是在保证快速分离的前提下，色谱柱足够长。前两点是组分完全分离的必要条件。塔板理论和速率理论分别从热力学和动力学的角度阐述了影响差速迁移和区域展宽的各种因素，是色谱法的基本理论。

17.3.1　塔板理论

1941 年，马丁和辛格在对分配色谱的理论研究基础上，由实践总结出色谱分离规律，提出了一种半经验理论，即塔板理论。

色谱与分馏分离有共同的物理化学基础，均是依据被分离组分在两相中分配系数的差别。塔板理论就是利用物质挥发度不同而进行分离的分馏模式，将色谱柱看作分馏塔，设想色谱柱是由一系列连续的、相等的塔板组成，从而将色谱柱分成许多小段，每一个小段定义为一个理论塔板，塔板的高度均相等，称为理论塔板高度，用 H 表示。

塔板理论的几个基本假设：

(1) 所有组分开始存在于零号塔板上。

(2) 在每个塔板上，组分在两相中瞬间达到分配平衡。

(3) 组分的纵向分子扩散，即塔板之间的扩散忽略不计。

(4) 组分在每个塔板上的分配系数不变，与组分的浓度无关。

(5) 流动相流经色谱柱不是连续的，而是脉冲式的间歇过程，每次进入和从上一个塔板向下一个塔板转移的流动相体积相等，为一个塔板的流动相体积。

根据以上假设，现举例说明塔板理论的含义。如表 17-1 所示，为了计算和理解方便，假设组分的分配比 $k = 1$，如果组分一开始进入色谱柱为整体 1，即色谱柱头零号塔板上引入的组分按照 $k = 1$ 在固定相和流动相之间进行分配，则组分在两相中分配各为 0.5。当第一个塔板流动相体积 ΔV_m 的流动相进入零号塔板时，将零号塔板上的流动相及其中的 0.5 组分向前推向一号塔板。同时，留在零号塔板固定相的 0.5 组分又按 $k = 1$ 在两相中进行分配，即各为 0.25。而进入一号塔板流动相中 0.5 组分也按照 $k = 1$ 在两相中进行分配，即各为 0.25。随后，第二个 ΔV_m 流动相进入零号塔板，推动一号塔板 ΔV_m 流动相进入二号塔板，各塔板上的组分继续进行平衡分配。如此，不断有新的流动相进入色谱柱而推进组分前移，反复分配平衡，重复进行，直至将组分洗出色谱柱。

表 17-1　分配比为 $k = 1$ 的组分在色谱柱内各塔板中固定相和流动相中的分布

塔板数		0	1	2	3	4
进样	m_m	0.5				
	m_s	0.5				
流动相 ΔV_m	m_m	0.25	0.25			
	m_s	0.25	0.25			
流动相 $2\Delta V_m$	m_m	0.125	0.125+0.125	0.125		
	m_s	0.125	0.125+0.125	0.125		
流动相 $3\Delta V_m$	m_m	0.063	0.063+0.125	0.125+0.063	0.063	
	m_s	0.063	0.125+0.063	0.063+0.125	0.063	
⋮						

表 17-2 列出分配比 $k = 1$ 的组分随流动相体积在柱内各板($n = 5$)上的分布。可见，当有 5 个板体积流动相进入色谱柱时，溶质从具有 5 块塔板的柱内随流动相开始洗出，最大浓度在流动相体积 n 为 8 和 9 时出现。而实际的色谱柱 n 值很大，组分的色谱流出曲线趋向正态分布，可以近似地用正态分布函数描述溶质分布。

表 17-2　分配比为 $k = 1$ 的组分随流动相体积在色谱柱内各塔板($n = 5$)上的分布

流动相体积	塔板号数					
($n\Delta V_m$ 数)	0	1	2	3	4	柱出口
0	1					
1	0.5	0.5				
2	0.25	0.5	0.25			
3	0.125	0.375	0.375	0.125		
4	0.063	0.25	0.375	0.25	0.063	
5	0.032	0.157	0.313	0.313	0.157	0.032
6	0.016	0.095	0.235	0.313	0.235	0.079
7	0.008	0.056	0.165	0.274	0.274	0.118

流动相体积	塔板号数					
($n\Delta V_{\mathrm{m}}$数)	0	1	2	3	4	柱出口
8	0.004	0.032	0.111	0.220	0.274	0.138
9	0.002	0.018	0.072	0.166	0.247	0.138
10	0.001	0.010	0.045	0.094	0.207	0.124
11		0.005	0.028	0.070	0.151	0.104
12		0.002	0.016	0.049	0.110	0.076
13		0.001	0.010	0.033	0.080	0.056
14			0.005	0.022	0.057	0.040
15			0.002	0.014	0.040	0.028
16			0.001	0.008	0.027	0.020
⋮						

由上述实例计算可见，在进样之后，组分随着流动相前进而前进，其前进速度与该组分 k 的大小有关。组分的分配比 k 越小，固定相对该组分的保留越弱，该组分前进速度越快，越早出峰，即保留时间越短。反之，组分的分配比 k 越大，固定相保留越强，该组分前进速度越慢，出峰时间越长，即保留时间越长。混合物样品中各组分的分子结构不同，与固定相相互作用力不同，分配比 k 就不同，因而各组分的前进速度不同，即保留时间不同，由此得以分离，这就是塔板理论对色谱分离过程的描述和解释。

如果色谱柱的长度为 L，理论塔板高度为 H，则组分在色谱柱分配平衡的次数为

$$n = \frac{L}{H} \tag{17-16}$$

式中，n 称为理论塔板数。

可见，如果色谱柱长 L 一定，固定相材料和温度等条件决定理论塔板高度 H 的大小，H 越小，则理论塔板数 n 越大，即组分在色谱柱中的分配次数越多，说明色谱柱对该组分的分离能力越强，色谱柱的分离效能高，所得色谱峰就会越窄。因此，理论塔板数 n 和理论塔板高度 H 都是反映色谱柱分离效能的参数，通常用单位柱长(m)的理论塔板数 n 和理论塔板高度 H 作为评价色谱柱分离效能的指标。一般来说，填充气相色谱柱 n 在 $3\times10^3 \ \mathrm{m^{-1}}$ 以上，H 为 0.3 mm 左右，高效液相色谱柱 n 达到 $10^4 \ \mathrm{m^{-1}}$ 数量级，H 约为 0.02 mm 或更小。

理论塔板数可以根据色谱图进行计算：

$$n = 5.54\left(\frac{t_{\mathrm{R}}}{W_{1/2}}\right)^2 = 16\left(\frac{t_{\mathrm{R}}}{W}\right)^2 \tag{17-17}$$

有时根据色谱图计算得出的理论塔板数 n 很大或理论塔板高度 H 很小，且实际分离效果并不好，说明理论塔板数 n 或理论塔板高度 H 不能客观地反映实际柱效，这主要是因为计算公式中采用的是保留时间 t_{R}，而保留时间 t_{R} 中包含不参与组分与固定相相互作用的死时间 t_0。为了扣除死时间 t_0 的影响，以调整保留时间 t'_{R} 代替保留时间 t_{R} 参与计算，得到有效塔板数 n_{eff}：

$$n_{\mathrm{eff}} = 5.54\left(\frac{t'_{\mathrm{R}}}{W_{1/2}}\right)^2 = 16\left(\frac{t'_{\mathrm{R}}}{W}\right)^2 \tag{17-18}$$

同样，可以计算有效塔板高度 H_{eff}:

$$H_{eff} = \frac{L}{n_{eff}} \tag{17-19}$$

因此，通常以有效理论塔板数 n_{eff} 和有效理论塔板高度 H_{eff} 表示色谱柱的柱效指标。

相同色谱条件下，同一色谱柱对不同组分进行分离时，各组分的调整保留时间和峰底宽不同，计算得到的有效塔板数或有效塔板高度不同，即同一色谱柱对不同组分的分离效能不同。因此，用有效塔板数和有效塔板高度作为衡量柱效能的指标时，应指明测定物质。

塔板理论是一种色谱分离过程的热力学模型，提出了评价柱效的参数及其计算方法，说明了不同组分得以色谱分离的热力学原因。但是，塔板理论的一些假设是不恰当或不严格的，与实际色谱分离过程不相符。实际上，流动相连续无间歇的流动难以实现色谱体系真正的分配平衡，分配系数只有在组分有限的浓度范围内与浓度无关，组分的纵向扩散客观存在且不可忽略等。此外，塔板理论没有考虑色谱分离过程中一些动力学因素的影响，不能解释影响塔板高度的因素，不能解决如何提高柱效的问题。

17.3.2　速率理论

1956 年，荷兰学者范第姆特(van Deemter)在塔板理论基础上研究了气液色谱分离过程，从动力学角度充分考虑了组分在固定相和流动相之间的传质和扩散过程，综合了影响色谱峰扩张的各种基本因素，导出速率理论方程或板高方程，也称为范第姆特方程，提出了色谱过程的动力学理论，即速率理论。

速率方程的数学简化式为

$$H = A + B/u + Cu \tag{17-20}$$

式中，H 仍然为塔板高度，但是其物理意义不同于塔板理论，这里主要代表单位柱长统计意义的分子离散度，是阐明多种色谱区带或色谱峰展宽因素的综合参数，依然可以作为色谱柱效指标；A、B 和 C 分别为涡流扩散系数、分子扩散系数和传质阻力系数；u 为流动相平均线速度或速率。

1. 涡流扩散项 A

涡流扩散项又称多径扩散项，是指组分峰的区带展宽来源于组分的分子通过填充柱内长短不同的多种迁移路径，如图 17-5 所示。

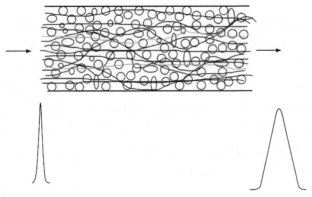

图 17-5　填充柱中涡流扩散对色谱峰形的影响示意图

由于色谱柱中的固定相填料粒径大小不同及填充不均匀，形成宽窄、弯曲度不同的路径，流动相携带组分分子沿柱内固定相颗粒间各路径形成紊乱的涡流运动，有些分子穿过较直的路径通过色谱柱，路径较短，因此以较快的速度到达检测器，而另一些分子沿较弯曲的路径通过色谱柱，路径较长，因此以较慢的速度到达检测器，从而导致色谱峰的区带展宽。

涡流扩散项 A 与流动相的性质、线速度及组分性质无关，而与固定相颗粒平均直径大小及填充的均匀性有关，即

$$A = 2\lambda d_p \tag{17-21}$$

式中，λ 为柱填充不均匀性因子；d_p 为填料颗粒的平均粒径(cm)。填充均匀的色谱柱的 λ 较小，柱效高。一般来说，大颗粒填料比小颗粒填料更易填充均匀，而空心毛细管柱内无填充物，$\lambda = 0$，因此 $A = 0$。同时，小颗粒填充柱，即 d_p 小，A 小，柱效高。

2. 分子扩散项 B/u

分子扩散又称为纵向扩散，是指组分以较窄的样品带进入色谱柱随着流动相前行时，由于分子的自发热运动在轴向因浓度梯度而发生浓差扩散，从而使色谱峰发生区带展宽。

浓差扩散是分子的一种自发运动过程，组分在固定相和流动相中都存在浓差扩散特性，但是固定相是静止的，组分在固定相中的扩散系数很小，因此固定相中纵向扩散可以忽略。流动相中的组分从高浓度的样品带向流动相流动方向相同和相反的区域扩散，形成溶质分子超前和滞后，从而导致色谱区带展宽，如图 17-6 所示。

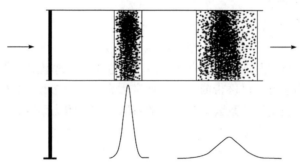

图 17-6 分子扩散对色谱峰形的影响示意图

分子扩散系数 B 的表达式为

$$B = 2\gamma D_g \tag{17-22}$$

式中，γ 为组分在柱内运动路径弯曲阻碍分子扩散，称为阻碍因子、弯曲因子或柱填充不均匀性因子。填充柱色谱柱的 γ 通常为 0.5～0.7，而毛细管柱内没有填料，不存在路径弯曲，扩散程度最大，$\gamma = 1$。D_g 为组分在流动相中的扩散系数，与组分的性质、温度和压力等因素有关，这里主要指气体为流动相的气相色谱中的扩散系数，通常液体为流动相的液相色谱的扩散系数 D_m 较小，大约是气相中的 $1/10^5$，因此液相色谱中的分子扩散项可以忽略。在气相色谱中，D_g 与载气流动相的相对分子质量的平方根成反比，即载气的相对分子质量越大，D_g 越小。因此，通常采用相对分子质量较大的 N_2、Ar 为流动相，选择较低的柱温，并适当增加流动相的线速度，减小分子扩散项数值，以提高柱效。

3. 传质阻力项 Cu

色谱法是基于组分对固定相和流动相的亲和力不同反复分配而实现分离的方法。组分在两相之间的分配是一个动态的物质传递过程，该过程是一个连续流动状态，组分在两相之间的分配作用难以瞬间建立吸附和解吸平衡，而是处于非平衡状态，导致有的组分分子未能进入固定相就随着流动相的推进而前行，速度较快。由于固定相的作用，有的组分分子从流动相进入固定相，实现两相中的分配，这种分配不能瞬间完成，即在固定相中处于非平衡分布状态，然后解吸重新进入流动相而前行，速度较慢，如图 17-7 所示。流动相中的组分也存在一个分布，不同位置的组分分子进入固定相的速率也不同。同样，进入固定相的组分还会回到流动相，这个过程也需要一定的时间，组分在固定相中也有一个分布，不

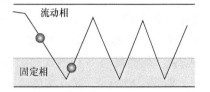

图 17-7　传质阻力示意图

同位置的组分进入流动相的速率也不同。因此，在这个动态分配过程中，组分的不同分子存在前行速率大小的差异，从而引起色谱峰的展宽。这种影响组分在固定相和流动相之间溶解、溢出、扩散、转移等传递过程的阻力称为传质阻力。

传质阻力项 Cu 与流动相线速度 u 成正比，流动相线速度 u 越快，则传质阻力越大。对于传质阻力系数 C，气液柱色谱法的传质阻力系数 C 包括气相传质阻力系数 C_g 和液相传质阻力系数 C_l，即

$$C = C_g + C_l \tag{17-23}$$

气相传质阻力系数 C_g 表达式为

$$C_g = \frac{0.01k^2 d_p^2}{(1+k)^2 D_g} \tag{17-24}$$

式中，k 为容量因子；d_p 为固定相颗粒的平均直径；D_g 为组分在气体流动相中的扩散系数。可见，C_g 与 d_p 的平方成正比，与 D_g 成反比。因此，常用细颗粒填料的色谱柱进行分离分析，可以有效提高柱效。同时，以相对分子质量小的气体(如 H_2、He 等)为流动相时，组分的扩散系数大，可以减小 C_g，进而提高柱效。

液相传质阻力系数 C_l 表达式为

$$C_l = \frac{2}{3} \times \frac{0.01k d_f^2}{(1+k)^2 D_l} \tag{17-25}$$

式中，d_f 为固定相的液膜厚度；D_l 为组分在液体固定相中的扩散系数。可见，C_l 与 d_f 的平方成正比，与 D_l 成反比。因此，减少固定液的用量，降低固定液的液膜厚度，可以提高柱效。同时，升高柱温，降低固定液的黏度，可以增加 D_l，进而提高柱效。

综上所述，色谱速率理论方程的完整表达式为

$$H = 2\lambda d_p + \frac{2\gamma D_g}{u} + \left[\frac{0.01k^2 d_p^2}{(1+k)^2 D_g} + \frac{2}{3} \times \frac{0.01k d_f^2}{(1+k)^2 D_l} \right] u \tag{17-26}$$

这一精确表达式是对气相色谱分离柱效的各种影响因素的汇总。基于该速率方程，以塔板高度 H 对流动相流速 u 作图，获得气相色谱的 H-u 关系曲线，见图 17-8。

由图 17-8 可见，涡流扩散项 A 不随流动相流速的变化而变化，对于一定的色谱柱，A 为

常数；分子扩散项和传质阻力项分别与流动相流速 u 成反比和成正比，因此在曲线上出现一个 H 极小值，此流速 u 下的 H 最小，即分离柱效最高。实际应用时，往往选用比这一极小值稍大一点的流速，以保证分离速度。

速率理论从动力学角度阐述了影响塔板高度 H 的各种因素，包括填充颗粒的粒径、填充均匀性、组分扩散性能、固定相液膜厚度及流动相流速等，从而指出了提高柱效的途径和方法。其中，有些因素的影响比较复杂。例如，流动相的相对分子质量增加时，分子扩散系数减小，但会增加传质阻力系数；流动相流速增大时，会减少分子扩散的影响，但同时会增加传质阻力；温度升高时，能够加速传质，但同时增加了分子扩散等。因此，在色谱分离过程中，需要综合考虑各种因素的影响，通过优化选择恰当的分离条件，以获得理想的分离效果。

需要指出的是，在液相色谱中，组分在液体流动相中比在气体流动相中的扩散系数小 4～5 个数量级，即分子扩散对板高的影响很小，B/u 可以忽略。因此，液相色谱中的 H-u 关系曲线不会出现极小值，而是近似为一条直线，见图 17-9。

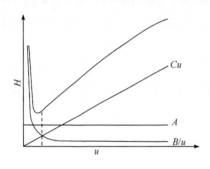 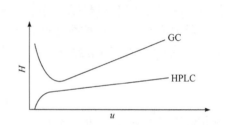

图 17-8 H-u 关系曲线　　图 17-9 GC 和 HPLC 的 H-u 曲线对比

对于液相色谱，速率方程可近似表达为

$$H = A + Cu \tag{17-27}$$

因此，提高液相色谱柱效的途径主要有：①选用小颗粒填料且填充均匀的色谱柱；②选择较低的流动相流速；③选择黏度小的溶剂作流动相，改善传质。

17.4　色谱基本分离方程

塔板理论从热力学角度阐述了不同组分因为分配比不同而得以分离，速率理论从动力学角度展示了色谱峰展宽的各种因素。在色谱分离的过程中，不同组分的差速迁移和同一组分的谱带展宽共存，单独考虑差速迁移的选择性或谱带展宽的柱效都不能真实评价分离状况。显然，只有差速迁移明显大于谱带展宽的色谱分离才有可能实现不同组分的完全分离，以进行定性、定量分析。因此，需要综合考虑影响分离效果的两个方面，才能综合评价组分的分离情况。

17.4.1　分离度

分离度(resolution)是指相邻两组分色谱峰保留值之差与两峰底平均宽度之比，用 R 表示。对于图 17-10 中相邻的两个组分，分离度 R 的表达式为

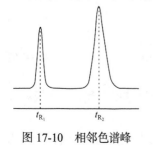

图 17-10　相邻色谱峰

$$R = \frac{t_{R_2} - t_{R_1}}{\frac{1}{2}(W_1 + W_2)} \tag{17-28}$$

可见，在分离度 R 的表达式中，分子是两组分的保留时间差值，即分配比的差异，反映了色谱分离的选择性，是塔板理论描述的范畴；分母是两组分的峰底宽平均值，反映了色谱柱对两组分的柱效或塔板数，是速率理论描述的范畴。因此，分离度 R 全面综合了热力学和动力学两方面的因素，用一个确切的、具体的数据评价色谱柱的分离效能。

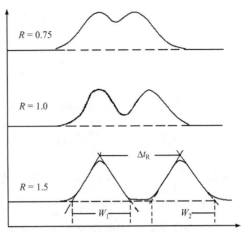

显然，只有相邻两组分的保留值相差足够大，而且塔板数足够大，即峰较窄时，才能获得较大的分离度 R。如图 17-11 所示，分离度 $R<1$ 时，相邻两色谱峰严重重叠，理论上可以证明，对于正态分布的对称色谱峰，$R=1.0$ 时，相邻色谱峰的分离程度为 97.7%；只有当 $R=1.5$ 时，相邻色谱峰的分离程度才能达到 99.7%。因此，在色谱法中，$R=1.5$ 是相邻组分完全分离的界限，称为基线分离，这是色谱定性、定量分析的前提。

图 17-11 色谱柱分离选择性和柱效对分离度 R 的影响

17.4.2 分离方程

分离度的大小可以根据其定义式和色谱图进行计算，从而获得相邻组分的分离程度，但是该定义式没有反映出影响分离度的因素。为此，可以对该定义式进行变换和推导，呈现出影响 R 的参数，为分离体系的优化以获得合适的 R 提供理论依据。

当相邻峰保留值相近时，可以近似 $W_1 \approx W_2 = W$，于是

$$R = \frac{t_{R_2} - t_{R_1}}{\frac{1}{2}(W_1 + W_2)} = \frac{t_{R_2} - t_{R_1}}{W} = \frac{t'_{R_2} - t'_{R_1}}{W}$$

即

$$W = \frac{t'_{R_2} - t'_{R_1}}{R}$$

若以组分 2 的有效塔板数 n_{eff} 反映柱效，即

$$n_{eff} = 16\left(\frac{t'_{R_2}}{W}\right)^2$$

于是

$$n_{eff} = 16R^2\left(\frac{t'_{R_2}}{t'_{R_2} - t'_{R_1}}\right)^2 = 16R^2\left(\frac{t'_{R_2}/t'_{R_1}}{t'_{R_2}/t'_{R_1} - t'_{R_1}/t'_{R_1}}\right)^2 = 16R^2\left(\frac{\alpha}{\alpha-1}\right)^2$$

即

$$R = \frac{\sqrt{n_{\text{eff}}}}{4} \times \frac{\alpha - 1}{\alpha}　　\text{(17-29)}$$

已知

$$\frac{n_{\text{eff}}}{n} = \left(\frac{t'_{R_2}}{t_{R_2}}\right)^2 = \left(\frac{t'_{R_2}}{t'_{R_2} + t_0}\right)^2 = \left(\frac{k_2}{k_2 + 1}\right)^2$$

所以

$$R = \frac{\sqrt{n}}{4} \frac{\alpha - 1}{\alpha} \frac{k_2}{k_2 + 1}　　\text{(17-30)}$$

式(17-30)是色谱的基本分离方程，呈现了分离度 R 与理论塔板数 n、分离因子 α 及容量因子 k 之间的定量关系。式中，$\frac{\sqrt{n}}{4}$ 为柱效项，代表动力学因素；$\frac{\alpha - 1}{\alpha}$ 为柱分离选择性项，代表热力学因素；$\frac{k_2}{k_2 + 1}$ 为容量因子项。必须综合考虑三方面的因素，才能得到理想的分离效果，即分离度 R 综合了热力学和动力学因素，全面定量描述柱的分离效能。

对于分离度的三种影响因素可以分述如下：

分离度 R 与理论塔板数 n 的平方根成正比。增加柱长，可以提高柱效，但是各组分的保留时间也随之加长，分析时间延长，从而造成色谱峰的展宽。因此，在保证分离度的情况下，一般采用较短的色谱柱。减小理论塔板高度 H 是增加 n 的另一种方法，因此选择性能良好的分离柱是保证分离度的前提。

分离度 R 与容量因子 k 的关系相对比较复杂，总体而言，增加 k 可以提高 R。由公式可见，$k > 10$ 时，对 R 的影响较小。并且，增加 k 使分离时间增加，又会造成谱带的展宽。一般要求 k 为 1～10，尤以 2～5 为佳，通常可以通过选择合适的流动相和固定相及柱温等调整 k 的大小。

分离度 R 与分离因子 α 的关系最为密切。可以计算，一定条件下，n 增加到原来的 3 倍，R 增加到原来的 1.7 倍；当 k 为 2～7 时，k 从 1 增加到 3，R 增加到原来的约 1.5 倍；而 α 从 1.01 增加到 1.1，增加约 9%，R 增加到原来的 9 倍。因此，α 是选择最佳分离条件应该考虑的主要因素。

综上所述，在色谱分离工作中，选择合适的固定相或流动相，以适当增加 α，这是改善分离度最有效的方法。例如，在气相色谱中，流动相是惰性的，通常是通过选择合适的色谱柱，即改变固定相以改变 α；在液相色谱中，色谱柱的价格一般较高，常通过改变流动相的组成以改变 α。

例 17-1　用一根 1 m 长的色谱柱分离两组分混合物，死时间为 0.5 min，组分 1 和组分 2 的保留时间分别为 5.5 min 和 6.3 min，峰底宽度均为 1.0 min。如果想得到 1.5 的分离度，有效塔板数应为多少？色谱柱要加到多长？

解　由公式

$$R = \frac{\sqrt{n_{\text{eff}}}}{4} \frac{\alpha - 1}{\alpha}$$

可以得出

$$n_{\text{eff需要}} = 16R^2\left(\frac{\alpha}{\alpha-1}\right)^2$$

由题意可以计算

$$\alpha = \frac{t'_{R_2}}{t'_{R_1}} = \frac{6.3-0.5}{5.5-0.5} = 1.16$$

色谱柱材料不变时，分离因子 α 不变，所以

$$n_{\text{eff需要}} = 16R^2\left(\frac{\alpha}{\alpha-1}\right)^2 = 16\times1.5^2\times\left(\frac{1.16}{1.16-1}\right)^2 = 1892$$

已知

$$n_{\text{eff}} = 16R^2\left(\frac{\alpha}{\alpha-1}\right)^2$$

并且

$$n = \frac{L}{H}$$

色谱柱材料不变时，H 不变，所以

$$\frac{n_{\text{eff原来}}}{n_{\text{eff需要}}} = \left(\frac{R_{\text{原来}}}{R_{\text{需要}}}\right)^2 = \frac{L_{\text{原来}}}{L_{\text{需要}}}$$

由题意可以计算

$$R_{\text{原来}} = \frac{t_{R_2}-t_{R_1}}{\frac{1}{2}(W_1+W_2)} = \frac{6.3-5.5}{1.0} = 0.8$$

所以

$$L_{\text{需要}} = 1\times\left(\frac{1.5}{0.8}\right)^2 = 3.5(\text{m})$$

17.5　色谱定性分析

色谱定性分析就是要确定混合样品色谱图中某个或每个色谱峰是什么化合物，进而确定样品的组成。显然，定性分析是定量分析的前提。在色谱分析中，一定色谱条件下，任何化合物都有确定的保留值，因此可以与已知纯化合物的保留值对照进行定性分析。这种做法只能针对组成基本已知的样品。对于组成完全未知的样品，可能存在不同化合物具有相同或相似保留值的情况，即保留值定性分析能力有限，需要结合其他方法或技术提高定性分析能力。下面介绍几种常用的色谱定性分析方法。

17.5.1　保留值定性分析

利用保留值进行定性分析是色谱法最基本和最常用的方法，其理论依据是相同色谱条件下，相同的化合物具有相同的色谱保留值。需要注意的是，在色谱柱中，不同的化合物，特别是结构相似的化合物，可能具有相同或相似的保留值，即色谱保留值缺乏典型的分子结构特征，只能鉴定已知物，而不能鉴定未知的新化合物。

　　根据保留时间等保留值进行定性分析时，需用已知化合物为标样，且严格控制色谱条件，即在同样的色谱条件下，用已知化合物与样品中的色谱峰保留值进行对照定性，或者将已知化合物加入样品中，观察某色谱峰的增高以进行定性分析。为了提高定性分析能力，也可以变换色谱柱，再次与已知化合物标样的保留值进行对照，以提高定性分析的可靠性。

17.5.2　经验规律和文献值定性分析

　　用经验规律和文献值进行定性分析是传统的色谱定性分析方法，比较适合于实验室没有被测组分标准品的情况。

　　碳数规律是色谱的经验规律之一，即在一定温度下，同系物的调整保留时间的对数与分子中碳数呈线性关系，即

$$\lg t_R' = An + C(n \geqslant 3) \tag{17-31}$$

　　在一定的色谱条件下，用已知两种或多种同系物进行色谱分离，获得各自的调整保留时间，代入式(17-31)，求出常数 A 和 C。再将被测组分的调整保留时间代入式(17-31)，求出其碳数，从而实现定性分析。

　　相对保留值是一种文献值定性分析依据，即在文献中查找合适的基准物 s，在指定的色谱条件下，对被测组分 i 和基准物 s 进行色谱分析后，以其调整保留值计算其相对保留值 $r_{i,s}$。相对保留值 $r_{i,s}$ 只与固定液、柱温有关，因此可以查表对照进行定性分析。

　　保留指数 I 是一种重现性很好的定性参数，又称为科瓦茨(Kováts)指数。保留指数定性分析方法是先查阅文献，选定固定相和柱温等色谱条件，以一系列正构烷烃为基准物，规定正构烷烃的保留指数为其碳数乘以 100，被测组分的保留指数采用与其相近的相差一个碳数的两个正构烷烃的保留值进行计算得到：

$$I_x = 100 \left[Z + \frac{\lg t_{R(x)}' - \lg t_{R(Z)}'}{\lg t_{R(Z+1)}' - \lg t_{R(Z)}'} \right] \tag{17-32}$$

式中，Z 和 $Z+1$ 分别为两个正构烷烃的碳数，且碳数较多的正构烷烃的保留时间较长。将得到的保留指数 I 与文献值对照进行定性分析，以鉴定未知组分。

17.5.3　色谱-波谱联用法定性分析

　　色谱-波谱联用法综合了色谱法和波谱法的优势，即色谱分离的高选择性和波谱法丰富的结构信息、高灵敏度，克服了色谱法保留值定性能力弱及波谱法对物质纯度要求高的缺点，在色谱定性分析及定量分析中广泛应用，已成为当前最有效的复杂混合物成分分离、鉴定的方法。其中，发展最早、联用技术最成熟和应用最广泛的是色谱-质谱(MS)联用仪器，如气相色谱-质谱(GC-MS)联用仪、高效液相色谱-质谱(HPLC-MS)联用仪已经成为化学及其相关学科如生物、医学、环境、食品、药学、材料、化工、地矿等的常规分析仪器，用于解决相关的科研及生产中的定性、定量分析问题。此外，色谱-傅里叶变换红外光谱(FTIR)、色谱-核磁共振波谱(NMR)、色谱-发射光谱联用仪等均已商品化，并得到了广泛的应用。

　　综上所述，保留值定性分析是色谱最简便的定性分析方法，但色谱与其他分析方法结合的联机定性分析才能更准确地判断某组分的存在，即多种方法联合定性分析可大大提高色谱法定性分析的可靠性。

17.6　色谱定量分析

在分析化学中，色谱法是最实用、应用最广泛的分析方法，已经成为环境、食品、生物、医药、化工和地矿等领域的标准方法。特别是色谱-波谱联用法具有操作简便快速、选择性好、灵敏度和准确度高的优点。

17.6.1　定量分析依据

色谱定量分析的依据是色谱峰的峰高或峰面积，即在一定实验条件下，组分的量 m_i(质量或体积)或浓度与色谱检测器的峰高 h_i 或峰面积 A_i 响应信号值成正比。其表达式为

$$m_i = f_{i(\text{峰面积})} A_i \text{ 或 } m_i = f_{i(\text{峰高})} h_i \tag{17-33}$$

式中，f_i 为绝对定量校正因子，其含义是指单位峰面积(或单位峰高)代表的组分的量(质量或体积)或浓度。

为了获得准确可靠的定量分析结果，必须准确测定峰面积或峰高，准确求出绝对定量校正因子 f_i，并采用合适的定量分析方法将被测组分的峰面积或峰高换算为该组分在样品中的含量或浓度。

如果以峰高进行定量分析，在样品和标样的平行分析时，必须严格控制柱温、流动相流速、进样速度等色谱操作条件以不改变峰宽，才能获得准确的峰高测定结果。而操作条件对峰面积的影响比峰高小。一般保留值小、峰宽窄且难以准确测量的组分可用峰高进行定量分析。峰面积可以根据一定的公式计算获得。例如，对于对称色谱峰，可以用峰高与半峰宽的乘积计算峰面积。当前的色谱仪一般采用电子积分仪或工作站进行数据处理，可以直接读取峰面积。因此，大多数情况下，都是以峰面积进行定量分析，具有较高的准确度。

绝对定量校正因子 f_i 主要由仪器灵敏度决定，并随着实验条件的改变而变化，不易准确测定，无法直接获得，应用受到限制。因此，在色谱分析中，常使用相对校正因子 f_i'，即组分 i 与标准物质 s 的绝对定量校正因子之比：

$$f_i' = \frac{f_i}{f_s} = \frac{m_i/A_i}{m_s/A_s} = \frac{m_i A_s}{m_s A_i} \tag{17-34}$$

各种化合物的相对校正因子可以在色谱手册中查找获得，文献查得的校正因子通常是相对校正因子。需要注意的是，相对校正因子的大小除了与标准物质 s 有关，还与检测器类型有关。通常，对于不同的检测器，常用不同的标准物质获得相对校正因子。例如，在气相色谱中，热导检测器用苯、火焰离子化检测器用正庚烷等为标准物质。此外，相对校正因子与色谱分离条件无关，即柱温、载气流速、固定相性质等不影响相对校正因子的大小。

因为使用的计量单位不同，相对校正因子分为质量校正因子、体积校正因子和摩尔校正因子等，根据实际情况进行选择。

如果查找不到所需要的相对校正因子，可以通过实验自行测得。其测定方法是将被测组分的标准品与标准物质按比例进行混合，通常按照 1∶1 的质量比、体积比或摩尔比混合，然后在被测组分检测的线性范围内，以一定色谱实验条件进行进样分析，以各自的峰面积或峰高计算相对校正因子。

17.6.2　定量分析方法

1. 外标法

外标法是指利用被测组分标准溶液的峰面积或峰高与其浓度之间的线性关系进行定量分

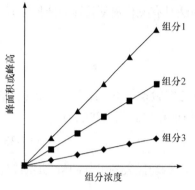

图 17-12　外标法的标准曲线

析的方法，常称为标准曲线法。

外标法的做法是配制一系列组成与样品相近的标准溶液，在一定的色谱条件下，分别进样分析，以各标准溶液色谱图中被测组分的峰面积或峰高与其对应的浓度或量拟合线性关系，获得标准曲线。以相同色谱条件下样品中被测组分的峰面积或峰高代入标准曲线，可求出其浓度或量。如图 17-12 所示，可以进行多种被测组分的混合标准溶液测试，以获得各自的标准曲线。

外标法是绝对定量校正法，操作简便、计算简单、应用广泛，而且无需测定校正因子，适合进行大批量样品分析。但标样与被测组分应为同一物质，需要准确定量进样，流动相流速、柱温等其他实验条件也需要严格控制，因为实验条件的稳定性对定量结果影响很大。同时，标准曲线需要经常重复校正，以保证更高的准确度。

当样品中被测组分浓度变化不大时，可以不用制作标准曲线，而用单点校正法。配制与样品中被测组分含量十分接近的标准溶液，定量进样分析，根据样品中被测组分和标准溶液中被测组分的峰面积比或峰高比进行浓度或量的计算。

值得注意的是，对于组成简单的样品，可以用标准溶液制作的标准曲线进行定量分析。而对于组成复杂的实际样品，需要考虑样品基质的影响，即采用空白样品加标的方法制作校准曲线进行定量分析，以提高分析结果的准确度。

2. 内标法

内标法是指在被测样品中加入内标物，根据被测组分和内标物的峰面积或峰高进行定量分析的方法。当样品中的各组分不全部出峰或只分析一种或几种能够出峰的组分时，可以采用内标法。

内标法的原理可以用以下公式的推导表示。

对于被测组分 i，已知

$$m_i = f_i A_i$$

对于内标物 s，已知

$$m_s = f_s A_s$$

两式相除，得

$$\frac{m_i}{m_s} = \frac{f_i A_i}{f_s A_s}$$

即

$$m_i = \frac{f_i A_i}{f_s A_s} \times m_s = f_i' \times \frac{A_i}{A_s} \times m_s$$

则被测组分的含量为

$$c_i = \frac{m_i}{m} \times 100\% = \frac{m_s}{m} \times f_i' \times \frac{A_i}{A_s} \times 100\% \tag{17-35}$$

式中，c_i 为被测样品中被测组分的含量；m_i、m_s 和 m 分别为被测组分、内标物和被测样品的质量；A_i 和 A_s 分别为被测样品中被测组分和内标物的峰面积；f_i' 为被测组分相对于内标物的相对定量校正因子。

内标法中内标物的选择十分重要，对内标物的一般要求是：①纯度高，样品中不含有该物质；②与被测组分性质相近；③不与样品组分发生化学反应；④出峰位置位于被测组分附近或几个被测组分峰之间，且相互基线分离，无组分峰干扰。

内标法是相对定量校正法，在一定程度上消除了进样量、流动相流速等实验条件变化而引起的误差。因此，内标法的优点是定量分析结果准确度高，不需定量进样，特别适用于测定含量差别很大的各组分，以及除被测组分外其他组分未能洗出或在检测器上没有响应的样品，应用广泛。但是，内标法操作较为复杂和费时，不适用于大批量样品的快速分析。而且，对于复杂的样品，寻找合适的内标物比较困难。

在实际应用中，可以采用内标法直接计算结果，即通过 m_s、m、f_i' 和 A_i、A_s 计算得出 c_i。也可以用校准曲线法进行定量，即以 A_i/A_s 对 c_i 进行拟合，绘制校准曲线。相对于外标法，内标法采用 A_i/A_s 代替 A_i，在一定程度上消除了进样量等色谱条件的影响，提高了定量分析的准确度。

3. 归一化法

归一化法是样品中所有组分都能流出色谱柱，且在检测器上都能产生相应的色谱峰响应的一种色谱常用的定量分析方法。

对于有 n 个组分的样品，每个组分的质量分别为 m_1、m_2、$\cdots$、m_n，各组分加和总量即为样品质量 m。在归一化法中，组分 i 的含量 c_i 为

$$c_i = \frac{m_i}{m_1 + m_2 + \cdots + m_n} \times 100\% = \frac{f_i' A_i}{f_1' A_1 + f_2' A_2 + \cdots + f_n' A_n} \times 100\% \tag{17-36}$$

显然，归一化法是将所有组分的峰面积分别乘以其相对校正因子后求和，即进行"归一"而进行定量分析。归一化法的优点是准确度高，进样量和流动相流速等色谱条件的改变对分析结果的影响较小，不必称样和准确定量进样，适用于多组分样品中多组分的同时定量分析。需要注意的是，归一化定量分析的前提是样品中所有组分都出峰且能够基线分离。

在实际工作中，对于同系物中沸点等性质类似的组分，其相对校正因子相近，可以用未校正的峰面积归一化法，即不考虑相对校正因子，直接用各组分的峰面积"归一"测定各组分的相对近似含量。

思考题和习题

1. 色谱法有哪些分类方法？

2. 与其他分析化学方法相比，色谱法有哪些优缺点？

3. 色谱定性分析和定量分析的依据分别是什么？

4. 如何理解调整保留时间、相对保留值和选择性因子的意义？

5. 试详细说明一张色谱图能够反映出样品的哪些信息。

6. 试述塔板理论和速率理论的基本原理，并说明两者之间的区别与联系，以及它们在色谱分离中的应用。

7. 在色谱分离过程中，影响不同组分的差速迁移和相同组分的区带展宽的因素分别是什么？如何理解两者之间的关系？

8. 试阐述分离度 R 的含义，其影响因素有哪些？定量分析中，相邻组分基线分离的条件是什么？

9. 色谱定性分析方法有哪些？各有什么优缺点？

10. 根据色谱保留值为什么难以对未知结构的新化合物进行定性分析？

11. 色谱定量分析方法有哪些？各有什么优缺点？

12. 在一定色谱条件下，对两组分 A 和 B 的混合物进行分离分析，死时间为 2 min，组分 A 的保留时间为 6.0 min，组分 B 的保留时间为 8.0 min，试计算：

(1) 组分 A 和组分 B 的调整保留时间。

(2) 组分 A 和组分 B 的分配比。

(3) 组分 A 和组分 B 的选择性因子。

13. 用液相色谱法分析咖啡因组分时，色谱分离柱长为 25 cm，死时间为 2 min，咖啡因的保留时间为 4.8 min，半峰宽为 0.2 min，试计算：

(1) 色谱柱对咖啡因的理论塔板数 n 和有效理论塔板数 n_{eff}。

(2) 每米柱长的理论塔板数。

(3) 色谱柱对咖啡因的理论塔板高度 H，有效理论塔板高度 H_{eff}。

14. 在柱长为 30 m 的气相色谱柱上分离乙酸乙酯和乙醇，其保留时间分别为 0.8 min 和 0.85 min，色谱峰底宽分别为 0.04 min 和 0.05 min，死时间为 0.20 min。试计算：

(1) 色谱柱的平均理论塔板数 n 和平均有效塔板数 n_{eff}，以及平均理论塔板高度 H 和平均有效塔板高度 H_{eff}。

(2) 两组分的分离度 R。

(3) 如果需要实现两组分的基线分离，色谱柱长至少应该是多少？

15. 用归一化法测定某石油样品中 C_8 芳烃馏分中各组分的含量，各组分的色谱峰面积和定量校正因子如下：

参数	被测组分			
	乙苯	对二甲苯	邻二甲苯	间二甲苯
峰面积/mm²	120	52	80	95
f'	0.95	1.00	0.93	0.96

求该样品中各组分的含量。

第18章　气相色谱法

气相色谱法是指以气体为流动相的色谱分析方法。

1941 年，马丁和辛格建立了液液分配色谱法，在此基础上又提出了以气体为流动相的设想，并开始了相关的研究工作。1952 年，马丁和詹姆斯创建了气液色谱法，并提出了气相色谱的塔板理论。1956 年，范第姆特等建立了气相色谱的速率理论，奠定了气相色谱的理论基础。同年，戈莱(Golay)发明了毛细管气相色谱柱，有效提升了气相色谱的分离柱效。此时，一些高性能的气相色谱检测器的发明加速了气相色谱法的快速发展和应用。

气相色谱中采用气体为流动相，黏度小，阻力小，气体的扩散系数大，因此组分在两相间的传质速率快，有利于高效快速分离。在分离过程中，气体流动相对于组分的相互作用较弱，组分的分离主要基于溶质与固定相作用，因此色谱分离柱是气相色谱分离的重要因素。

根据固定相状态的不同，气相色谱分为两类：

(1) 气固吸附色谱：固定相为多孔性固体吸附剂，其分离的原理主要是基于固体吸附剂对组分吸附能力的差异，主要分离一些永久性气体和低沸点化合物。

(2) 气液分配色谱：用高沸点的有机化合物固定在惰性载体上形成的液膜作为固定相，其分离的原理主要是基于固定相对组分的溶解能力的差异。该色谱法可供选择的固定液种类多、选择性较好，因此应用广泛。

经过半个多世纪的发展，气相色谱法的理论逐渐成熟，仪器趋于完善，特别是高选择性的色谱柱和高灵敏度检测器的研制、计算机化以及与其他仪器的联用等，使得现代气相色谱仪器实现了自动化、微型化、智能化和信息化，在生物、食品、环境、医药和化工等领域得到广泛的应用。

气相色谱法的优点是分离选择性好、柱效高、速度快、检测灵敏度高、样品用量少、应用范围广等，是多组分混合物分离分析最常用的方法之一，特别是在石油化工、环境科学、医学、农业、生物化学、食品科学和生物工程等领域得到广泛应用。

气相色谱法的局限主要是在没有纯标样时，对样品中未知物的定性和定量分析较为困难，往往需要与红外光谱、质谱等波谱分析仪器联用。同时，对于沸点高、热稳定性差、腐蚀性和反应活性较强的物质，用气相色谱分析比较困难，往往需要将其衍生化而转化为沸点低的化合物，再进行气相色谱分离分析，以扩大该方法的应用范围。

18.1　气相色谱仪

18.1.1　气相色谱仪的工作流程

气相色谱仪的基本工作流程如图 18-1 所示。在一定的色谱条件下，将待分析样品溶液进样，在载气的推动下，样品组分在色谱柱中实现相互之间的分离，依据固定相作用力大小的不同，先后被洗脱的组分在检测器中产生各自的响应信号，然后进行数据的收集、处理和输出，完成色谱分离分析。

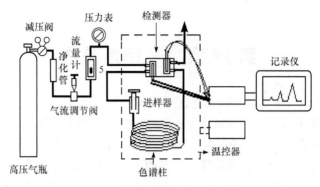

图 18-1　气相色谱仪的工作流程

18.1.2　气相色谱仪的基本构成

根据仪器的结构、功能或用途不同，气相色谱仪有多种类型。商品化的气相色谱仪主要有填充柱、毛细管柱和制备气相色谱仪三种。有些气相色谱仪兼具填充柱和毛细管柱或分析和制备多种功能。

气相色谱仪的基本构成主要有气路系统、进样系统、分离系统、检测系统和温控系统，如图 18-2 所示。

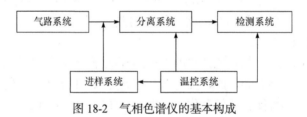

图 18-2　气相色谱仪的基本构成

1. 气路系统

气相色谱仪的气路系统是一个载气连续运行的管路高气密性的气体运行系统，一般由高压气瓶、净化器、气体流速控制和指示装置等组成。气路系统的气密性、载气流速的稳定性和流量测定的准确性等都是影响气相色谱检测的重要因素。

气相色谱常用的载气有高纯氢气、氮气、氦气和氩气，一般由高压气瓶储存和供给，其中氢气和氮气也可由气体发生器提供。载气主要根据检测器的种类和柱效的要求进行选择。例如，氢气和氦气的相对分子质量小，热导率大，黏度小，适合于热导检测器，有利于提高其检测灵敏度和分析速度。

载气要经过装填有活性炭、分子筛等材料的净化装置，以除去水分、氧气及烃类杂质。载气的纯度、流速大小及稳定性直接影响分离柱效、检测器的灵敏度及仪器的运行稳定性，是获得色谱定性、定量分析可靠结果的重要条件。通常用稳压阀和稳流阀串联组合以很好地调节和稳定载气流速，或者用电子压力控制器或电子流量控制器提高仪器稳定性及定性、定量分析结果的准确度。

2. 进样系统

进样系统是指将气体或液体样品注入色谱系统，瞬间气化并快速定量转入色谱柱的装置，包括进样器和气化室两部分。

1) 进样器

常用的进样器有微量注射器和六通阀。

如图 18-3 所示，用微量注射器吸取一定量的样品快速注射进行分离，这是该类进样器的关键技术。用微量注射器量取微量样品时误差大，因此不适合外标法定量，一般采用内标法进行准确定量。

旋转式六通阀进样器的结构和进样操作见图 18-4。六通阀由不锈钢制成，有取样和进样两个状态。图 18-4(a)显示六通阀的取样状态，图 18-4(b)显示六通阀的进样状态，通过两个状态的转换实现准确进样。

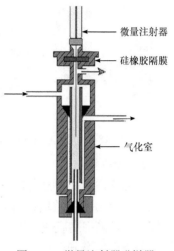

图 18-3　微量注射器进样器

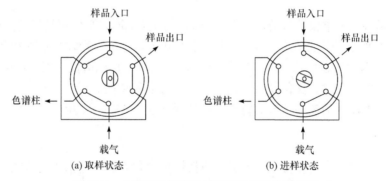

(a) 取样状态　　　　　　(b) 进样状态

图 18-4　六通阀进样器的结构和进样操作示意图

毛细管柱的柱容量小，进样量太多会造成色谱柱过载，一般需要对样品进行分流，即毛细管气相色谱仪的进样系统有分流装置，以放空部分样品，只有 $10^{-3} \sim 10^{-2}$ μL 样品进入毛细管柱。

2) 气化室

气化室通常由不锈钢管制成，管外缠绕加热丝，以实现注入样品的快速高温气化。为了使样品溶液能够瞬间气化而不分解，要求气化室热容量大，无催化效应。同时，为了降低进样柱外效应，气化室死体积应尽可能小。

另外，现代色谱仪通常采用自动进样器，以实现快速、准确和自动化、程序化的色谱分离分析。

3. 分离系统

分离系统的主要部件是色谱柱，它是气相色谱仪的心脏，安装在控温的柱箱内。

气相色谱分离柱分为填充柱和毛细管柱两种，如图 18-5 所示。

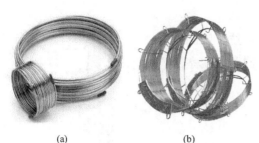

图 18-5　填充柱(a)和毛细管柱(b)

1) 填充柱

填充柱由不锈钢、聚四氟乙烯或玻璃材料制成，内装填固体吸附剂或涂有固定液的载体为固定相，一般内径为 2~4 mm，长 1~10 m，有 U 形和螺旋形等形状。填充柱的柱效不高，通常为 10^3 数量级，柱容量一般为 10~1000 μg，可以用于色谱分析，也可以用于色谱制备。

2) 毛细管柱

毛细管柱是一种分离效率很高的色谱柱，又称为空心柱，一般内径为 0.2~0.5 mm，长 10~100 m，由不锈钢、玻璃或石英材料制成，内壁涂敷或化学键合固定液，塔板数可达 10^6；渗透性好，可以采用高速载气进行快速分离；柱容量较小，为 0.1~50 μg。因此，毛细管柱是最常用的分析型色谱分离柱。

气相色谱固定相材料是决定分离效能的关键因素，具体描述参见 18.2 节的内容。

4. 检测系统

检测系统是气相色谱仪信号响应、处理和输出的重要部件，其作用是将色谱柱分离洗脱的各个组分的量转换为便于记录的信号，以进行定性和定量分析，其结构主要包括检测器、放大器、记录仪、数字积分仪和色谱工作站等。现代色谱工作站是色谱仪专用计算机系统，还具有色谱操作条件选择、控制、优化及自动化、智能化等多种功能。

气相色谱检测器种类较多，各有特点，具体描述参见 18.3 节的内容。

5. 温控系统

温度是气相色谱分析的重要操作参数，直接影响气化效率、色谱柱的分离选择性和柱效、检测器的灵敏度和稳定性等。温控系统由热敏元件、温度控制器和指示器等组成，用于控制和指示气化室、色谱柱和检测器的温度。

18.2　气相色谱固定相

色谱柱中的固定相对组分的分离起着关键的作用，直接影响分离的选择性。气相色谱的固定相主要有气固色谱的固体固定相和气液色谱的液体固定相。

18.2.1　气固色谱固定相

气固色谱的固定相通常是一些多孔的、大比表面积的固体颗粒吸附剂，有硅胶和活性炭等固体吸附剂、人工合成的高分子多孔微球和化学键合固定相等。以固体固定相为分离介质的气固色谱一般用于分离分析永久性气体(H_2、N_2、CO、CO_2、N_2O)、惰性气体(He、Ne、Ar、Kr、Xe)、低沸点有机化合物(C_1~C_4烃类)、几何异构体或强极性物质等。

1. 固体吸附剂

常用的固体吸附剂有硅胶、活性炭、氧化铝、分子筛和石墨化炭黑等，表 18-1 列出了常用的固体固定相及其吸附性能。固体吸附剂为多孔性固体颗粒材料，具有很大的比表面积和较密集的吸附活性点，其吸附性能通常受预处理方法、操作条件等因素影响，重复性较差，特别是色谱峰会因进样量加大而拖尾变形，保留值随进样量变化，因此要求进样量很小。石墨化炭黑材料表面结构相对比较均匀，色谱分离性能有所改善，可以分离极性化合物，而不产生拖尾现象。

表 18-1　常用的固体吸附剂及其吸附性能

吸附剂	主要化学成分	最高使用温度/℃	性质	活化方法	分离对象
硅胶	$SiO_2 \cdot nH_2O$	<400	氢键型	商品色谱用硅胶，200℃活化	分离永久性气体及低级烃
活性炭	C	<300	非极性	商品色谱用活性炭，105℃活化 4 h	分离永久性气体及低沸点烃类，不适合分离极性化合物
氧化铝	Al_2O_3	<400	弱极性	200～1000℃活化	分离烃类及有机异构体，低温下可分离氢的同位素
分子筛	$xMO \cdot yAl_2O_3 \cdot zSiO_2 \cdot nH_2O$	<400	极性	350～550℃活化 3～4 h 或 350℃真空活化 2 h	分离永久性气体及惰性气体
石墨化炭黑	C	>500	非极性	同活性炭	分离气体及烃类

2. 高分子多孔微球

高分子多孔微球聚合物是气固色谱中广泛应用的固定相，主要以苯乙烯和二乙烯基苯为单体交联共聚制备，也可以引入不同极性的基团以合成具有一定极性的聚合物。

高分子多孔微球固定相的特点是：

(1) 适用性广，可以用作气固色谱固定相，也可以用作气液色谱载体。

(2) 分离选择性高，具有疏水性能，对水的保留能力比绝大多数有机化合物小，因此适用于有机化合物中微量水或痕量水的测定，也可用于多元醇、脂肪酸、腈类和胺类等极性化合物的测定。

(3) 热稳定性好，可以在 250℃以上长期使用。

(4) 粒度均匀，机械强度高、不易破碎，寿命长。

(5) 耐腐蚀，可用于 HCl、NH_3、Cl_2、SO_2 等腐蚀性物质的色谱分析。

3. 化学键合固定相

化学键合固定相一般采用硅胶为基质，利用硅胶表面的硅羟基与有机试剂的化学键合合成。化学键合固定相特点突出，应用性广，如结构稳定、寿命长；耐高温、使用温度范围宽；传质速率快；耐溶剂，适用于流动相的高流速且柱效高。目前，化学键合固定相不仅常用于气相色谱，而且更广泛地应用于高效液相色谱。

18.2.2　气液色谱固定相

气液色谱固定相包括载体和固定液两部分。

1. 载体

用于气液色谱固定相的载体是化学惰性、多孔的固体颗粒，又称为担体。载体的作用是提供大的惰性表面，使固定液能在其表面上形成一层薄而均匀的液膜。

对载体的具体要求如下：

(1) 多孔性，即具有足够大的比表面积。

(2) 化学惰性，即表面没有活性，不与样品组分发生化学反应，也无吸附性、无催化性。

(3) 具有较好的浸润性。

(4) 具有良好的热稳定性。

(5) 颗粒细小、接近球形，粒度均匀。

(6) 具有一定的机械强度，即固定相在制备和填充过程中不易粉碎。

按化学成分不同，可以将载体分为硅藻土型载体和非硅藻土型载体两大类。

硅藻土型载体是由天然硅藻土煅烧而成，有红色硅藻土和白色硅藻土两种。

红色硅藻土载体是由天然硅藻土与黏合剂在 900℃煅烧后得到。由于含有氧化铁，材料呈现红色。其结构紧密，机械强度好，并且表面孔穴密集，孔径较小，比表面积大，能负荷较多的固定液，但表面存在活性吸附中心，造成极性固定液分布不均匀，适用于非极性及弱极性组分的分离分析。

白色硅藻土载体是由天然硅藻土与少量碳酸钠助熔剂在 1100℃左右混合煅烧而成。其中的氧化铁与碳酸钠在高温下生成无色的碳酸钠铁盐而呈现白色。其结构疏松，强度较差，载体孔径大，比表面积小，能负荷的固定液少。但是其表面活性降低，吸附性和催化性弱，适用于极性组分的分离分析。

硅藻土型载体的表面具有细孔结构，而且含有—Si—OH、$\diagup$Al—O—等基团，故载体表面具有吸附活性和催化活性，涂覆固定液时使固定液分布不均匀，而且极性组分分离时会产生载体和组分的相互作用，从而使得色谱峰拖尾，甚至产生不可逆吸附。因此，在涂渍固定液之前，需要对载体进行预处理，使其表面钝化，降低其吸附性，避免拖尾现象，提高分离柱效。

常用的预处理方法是酸洗、碱洗或硅烷化。酸洗和碱洗是分别用浓盐酸和氢氧化钾甲醇溶液浸泡，除去载体表面的铁、铝等金属氧化物或氧化铝等酸性杂质，降低吸附性能。硅烷化是用硅烷化试剂与载体表面的硅醇、硅醚等基团反应，消除载体表面的硅醇基，避免生成氢键，使表面钝化。常用的硅烷化试剂有二甲基二氯硅烷和六甲基二硅烷胺。硅烷化硅藻土型载体适用于水、醇、胺类等易形成氢键物质的分离。

非硅藻土型载体主要包括聚四氟乙烯、聚三氟乙烯及玻璃微球。这类载体主要应用于强极性腐蚀性化合物等特殊物质的分离。

2. 固定液

固定液是指气液色谱分离柱中的液体固定相，通常是高沸点的有机化合物。与固体固定相相比，固定液有很多优点。例如，溶质在气液两相间的分布等温线大多是线性的，色谱峰对称性好，保留值重现性好。而且，固定液的种类繁多，使用温度范围宽，选择余地大，适用范围广，还可以通过改变固定液的用量调节固定液的液膜厚度，改善传质，以获得高柱效，并且固定液色谱柱的寿命长。

1) 对固定液的基本要求

(1) 热稳定性和化学稳定性好，在操作温度下不发生热聚合、热分解或氧化等反应，也不与样品或载气发生不可逆的化学反应。

(2) 对组分有适当的溶解度和良好的分离选择性，即固定液对组分具有一定的作用力，且使各组分的分配系数有一定的差异。

(3) 黏度和凝固点低，在载体表面均匀分布，柱效高。

(4) 挥发性小，在操作温度下有较低的蒸气压，保证固定液的最高使用温度高，防止固定液流失。

(5) 润湿性好，固定液能均匀地涂渍在载体表面或毛细管柱内壁。

2) 固定液与组分的相互作用

气液色谱的分离机理是基于固定液与组分分子间的相互作用，如色散力、诱导力、静电力、氢键及其他特殊作用力。固定液和组分的分子结构特征决定它们之间相互作用力的类型和强弱，而这些作用力的大小决定组分分配比的大小，即保留的强弱，从而决定不同组分之间的分离状况。因此，固定液的选择对于气液色谱十分重要。

3) 固定液的分类

目前，固定液有上千种，具有不同的组成、性质和用途。可以根据固定液的化学结构和极性进行分类，便于色谱分离的选择应用。

(1) 按固定液的相对极性分类。

极性是固定液最重要的分离特性，通常用相对极性表示，即以角鲨烷的相对极性为 0，β, β'-氧二丙腈固定液的相对极性为 100，选择苯-环己烷或正丁烷-丁二烯作为测定对象，分别测得它们在上述两种固定液及被测固定液上的相对保留值。

被测固定液的相对极性 P_x 表示为

$$P_x = 100 - 100 \frac{q_1 - q_x}{q_1 - q_2} \tag{18-1}$$

式中，1 为 β, β'-氧二丙腈；2 为角鲨烷；q 为相对保留值对数，其表达式如下：

$$q = \lg \frac{t'_{R, \text{苯}}}{t'_{R, \text{环己烷}}} \text{或} q = \lg \frac{t'_{R, \text{丁二烯}}}{t'_{R, \text{正丁烷}}} \tag{18-2}$$

如此测定，各种固定液的相对极性 P_x 均为 0～100。为便于选择应用，以每 20 个相对极性单位为一级，用 "+" 表示，将相对极性分为 5 级。相对极性级别为 0、+1 的为非极性固定液，+1、+2 为弱极性固定液，+3 为中等极性固定液，+4、+5 为强极性固定液。表 18-2 列出常用固定液的相对极性。

表 18-2　常用固定液的相对极性

固定液	相对极性	级别	固定液	相对极性	级别
角鲨烷	0	0	邻苯二甲酸二辛酯	28	+2
阿皮松	7～8	+1	聚苯醚 OS-124	45	+3
SE-30	13	+1	磷酸二甲酚酯	46	+3
DC-550	20	+2	XE-60	52	+3
己二酸二辛酯	21	+2	新戊二醇丁二酸聚酯	58	+3
邻苯二甲酸二壬酯	25	+2	PEG-20M	68	+3

续表

固定液	相对极性	级别	固定液	相对极性	级别
PEG-600	74	+4	双甘油	89	+5
己二酸聚乙二醇酯	72	+4	TCEP	98	+5
己二酸二乙二醇酯	80	+4	β, β'-氧二丙腈	100	+5

以相对极性对固定液进行分类，方法简单，便于应用。但是，仅用苯-环己烷或正丁烷-丁二烯为测定标准物质，只能反映分离过程的色散力和诱导力，没有体现出固定液与组分分子间的其他作用力，对固定液的这种评价方法不够全面。因此，新的评价方法相继产生，其中比较有应用价值的是麦氏常数，即以苯、正丁醇、2-戊醇、1-硝基丙烷和吡啶等不同极性化合物为评价标准物质测定麦氏常数，数据更为客观、全面。

(2) 按固定液的化学结构分类。

以化学结构对固定液进行分类更直观，也便于固定液的选择。

烃类固定液包括烷烃、芳烃及其聚合物，属于非极性和弱极性固定液，其中角鲨烷是极性最小的固定液。

醇和聚醇类是易形成氢键的强极性固定液，主要用于分离各种极性化合物，其中使用最多的是聚乙二醇及其衍生物。

酯和聚酯类固定液对醚、酯、酮、硫醇、硫醚等有较强的保留能力。聚酯由多元酸和多元醇反应制备，常用的有邻苯二甲酸二壬酯(DNP)和丁二酸二乙二醇聚酯(DEGS)等。

聚硅氧烷类固定液中的聚二甲基硅氧烷在气相色谱中应用最广，热稳定性很高且液态温度范围很宽，在$-60 \sim 350℃$均为稳定的液态，对很多化合物具有很好的分离性能。

特殊选择性固定液对于难分离的化合物具有良好应用。例如，有机皂土对芳香族化合物异构体具有很好的分离选择性；液晶能够有效分离位置异构体尤其是空间异构体；一些手性固定液对于手性化合物具有特殊的分离性能。

4) 固定液的选择

固定液品种繁多，其选择还没有规律可循，通常是以"相似相溶"原则选择固定液，即选择与被分离组分的极性、官能团和化学键等化学性质相近的固定液，以获得适当的保留和有效的分离。

具体而言，针对不同的被测组分，可以做如下选择：

(1) 对于非极性组分，选择非极性固定液。此时，固定液与组分之间以色散力为主。各组分按照沸点从低到高依次出峰，即沸点越低的组分越早出峰。

(2) 对于中等极性组分，选择中等极性固定液。此时，固定液与组分之间存在诱导力和色散力。组分的沸点相差较大时，按照沸点从低到高的顺序出峰。如果沸点相同或相近，诱导力的作用使极性较大的组分保留强，较晚出峰，而极性越小的组分越早出峰。

(3) 对于强极性组分，选择极性固定液。此时，以静电力为主，按照极性从小到大的顺序出峰，即极性小的组分先出峰。

(4) 对于非极性组分和极性组分混合物，一般选择极性固定液。此时，非极性组分先出峰，极性组分后出峰。

(5) 对于易形成氢键的组分，选择氢键型或极性固定液。此时，不易形成氢键的组分先出峰，易形成氢键的组分后出峰。

(6) 对于复杂难分离样品，选择多种固定液混合或特殊固定液。此时，根据固定液和样品组成的实际情况判断出峰顺序。

以上依照"相似相溶"原则选择固定液只是经验性的做法，不一定能解决所有的色谱分离问题。实际分离中，还需要在文献调研的基础上，通过实验研究选择合适的固定液。

18.3　气相色谱检测器

在气相色谱仪中，检测器的作用是将色谱柱分离后的各组分按其物理或化学特性而呈现出相应的响应信号，从而进行定性、定量分析。

检测器的信号记录和输出方式有积分型和微分型。积分型信号是色谱柱分离后各组分浓度叠加的总和，色谱流出曲线为台阶形，曲线的每一台阶的高度正比于该组分的含量，这种色谱图不能显示保留时间，不方便进行定性分析。目前，气相色谱仪多采用微分型，即呈现的是各组分浓度随时间变化而变化的色谱峰，适用于定性、定量分析。

根据响应机理的不同，检测器分为浓度型和质量型两种。浓度型检测器测量的是组分的浓度随时间的变化，响应值与进入检测器的组分浓度成正比，如热导检测器和电子捕获检测器。浓度型检测器的信号强度与被测组分在载气中的浓度成正比，而峰面积与载气流速成反比，故应保持载气流速恒定。质量型检测器测量的是组分进入检测器速率的变化过程，即检测器的响应信号与单位时间内进入检测器的组分质量成正比，如火焰离子化检测器、氮磷检测器和火焰光度检测器等。质量型检测器的信号强度与被测组分在载气中的质量成正比，与浓度无关，故峰面积不受载气流速影响。

根据检测器对各类物质响应的差别，检测器分为通用型和选择型两类。通用型检测器对所有的物质均有响应，如热导检测器等。而选择型检测器只对某些物质有响应，如电子捕获检测器、火焰光度检测器和氮磷检测器等。

根据组分在检测器中是否被破坏，检测器又可以分为破坏型与非破坏型两类。前者有火焰离子化检测器、氮磷检测器和火焰光度检测器等，而热导检测器与电子捕获检测器属于后者。

18.3.1　检测器的主要性能指标

对检测器的基本要求是结构简单、灵敏度高、响应快速、稳定性好、检出限低和线性范围宽。通常用以下主要参数指标评价检测器的性能。

1. 灵敏度

气相色谱检测器的灵敏度定义为单位浓度或单位质量的物质通过检测器所产生的响应信号变化值，用 S 表示，即

$$S = \frac{\Delta R}{\Delta Q} \tag{18-3}$$

式中，ΔQ 为通过检测器的物质量的变化；ΔR 为响应信号的变化。灵敏度 S 的单位随检测器类型的不同而变化。

浓度型检测器的灵敏度(S_c)为每毫升载气中单位量(mL 或 mg)组分所产生的信号(mV)，其

计算式为

$$S_c / (mV \cdot mL \cdot mg^{-1}) = \frac{AC_1F_0}{C_2m} \qquad (18\text{-}4)$$

式中，A 为峰面积(cm^2)；C_1 为记录仪的灵敏度($mV \cdot cm^{-1}$)；F_0 为色谱柱出口处载气的流速($mL \cdot min^{-1}$)；C_2 为记录纸移动速度($cm \cdot min^{-1}$)；m 为进样量(mg 或 mL)；S_c 为灵敏度(对液体、固体样品单位为 $mV \cdot mL \cdot mg^{-1}$，对气体样品单位为 $mV \cdot mL \cdot mL^{-1}$)。

质量型检测器的灵敏度为每秒每克物质通过检测器时所产生的信号(mV)，其计算式为

$$S_m / (mV \cdot s \cdot g^{-1}) = \frac{60C_1A}{C_2m} \qquad (18\text{-}5)$$

式中，灵敏度 S_m 与载气流速无关。

2. 检出限

检出限定义为检测器产生能检定的信号(噪声的 3 倍)时，单位体积载气中物质的量(浓度型)或单位时间进入检测器的物质的量(质量型)，又称敏感度，用 D 表示，即

$$D = \frac{3R_N}{S} \qquad (18\text{-}6)$$

式中，R_N 为噪声信号(mV)；S 为灵敏度。检出限与灵敏度成反比，与噪声信号成正比。检出限越低，说明检测器性能越好，有利于痕量组分的分析。

3. 最小检出量和最小检出浓度

检测器的最小检出量为能产生 3 倍噪声信号时从色谱柱进入检测器的物质的量或浓度，用 Q 表示。

浓度型检测器的最小检出量 Q_c 为

$$Q_c = 1.065W_{1/2}F_cD_cC_2 \qquad (18\text{-}7)$$

式中，$W_{1/2}$ 为半峰宽；D_c 为检测器的浓度检出限。

质量型检测器的最小检出量 Q_m 为

$$Q_m = 60 \times 1.065W_{1/2}D_mC_2 \qquad (18\text{-}8)$$

式中，$W_{1/2}$ 为半峰宽；D_m 为检测器的质量检出限。

最小检出量 Q 与检出限 D 是两个不同的概念，检出限用来衡量检测器的性能，与检测器的灵敏度和噪声有关，而最小检出量不仅与检测器性能有关，还与色谱柱效及操作条件有关。

4. 线性范围

检测器的线性范围是指响应信号与被测组分浓度之间呈现线性关系的范围。不同检测器的线性范围有所不同。例如，热导检测器的线性范围跨度为 1.0×10^5，火焰离子化检测器的线性范围跨度为 1.0×10^7。同样，不同的组分在同一检测器中也有不同的线性范围。

5. 响应时间

检测器的响应时间是检测器对组分产生信号响应速度的性能指标。通常要求检测器能够快速且真实地对通过的组分浓度变化产生响应。因此，检测器的死体积要很小。

18.3.2　火焰离子化检测器

火焰离子化检测器(flame ionization detector，FID)是以氢气和空气燃烧的火焰作为能源，当含碳有机化合物进入火焰时，燃烧产生离子，在火焰的上下方放置一对电极，并施加一定电压，在外电场作用下，离子定向运动形成离子流，微弱的离子流经过高电阻，放大转换为电压信号被计算机数据处理系统记录下来，得到色谱峰。

1. 火焰离子化检测器的构成及工作原理

如图 18-6 所示，FID 的主体结构是一个不锈钢的离子室，由氢火焰石英喷嘴、环状发射极(又称为极化极)、筒状收集极、气体通道及金属外罩等部件组成。喷嘴附近有点火线圈，用于点燃火焰。在发射极和收集极之间加直流电压，形成电场。载气携带样品流出色谱柱后，与氢气混合进入喷嘴，空气从喷嘴四周导入点燃维持火焰的形成，样品随载气进入火焰发生离子化反应，产生正、负离子，在电场作用下，分别向阴、阳两极定性移动，形成离子流而产生电流，经放大后送入记录仪记录。

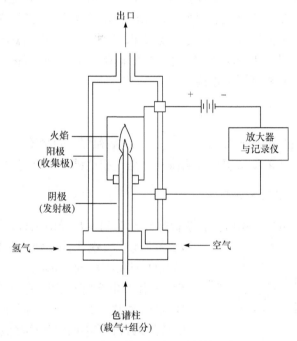

图 18-6　火焰离子化检测器结构示意图

火焰离子化的机理至今尚不完全清楚，普遍认为这是一个化学电离过程。例如，苯在高温火焰中发生了离子化反应：

$$C_6H_6 \longrightarrow 6CH \cdot$$

$$2CH \cdot + O_2 \longrightarrow 2CHO^+ + 2e^-$$

$$CHO^+ + H_2O \longrightarrow H_3O^+ + CO$$

从色谱柱洗脱出来的苯进入火焰后，在 2000~2200℃高温下形成自由基 $CH \cdot$，与激发态氧作用生成 CHO^+，燃烧后生成的大量水蒸气进而与 CHO^+ 反应形成较稳定的 H_3O^+，被电极接收，产生电信号。

2. 影响火焰离子化检测器灵敏度的因素

离子室的结构直接影响 FID 的灵敏度，如喷嘴材料及孔径大小、发射极与喷嘴的相对位置等。喷嘴一般用绝缘和惰性较好的石英、不锈钢、白金和陶瓷等材料制成，有机化合物不易在其表面沉积。喷嘴孔径较大时，线性范围宽，但灵敏度较低；喷嘴孔径较小时，离子化效率较高。喷嘴孔径一般为 0.2～0.6 mm。另外，发射极需位于喷嘴出口的平面中心，发射极如低于喷嘴则噪声增大，高于喷嘴则灵敏度明显下降。

FID 的操作条件也影响检测灵敏度，如载气、氢气、空气的流量比，以及放大器输入高阻的大小等。空气量加大有利于提高离子化效率，进而提高灵敏度，一般的流量比为 1：1：10。输入高阻大，灵敏度高，但噪声会增大。

3. 火焰离子化检测器的特点

火焰离子化检测器是一种质量型检测器，其优点是死体积小、响应快、线性范围宽、稳定性好，对含碳有机化合物的检测灵敏度很高，比热导检测器灵敏度高 10^2～10^4 倍，特别适合于毛细管气相色谱法。其缺点是样品检测后被破坏，无法收集组分，属于破坏型检测器；而且，FID 是一种选择型检测器，只对含碳有机化合物有响应，对永久性气体、水、CO、CO_2、氮氧化合物和 H_2S 等不含碳的物质没有响应。

18.3.3　热导检测器

热导检测器(thermal conductivity detector，TCD)是利用不同物质具有不同的导热系数，以热敏元件检测被测组分的浓度敏感型检测器，也是气相色谱中广泛应用的通用型检测器。

1. 热导检测器的构成及工作原理

热导池由池体和热敏元件组成，有双臂热导池和四臂热导池两种，常用的是四臂热导池。

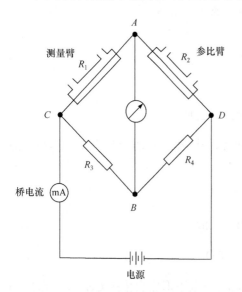

图 18-7　热导检测器结构示意图

热导池池体由铜块或不锈钢制成，内装的热敏元件是在四个大小相同、形状完全对称的孔道内装有长度、直径及电阻完全相同的铂丝或钨丝合金，且与池体绝缘。如图 18-7 所示，四个热敏元件组成了惠斯通电桥的四臂，其中两臂为样品测量臂(R_1，R_4)，另两臂为参比臂(R_2，R_3)。

当没有组分进入热导检测器时，只有载气通过，池内产生的热量与被载气带走的热量之间建立了热动态平衡，使测量臂和参比臂的热丝温度相同，两臂的电阻值也相同，根据电桥原理 $R_1 \times R_4 = R_2 \times R_3$，电桥处于平衡状态，无信号输出，记录仪显示的是一条平滑的直线，即基线。进样后，载气带动样品组分进入测量臂，而参比臂一直通入的是载气。此时，样品组分和载气混合气体与载气的导热系数不同，测量臂的温度发生变化，热丝的电阻值也随之变化，导致参比臂和测量臂的电阻值不相等，$R_1 \times R_4 \neq R_2 \times R_3$，电桥平衡被破坏，产生输出信号。当组分完全通过测量臂后，电桥又恢复平衡状态，如此，记录仪上获得了样品组分的色谱峰。显然，样品组分和载气混合气体与纯载气的导热系数相差越大，输出信号就越大。

2. 影响热导检测器灵敏度的因素

影响热导检测器灵敏度的主要因素是桥电流、池体温度和载气的种类等。

桥电流增加时，热敏元件的温度升高，从而增大了热敏元件与池体之间的温度差，则检测灵敏度增大。但桥电流太大会使噪声加大，引起基线不稳，甚至烧坏热敏元件。一般是在满足灵敏度要求的前提下，尽量选择低桥电流。桥电流的控制范围为 $100 \sim 200\,mA$。例如，载气为氮气时，桥电流一般为 $100 \sim 150\,mA$；载气为氢气时，桥电流一般为 $150 \sim 200\,mA$。

池体温度降低时，池体与热丝之间的温差加大，有利于提高灵敏度。

载气的种类直接影响检测灵敏度，载气与被测组分的导热系数差别越大，检测灵敏度越高。氢气、氦气的导热系数较高，氮气的导热系数较低。因此，氢气、氦气在热导检测器检测时比较常用。

3. 热导检测器的特点

热导检测器是一种通用型检测器，也是浓度型检测器。其优点是结构简单、操作简便、稳定性能好、线性范围宽、不破坏样品组分，对无机和有机化合物都有响应。因此，热导检测器是应用最广的气相色谱检测器之一。其主要缺点是灵敏度不够高。使用热导检测器时，需要注意的是先通载气，再接通桥电流，以防止烧毁热敏元件。

18.3.4　气相色谱-质谱联用

气相色谱-质谱联用仪就是将质谱仪作为气相色谱仪的检测器，该联用仪充分利用了质谱的强定性能力和高灵敏度来实现气相色谱的定性和定量分析。

如图 18-8 所示，为了维护质谱仪的高真空系统，在气相色谱分离柱后有加热器和温度传感器的接口装置，以维持样品组分的气体状态，直接进入质谱仪的离子源，实现质谱的电离和分析。

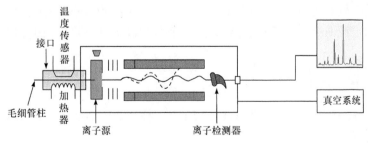

图 18-8　质谱检测器示意图

质谱检测器能够提供物质丰富的结构信息，而且具有很高的灵敏度，因此气相色谱-质谱联用法在科研和生产中得到了广泛的应用。

质谱法及气相色谱-质谱联用技术的相关内容参见第 22 章。

18.3.5 其他检测器

1. 电子捕获检测器

电子捕获检测器(electron capture detector，ECD)是一种用 ^{63}Ni 或 ^3H 作放射源的离子化检测器。其工作原理是在放射源的作用下，载气(N_2、Ar)通过检测器时发生电离，产生正离子和自由电子。在电场作用下，电子向正极移动，形成 $10^{-9} \sim 10^{-8}\,A$ 的基流。电负性样品组分在色谱柱分离后，到达检测器时捕获这些自由电子，使基流下降而产生检测信号。并且，样品组分捕获电子而产生的负离子又与载气正离子复合成中性化合物，被测组分的电负性越高，捕获电子的能力越强，使基流下降越快，倒峰组分浓度越大，捕获电子概率越大，倒峰越大。电子捕获检测器得到的组分信号是倒峰，因为测定的是基流的降低值。

电子捕获检测器是一种对痕量电负性有机物具有高选择性和高灵敏度的检测器，主要用于检测含卤素、硫、磷、氰基的化合物，广泛应用于农药残留分析。其缺点是线性范围窄，操作条件和放射性污染对测定结果的重现性影响较大。

2. 火焰光度检测器

火焰光度检测器(flame photometric detector，FPD)又称硫磷检测器，相当于一种发射光谱仪。其工作原理是用 $2000 \sim 3000\,K$ 的富氢火焰作为发射源，分离后的有机磷、硫化合物进入富氢火焰中燃烧而产生 HPO 或 S_2^* 碎片，进而发出 $480 \sim 600\,nm$ 或 $350 \sim 430\,nm$ 的特征光，分光后进行光电转换和放大，在数据处理系统记录、处理和输出数据，获得色谱峰。

火焰光度检测器是一种对含磷、硫有机化合物具有高选择性和高灵敏度的质量型检测器，用于大气中痕量硫化物、农副产品和水中有机磷和有机硫农药残留的分离分析。

此外，气相色谱还有氮磷检测器等。

18.4　毛细管气相色谱法

毛细管气相色谱法是指以毛细管柱为气相色谱分离柱的快速高效、高灵敏度的分离分析方法，又称毛细管柱气相色谱法。为了解决填充柱色谱填料颗粒大小不均一、填充不均匀、渗透性差而使色谱峰展宽的问题，1957 年戈莱在色谱动力学理论的基础上，在细长的毛细管内壁均匀地涂渍固定液薄膜用于气相色谱的分离，有效提高了分离效果，由此建立了毛细管气相色谱法。

1. 毛细管色谱柱的种类

毛细管色谱柱的规格一般为内径 $0.1 \sim 0.5\,mm$、柱长 $20 \sim 200\,m$。按照填充方式可以将毛细管色谱柱进行以下分类。

1) 填充型毛细管柱

(1) 填充毛细管柱：先将惰性载体装入玻璃管中，再拉长加工成毛细管，最后涂渍固定液。

(2) 微型填充柱：以匀浆等方法用高压或真空将数十至数百微米的惰性载体填充入内径 $50 \sim 320\,\mu m$ 的毛细管中。

填充型毛细管柱的分离柱效不理想，近年来使用较少。

2) 开管型毛细管柱

(1) 壁涂开管柱(wall coated open tubular column，WCOT column)：将固定液直接涂渍在预处理后的毛细管内壁上，这是毛细管气相色谱法中比较常用的一类毛细管柱。

(2) 壁处理开管柱(wall treated open tubular column，WTOT column)：对毛细管内壁进行物理化学处理，以减少毛细管内壁的化学活性，再在内壁上涂渍固定液。

(3) 多孔层开管柱(porous layer open tubular column，PLOT column)：在毛细管内壁涂上分子筛、氧化铝、石墨化炭黑或高分子微球等多孔固体吸附物质，形成色谱分离固定相。

(4) 载体涂渍开管柱(support coated open tubular column，SCOT column)：将小于 2 μm 细颗粒载体黏附在毛细管内壁上，再涂渍较厚的固定液以获得大涂渍量。

(5) 化学键合相毛细管柱：将固定相以化学键合的方式键合到硅胶涂覆的毛细管内表面或经过表面处理的毛细管内壁上，使固定相热稳定性提高。

(6) 交联毛细管柱：以交联聚合的方式将固定相交联到毛细管内壁上，因而热稳定性高，耐溶剂，分离柱效高，柱寿命长，应用广泛。

2. 毛细管色谱柱的特点

1) 渗透性好

毛细管柱的渗透率是填充柱的 100 倍左右，同样的柱前压下可以使用较长的毛细管柱，以提高柱效。

2) 柱效高

毛细管柱单位柱长的柱效优于填充柱，但仍处于同一数量级，但是毛细管柱比填充柱长 $1 \sim 2$ 个数量级，总理论塔板数可达到 10^6，适用于难分离的复杂样品。

3) 相比大

固定相的液层薄而均匀，传质快，有利于提高柱效。毛细管柱的相比为 $50 \sim 250$，柱容量较低，容量因子 k 比填充柱小，因此进样量小，以避免过载。

4) 分离快速

可以使用高流速的流动相进行毛细管柱的色谱分离，从而缩短分离时间，提高了分离速度。

5) 灵敏度高

毛细管色谱柱配合火焰离子化检测器，灵敏度高，应用广泛。

3. 毛细管柱的速率理论

毛细管气相色谱和填充柱气相色谱的分离原理相同，都是基于各组分在固定相和流动相之间的分配比不同而实现分离，因此其基本理论相同。与填充柱气相色谱相同，毛细管气相色谱的柱效也是用理论塔板数 n 表示，相邻组分的分离程度也是用分离度 R 表示。但是两者的分离柱结构不同，对分离柱效的影响因素有些差别。

在速率方程中，因为空心的毛细管柱不填充载体，不存在涡流扩散，即涡流扩散因素可以忽略，$A = 0$，弯曲因子 $\gamma = 1$。因此，速率方程简化为

$$H = \frac{B}{u} + (C_g + C_1)u$$

各项展开，则

$$H = \frac{2D_g}{u} + \frac{1 + 6k + 11k^2}{24(1+k)^2}\left(\frac{r_g^2}{D_g}u\right) + \frac{kd_f^2}{6(1+k)^2 D_L \beta^2}u \tag{18-9}$$

式中，H 为板高；D_g 为气体扩散系数；k 为容量因子；u 为流动相线速度；r_g 为自由气体流路半径；d_f 为液膜平均厚度；D_L 为液相扩散系数；β 为相比。

显然，影响毛细管气相色谱柱效的因素也有很多，在实际工作中，可以参考相关文献，并通过选择优化固定相、载气及流量、柱温等分离条件，获得理想的分离柱效。

4. 毛细管气相色谱的应用

毛细管气相色谱法因特点突出而得到广泛的应用，几乎取代了填充柱气相色谱法，广泛地应用于食品农残分析、环境污染物检测、药物临床研究和石油化工生产的实际复杂样品分析中。

18.5 气相色谱分离条件的选择

在气相色谱分析中，以快速分离、提高柱效和分离度等为原则进行色谱分离条件的选择。

1. 色谱柱的选择

气液色谱中色谱柱的粒径、固定液种类、膜厚、柱长、柱内径等是影响分离柱效的重要因素。

根据被测组分的性质，合理选择载体。例如，相对分子质量大、沸点高、极性大的组分分离所需色谱柱中的固定液量少，一般选用白色载体；反之，选择红色载体。而强极性、热不稳定和化学不稳定的化合物适合选择玻璃载体。

基于"相似相溶"原则选择固定液的种类；依据样品组分性质选择液膜厚度，一般来说，低沸点样品多选用液载比 20%～30% 的色谱柱，而高沸点样品选用液载比 1%～10% 的色谱柱。

填充柱的柱长一般为 1～5 m，毛细管柱的柱长一般为 20～50 m。

填充柱内径一般为 3～6 mm，毛细管柱内径为 0.2～0.5 mm。大的柱内径使柱容量增加，但径向扩散会增加而导致柱效下降。内径小有利于提高柱效，但渗透性下降，影响分析速率。实际工作中，需要综合考虑并结合实验结果进行选择。

2. 载气及其流速的选择

气相色谱常用的载气有氢气、氮气、氦气和氩气等。载气的选择要综合考虑柱效和检测器。

气体的扩散系数与载气的相对分子质量的平方根成反比，即相对分子质量较小的 H_2、He 作载气时，扩散系数大，传质阻力项小；相对分子质量较大的 N_2、Ar 作载气时，扩散系数小，分子扩散弱。在 H-u 关系曲线中可以看出，载气线速度 u 较小时，分子扩散项 B/u 是峰展宽主因，此时应选择 N_2、Ar 作载气，以降低组分在载气中的扩散；u 较大时，传质阻力项 Cu 是峰展宽主因,应选择 H_2、He 作载气,以提高气相传质速率。

对于火焰离子化检测器,用相对分子质量较大的 N_2 作载气,线性范围宽且稳定性好。对于热导检测器,用导热系数大的 N_2、Ar 作载气,可以有效提高检测灵敏度。

3. 温度的选择

气化室温度、检测器温度与柱温是气相色谱中十分重要的三个实验条件,直接影响分离效能和分析时间。

气化室温度的选择取决于样品的沸点范围、化学稳定性及进样量等因素。气化室温度一般选择样品的沸点或高于柱温 30～70℃,以保证样品瞬间完全气化。

柱温是影响气相色谱分离效能和分析时间的一个最重要的实验参数。柱温升高则扩散系数增大,有利于改善传质以提高柱效,但会加剧纵向扩散,又导致柱效下降。同时,柱温升高会降低组分的分配比,造成分离选择性下降;反之,降低柱温,会使保留时间加长。因此,柱温的选择要兼顾分离效能和分析速度等多方面因素。

一般情况下,柱温的选择方法是:

(1) 柱温应在固定液的最高使用温度(固定液的沸点)和最低使用温度(凝固点)之间。对于毛细管柱,柱温应比固定液的最高使用温度低 50～70℃;对于填充柱,柱温应比固定液的最高使用温度低 30～50℃,以避免固定液的流失。

(2) 在保证最难分离的组分有好的分离前提下,尽量采取适当低的柱温,但以保留时间适宜、峰形不拖尾为度。

(3) 对于组成简单、组分沸点相近的样品,柱温一般选择组分的平均沸点。

(4) 对于沸点变化较大的宽沸程复杂样品,色谱柱的恒温模式难以有效分离或分离时间很长,可采用程序升温模式。程序升温是指在一个分析周期内,以一定的升温速率使柱温由低到高随时间呈线性和非线性增加,使各组分在各自最佳温度下洗出色谱柱,实现用最短时间获得最佳的分离效果。因为如果采用恒温方式洗脱,其低沸点组分由于柱温太高而快速出峰,色谱峰很窄且互相重叠;而其高沸点组分又因柱温相对较低而出峰较慢,保留时间过长,柱效下降,峰形变宽。采用程序升温的方式洗脱,可以使混合物中不同沸点的组分在各自最佳的洗脱温度下流出色谱柱,进而改善分离效果,缩短分析时间。例如,对于宽沸程的正构烷烃混合物色谱分离,采用 150℃恒温模式分离,短碳链烷烃分离度不好,如图 18-9(a)所示。这是因为150℃对于短碳链组分分离温度过高,难以有效分离;而长碳链组分保留时间过长,95 min 时

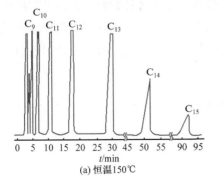

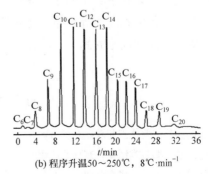

图 18-9 正构烷烃恒温(a)和程序升温(b)色谱图比较

C_{15} 才出峰。如果采用程序升温，即柱温从 50℃开始，以 8℃·min^{-1} 的升温速率升温至 250℃，短碳链组分分离良好，而且 32 min 内 C_{20} 已经出峰，如图 18-9(b)所示。因此，程序升温不仅可以改善分离，而且可以缩短分析时间。

检测器温度一般均应高于柱温，以防止组分凝聚而污染或出现异常响应。所有检测器均对温度的变化敏感，因此检测器温度必须精密控制，一般要求控制在±0.1℃以内。

4. 进样量

进样量的大小会影响分离柱效、色谱峰高和峰面积。过大的进样量会引起色谱柱超负荷，称为"超载"，此时柱效下降，峰形展宽，也会改变分离度和保留时间。过小的进样量可能会引起峰的消失。

色谱的进样量通常控制在柱容量允许范围及检测器的线性范围内，对于填充柱，液体样品的进样量为 0.1～10 μL，气体样品的进样量为 0.1～10 mL。

18.6　气相色谱法的应用

气相色谱法的定性和定量分析方法详见第 17 章。

气相色谱法适合测定气体样品，以及易挥发或可转化为易挥发化合物的液体或固体样品，主要测定有机物和部分无机物。通常，沸点低于 500℃、热稳定性良好、相对分子质量小于 400 的化合物理论上可以用气相色谱法进行分析测定，这部分化合物约占有机物的 20%，因此气相色谱法应用广泛。

一般来说，气相色谱法不适合直接测定热稳定性差、难挥发的化合物。当前，一些新型的间接气相色谱法部分实现了这些化合物的分析。例如，顶空气相色谱法利用热力学平衡理论，对液体或固体中的挥发性成分进行气相色谱法分析；衍生化气相色谱法利用选择性的衍生化反应，将沸点高、难挥发或热稳定性差的组分转化为低沸点且热稳定性好的化合物，进而进行气相色谱法测定；热解气相色谱法利用高温下的热解反应对化合物进行分析，特别适用于聚合物的测定。

气相色谱法的应用解决了环境、食品、生物、医学、石油化工等众多领域的化学问题。例如，环境大气、水体和土壤中的多氯联苯、酚类、多环芳烃和农药残留等有机污染物的分析；谷物、牛奶、蔬菜和肉类等食品中防腐剂和农药、兽药残留分析；生物体中的氨基酸、维生素、糖类和胆汁酸成分的测定；药物质量控制及临床研究；石油工业中烃类、非烃类的分离分析等。

思考题和习题

1. 气相色谱法的主要优点和缺点是什么？
2. 气相色谱法有哪些类型？各有什么应用？
3. 气相色谱仪的主要构成有哪些？各有什么作用？
4. 气液色谱法中固定液有哪些分类？其选择原则是什么？

5. 在气相色谱中，色谱柱的使用上限温度取决于什么？

6. 气相色谱仪常用的检测器有哪些？各有什么优缺点？

7. 填充柱气相色谱与毛细管气相色谱有什么异同点？为什么毛细管气相色谱具有很高的分离柱效？

8. 什么是程序升温？程序升温适用于什么样品？其优点是什么？

9. 描述火焰离子化检测器和热导检测器的基本构成和工作原理。

第19章 高效液相色谱法

高效液相色谱法(high performance liquid chromatography，HPLC)是一种快速、高效的现代液相色谱方法。在早期的传统液相色谱法中，玻璃色谱分离柱直径为 1～5 cm，固定相填料颗粒的粒径为 150～200 μm，流动相常压或低压输送，因此分离效率低、速度慢，而且缺少在线检测器。随着气相色谱理论的不断完善及仪器加工技术的进步，1967 年出现了高压、高速的现代高效液相色谱仪，使液相色谱不再单纯是分离方法，而是一种现代分离分析方法，直接推动了高效液相色谱法的快速发展和广泛应用。

与 GC 相比，HPLC 具有以下特点。

1) 应用广泛

HPLC 对化合物的沸点、热稳定性、极性、相对分子质量、活性等没有限制，可以分离分析无机物和有机物、小分子和大分子、离子和中性分子等，应用十分广泛。

2) 分离选择性高

GC 的流动相对组分没有作用力，不参与分配，只起运载作用。HPLC 的流动相是纯溶剂或多元混合溶剂，还可以添加辅助的化学物质，以有效参与样品的分配，因此可以很方便地调整流动相的组成以改善分离度。

3) 适合制备

HPLC 对样品分离后的组分易于收集，适合大量样品的制备纯化。

4) 分离模式多

HPLC 固定相种类多，有极性、弱极性和非极性固定相用于液固吸附色谱和液液分配色谱，也有离子交换树脂固定相用于离子交换色谱，以及利用分子尺寸大小进行分离的凝胶用于大分子分离的尺寸排阻色谱等。

5) 成本高，检测器种类有限

HPLC 仪器比较昂贵，其流动相是色谱纯试剂，用量大、价格高，有一定的环境污染问题。目前，HPLC 还缺少通用型检测器。

总之，GC 和 HPLC 相互补充，能够用 GC 分析的样品就不选择 HPLC。当然，HPLC 和质谱、核磁共振波谱及红外光谱等技术的联用可以有效提高其定性分析能力和定量分析的灵敏度，拓展了其应用范围。

19.1 高效液相色谱仪

19.1.1 高效液相色谱仪的工作流程

高效液相色谱仪的基本工作流程如图 19-1 所示。在一定的色谱条件下，将样品溶液进样，在高压的溶剂流动相推动下，样品组分在色谱柱中相互分离，先后流出色谱柱，到达检测器而产生各自的响应信号，经记录仪记录、处理和输出数据，得到样品的色谱图。

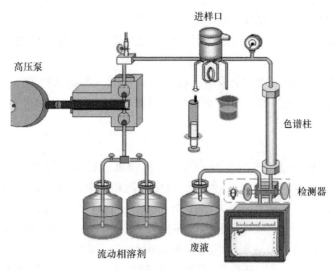

图 19-1　高效液相色谱仪的工作流程

19.1.2　高效液相色谱仪的基本部件

不同型号的高效液相色谱仪会配置一些附属部件，但是其基本部件主要包括高压输液系统、进样系统、分离系统和检测系统四个部分，如图 19-2 所示。

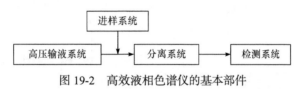

图 19-2　高效液相色谱仪的基本部件

1. 高压输液系统

高压输液系统包括流动相溶剂的储液瓶和过滤器、高压泵、调控多元流动相流量的比例调节阀与稳定流速的脉动阻尼器、压力传感器、混合器和梯度洗脱装置等。

1) 储液瓶和溶剂处理系统

高效液相色谱仪配备有多个流动相的储液瓶，通常是体积为 0.5～2 L 的玻璃瓶或耐腐蚀的不锈钢、氟塑料、聚醚醚酮容器等。储液罐内溶剂导管的入口处装有过滤器，以除去溶剂中可能存在的灰尘或微粒残渣，防止损坏泵、进样阀或色谱柱。通常将储液瓶置于泵体之上，形成一定的压差，以避免停泵时管路中产生气泡。流动相中常有少量的空气，这些气体从色谱柱流进检测器后，压力骤减会导致气泡的形成，使色谱峰展宽并干扰检测器的正常工作。因此，溶剂流动相在使用前必须进行脱气处理，如真空或超声波脱气、通入氮气或氦气等惰性气体进行脱气等。先进的高效液相色谱仪器系统中常配套在线脱气装置。

高效液相色谱流动相在分离中起着至关重要的作用。流动相有水和极性、非极性有机溶剂，种类很多，可使用单一纯溶剂，也可以用二元或多元混合溶剂，还可以添加一些改性剂，如一些酸、碱或盐，以改善洗脱效果。流动相的种类和组成是高效液相色谱最重要的实验条件。通常，对流动相的基本要求是：

(1) 对样品有适当的溶解度，以防止样品在柱头产生沉淀而堵塞色谱柱，也保证获得令人满意的分离度和分析速度。

(2) 在所选用的检测器中没有响应信号，基线平稳。

(3) 化学惰性好，不与固定相和被分离组分发生化学反应，保证色谱柱的稳定性和分离的重现性。

(4) 黏度低，以增加样品的扩散系数，提高分离柱效，并降低柱前压。

(5) 纯度高，即色谱纯，溶剂不纯会增加检测器噪声，产生伪峰。

(6) 毒性小，价格便宜。

2) 高压泵

高压泵是高效液相色谱仪中最重要的部件。高效液相色谱对输液系统的基本要求是输出压力高，可提供$(50\sim500)\times10^5$ Pa 的柱前压；输出液流恒定无脉动；流量稳定可调节，流速范围为 $0.1\sim10$ mL·min^{-1}；流速控制精度为 0.5%或更高；系统组件密封性良好、耐腐蚀。常用的高压泵有往复柱塞泵、气动放大泵和螺旋注射泵三类。其中，最常用的是往复柱塞泵，其泵体由溶剂室、活塞杆和用于吸液和排液的双单向阀组成，如图 19-3 所示。其工作过程是由电机带动往复凸轮转动，驱动活塞杆往复运动，通过调整活塞冲程或往复频率以实现对泵流量的调节。单柱塞泵的吸、排液间隔会导致输出脉动，因此高压输液系统通常使用双柱塞、三柱塞并联或串联泵，并附加阻尼器以提高输出液流量稳定性。往复柱塞泵的特点是泵内体积小，一般为 $0.05\sim1$ mL，输出液压高，流速恒定，更换溶剂和清洗方便等。

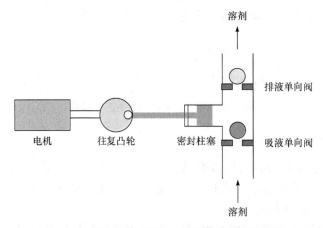

溶剂

排液单向阀

吸液单向阀

电机　　　往复凸轮　　　密封柱塞

溶剂

图 19-3　高效液相色谱仪往复柱塞泵结构示意图

与 GC 的恒温和程序升温模式类似，高效液相色谱对于复杂样品分析也有等度洗脱和梯度洗脱两种方式。等度洗脱是指在一个分离分析过程中，流动相的组成恒定不变，适合分离组成简单且组分性质相近的样品。梯度洗脱是指对于组成复杂且各组分性质相差较大的样品，在同一个分析过程中，流动相的组成按照一定的程序随着时间连续改变，使各组分在各自适宜的洗脱条件下分别流出色谱柱，以改善分离和缩短分析时间。如图 19-4 所示，梯度洗脱装置有低压梯度装置和高压梯度装置两类，前者是在常压下预先按照一定的程序将溶剂混合，再用高压泵输送进入色谱柱，后者是将溶剂用高压泵增压后输送进入色谱系统梯度混合器，待溶剂混合后再输送进入色谱柱。梯度洗脱的原理是通过改变流动相的组成调整组分的分配比 k，以改变分离因子 α，从而达到最短时间内得到最佳分离的目的。梯度洗脱除了可以改善分离，加快分析速度，还可以改善峰形，减少拖尾，如图 19-5 所示，因此适用于分配比变化范围宽的复杂样品分析。但是有时可能会引起基线漂移，如图 19-6 所示。

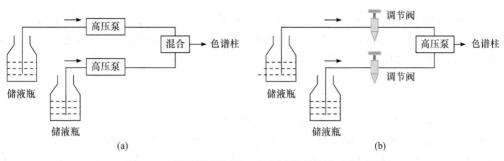

图 19-4　低压梯度装置(a)和高压梯度装置(b)示意图

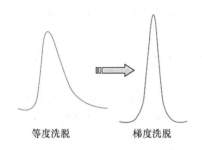

图 19-5　梯度洗脱改善峰形示意图

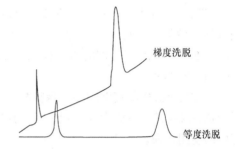

图 19-6　梯度洗脱基线漂移示意图

高压输液系统的参数设定和调整可以在计算机上通过软件快速完成，以实现样品的自动化快速分析。

高效液相色谱的色谱柱固定相粒径小至 3～10 μm，高压泵需要提供数十兆帕或数百个大气压的柱前压才能达到合适的流动相流速。因此，高效液相色谱仪比其他色谱仪组成更加复杂，价格相对比较昂贵。

2. 进样系统

高效液相色谱仪常用高压六通阀或自动进样器进样。

高效液相色谱仪的高压六通阀进样器结构和进样操作见图 19-7，其工作原理和操作步骤与气相色谱的旋转式六通阀相似。高压六通阀有装样(load)和进样(inject)两个状态，通过两个状态的转换实现准确进样。微量注射器注入六通阀中的样品体积一般是金属定量环体积的 5～6 倍，而定量环的大小决定了进样体积。六通阀进样器进样体积准确度高、重现性好，可以外标法定量，也可以内标法定量。

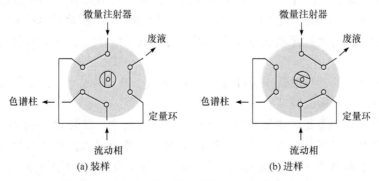

图 19-7　高压六通阀进样器结构和进样操作示意图

自动进样器的操作是由计算机程序控制的自动进样完成的，包括带定量管的样品阀取样、进样、复位、样品管路清洗和样品盘转动等步骤。按照设定的分析程序一次可连续进行几十至上百个样品的分析，适用于大量样品的自动化分析。

3. 分离系统

色谱柱是高效液相色谱仪的心脏部件，直接影响分离效果。

高效液相色谱柱通常由内壁抛光的不锈钢管和管内填充的固定相颗粒构成，柱头是不锈钢烧结材料的微孔过滤片，阻挡流动相中微粒杂质以防止色谱柱堵塞，色谱柱的入口和出口一般用 0.13 mm 细内径、1.5～2 mm 厚壁的不锈钢管或聚醚醚酮管连接，以降低柱外死体积。

液相色谱分离柱按照内径大小可以分为常规分析柱、制备或半制备柱、小内径或微径柱和毛细管柱四种类型。其中，分析柱内径为 1～6 mm，填料粒径为 3 μm、5 μm 或 10 μm，柱长一般为 5～30 cm。最常用的是内径 4.6 mm、填料粒径 5 μm、长 25 cm 的色谱柱，其柱效为 40 000～60 000 m^{-1}。

通常，在分析柱前装上较短的保护柱，又称为前置柱，用于除去流动相溶剂中的颗粒杂质和污染物，以及样品溶液中与固定相不可逆结合的组分，从而保护价格昂贵的分析柱，以延长色谱柱的使用寿命。

柱恒温器又称为柱温箱，能够严格控制色谱柱的温度，以保证分离的重现性。高效液相色谱仪的柱温控制范围取决于色谱柱填料，一般不宜控制在过高的温度，以防止填料高温分解。

4. 检测系统

检测系统的作用是将色谱洗脱的组分浓度或量转变为输出信号并呈现出来，以实现定性和定量分析。

高效液相色谱仪对检测器的要求是灵敏度高、死体积小、线性范围宽、重现性好、响应快、能用于梯度洗脱、对温度和流速波动不敏感、对样品无破坏性、能提供组分定性信息等。

高效液相色谱检测器有通用型和选择型两种。通用型检测器对一般物质都有检测信号，应用范围广，如蒸发光散射检测器、示差折光检测器等。选择型检测器只对部分物质有响应信号，如紫外吸收检测器、荧光检测器等。

1) 紫外吸收检测器

紫外吸收检测器是高效液相色谱仪使用最普遍的选择型检测器，仅适用于检测对紫外光有吸收的物质或通过衍生化产生有紫外吸收的物质。其基本构成和检测原理与紫外分光光度计类似，也是由光源、单色器、微量流通池或吸收池、信号收集及输出器件构成。其中，Z 形设计的微量流通池为 1～10 μL，光程为 2～10 mm，以降低死体积和提高检测灵敏度，见图 19-8。

紫外吸收检测器分为固定波长紫外检测器、可变波长紫外(或紫外-可见)检测器和二极管阵列检测器三种。

固定波长紫外检测器是由低压汞灯提供 254 nm(或 280 nm)固定波长紫外光，无滤光片或单色器，结构简单，灵敏度较高。

可变波长紫外检测器是以中压汞灯、氙灯或氢灯为光源，发射 200～400 nm 连续光谱，通过分光部件选择所需工作波长。可变波长紫外-可见检测器是以氙灯和钨灯为光源，以反光镜进行切换，波长范围为 190～700 nm，用光栅分光选择最佳吸收波长进行检测。

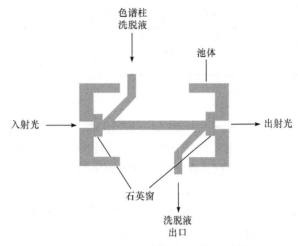

图 19-8　紫外吸收检测器 Z 形流通池示意图

二极管阵列检测器(diode-array detector，DAD)也是以氘灯和钨灯为光源，经聚焦后照射到流通池上，透过光经全息凹面衍射光栅色散，投射到 200~1000 个二极管组成的二极管阵列而被检测。信号被计算机快速扫描采集，得到三维的色谱-光谱图像，即吸收值 A 随保留时间 t 和波长 λ 变化的三维图，如图 19-9 所示。该图能够显示一个色谱峰起点、中间或终点任一时刻的光谱图，可以鉴别一个色谱峰是否为单一组分，也可以与标准品光谱图比较，进行组分的鉴别。

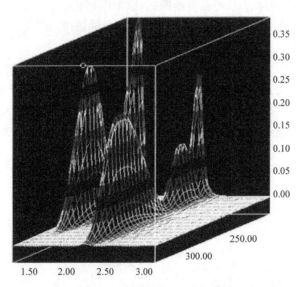

图 19-9　二极管阵列三维色谱图

紫外吸收检测器是一种选择性的浓度型检测器，其特点是灵敏度高、精密度及线性范围较好，可用于梯度洗脱、色谱峰的识别和纯度分析。但是，该类检测器不能直接检测紫外没有吸收的组分，用紫外吸收试剂进行衍生化或间接光度技术可以拓展紫外检测器的应用范围。同时，该类检测器对流动相选择也有限制，即要求流动相为无紫外吸收的溶剂。表 19-1 列出常用溶剂的紫外截止波长。

表 19-1 常用溶剂的紫外截止波长

溶剂	CS₂	氯仿	四氢呋喃	苯	乙腈	甲醇	水
紫外截止波长/nm	380	245	212	210	190	205	187

2) 荧光检测器

荧光检测器(fluorescence detector, FD)也是一种选择性的浓度型检测器, 是利用具有荧光性质的化合物在紫外光激发下能够发射荧光的性质进行检测。当然, 没有荧光性质的物质也可以进行荧光试剂的衍生化, 生成具有荧光发光性质的衍生物进行检测, 以扩大荧光检测器的应用范围。

荧光检测器和荧光光度计的基本构成和工作原理相似, 其激发光光路与荧光发射光路成直角, 以可以发射 250~600 nm 连续波长的氙灯为光源, 经分光系统分光后照射到微量流通池, 荧光物质在激发光作用下发射出荧光, 在与激发光成 90° 的单色器分光后, 到达光电倍增管, 转变成电信号。

荧光检测器比紫外吸收检测器的灵敏度高 2~3 个数量级, 特别适用于痕量组分测定, 而且选择性好, 其线性范围较窄, 可用于梯度洗脱。

3) 示差折光检测器

示差折光检测器(differential refractive index detector)是通过连续测定测量池和参比池中溶液的折射率差异而进行样品组分浓度测定的检测器。溶液的折射率等于溶剂及各组分折射率与其摩尔分数乘积之和。因此, 只要含有溶质的流动相和纯流动相的折射率有差异, 就会有检测信号, 并且其折射率差值大小能够反映流动相中溶质的浓度。因此, 示差折光检测器是一种通用型检测器, 也是浓度型检测器。

示差折光检测器依照光路设计和检测原理的不同分为偏转式和反射式两种。图 19-10 是偏转式示差折光检测器光路图, 流通池有一个参比室和样品室, 两者用玻璃片呈对角线分开, 经过流通池的光发生折射, 样品室和参比室液体折射率相同或不同时, 光偏转角度不同, 到达分光器和光电转换元件上的光点位置发生变化, 从而产生大小不同的光电流, 进而被放大和记录。

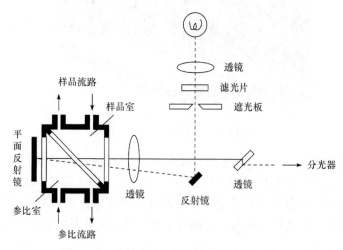

图 19-10 偏转式示差折光检测器结构示意图

示差折光检测器的特点是通用性好，但灵敏度较低，折射率对温度和流速敏感，且不适用于梯度洗脱。

4) 蒸发光散射检测器

蒸发光散射检测器(evaporative light-scattering detector，ELSD)是基于不挥发性物质对光的散射响应值与组分质量成正比的原理进行分析的检测器。如图 19-11 所示，从色谱柱洗出的样品溶液进入雾化器，在高速载气(N_2)的作用下喷雾成雾状液滴，到达受温度控制的蒸发漂移管，流动相不断蒸发，待分析组分形成细小颗粒，被载气携带进入散射室，在检测系统的激光束作用下发生光散射，在与气流成 90°的方向安置光电二极管检测散射光，产生光电流信号并被放大、储存和显示。

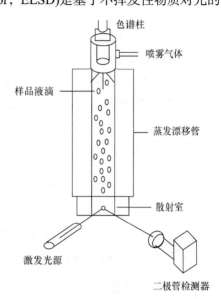

图 19-11　蒸发光散射检测器结构示意图

在散射室中，光散射的程度取决于散射室中组分颗粒的大小和数量，而颗粒的数量又取决于流动相的性质、流速及喷雾气体。当流动相性质、流速和喷雾气体一定时，散射光的强度仅取决于组分的浓度，这就是蒸发光散射检测器的理论依据。

蒸发光散射检测器是一种通用型检测器，适用于梯度洗脱，而且响应值仅与光束中溶质颗粒的大小和数量有关，与溶质的化学组成没有关系。

与示差折光检测器和紫外吸收检测器相比，蒸发光散射检测器消除了溶剂的干扰和温度变化引起的基线漂移，即在梯度洗脱中不会产生基线漂移。而且检测器的喷雾器、漂移管易于清洗，死体积小，消耗喷雾气体量少，灵敏度高于示差折光检测器，应用较为广泛。

5) 电化学检测器

电化学检测器是基于物质的氧化还原或电导等电化学性质进行检测的检测器，主要类型有安培检测器、电导检测器和极谱仪等。

安培检测器是电化学检测器中应用较多的一类。该检测器由恒电位仪和一个体积为 1～5 μL 的薄层反应池构成，如图 19-12 所示。反应池体由两块氟塑料及相应垫片构成，Pt、Au 或碳糊工作电极嵌在池壁上，参比电极和辅助电板置于流通池下游。其工作原理是被测组分流入反应

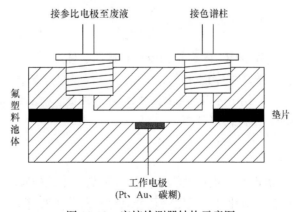

图 19-12　安培检测器结构示意图

池时，在工作电极表面发生氧化或还原反应，产生电流，电流的大小与被测组分的浓度成正比。安培检测器是一类高选择性检测器，适用于反相液相色谱检测。

电导检测器是连续检测色谱柱后洗脱液的电导值，实现对被测组分的检测。该检测器结构简单，其主要部件就是一个电导池，即以夹在两电极片之间聚四氟乙烯膜的长条形孔道的流通池进行检测，池体积仅 $1\sim3\ \mu L$。溶液的电导率对温度相当敏感，因此电导检测器要求恒温操作，不适用于梯度洗脱，主要应用于离子色谱。

6) 质谱检测器

与气相色谱-质谱联用仪类似，高效液相色谱-质谱联用仪也是把质谱仪作为高效液相色谱仪的检测器。该联用仪充分利用了质谱丰富的结构信息和高灵敏度，提高了高效液相色谱法的结构分析、定性分析能力和定量分析的灵敏度。

质谱法及高效液相色谱-质谱联用技术的相关内容参见第 22 章。

19.2　高效液相色谱法的常见类型及应用

按照分离机理的不同，高效液相色谱法可以分为吸附色谱法、分配色谱法、离子交换色谱法、尺寸排阻色谱法、离子对色谱法和亲和色谱法等。

19.2.1　吸附色谱法

吸附色谱法是指以液体为流动相、固体吸附剂为固定相的液相色谱法，又称为液固吸附色谱法(liquid-solid adsorption chromatography)。

1. 基本原理

吸附色谱法的分离原理是依据固体吸附剂表面对样品中各组分吸附能力的差异而实现分离。吸附的过程是被测组分 X 与流动相溶剂 S 分子在固体吸附剂表面活性中心的竞争吸附，即

$$X + nS_{ad} \rightleftharpoons X_{ad} + nS$$

式中，X 和 S 分别为流动相中的被分离组分和溶剂分子；S_{ad} 和 X_{ad} 分别为在固定相吸附剂表面被吸附的溶剂分子和被分离组分；n 为被吸附的溶剂分子数。当被分离组分和流动相溶剂分子在固定相表面竞争吸附达到平衡时，吸附平衡常数(或称为吸附常数)K_{ad} 可以表示为

$$K_{ad} = \frac{[X_{ad}][S]^n}{[X][S_{ad}]^n}$$

吸附平衡常数 K_{ad} 与组分结构、固定相和流动相性质、柱温和柱压等因素有关。固定色谱条件下，组分 X 与固定相吸附剂结构越相似，K_{ad} 越大，代表组分 X 被固定相吸附剂吸附能力越强，保留时间越长；反之，组分不易被吸附，保留弱。因此，样品各组分结构不同，被吸附能力不同，保留时间不同，由此得以分离。

2. 固定相

吸附色谱的固定相有极性和非极性两类。极性吸附剂以多孔硅胶($mSiO_2 \cdot nH_2O$)微球为代表，还包括氧化铝、氧化锆、氧化钛、氧化镁复合氧化物及分子筛等。非极性吸附剂有活性炭

或石墨化炭黑、高交联度的苯乙烯-二乙烯苯聚合物多孔微球等。

吸附色谱最常用的固定相吸附剂是硅胶。如图 19-13 所示，该材料的吸附活性由其表面的硅羟基—Si—OH产生，硅胶表面的含水量直接影响色谱的分离性能。对于未经加热处理的硅胶，材料的表面硅羟基与水分子以氢键相结合而不呈现吸附活性位点。当加热至 150～200℃除去材料表面吸附的水分时，硅胶得到活化。但活化温度不可超过 200℃，否则硅羟基之间脱水而产生硅醚基—Si—O—Si—，会降低甚至失去吸附能力。

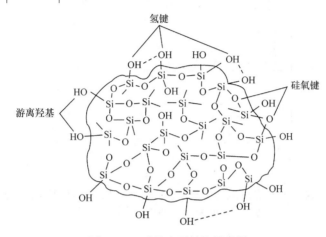

图 19-13　硅胶表面结构示意图

3. 流动相

当固定相一定时，流动相就是影响分离效果的重要因素。在吸附色谱中，对于硅胶等极性固定相，常使用正己烷等非极性或弱极性溶剂为流动相，也可以适当添加中等极性或强极性的有机溶剂作为调节剂以调整流动相的洗脱能力。对于有机高聚物大分子微球等非极性固定相，可以选用水、醇或乙腈为流动相。

同时，样品中的被分离组分极性的大小也是选择流动相的依据。极性强的样品组分使用强极性的流动相进行洗脱，反之，极性较弱的样品组分可以使用弱极性的流动相。对于极性变化较大的复杂样品，可以使用梯度洗脱模式进行色谱分离，以提高分离效率、改善峰形和缩短分析时间。

溶剂极性可用溶剂强度参数 ε^0 表示。ε^0 为溶剂分子在单位吸附剂表面积上的吸附自由能，用于表征溶剂分子对吸附剂亲和力的大小，ε^0 值越大，表明流动相溶剂分子对吸附剂的亲和能力越强，则越容易从吸附剂上将被吸附的溶质洗脱下来。

例如，以硅胶为固定相分离苯、甲苯、乙苯、丙苯和丁苯时，如果以干燥正庚烷为流动相，由于流动相极性太弱，5 种弱极性化合物无法分离，见图 19-14(a)。如果以水饱和的正庚烷为流动相，由于流动相极性偏大，分离时间太长，见图 19-14(c)。选择 2∶1(体积比)的干燥正庚烷和水饱和的正庚烷混合液为流动相，极性合适，5 种组分得以快速分离，见图 19-14(b)。因此，改变流动相的组成可以改变分离的选择性，这是高效液相色谱法的一般规律，也是选择合适的流动相提高分离效能的一般原则。

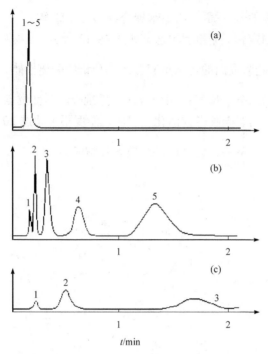

图 19-14　以硅胶为固定相分离苯、甲苯、乙苯、丙苯和丁苯的色谱图
1. 苯；2. 甲苯；3. 乙苯；4. 丙苯；5. 丁苯

4. 主要应用

吸附色谱法适合分离具有不同官能团的化合物、具有相同官能团但数量不同的化合物以及空间异构体等，因为化合物的官能团种类、数量和位置对吸附作用具有重要的影响，而且吸附剂表面的刚性结构使得吸附色谱对位置异构体及顺反异构体具有高选择性。例如，3 种取代位置不同的硝基苯胺在硅胶吸附剂上的滞留顺序是邻硝基苯胺先出峰，之后是间硝基苯胺出峰，最后是对硝基苯胺出峰。

吸附色谱法对弱极性的烷基链吸附选择差，因此不适合分离同系物。

19.2.2　分配色谱法

分配色谱法是利用组分在固定相与流动相之间分配系数的差异而进行分离的液相色谱法，是应用最广泛的一种高效液相色谱法。

分配色谱法的分离原理就是依据不同组分的分配系数不同而进行分离。分配系数小的组分先出峰，分配系数大的组分保留时间长，由此得以分离。

分配色谱法分为液-液分配色谱法和键合相色谱法两种类型。

1. 液-液分配色谱法

液-液分配色谱法(liquid-liquid partition chromatography，LLPC)是指固定相和流动相都是液体的液相色谱法，是早期的分配色谱类型，其固定相是将固定液物理涂渍在惰性载体多孔表面而制得的。极性固定液有 β,β'-氧二丙腈、乙二醇、聚乙二醇、甘油、乙二胺等，非极性固定液有聚甲基硅氧烷、聚烯烃、正庚烷等。

对于极性固定相，应选用烷烃类为主的非极性流动相，可加入适量卤代烃、醇等弱极性溶剂调节流动相的洗脱强度。这种固定相极性大于流动相极性的分配色谱称为正相分配色谱，其保留规律是组分极性越大，保留时间越长，主要应用于强极性组分的分离。相反，对于非极性固定相，应选用水为流动相，再加入醇、乙腈、二甲亚砜等极性有机溶剂调节流动相的洗脱强度。这种固定相极性小于流动相极性的分配色谱称为反相分配色谱，其保留规律是组分极性越小，保留时间越长，主要应用于非极性、弱极性或中等极性组分的分离。

液-液分配色谱柱固定液种类多、吸附容量大、适用样品类型广泛，可以分离极性和非极性、离子型和非离子型化合物，也可以分离水溶性和脂溶性样品。但是，流动相溶剂对固定液的溶解和机械冲刷作用会导致固定液的流失，使得保留值不断发生改变，也容易污染被分离样品，从而限制了该方法的应用。

2. 键合相色谱法

键合相色谱法(bonded phase chromatography，BPC)的固定相一般是化学键合固定相颗粒材料。这种色谱不同于吸附色谱，因为键合相色谱中溶质与固定相的相互作用是发生在相内部的分配过程，而吸附色谱的吸附作用是发生在相表面的分配过程。

键合相色谱法的特点是固定相非常稳定，在使用中不易流失。同时，可将各种极性的官能团键合到载体表面，固定相种类多，因此该色谱法适用于各种样品的分离，应用广泛。目前，键合相色谱已成为分配色谱的主流。

1) 键合相色谱固定相

键合相色谱固定相一般是以粒径为 3 μm、5 μm 或 10 μm 的多孔硅胶微粒为载体，利用其表面的硅羟基与有机化合物反应键合制备。主要的键合反应包括硅烷化反应、酯化键合、硅氮键合和硅碳键合等。其中，常用的是硅烷化键合反应，这种键合相色谱固定相的化学稳定性和热稳定性好，耐水和有机溶剂，是目前应用最广的键合固定相。

硅烷化反应制备键合相色谱固定相的过程是先将硅胶颗粒进行酸处理和热处理，使表面完全水解生成可供键合反应的硅羟基，然后常用有机硅与硅胶进行硅烷化反应，形成稳定的 —Si—O—Si—C— 结构，制得各种极性的烷基键合固定相。例如，硅胶与十八烷基氯硅烷发生硅烷化反应，可以制备性能优异的十八烷基键合硅胶(octadecyl silica，ODS 或 C_{18})，如图 19-15 所示。注意 C_{18} 固定相的使用酸度为 pH = 2～8，使用温度为 40℃ 以下，以避免强烈的酸、碱性或高温造成对固定相的损坏。

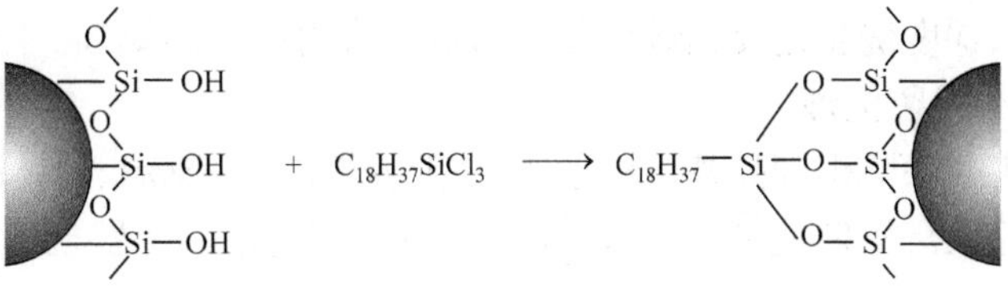

图 19-15　硅胶与十八烷基氯硅烷的硅烷化反应

键合固定相可以根据键合基团的不同进行分类，有非极性键合相、极性键合相和离子交换键合相。

非极性键合相的键合基团通常为烷基或芳基，如 C_1、C_4、C_6、C_8、C_{18} 和 C_{22} 等不同链长烃基和苯基键合相，其中最常用的是 C_{18} 键合相。

极性键合相的键合基团主要有丙氨基、氰乙基、氨基、醚基和醇基等。

离子交换键合相的键合基团主要有氨基、季铵盐、磺酸和羧酸等。

除了上述化学键合相色谱固定相，键合相色谱固定相还有化学吸附改性色谱固定相等类型。目前，化学吸附改性色谱固定相主要是以氧化锆或氧化锆/氧化镁微粒等为基质，通过路易斯酸碱化学吸附作用，制备 C_8 或 C_{18} 长链烷基磷酸及含极性基团衍生物的非极性和极性色谱固定相。这类固定相化学稳定性好，耐溶剂性和耐酸碱性好，使用酸度较宽(pH = 1～12)，适用范围广，其色谱性能与键合硅胶固定相类似，适用于碱性化合物、蛋白质等生物样品的分离，具有很好的发展潜力。

2) 键合相色谱法的分类

根据固定相的结构及其与流动相的相对极性，键合相色谱法也可以分为正相键合相色谱法、反相键合相色谱法和离子型键合相色谱法。固定相极性大于流动相极性的分离体系称为正相键合相色谱，如极性键合相与正己烷、二氯甲烷等非极性、弱极性溶剂构成正相色谱分离体系，适合分离极性化合物。而固定相极性小于流动相极性的分离体系称为反相键合相色谱，如非极性或烃基键合相与水、乙腈、甲醇等极性溶剂为流动相构成反相色谱分离体系，适合分离非极性、弱极性和中等极性化合物。此外，还有以各种离子交换基团化学键合到硅胶基质表面形成的离子型键合相为固定相的离子型键合相色谱，其分离原理与离子交换色谱类似。在上述几种类型的键合相色谱中，反相键合相色谱是应用最为广泛的色谱体系，因此下面主要介绍反相键合相色谱体系。

反相键合相色谱的固定相主要有不同碳链的烷基键合相和苯基键合相。其中，应用最为广泛的是 C_{18} 键合相。

反相键合相色谱的流动相通常是水、甲醇和乙腈，或者添加适当的缓冲液以调整流动相的洗脱能力，通常使用二元溶剂或多元溶剂体系。在液相色谱分离中，更换色谱柱以改变固定相不如改变流动相溶剂种类和组成有效，只有当改变流动相难以实现期望的分离效果时，才尝试改变色谱柱类型，这是因为改变流动相溶剂种类和组成是调节组分保留值 k 和选择性因子 α 最有效和最简便的方法。因此，流动相溶剂种类和组成是反相键合相色谱最主要的色谱条件。当改变流动中水与有机溶剂的比例时，实质上是在调节组分的 k 值和 α 值。同样，改变流动相中有机溶剂种类也是在调整组分的 k 值和 α 值。流动相中有机溶剂增加，组分 k 值下降。一般来说，流动相中有机溶剂增加 10%，组分的 k 值减小为 1/3～1/2，$\lg k$ 与有机溶剂的体积分数呈线性关系，这是反相键合相色谱的重要特征，也是优化流动相组成的理论依据。同样，对于组分复杂的实际样品，梯度洗脱是反相键合相色谱最为常用的分离模式。

3) 键合相色谱的保留机理

正相键合相色谱的保留机理是基于极性固定相与溶质间的氢键、偶极等分子间极性作用。离子型键合相色谱的保留机理就是静电作用。反相键合相色谱的保留机理相对比较复杂，目前有不同的说法。

疏溶剂作用理论是目前较为公认的反相键合相色谱保留机理。如图 19-16 所示，该理论把长链非极性烷基键合相看成键合在基质表面的一层"分子刷"或"分子毛"，这层疏水性烷基长链与极性流动相之间存在较强的疏水排斥作用，又称为憎水或疏溶剂效应。用极性流动相分离有机物时，非极性有机分子或极性有机分子中的非极性部分与极性流动相之间也存在疏溶剂排斥作用，这些有机物受到流动相的排斥而与固定相表面的"分子刷"或"分子毛"产生疏溶剂缔合作用,形成缔合物,从而保留在固定相表面,以减少其与极性流动相的接触面积,减少排斥力。因此,非极性键合相对物质的保留作用主要是排斥力,而不是色散力。这种疏溶剂缔合有可逆性,即流动相极性降低或有机物的极性部分受到极性流动相作用时会发生解缔合作用,使有机物分子离开固定相。可见,有机物的保留行为受到缔合与解缔合作用力相对大小的控制,固定相的烷基链或有机分子中非极性部分的表面积越大,或者流动相的表面张力即介电常数越大,缔合作用越强,保留就越强。

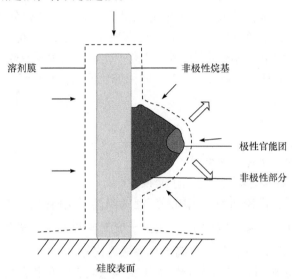

图 19-16　反相键合相色谱疏溶剂作用示意图

　　在反相键合相色谱中,疏溶剂作用理论较好地解释了在高含水量流动相分离中有机物的保留行为。而对于流动相含水量不高的情况,基质表面残余硅羟基对极性有机物保留也会有影响,因此有机物的保留是疏水作用加上残余硅羟基的作用。当前,键合相固定相制备技术不断改进和发展,配合优化流动相,可以减少或消除这种残余硅羟基作用。

19.2.3　离子交换色谱法

　　离子交换色谱法(ion-exchange chromatography,IEC)是以离子交换剂为固定相,以一定酸度的缓冲溶液为流动相的高效液相色谱法。

1. 分离原理

　　离子交换色谱的基本原理是利用样品中各组分离子与离子交换树脂固定相的亲和力不同而进行分离,即样品中的离子组分与固定相表面带电荷的活性基团之间发生离子交换,由于不同离子的电荷、半径等不同而对固定相的静电亲和力不同,从而实现分离。该方法主要应用于离子组分或在一定条件下能够转化为离子的组分分离。

　　离子交换分离过程有阳离子交换和阴离子交换两种类型。阳离子交换过程是指阳离子交换固定相对于样品中阳离子的交换过程,如磺酸型阳离子交换树脂的阳离子交换过程可以表示为

$$M^+ + RSO_3^-H^+ \rightleftharpoons H^+ + RSO_3^-M^+$$

式中，M^+ 为被分离阳离子组分；$RSO_3^-H^+$ 为阳离子交换树脂。

　　同样，阴离子交换过程是指阴离子交换固定相对于样品中阴离子的交换过程，如有机胺类阴离子交换树脂的阴离子交换过程可以表示为

$$RNR_3^+Cl^- + X^- \rightleftharpoons RNR_3^+X^- + Cl^-$$

式中，X^- 为被分离阴离子组分；$RNR_3^+Cl^-$ 为阴离子交换树脂。

　　上述两类离子交换平衡就是 IEC 典型的分离机理，但实际 IEC 分离是一个十分复杂的过程，可能包含二级平衡，如通过形成配合物改变溶质离子形态，还可能存在库仑排斥、吸附、疏水、分子体积排阻等作用。总体而言，多电荷离子比单电荷离子有较高的保留值，同时离子交换固定相表面的活性基团、组分的水合离子体积等性质都会影响组分的离子交换能力，即影响保留值。

2. 固定相

　　常用的离子交换固定相有三种类型：

　　(1) 苯乙烯和二乙烯苯交联聚合物离子交换树脂。

　　在该类聚合物离子交换树脂中，应用最广泛的阳离子交换树脂是活性位点为强酸性磺酸基—$RSO_3^-H^+$ 和弱酸性羧酸基—COO^-H^+；阴离子交换树脂是含季铵基—$N(CH_3)_3^+OH^-$ 或伯胺基—$NH_3^+OH^-$，主要用于水的软化、去离子和溶液纯化等。

　　根据树脂物理结构的不同，该类聚合物离子交换树脂有微孔和大孔之分。微孔树脂交联度高，骨架紧密且孔穴小，比较适合分离无机离子。大孔树脂交联度低，除微孔结构外，还有刚性结构。

　　该类聚合物离子交换树脂适用于 pH 为 0～14 的样品溶液，但是聚合物基质易被溶胀和压缩，而且聚合物内部微孔结构导致传质速率比较慢，柱效较低。

　　(2) 表面薄壳型无机-有机复合型交换剂。

　　该类离子交换固定相粒径较大，为 0～40 μm，是在无孔玻璃珠或聚合物内核表面涂覆薄层聚合物离子交换树脂或微粒硅胶。

　　(3) 硅胶化学键合离子交换剂。

　　这类离子交换固定相是以键合反应引入离子交换基团，粒径为 5～10 μm，机械强度高且柱效高，但是适用的酸度范围较窄，即要求 pH 为 2～8。

3. 流动相

　　离子交换色谱的流动相一般是含缓冲盐的水溶液，使流动相保持一定的酸度和离子强度。有时也会在流动相中添加适量的有机改性剂，如甲醇、乙醇、乙腈或四氢呋喃等，以增加样品在流动相中的溶解度，提高分离选择性，并改变色谱峰的峰形。

　　在离子交换色谱中，流动相中缓冲盐的种类及浓度、pH 是调节分离选择性的主要参数，常用的有磷酸、乙酸、柠檬酸和硼酸盐等构成的缓冲体系，可以根据实际情况选择合适的缓冲溶液。例如，各种阴离子在阴离子交换剂上的滞留次序如下：

　　柠檬酸根离子 $> SO_4^{2-} > C_2O_4^{2-} > I^- > NO_3^- > CrO_4^{2-} > Br^- > SCN^- > Cl^- > HCOO^- > CH_3COO^- > OH^- > F^-$

可见，流动相中的柠檬酸根离子比氟离子有更强的洗脱能力。

4. 应用

离子交换色谱法可以分离离子型化合物、可解离的化合物和带电荷的物质，包括无机离子和有机离子组分，如无机盐、氨基酸、核酸和蛋白质等，广泛应用于环境、生物、医药和化工等领域。

19.2.4　尺寸排阻色谱法

尺寸排阻色谱法(size exclusion chromatography，SEC)是以均匀网状多孔凝胶微粒为固定相，按照被分离组分的尺寸大小进行分离的色谱法，又称为凝胶色谱法、体积排阻色谱法或分子筛色谱法等。当流动相为水溶液时，该色谱法称为凝胶过滤色谱法(gel filtration chromatography，GFC)，而当流动相为有机溶剂时，该色谱法称为凝胶渗透色谱法(gel permeation chromatography，GPC)。

1. 分离原理

在尺寸排阻色谱中，流动相携带样品流经网状多孔凝胶色谱柱时，相对分子质量较大即体积较大的分子不能渗透到孔穴中而被排阻，随着流动相穿过固定相颗粒间的缝隙很快流出色谱柱，而相对分子质量较小即体积较小的分子可以渗透进入凝胶颗粒孔穴内部，较晚流出色谱柱。处于两者之间的中等大小体积的分子渗透进入孔穴，由于渗透能力有差异而在色谱柱中的保留不同，产生分子分级。如此，按照分子的大小顺序进行样品组分的分离，相当于分子筛效应，如图 19-17 所示。同时，分子形状在一定程度上也影响保留。因此，SEC 的分离机理是基于各组分分子体积差异在凝胶固定相孔穴内的排阻和渗透性的大小。

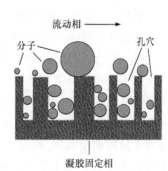

图 19-17　尺寸排阻色谱分离机制示意图

以已知相对分子质量的标准品的出峰时间与相对分子质量获得校准曲线，再根据未知样品中被测组分的出峰时间，即可得出相对分子质量。

选择不同孔径的凝胶为固定相，尺寸排阻色谱可以测定相对分子质量为数万至数百万的大分子化合物。尺寸排阻色谱是一种分离分析高分子化合物的色谱方法，要求样品中待分离的各组分相对分子质量差别大于 10%，才可以有效分离。

2. 固定相

SEC 常用的固定相为不同孔径大小的多孔凝胶填料，包括有机交联聚合物微球和无机材料。

有机交联聚合物凝胶微球主要是苯乙烯和二乙烯苯交联共聚物，由交联度控制孔径大小，粒径均匀。早期的交联聚合物微球有疏水性，只适用于非水流动相，不适用于水溶性高分子化合物的分离。而经过聚苯乙烯磺酸化或制备聚丙酰胺获得的亲水性聚合物凝胶生物兼容性较好，可以应用于多糖等水溶性大分子的有效分离。

多孔玻璃、多孔硅胶等无机材料的机械强度高、稳定性好、耐高压和高温、不易溶胀、易紧密均匀填充、更换溶剂平衡速率快，因此应用广泛。但是，这些无机材料的孔径分布不易控制，表面残余的活性吸附位点会引起组分的非排阻保留，并且催化作用会引起组分的降解等。通常用硅烷化反应对材料的表面进行改性以减少吸附影响。

3. 流动相

对于凝胶过滤色谱，固定相是亲水性填料，流动相是水溶性溶剂，如不同 pH 的各种缓冲溶液。

对于凝胶渗透色谱，固定相是疏水性填料，流动相是非极性有机溶剂，如四氢呋喃、二甲基甲酰胺和卤代烃等。

SEC 不采用改变流动相组成的方法改善分离度，流动相溶剂的选择主要考虑对样品的溶解能力，以及与固定相和检测器的匹配性。

4. 应用

SEC 主要应用于分离分析相对分子质量较大的化合物，如蛋白质、核酸和多糖等，以及一些合成聚合物的相对分子质量分布和平均相对分子质量测定等。

19.2.5　离子对色谱法

离子对色谱法(ion pair chromatography，IPC)是将一种或多种与被测离子电荷相反的离子添加到流动相中，使其与被测离子形成疏水性的离子对化合物而实现有效分离的色谱法。

对于离子组分，无机离子和强解离的有机离子可以选择离子交换色谱法进行分离，而反相色谱与正相色谱可以分离中性有机分子及弱解离的有机离子。但是，大多数可解离的有机物在正相色谱极性固定相中的吸附太强，保留值很大，会出现拖尾峰，甚至难以洗脱，而在反相色谱非极性或弱极性固定相中的保留很弱。此时，可以选择离子对色谱进行分离，即离子对色谱主要应用于分离离子型组分。

离子对色谱法的基本原理是在色谱流动相中添加一种或几种与被测离子电荷相反的离子试剂，该离子称为对离子或反离子。这种对离子与被测离子能够形成离子对，从而改变被测离子的结构和性质，也就改变了其在两相中的分配平衡和色谱分离的选择性，从而调整被测离子的保留时间。

常见的离子对试剂主要有烷基磺酸盐、烷基硫酸盐、羧酸盐、萘磺酸盐、高氯酸盐等阴离子，以及四丁基铵盐、十六烷基三甲基铵盐等阳离子。

离子对色谱法主要应用于羧酸、磺酸、胺、季铵盐、氨基酸、多肽、核苷酸及其衍生物等有机酸、碱和两性化合物的分离。

19.2.6　亲和色谱法

亲和色谱法(affinity chromatography)是以表面键合酶、抗体或激素等生物活性配体的多孔微粒为固定相，以不同 pH 的缓冲溶液为流动相，利用氨基酸、肽、蛋白质和核酸等生物分子与固定相配体间可逆且高度特异的亲和作用力的差异，实现生物活性分子分离和纯化的色谱法。

亲和色谱法的基本原理就是基于分子间疏水、范德华力、静电力、配位作用或空间位阻等作用而产生的特殊亲和力，使固定相对生物活性成分有保留作用。

亲和色谱固定相主要由基质、间隔壁和配体三部分组成。基质分为葡聚糖、聚丙烯酰胺、交联聚苯乙烯等有机基质和硅胶、氧化锆、氧化钛等无机基质。以功能化反应在基质表面引入羟基、氨基或环氧基等活性基团。间隔壁是二醇、二胺或氨基酸等双功能基化合物。配体是亲和色谱固定相中最重要的组成部分，有染料类、环糊精和杯芳烃等大环化合物类、阿普洛尔和四氢大麻酚等药物类，以及氨基酸、多肽、蛋白质、抗体、抗原、核苷酸、辅酶、核糖核酸、脱氧核糖核酸和微生物等生物活性分子类等。

亲和色谱的流动相通常使用近中性的稀缓冲溶液，如磷酸盐、硼酸盐、乙酸盐、柠檬酸盐、三羟甲基氨基甲烷与盐酸、顺丁烯二酸等构成的具有不同 pH 的缓冲溶液体系。可以通过改变流动相的组成、酸度、盐度或添加改性剂，调节被分离组分的保留值和提高分离的选择性。

亲和色谱法的特点是分离特效，即选择性高，主要用于生物活性物质的分离，如从细胞提取液中分离蛋白质和核酸、从血浆样品中分离抗体等，在生物化学、分子生物学、生物工程等领域广泛应用。

思考题和习题

1. 高效液相色谱法和经典液相色谱法相比有哪些异同点？

2. 高效液相色谱仪的基本部件有哪些？指出高效液相色谱仪与气相色谱仪的异同点。

3. 什么是等度洗脱和梯度洗脱？梯度洗脱的特点是什么？其主要应用于什么样品的分析？

4. 六通阀进样器的主要特点是什么？

5. 高效液相色谱检测器有哪些？各有什么特点？

6. 试述以质谱为检测器对于高效液相色谱分析的重要意义。

7. 高效液相色谱法的常见类型有哪些？各类型高效液相色谱法的特点和应用对象是什么？

8. 什么是键合相色谱？键合相色谱柱的特点是什么？

9. 什么是正相色谱？其出峰规律是什么？主要应用对象是什么？流动相极性改变时，组分的保留值如何变化？

10. 什么是反相色谱？其出峰规律是什么？主要应用对象是什么？流动相极性改变时，组分的保留值如何变化？

11. 指出下列混合物分别在正相色谱和反相色谱中的流出顺序：

(1) 乙醚、硝基乙烷、正己醇。

(2) 甲苯、苯酚、丙酮。

12. 吸附色谱法常用的固定相有哪些？

13. 离子交换色谱法常用的固定相有哪些？

14. 与气相色谱法相比，高效液相色谱法的特点是什么？

15. 应选择哪种液相色谱法进行聚苯乙烯相对分子质量的分级分析？为什么？

16. 在 C_{18} 色谱柱上，以甲醇和水混合溶液为流动相进行甲苯和苯酚的分离分析，若增加流动相中甲醇的比例，甲苯和苯酚的保留时间如何变化？

第 20 章　毛细管电泳法

高效毛细管电泳(high performance capillary electrophoresis，HPCE)又称为毛细管电分离法，简称毛细管电泳(capillary electrophoresis，CE)，是指以高压直流电场为驱动力，以毛细管为分离通道，基于不同组分淌度和分配能力的不同而实现样品分离的新型液相分离方法。

1981 年，乔根森和卢卡奇(Lukacs)提出了在内径为 75 μm 的石英毛细管内，以 30 kV 高电压进行分离，并建立了电迁移进样，自由溶液电泳的快速、高效毛细管电泳方法，获得了理论塔板数 400 000 m^{-1}的分离柱效，研究了区带展宽的因素，并从理论上阐述了分离机理。

毛细管电泳法是经典电泳技术和现代毛细管柱色谱相结合的新方法，是分离科学和分析学科的前沿领域和重大进展。该方法促使分析化学从微升水平进入纳升水平，并可能实现单细胞分析甚至单分子分析。

与 HPLC 等其他分离分析方法相比，HPCE 的优点有：

(1) 样品量少：纳升级进样，约为 HPLC 微升级进样量的千分之一。

(2) 柱效高：细内径的毛细管散发热量快，减小了焦耳热的温度效应，电场电压可以增加到数千伏，增大的电场推动力又可使用更细更长的毛细管，因此每米塔板数可达到数十万甚至数百万、数千万。

(3) 灵敏度高：紫外-可见吸收检测器的绝对检出限达到 $10^{-15} \sim 10^{-13}$ mol，质谱检测器的绝对检出限达到 $10^{-17} \sim 10^{-16}$ mol，激光诱导荧光检测器的绝对检出限达到 $10^{-21} \sim 10^{-19}$ mol。

(4) 分析速度快：样品的运行时间通常为数十秒至 30 min。例如，1.7 min 内分离 19 种阳离子，3.1 min 内分离 36 种无机及有机阴离子，4.1 min 内分离 24 种阳离子等。

(5) 成本低：在水介质中进行分离，且流动相的消耗只是 HPLC 的百分之一左右，毛细管价格低。

(6) 操作简便、应用范围广：仪器组成简单，易于操作，广泛应用于化学、生物学、医学、药学、食品、环境和材料等领域的无机物、有机物、带电荷的离子、不带电荷的中性分子、小分子或大分子的分离分析，特别是在蛋白质、多肽、抗体和核酸等生物组分的分离分析中凸显出优异的性能。

当然，与 HPLC 相比，HPCE 的进样准确度、迁移时间重现性、精密度和灵敏度不占优势，用于制备时，HPLC 可以微量也可以常量制备，而 HPCE 只能微量制备，因此 HPCE 和 HPLC 可以相互补充。

另外，不断出现的毛细管电泳新模式大大扩展了该方法的应用。例如，毛细管胶束电动色谱结合了电泳和色谱的原理，解决了中性分子毛细管电泳的分析问题；阵列毛细管电泳实现了 DNA 的高效测序；芯片毛细管电泳实现了大批量样品的快速分离分析等。

20.1　毛细管电泳法的基本原理

毛细管电泳法是基于电泳原理和色谱原理而建立的分离方法。电泳和色谱分离都是组分的差速迁移过程，只是电泳是以电场为推动力，基于带电粒子的电荷性质、电荷数、大小和形状的不同实现分离，而色谱的推动力是高压下流动相的流动，基于组分在固定相和流动相之间的分配系数或尺寸排阻能力不同实现分离。电泳理论和色谱理论的概念和理论均适用于毛细管电泳。

20.1.1　毛细管电泳的基本概念

1. 双电层和 ζ 电势

毛细管电泳经常使用石英毛细管柱，其表面存在大量的酸性硅羟基(Si—OH)，等电点 pI $\approx$ 3，如果溶液 pH＞3，则石英毛细管内壁大量的硅羟基电离为 SiO⁻而使内表面带负电荷，由于静电作用吸引溶液中带相反电荷的粒子，在内壁表面形成双电层(或称为电双层)。其中，紧贴内表面的部分称为斯特恩(Stern)层或紧密层，扩散展开的部分称为扩散层。从紧密层到扩散层的电荷密度随着与内表面距离的增加而急剧减小，直至整体电荷平衡，如图 20-1 所示。

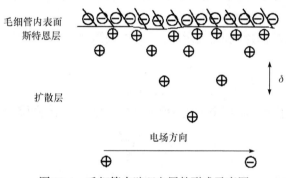

图 20-1　毛细管内壁双电层的形成示意图

紧密层和扩散层交点的边界电势称为管壁的 ζ 电势或 ζ 电位，其数据在扩散层中随着表面距离的增加而呈指数衰减，衰减一个指数单位的距离称为双电层的厚度 δ。ζ 电势的大小与毛细管材质、电解质溶液的酸度及离子强度有关。对于水等极性溶剂，在极性或非极性毛细管内表面的 ζ 电势可以达到 10～100 mV。当然，对于正己烷等非极性溶剂，无论是极性还是非极性毛细管内表面都不会产生 ζ 电势，除非在非极性溶剂中添加极性物质。

2. 淌度和电渗流

1) 淌度

在电场强度为 E 的电场作用下，电荷为 q 的带电粒子以速度 v_{ep} 向相反电性的电极匀速移动时，其迁移速度为(对于球形离子)

$$v_{ep} = \frac{qE}{f} = \frac{q}{6\pi r\eta} E \tag{20-1}$$

显然，影响带电粒子的电泳速度的因素有粒子的电荷数及表观液态动力学半径，以及电场强度和介质黏度等。同一电泳系统，电场强度和介质黏度一定，不同带电粒子的有效半径、形状和大小不同，在电场中的迁移速度不同，即存在差速迁移，从而实现电泳分离。

毛细管电泳中，单位电场强度下带电粒子的平均电泳速度，也就是带电粒子的迁移率称为带电粒子的淌度 μ_{ep}：

$$\mu_{ep} = \frac{v_{ep}}{E} = \frac{q}{6\pi r \eta} \tag{20-2}$$

带电粒子的淌度不同是电泳分离的基础。

2) 电渗现象与电渗流

毛细管内壁形成双电层后，在外电场的作用下，溶剂化的扩散层粒子带动整体溶液相对于毛细管内表面向异性电极定向迁移或流动的现象称为电渗(electroosmosis)。电渗现象中整体移动的液体称为电渗流(electroosmotic flow，EOF)。

电渗流的方向取决于毛细管内表面电荷的性质。例如，石英毛细管柱内溶液的 pH>3 时，其内壁表面带负电荷，溶液中的扩散层粒子带正电荷，在高电场的作用下，电渗流的方向就是由阳极到阴极。也可以通过毛细管内壁物理或化学改性，或者在毛细管内部溶液中加入大量的阳离子表面活性剂来改变电渗流方向。

电渗流的大小用电渗流速度 v_{eo} 表示，其大小主要取决于电渗淌度 μ_{eo} 和电场强度 E，可以写成

$$v_{eo} = \mu_{eo} E \tag{20-3}$$

这里，电渗淌度 μ_{eo} 是指单位电场下的电渗流速度，取决于电泳介质和双电层的 ζ 电势，即

$$\mu_{eo} = \frac{\varepsilon_0 \varepsilon \zeta}{\eta} \tag{20-4}$$

式中，ε_0 为真空介电常数；ε 为电泳介质的介电常数；ζ 为毛细管壁的 ζ 电势(近似等于扩散层与吸附层界面上的电位)。则有

$$v_{eo} = \frac{\varepsilon_0 \varepsilon \zeta}{\eta} E \tag{20-5}$$

在实际分析中，电渗流速度是在实验测定相应参数后计算得到的：

$$v_{eo} = \frac{L_d}{t_{eo}} \tag{20-6}$$

式中，L_d 为进样口到检测器的毛细管有效长度；t_{eo} 为电渗流标记物(中性物质)的迁移时间(死时间)。

电渗流的流形为平流，这是因为毛细管内壁表面扩散层过剩带电荷粒子分布均匀，在外电场力驱动下溶液整体移动，呈现出平流状态，又称为塞流。除紧贴毛细管内壁的液体因为摩擦力流速减小外，其余溶液流速相同，因而 HPCE 谱带展宽小，柱效高，如图 20-2 所示。而 HPLC 流动相借助高压泵的高压驱动，紧靠内壁的溶液流速小，内部中心的溶液阻力小而流速大，约为平均流速的 2 倍，呈现抛物线状的层流，由此引起区带展宽。

影响电渗流大小的因素有许多，由电渗流速度的表达式可知，主要包括电场强度、温度、溶液酸度、电解质成分及浓度、毛细管材质、缓冲溶液中的添加剂等。

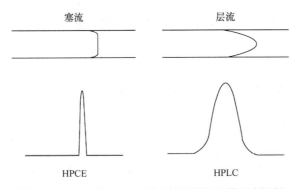

图 20-2　HPCE 和 HPLC 流动相流形及区带展宽比较

(1) 电场强度：固定毛细管长度，电渗流速度 v_{eo} 与电场强度 E 成正比。但是，电场强度过大时，焦耳热的温度效应凸显，即毛细管内部溶液中有电流通过时产生的热量。温度升高后，溶液黏度降低会造成扩散层厚度增加，电渗流速度 v_{eo} 与电场强度 E 的关系偏离线性。

(2) 温度：毛细管内温度升高，溶液黏度降低，同时毛细管内壁硅羟基的电离度增加，因此电渗流速度随之增大。

(3) 溶液酸度：电渗流速度与毛细管内壁的 ζ 电势成正比，相同材料的毛细管，改变管内溶液的 pH 时，毛细管内壁电荷性质不同，ζ 电势不同，电渗流大小不同。例如，石英毛细管在内充液 pH<3 时，内表面的硅羟基电离度很小，电渗流很小。随着 pH 增加，硅羟基电离度增加，电渗流增加，直至 pH 约等于 7 时，硅羟基电离程度高，电渗流较大。此外，样品各组分的解离程度也受 pH 影响，需要用缓冲溶液控制溶液 pH 稳定。

(4) 电解质成分及浓度：相同条件下，浓度相同而阴离子不同的电解质使毛细管中的电流差别较大，产生的焦耳热不同，对电渗流的影响不同。缓冲溶液组成相同而浓度不同，即离子强度不同时，双电层的厚度、溶液黏度和工作电流不同，电渗流大小不同。缓冲溶液离子强度增加，双电层厚度减小，电渗流下降，焦耳热增加，不利于分离。因此，在 HPCE 分离分析中，需要优化选择缓冲溶液的组成及浓度。

(5) 毛细管材质：相同条件下，不同材料毛细管的表面电荷特性不同，产生的电渗流大小不同。

(6) 缓冲溶液中的添加剂：大浓度的 K_2SO_4 等中性盐降低了毛细管内壁对组分特别是多肽和蛋白质等生物组分的吸附影响，可提高毛细管电泳的重现性和准确度等，也会增大溶液的离子强度，增大溶液黏度，使电渗流减小。加入不同浓度的溴化十六烷基三甲铵等阳离子表面活性剂或十二烷基硫酸钠(SDS)等阴离子表面活性剂，可以使电渗流方向发生反转或改变电渗流大小。加入甲醇、乙腈等有机溶剂，降低溶液的电荷密度和黏度，使电渗流减小。对于不溶于水的样品，当缓冲溶液中存在少量有机溶剂时，能够改善组分的溶解度和分离度。在极端情况下，以有机溶剂为主体溶剂或完全使用有机溶剂进行毛细管电泳分离分析，即非水毛细管电泳技术。

20.1.2　毛细管电泳的分离原理

电渗流在 HPCE 中具有十分重要的作用。一般情况下，电渗流速度是带电粒子电泳速度的 5～7 倍，因此电渗流控制组分的迁移方向和速度，直接影响分离度和重现性。

毛细管电泳中通常使用石英毛细管，当电解质溶液的 pH>3 时，内表面带负电荷，电渗流方向从正极流向负极。样品中带电荷粒子的移动速度 v 应该是其电泳速度 v_{ep} 和电渗流速度 v_{eo} 的矢量和,即

$$v = v_{ep} \pm v_{eo} = (\mu_{ep} \pm \mu_{eo})E \tag{20-7}$$

因此,毛细管内带电粒子的迁移方向和速度分别是:

正电荷粒子运动方向与电渗流一致,迁移速度 $v_+ = v_{eo} + v_{+ep}$;

负电荷粒子运动方向与电渗流相反,迁移速度 $v_- = v_{eo} - v_{-ep}$;

中性粒子运动方向与电渗流一致,迁移速度 $v_0 = v_{eo}$。

如图 20-3 所示,正电荷粒子迁移方向与电渗流一致,是在电渗流迁移速度上叠加了正电荷粒子的迁移速度,移动最快,最先从毛细管中流出。正电荷粒子的大小、形状、电荷数不同,流出速度不同,半径越小,电荷数越高,越早出峰。中性粒子没有电泳作用,与电渗流迁移方向和速度一致,随后流出。负电荷粒子迁移方向与电渗流方向相反,因为电渗流速度远大于负电荷粒子的电泳速度,所以负电荷粒子最终的迁移方向与电渗流一致,但迁移速度是在电渗流速度基础上扣除了负电荷粒子的电泳速度,在中性粒子后流出。同样,负电荷粒子半径越小,电荷数越高,越晚流出。如此,实现了样品不同粒子的分离。

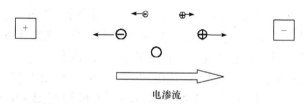

图 20-3 电渗流在 HPCE 中的作用示意图

因此,电渗流的微小变化会影响毛细管电泳分析的重现性。控制电渗流恒定,对于 HPCE 分析非常重要。

20.1.3 毛细管电泳的分析参数

1. 迁移时间

HPCE 兼有电泳和色谱分析的特点,电泳和色谱的理论都适用。保留时间是指从加外电压开始,组分到达检测器所需的迁移时间,又称为迁移时间,用 t_R 表示。

2. 分离效率

在 HPCE 中,柱效也是用塔板数 n 或塔板高度 H 表示,以此数据的大小表达分离效率。与色谱法相同,塔板数的计算如下:

$$n = 5.54 \left(\frac{t_R}{W_{1/2}} \right)^2 = 16 \left(\frac{t_R}{W} \right)^2 \tag{20-8}$$

HPCE 中的柱效表达式为

$$n = \frac{(\mu_{ep} + \mu_{eo})VL_d}{2DL} \tag{20-9}$$

式中，V 为外加电压；L 为毛细管的总长度；D 为组分的扩散系数，相对分子质量越大的组分，扩散系数越小，柱效越高，这是毛细管电泳更适合分离分析生物大分子的理论依据。

3. 分离度

毛细管电泳的分离度 R 的含义和表达式与色谱理论相同：

$$R = \frac{2(t_{R_2} - t_{R_1})}{W_1 + W_2} \tag{20-10}$$

式中，1 和 2 分别为分离谱图中相邻的两个组分；t_R 为迁移时间；W 为峰底宽。

20.2　毛细管电泳仪

毛细管电泳仪的基本部件有直流高压电源、缓冲溶液储液槽、毛细管、检测器和数据记录处理装置，如图 20-4 所示。毛细管电泳分离分析过程是在毛细管柱内充入缓冲溶液，其两端分别置于两个缓冲溶液储液槽中，高压电源与两个缓冲溶液中的铂电极连接并加压或从毛细管出口处减压，迫使样品从毛细管一端进入毛细管，迁移到另一端的检测器进行信号采集和数据处理。

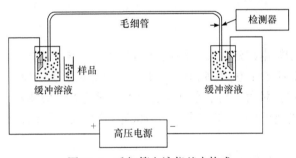

图 20-4　毛细管电泳仪基本构成

可见，毛细管电泳仪比高效液相色谱仪的构成简单，操作简便，易于实现分离分析过程的自动化控制。

1. 高压电源

毛细管电泳使用直径为 0.5～1mm 的铂丝电极，采用稳定、连续可调的直流高压电源，电压为$(5～\pm30)$kV，电压稳定性在$\pm0.1\%$内，电流为 200～300 μA，即电源能够恒压、恒流、恒功率输出，电源极性易转换。

2. 毛细管柱

毛细管电泳的毛细管柱必须具有化学惰性、电绝缘、可透光、机械性能和柔韧性好、导热性能好的特性。常用的石英材料紫外光透光性好，表面的硅羟基容易解离产生双电层，进而易产生电渗流。熔融石英毛细管易折断，通常在毛细管外壁涂一层聚酰亚胺保护层，增加柔韧性而不易折断。但是，聚酰亚胺不透光，需要在检测口处以强酸腐蚀、高温灼烧或刮除等方式剥离去除外壁的 2～3 mm 长聚酰亚胺，以实现信号检测。

细柱毛细管散热快，柱效高，但过细的毛细管吸附严重，也存在进样、检测和清洗难的问题。一般使用内径为 25～100 μm、外径为 350～400 μm 的毛细管柱，其中最常用的内径是 50 μm 和 75 μm。毛细管柱过长时，电流减小，分离分析时间延长，而过短的毛细管柱效低，且易产生热过载，常用 10～100 cm 长的毛细管。

通常用物理涂渍或化学键合的方式在毛细管内壁进行涂层处理和修饰改性，以控制电渗流，减少毛细管内壁对组分的不可逆吸附，改善分离重现性。

3. 缓冲溶液储液槽

储液槽是两个容积为 1～5 mL 带螺口的小玻璃瓶或塑料瓶，分别带有细铂丝电极。储液槽中充有缓冲溶液，充满溶液的毛细管两端分别置于两个储液槽中，接通外电源后，构成电流回路进行分离。因此，储液槽必须化学惰性，机械稳定性好。

4. 样品瓶及进样

HPLC 的常规进样方法有较大的死体积，影响柱效。而毛细管电泳中的细毛细管总体积只有 4～5 μL，进样为纳升级，是毛细管长度的 1%～2%。毛细管电泳进样一般是将毛细管一端放入样品瓶中，依托电场力、重力或扩散等驱动样品溶液进入毛细管中，即进样方式有电动进样、流体力学进样和扩散进样等。

5. 检测器

检测器是决定毛细管电泳法灵敏度的重要部件之一。常规的光学检测器是在毛细管柱尾端进行检测，而细毛细管光程短，因此毛细管电泳需要高灵敏度的检测器。相对于液相色谱分离过程中流动相对样品的稀释效应，毛细管电泳可以保持到达检测器时组分的浓度和原样品一致，甚至可以采用电堆积等技术实现 10～100 倍的浓缩。因此，HPCE 具有更高的检测灵敏度。

毛细管电泳仪常用的检测器见表 20-1。

表 20-1　毛细管电泳仪常用检测器的检出限及其特点

检测器类型	浓度检出限/(mol · L⁻¹)(进样 10 μL)	质量检出限/mol	特点
紫外检测器	10^{-8}～10^{-5}	10^{-16}～10^{-13}	柱上检测，通用，检测对紫外有吸收的化合物，二极管阵列提供光谱信息
荧光检测器	10^{-9}～10^{-7}	10^{-17}～10^{-15}	柱上检测，灵敏度高，常需衍生化
激光诱导荧光检测器	10^{-16}～10^{-14}	10^{-20}～10^{-18}	柱上检测，灵敏度极高，常需衍生化
质谱	10^{-9}～10^{-8}	10^{-17}～10^{-16}	柱后检测，灵敏度高，提供结构信息
电导检测器	10^{-8}～10^{-7}	10^{-16}～10^{-15}	柱后检测，通用，常需电改性
安培检测器	10^{-11}～10^{-10}	10^{-19}～10^{-18}	柱后检测，灵敏度高，检测电活性化合物

紫外检测器结构简单、价格便宜、操作方便，是毛细管电泳仪常用的检测器。毛细管柱内径比较细，一般不超过 100 μm，检测的光程短，限制了紫外检测器的灵敏度。因此，毛细管电泳分析中，需要优化选择最佳检测波长，或者通过增加光强、采用光聚焦或设置光路狭缝等

方法降低噪声,以及提高信号放大比例等提高灵敏度。同时,将毛细管检测口改造成"Z"字形、扁方形等增加光路长度,也是改善灵敏度的有效措施。

荧光检测器也是毛细管电泳仪常用的检测器,其检出限比紫外检测器低3~4个数量级,灵敏度和选择性高,适用于痕量组分分析。但是对于没有荧光性能的组分,需要衍生化。

毛细管电泳流动相和样品体积小,适合与质谱联用,以提高毛细管电泳的定性分析能力和选择性、灵敏度。

相对于光学检测器,电化学检测器灵敏度高、选择性好、线性范围宽,不受细内径毛细管光路段的限制。但是,毛细管电泳的大电流、高盐使得电化学检测器难以实现商品化。电化学检测的方法有电导法、安培法和电位法等。

毛细管电泳的其他检测器还有折射率检测器、同位素检测器、核磁共振检测器、化学发光检测器和激光圆二色检测器等。

20.3　毛细管电泳法的分类及应用

按照分离原理和分离介质的不同,毛细管电泳可以分为毛细管区带电泳(capillary zone electrophoresis,CZE)、毛细管凝胶电泳(capillary gel electrophoresis,CGE)、胶束电动色谱(micellar electrokinetic chromatography,MEKC)、毛细管等电聚焦(capillary isoelectric focusing,CIEF)和毛细管等速电泳(capillary isotachophoresis,CITP)等类型。各种类型具有不同的分离原理和应用范围。

20.3.1　毛细管区带电泳

毛细管区带电泳是指基于样品中组分的质荷比不同而进行电泳分离分析的方法,又称为毛细管自由电泳。这是最基本和应用最广泛的毛细管电泳方法,也是其他各种方法的基础。

CZE 的分离原理是在背景电解质溶液中,各组分的电泳淌度有差别而以不同的速度进行迁移,形成各自的组分带。各种带电粒子组分的迁移速度是其电泳速度和电渗流速度的矢量和,即阳极端进样,阴极端出峰检测,组分流出顺序为:质荷比大的正电荷粒子、质荷比小的正电荷粒子、中性粒子、质荷比小的负电荷粒子、质荷比大的负电荷粒子。CZE 最大的特点是简单,但不能分离中性组分。

CZE 的应用主要是分离样品中带电荷的组分,包括无机阴阳离子、有机酸、胺类化合物、氨基酸和蛋白质等,是目前分离带电荷粒子的有效方法。但是,该方法不适合分离中性化合物。例如,以 254 nm 为紫外检测波长,使用 50 μm 内径毛细管柱进行 CZE 分析,可以在 3 min 内分离分析 30 种无机阴离子和有机阴离子混合样品。

20.3.2　毛细管凝胶电泳

毛细管凝胶电泳是指将多孔凝胶装填在毛细管柱中作为支持介质的电泳方法。

常用的凝胶毛细管柱是在毛细管柱内交联制备的聚丙烯酰胺或琼脂糖凝胶柱,前者应用最广。凝胶的最大特点是:化学性质稳定、机械强度高,透明且不溶于水;电中性,不易吸附溶质;聚丙烯酰胺凝胶孔大小为 3~30 nm,类似分子筛对样品分子按大小进行分离,即筛分机理;黏度大,抗对流强,可有效减少组分的扩散,制约谱带的展宽,使组分的峰形尖锐,达到很高的柱效，甚至在短柱上实现良好的电泳分离。

CGE 中的凝胶毛细管柱制备难度大，容易堵塞而寿命短，可以采用低黏度的线型聚合物溶液代替高黏度交联聚丙烯酰胺凝胶，即无胶筛分技术。例如，使用未交联的聚丙烯酰胺、甲基纤维素及其衍生物和葡聚糖、聚乙二醇等直接注入毛细管中重复使用，这种毛细管柱比较便宜、制备简单，使用寿命长，但实际应用中需要优化选择合适的线型聚合物种类和浓度等。

CGE 常用于蛋白质、寡聚核苷酸、RNA 及 DNA 片段的分离分析。蛋白质、DNA 等的质荷比与分子的大小没有关系，使用 CZE 模式很难进行分离，而采用 CGE 能获得良好分离，CGE 是 DNA 排序的重要手段。

20.3.3　胶束电动色谱

胶束电动色谱法是指以溶液中的胶束为准固定相的一种电动色谱法，是电泳法和色谱法有效结合的新方法。

MEKC 是在缓冲溶液中加入超过临界胶束浓度的表面活性剂，表面活性剂分子之间的疏水基团聚集而形成胶束，构成分离体系的固定相，各组分基于在相当于流动相的缓冲溶液水相和相当于固定相的胶束相之间的分配系数不同而进行分配，在高压电场中，水相和胶束相迁移速度不同而实现分离。显然，MEKC 既可以分离离子组分，也可以分离不带电荷的中性分子组分，拓展了毛细管电泳的应用范围。

图 20-5 展示了 MEKC 的分离原理。对于石英毛细管，内壁硅羟基电离产生负电荷位点后，相当于流动相的水溶液因电渗流作用从阳极向阴极移动。十二烷基磺酸钠(SDS)阴离子表面活性剂浓度超过其临界胶束浓度后，形成表面带负电荷的胶束，其电泳方向是从阴极向阳极迁移，但电渗流速度远大于胶束迁移速度，因此胶束实际上也是从阳极向阴极移动。溶质包括中性化合物在水相和胶束相之间进行分配，因溶质分子结构不同，疏水性就不同，在两相中的分配能力不同，疏水性强的组分与胶束结合能力强，更多地停留在胶束中，而胶束的绝对迁移速度小，该组分的保留时间就长；反之，极性较大的组分较多地溶解在水相中跟随电渗的速率迁移，保留时间较短。

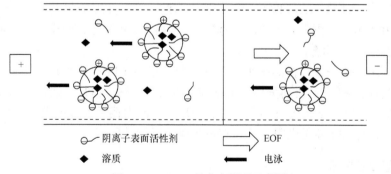

　　○—ᐧ 阴离子表面活性剂　　⇨ EOF
　　◆ 溶质　　　　　　　　　　◀ 电泳

图 20-5　MEKC 的分离原理示意图

可见，MEKC 是电泳和色谱的有机结合，具有色谱法的分离原理，只是胶束作为固定相，是一种移动的固定相，又称为准固定相。

20.3.4　毛细管等电聚焦

毛细管等电聚焦是指在毛细管内进行等电聚焦以实现分离的过程，是一种利用等电点不同而进行生物大分子分离分析的高分辨率电泳技术。

CIEF 分离的基本原理是在毛细管内注充不同等电点范围的混合脂肪族多胺基多羧酸两性电介质，外加 6～8 V 直流电压时，带正电荷的电介质流向阴极，带负电荷的电介质流向阳极，使阴极端 pH 升高，阳极端 pH 降低，混合电介质各组分分别滞留在与自身等电点一致的位置，从而在毛细管内的两端形成由阳极到阴极逐步升高的 pH 梯度。蛋白质是典型的两性物质，等电点 pI 是蛋白质的特性，不同的蛋白质，等电点不同。溶液 pH<pI 时，蛋白质分子带正电荷，在电场作用下向阴极迁移。反之，溶液 pH>pI 时，蛋白质分子带负电荷，在电场作用下向阳极迁移。当不同的蛋白质迁移至毛细管中与自身等电点一致的 pH 处，且整个溶液没有电渗推动时，蛋白质的迁移停止而形成非常窄的聚焦带，即不同的蛋白质聚焦在毛细管内的不同位置，从而实现分离。

毛细管等电聚焦获得高效分离能力，可以分离等电点差异小于 0.01pH 单位的不同蛋白质，并且适合于微量组分分析，外加大电压可以缩短分离时间，也能够进行在线实时检测。大部分情况下，电渗流在 CIEF 中不利，应该减小或消除。

毛细管等电聚焦有三个过程：

(1) 混合进样：将脱盐样品以 1%～2%的含量与两性电介质混合，注入毛细管中，毛细管两端分别插入盛装稀磷酸的阳极槽和装满氢氧化钠稀溶液的阴极槽。

(2) 等电聚焦：毛细管两端施加 500～700 V · cm^{-1} 高压 3～5 min，直至电流降低到很小。此时，两性电介质在毛细管内形成 pH 梯度，不同的蛋白质分别停滞在各自的等电点 pH 处，并形成聚焦带，如图 20-6 所示。等电聚焦过程相当于样品的浓缩过程，这是 CIEF 与 CZE 的不同之处。

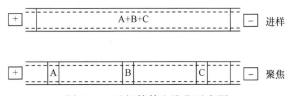

图 20-6　毛细管等电聚焦示意图

(3) 迁移检测：有不同的方式使聚焦带移动到毛细管尾端的检测器进行信号的检测。第一种方法是在阴极槽中加入氯化钠，毛细管两端施加 6～8 kV 高压，使氯离子进入毛细管，阴极毛细管内 pH 降低，引起管内电泳迁移，聚焦的蛋白质依次通过检测器进行检测。第二种方法是在毛细管有检测器的一端抽真空或用泵在毛细管另一端加压，用流动动力学方法促使毛细管内物质移动至检测器。第三种方法是电渗迁移，即聚焦的同时通过检测器进行检测。

CIEF 的应用主要是氨基酸、多肽、蛋白质等的分离分析，以及疾病诊断的临床研究等。

20.3.5　毛细管等速电泳

毛细管等速电泳是指依据不同组分的有效淌度差异，在不连续介质中进行等速电泳的方法，是比较早期的毛细管电泳方法。

CITP 是将两种有效淌度差别很大的缓冲溶液分别作为前导离子和尾随离子，前导离子加入毛细管及其检测端的缓冲溶液储液槽中，尾随离子具有一定的缓冲能力，加入另一端的缓冲溶液储液槽中，样品加在前导离子和尾随离子之间，组分离子的淌度全部位于前导离子和尾随离子之间。外加电压时，样品中迁移速度最大的离子迁移最快，但是在前导离子后面，迁移速度最小的离子迁移最慢，但是在尾随离子前面，于是具有不同淌度的组分得以电泳分离。在等速电泳稳态时，各组分的迁移区带相互连接，并具有相同的迁移速度。

　　例如，对于样品中的三种阴离子 A^-、B^- 和 C^-，如果有效淌度 $A^->B^->C^-$，外加电压后，各离子从负极向正极的迁移速度不同，毛细管内溶液中的离子浓度从负极到正极逐渐增加。由于电导率与电位梯度成反比，即浓度越大时，电导率越大，电位梯度就越小，因此从负极到正极，电位梯度逐渐减小。而离子的迁移速度与电场强度成反比，因此迁移速度最快的 A^- 位于弱的电场强度下，速度会慢下来，迁移速度最慢的 C^- 位于强电场强度下而加速，最终 A^-、B^-、C^- 三种离子和前导离子以相同的速度迁移。电泳过程中，如果有任何离子迁移速度过快或过慢，在恒流模式下会遇到更弱或更强的电场强度而迅速"归队"于该组分的区带，见图 20-7。

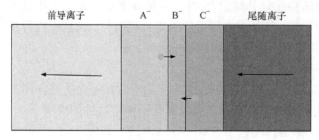

图 20-7　毛细管等速电泳示意图

思考题和习题

1. 名词解释：

(1) 淌度

(2) 电渗现象

(3) 电渗流

(4) 塞流

(5) 层流

(6) 迁移时间

(7) 毛细管等电聚焦

2. 阐述电渗流的产生及其在毛细管电泳中的作用。

3. 相对于传统电泳法，毛细管电泳主要的改进之处有哪些？

4. 毛细管电泳法的进样方法有哪些？

5. 在 CE 中，毛细管柱的材质有哪些？如何对毛细管进行改性？

6. 毛细管电泳仪的检测器有哪些？各有什么特点？

7. 毛细管电泳法有哪些分类？各类方法的应用对象是什么？

8. 描述毛细管电泳与高效液相色谱方法的异同点，并指出各自的优缺点。

9. 毛细管电色谱的毛细管柱有哪些类型？

10. 毛细管电色谱和毛细管电泳的区别是什么？各有哪些优缺点？

第 21 章　色谱分析新方法

21.1　超高效液相色谱法

超高效液相色谱法(ultra-high performance liquid chromatography，UPLC)是依托 HPLC 的基本理论，以小颗粒填料为固定相和超高压系统输送流动相，以优化的非常低的系统体积和快速检测手段实现分析的高通量、高灵敏度和大峰容量的液相色谱新方法。与高效液相色谱法相比，超高效液相色谱法的分离速度、柱效、峰容量、灵敏度和溶剂损耗等性能均得到显著提高，理论塔板数可达 200 000 m^{-1}，最大压力高达 130 MPa。

1. 超高效液相色谱法的基本原理

超高效液相色谱法与高效液相色谱法的基本原理相同，其理论基础都是塔板理论和速率理论。只是基于速率理论的范第姆特方程中影响分离柱效的因素及仪器硬件设计的技术参数等，对高压泵、进样器、色谱柱和检测器等进行了较大的改进。

UPLC 色谱柱填料从 HPLC 的常规粒径 5 μm 减小到 3.5 μm 或 1.7 μm，显著提高了分离柱效。填料粒径减小，可获得更高流速的最佳线速度，即伴随着柱效的提高，分析速度也有效提高了。

当然，色谱柱填料粒径的减小势必成倍增大系统的压力。UPLC 采用耐超高压的输液泵解决超高压下的耐压及渗漏问题，以获得理想的流动相线速度，实现 UPLC 的快速分离，也减少了溶剂的损耗。

2. 超高效液相色谱仪

超高效液相色谱仪与高效液相色谱仪的基本构成相同，主要包括高压输液系统、进样系统、分离系统和检测系统等，但各部件性能有较大的提升。

超高效液相色谱仪使用超高压输液泵，具有耐高压、精确、可靠、重现的梯度性能，流动相可以采用优化的高流速，以实现快速分离的目的，如流动相流速为 1 mL·min^{-1} 时柱压可以达到约 100 MPa。

UPLC 的自动进样器配置了针内进样探头和压力辅助进样装置等配件，保证了进样的可靠性和重现性，降低了死体积，有效降低了组分的扩散和进样时的交叉污染等。

超高效液相色谱分离柱填料机械强度高、耐高压、耐酸碱，颗粒度分布窄，具有理想的孔体积及孔径，粒径可以达到 1.7 μm，装填技术先进。

快速响应的检测器可以保证在短时间内对众多非常窄的色谱峰进行快速数据信号采集。同时，使用很小体积的流通池(约 0.5 μL，仅是 HPLC 流通池体积的 1/20)以降低组分扩散，缩短了组分在检测池中的驻留时间，降低了噪声以保证很高的检测灵敏度。

就超高效液相色谱仪的整体设计而言，各个硬件在性能改进之后降低了整体系统的体积和死体积，保证组分低扩散和快速分离分析，减少了溶剂的用量，缩短了分析时间，降低了液相色谱分离分析的成本，也实现了与质谱更协调的匹配。同时，以系统控制及数据管理解决仪器的自动化控制、大量数据的采集和处理问题。因此，UPLC 的分析速度、灵敏度和分离度都比 HPLC 有显著的提高。

3. 超高效液相色谱法的应用

基于方法的特点和优越的分析性能，UPLC(包括 UPLC-MS 联用法)在化学及相关学科领域的应用十分广泛，包括药物分析、生物化学分析、食品及环境分析等。

21.2 超临界流体色谱法

超临界流体色谱法(supercritical fluid chromatography，SFC)是以超临界流体为流动相，以固体吸附剂或聚合物键合的载体(或毛细管内壁)为固定相的色谱方法。该方法兼具 GC 和 HPLC 的优点，可以分离分析不易挥发的高沸点和热不稳定的组分及大分子化合物等，而且比HPLC 柱效和分离效率更高。但是，随着 GC、HPLC 及 HPCE 技术的快速发展，特别是作为流动相的超临界流体无法在一个条件下兼具理想的黏度和高扩散能力及高溶剂化性能，使 SFC难以真正获得理想的分离柱效。尽管如此，SFC 仍然是 GC 和 LC 的有效补充，对于热稳定性差、沸点高的大分子化合物的分离分析，SFC 还是一个可以选择的快速有效的分离分析方法。

1. 超临界流体色谱法的基本原理

与其他色谱法一样，超临界流体色谱法也是基于不同组分在固定相和流动相之间分配系数的不同而实现分离。

SFC 的流动相有超临界流体 CO_2、N_2O 和 NH_3 等。SFC 的固定相一般是硅胶等固体吸附剂或键合到载体(或毛细管壁)上的聚合物，既可以使用 HPLC 的填充柱，也可以使用毛细管柱，即 SFC 分为填充柱超临界流体色谱和毛细管超临界流体色谱两种。其分离机理都是基于目标组分在固定相上的吸附和超临界流体流动相的溶解洗脱而实现分离。从功能和应用来看，超临界流体色谱又分为分析型超临界流体色谱和制备型超临界流体色谱。

与毛细管电泳容易产生焦耳热的温度效应类似，超临界流体色谱中会产生压力效应，即超临界流体色谱的柱压降大，大约比毛细管色谱的柱压降大 30 倍，造成柱前端与柱尾端分配系数相差很大，从而影响分离。为了克服这种压力效应对分离效果的影响，可以控制系统压力超过临界压力的 20%，此时柱压降对分离的影响较小，因为超临界流体密度在临界压力处受压力影响最大。

也可以利用压力效应缩短分离时间，即在 SFC 中压力变化对容量因子影响显著，超临界流体密度随压力增大而增加，密度增加提高溶剂效率，洗脱时间缩短。例如，以 CO_2 超临界流体流动相分离样品中的 $C_{16}H_{34}$ 时，如果压力从 7.0 MPa 增加到 9.0 MPa，则该组分的洗脱时间由 25 min 缩短到 5 min。

对于组成复杂的实际样品，与 GC 的程序升温、HPLC 的梯度洗脱类似，SFC 也可以采用程序升压和程序升温的模式进行分离，即通过调节流动相的压力或温度，也就是调节流动相的密度和温度来调整组分保留值以改善分离。

2. 超临界流体色谱仪

超临界流体色谱仪的主要部件有高压泵、进样系统、色谱柱、限流器和检测器。

1) 高压泵

SFC 对高压泵的要求是压力脉动小、重现性好，流量稳定可调，适合快速程序升压或程序升密度，耐腐蚀。超临界流体色谱仪常用的高压泵是螺旋注射泵和往复柱塞泵。

SFC 常用的流动相是超临界流体 CO_2、N_2O、NH_3 和乙烷等。其中，最常用的是 CO_2，因为 CO_2 无色、无味、无毒，对各类有机物溶解性好，化学惰性无腐蚀性，安全、价廉易纯化，而且在紫外光区没有吸收，与常用的紫外检测器匹配，临界温度为 31℃，临界压力为 7.29 MPa，同时 CO_2 超临界流体允许对温度、压力有较宽的选择范围。但是 CO_2 极性太弱，只适用于非极性到中等极性化合物的分离分析，对极性化合物的分离选择性有限，常加入少量(1%～10%)甲醇或乙醇、苯等有机溶剂为改性剂，或者采用二元或多元流动相以调整分离选择性。

2) 进样系统

与 HPLC 一样，SFC 也是手动或自动进样阀进样。六通进样阀适用于填充柱超临界流体色谱，而动态分流及微机控制开启进样阀时间的定时分流进样适用于毛细管超临界流体色谱。此外，进样温度和压力等实验条件也需要严格控制，以保证进样和分析的重现性。

3) 色谱柱

在超临界流体色谱法中，色谱柱置于控温炉中以精确控制色谱柱和流动相的温度。色谱柱的种类较多，可以使用 HPLC 填充柱，也可以使用 GC 毛细管柱(填充毛细管柱或开管柱)及 SFC 专用毛细管柱等。其中，毛细管柱具有更高的分离效率，用途较广。

4) 限流器

限流器位于检测器的前面或后面，需要根据检测器的类型决定，如检测器为 GC 的火焰离子化检测器时，限流器位于色谱柱和检测器之间，其作用是使色谱柱流出的流动相与组分从超临界流体状态发生相变成为气体并转移，以保持分离系统流动相的超临界流体状态而检测器在常压气态工作。限流器由细内径毛细管和细内径喷嘴或烧结微孔玻璃喷嘴组合而成。其中，毛细管内径和长度及喷嘴孔径直接影响限流器所控制的压差大小、流动相和组分的相变和转移效率。

5) 检测器

GC 和 HPLC 所用的检测器都可以应用于超临界流体色谱仪，如紫外检测器、荧光检测器、火焰离子化检测器、火焰光度检测器和蒸发光散射检测器等。其中，应用最多的是高灵敏度的火焰离子化检测器，这是超临界流体色谱法突出的优点。但是，流动相中添加有机改性剂时，因干扰严重而不适合用 FID 检测。蒸发光散射检测器是一类通用型检测器，适用范围广，但灵敏度低。同样，SFC 可以与 MS、FTIR、NMR 等仪器联用，也可以与荧光光度计、等离子体发生光谱仪及电导仪等联用，以提高定性分析能力。

3. 超临界流体色谱法的应用

超临界流体色谱综合了气相色谱和高效液相色谱的优点，分离效率高、分析时间短，CO_2 为超临界流体流动相时无毒、环保、成本低，可分析 GC 难以分析的不易挥发、热稳定性差、强极性和强吸附性的化合物，包括生物大分子化合物等。而分离柱效和分离速度比 HPLC 优越，还可以分离分析无紫外吸收的各种天然产物和高聚物等。该方法是气相色谱法和液相色谱法的重要补充，已在药物、食品、环境、石油和生物等领域得到应用，既可以应用于样品的分离和纯化，也可以应用于定性、定量分析，以及物质的热力学性质和理化常数测试等。

21.3　离子色谱法

离子色谱法(ion chromatography，IC)是指用电导检测器对阴、阳离子混合物进行分离分析的色谱方法。该方法是由经典的离子交换色谱法发展而来的，其原理都是以离子交换剂为固定相，利用离子型组分与固定相之间的静电作用实现离子交换进行分离。

与其他分离方法比较，特别是与离子交换色谱法相比，离子色谱法的特点有：

(1) 分析速度快：数分钟内完成多种离子组分的分析，如常见的无机阴离子(包括 F^-、Cl^-、Br^-、NO_2^-、NO_3^-、SO_3^{2-}、SO_4^{2-} 和 PO_4^{3-} 等)可以在 10 min 内实现高效分离分析。

(2) 分离能力强：可以有效分离多组分离子混合物，选择性好。离子色谱法特别适合于阴离子组分的分离分析，如双柱型离子色谱法可以在十几分钟内完全分离近 10 种阴离子。

(3) 灵敏度高：离子色谱的检测范围一般可以达到 $\mu g \cdot L^{-1}$ 至 $mg \cdot L^{-1}$ 级。以电导检测器进行分析，对于常见阴离子的分离分析，检出限一般都可以达到 $\mu g \cdot L^{-1}$ 级。

(4) 适用性广：离子色谱分离柱填料耐酸碱性好，可以通过改变强酸或强碱洗脱剂，分离不同组分的混合物样品。

(5) 耐腐蚀：离子色谱仪的部件采用全塑件和玻璃柱，防止洗脱剂的腐蚀。

1. 离子色谱法的基本原理

离子色谱法是利用静电作用的离子交换原理，比传统离子交换色谱法的改进之处是使用细颗粒且交换容量很低的离子交换树脂为固定相，以高压输液泵输送低浓度洗脱液或者在分离柱后串联抑制柱以消除高浓度洗脱液的高本底电导影响，再用电导检测器进行组分的信号检测，即离子色谱法有抑制柱法和无抑制柱法两类。

为了解决高浓度洗脱液的本底电导干扰问题，在离子交换柱后串联一个另一类型的离子交换柱，即抑制柱，以有效将流动相中的强电解质都转化为低电离的中性分子，就可以使用电导检测器进行离子组分的信号检测。这种抑制离子干扰的离子色谱法称为双柱型离子色谱法，也称为化学抑制型离子色谱法。

不使用抑制柱的离子色谱法称为单柱型离子色谱法，因为不使用离子抑制柱，所以单柱离子色谱仪更加简单。为了减少洗脱剂的影响，单柱型离子色谱以低交换容量的离子交换剂为固定相和低电导洗脱剂为流动相，以尽量扩大离子组分和洗脱剂离子之间电导的差异，减少流动相的干扰。

2. 离子色谱仪

与高效液相色谱仪类似，离子色谱仪的基本部件也包括高压输液系统、进样系统、分离系统和检测系统(包括数据采集、收集、处理和显示)等。其中，高压输液系统和进样系统与高效液相色谱仪类似，而分离系统的色谱柱内装填细颗粒的离子交换剂，以保证高柱效。流动相是电解质溶液,用电导检测器进行分析检测。采用柱后衍生化的方法,也可以使用紫外或荧光检测器等,扩大了离子色谱法的应用范围。

3. 离子色谱法的应用

离子色谱法具有快速、灵敏和选择性高的特点,主要应用于多种离子混合物的分离分析,特别适合于痕量阴离子组分的测定,是仪器分析方法中阴离子分析的首选方法,包括低浓度无机或有机阴离子分析。该方法也可以应用于碱金属、碱土金属、重金属和稀土金属等无机组分,以及有机酸、胺和铵盐等有机组分的分析。

21.4　多维色谱法

多维色谱法(multi dimensional chromatography)是指将同种色谱不同选择性的分离柱或不同类型色谱方法进行组合而构成的新型联用方法。这种色谱方法的联用可以有效提高分离分辨能力,是微量和复杂体系样品分析的理想方法,多个检测器的联合使用也提供了更多的色谱定性分析信息。当然,多维色谱与双流路色谱或多级色谱不同,除了使用两根或多根色谱柱及多个检测器外,还使用多通阀或者改变流动相在分离柱内的流向,体现多维分离的特点,分离能力更高。

多维色谱最大的优点就是提高了复杂样品多组分的分离能力,解决了一维色谱峰容量有限而产生的峰重叠问题,通过二维或多维不同分离机理的合理组合而实现复杂样品的高通量分离分析。

多维色谱的组合有以下几种方式:

(1) 同种色谱而选择性不同的色谱柱进行组合:包括二维气相色谱、二维高效液相色谱、二维超临界流体色谱和二维毛细管电泳等。

(2) 不同类型色谱的组合:包括高效液相-气相二维色谱、高效液相-毛细管电泳二维色谱和高效液相-超临界流体二维色谱等。

与一维色谱相比,多维色谱最突出的特点是分离能力强而选择性好、分辨率高、峰容量大、样品的信息量非常大。目前,二维色谱是多维色谱中研究最多、应用最广的类型。与其他联用方法类似,商品化的二维色谱配置有连接两色谱系统的切换阀或压力平衡装置为串联接口,调整流动相的流路,将前置分离柱没有分离的混合组分全部或部分选择性地引入第二个分离柱系统而进行进一步分离。

1. 二维气相色谱法

二维气相色谱法(2D-GC)分为普通二维气相色谱法(GC-GC)和全二维气相色谱法(GC×GC)两种。GC-GC 是基于气相色谱而发展起来的方法,以多阀多分离柱切换的中心切割技术进行被测组分的分离分析。这种联用方法的初始 GC 色谱峰较宽,第二维 GC 的分辨率不高,总峰容量为两个色谱峰容量的加和,不适合进行复杂样品的全分析。

1991 年刘(Liu)和菲利普斯(Phillips)建立了全二维气相色谱法,将分离机理完全不同的两根 GC 分离柱进行串联,流出第一根 GC 分离柱以调制器进行浓缩聚焦,使初始谱带缩小后,以脉冲的形式进入第二根 GC 分离柱,最后进入检测器进行检测。如此,第一维色谱没有完全分离的组分可以在第二维色谱柱中实现进一步分离，构建了完全正交分离系统。

全二维气相色谱最大的优势是峰容量大，如在相同的分离条件下，全二维气相色谱峰容量可以达到一维色谱的10倍左右。这是通过调制技术实现的，即第一维分离柱流出的每一个馏分相互独立地分时间段进入第二维分离柱中，进行二次分离，使得全二维气相色谱的峰容量是前后两个分离柱峰容量的乘积，而不是简单加和。另外，两根色谱柱可以分别进行程序升温控制，极大地提升了组分的分辨率和灵敏度，分析时间短于一维气相色谱，准确度高，适用于实际复杂样品的分离分析。

当前，全二维气相色谱法是较为成熟的多维色谱方法，商品化的全二维气相色谱仪已经得到广泛应用，包括食品农药残留、添加剂检测，环境有机污染物等有害成分分析，石油化工中的油品分析、产品分析，日用品中杂质、香料等添加剂分析，生物学中的代谢组学研究，天然产物指纹图谱质量控制研究等。

2. 二维液相色谱法

与二维气相色谱类似，二维液相色谱(2D-LC)是指把分离机理完全不同的两根液相色谱分离柱进行串联而构建的二维色谱分离系统。

1) 二维液相色谱的类型

2D-LC有多种类型，可以从不同角度进行分类。

按照组分在第一维和第二维输送方式的不同，2D-LC可以分为离线二维液相色谱和在线二维液相色谱。其中，离线模式是指人工收集或收集器收集馏分后，再输入第二维体系进行分离检测。该操作方法灵活、简便，但是没有实现自动化，也容易造成组分的损失或污染。在线模式是在第一维和第二维体系之间通过联用接口直接将第一维色谱体系的馏分进行切换，全部或部分输入第二维色谱体系进行分离。该模式全部自动化操作而实现快速分离，减少了样品的损失或污染，但是二维液相色谱会因为切换阀和输液管等的死体积而导致峰展宽，并且需要综合考虑溶剂的兼容性等。

按照组分转移的多少，2D-LC可以分为中心切割的普通二维液相色谱(LC-LC)和全二维液相色谱(LC×LC)两类。其中，LC-LC是指从第一维分离柱后，针对目标组分，在适当的切割时间段内将目标组分所在的馏分引入第二维色谱体系进行分离分析，其他馏分可以不进入第二维色谱体系，从而实现快速分离分析。而LC×LC是把第一维体系中全部馏分的所有组分通过接口引入第二维色谱体系，最终得到的是样品中全部组分的分析结果，适用于更复杂的样品分离分析。

按照分离机理可以针对不同组成的样品，分别建立正相色谱、反相色谱、离子交换色谱和尺寸排阻色谱等组合而成的二维液相色谱，以解决更复杂样品的分离分析问题。目前的组合方式有正相色谱×反相色谱、反相色谱×反相色谱、离子交换色谱×反相色谱、尺寸排阻色谱×正相色谱和尺寸排阻色谱×反相色谱等。

2) 二维液相色谱法的应用

与一维液相色谱相比，二维液相色谱具有更大的峰容量、更宽的动态范围、更高的分辨率和更强的分离能力，特别是以质谱为检测器快速高通量采集样品的信息，应用潜力大，在生物学中蛋白质组学和代谢组学研究，中药材中的苷类、生物碱类等活性成分分析，中药质量控制，食品中蛋白质、维生素、添加剂及农药残留、兽药残留分析，临床血药浓度检测，以及药物筛选、杂质分析与质量控制等都得到了广泛应用。

3. 高效液相色谱-气相二维色谱法

高效液相色谱-气相二维色谱法(HPLC-GC)是在高效液相色谱分离柱出口和气相色谱分离柱入口安装连接两色谱的石英弹性毛细管接口，在一定温度条件下，该接口将 HPLC 柱后液体馏分加热气化，使溶剂挥发，被测组分富集于 GC 分离柱入口固定相中，再继续分离分析。

HPLC-GC 综合了 HPLC 的分离选择性和 GC 的分离效率、灵敏度高等优点，展示出更高的峰容量，是实现样品有效分离、富集和净化的新型联用技术。当然，HPLC-GC 不同组合模式的接口技术、液态馏分气化后组分的挥发损失及样品量的匹配问题等有待进一步解决和完善。

21.5 手性色谱法

手性色谱法(chiral chromatography)是指以手性固定相(chiral stationary phase，CSP)或手性流动相(chiral mobile phase，CMP)，或者以手性衍生化试剂(chiral derivatization reagent，CDR)分离分析手性化合物对映异构体的色谱方法。

手性色谱法的基本原理是通过固定相上的手性选择性作用位点或流动相的手性选择性试剂，使手性异构体产生空间和特异性的相互作用，甚至一种异构体发生作用，另一种异构体不发生作用，这种作用的差异拓展了手性异构体结构和性质的不同，再进行高效液相色谱的分离分析。

现有的手性高效液相色谱法主要有手性固定相法(手性固定相-非手性流动相)、手性流动相法(非手性固定相-含手性添加剂流动相)和手性衍生法(非手性固定相-非手性流动相，以手性衍生化试剂对手性化合物进行衍生化处理)等不同分离模式。其中，流动相手性添加剂和手性衍生化试剂种类较少，手性固定相-非手性流动相模式应用相对较多。

1. 手性固定相法

手性固定相法是指将手性试剂物理涂渍或化学键合在固定相载体表面，待分离的手性异构体混合物与固定相表面的手性位点之间静电、氢键、偶极、π-π、疏水、缔合或立体镶嵌等分子间相互作用能力不同，选择性地形成稳定性不同的非手性异构体配位或复合物，导致手性异构体色谱行为不同，从而实现手性异构体的拆分分离。

常用的手性固定相按照作用机制分为吸附型、模拟酶转移型、配体转换和电荷转移型等多种。按照固定相材料结构不同分为蛋白质类、氨基酸类、多糖类、环糊精类、聚酰胺类和冠醚类等。商品化的手性固定相已经有 100 多种，其中比较常用的是蛋白质类、多糖类和环糊精类等吸附型手性固定相。

2. 手性流动相法

手性流动相法是指将手性分离试剂添加到流动相中，使其与被测物形成非手性异构体复合物，依据复合物的稳定性不同，实现手性异构体的分离。手性流动相法有两种方式实现手性异构体的分离，一是手性异构体和流动相中的手性试剂形成非手性异构体，各自的分配系数不同，保留时间不同，从而得到分离；二是流动相中的手性试剂在分离柱内形成动态的手性固定相，被分离的手性异构体和固定相作用不同而得到分离。

常用的流动相有环糊精类试剂、手性离子对试剂和配基交换型试剂等。

3. 手性衍生化法

手性衍生化法是指在待分离的手性异构体化合物样品中加入手性衍生化试剂，该试剂能够与待分离的手性异构体化合物分别生成稳定性不同的非手性异构体产物，这些产物在固定相和流动相中的分配系数不同或者产物的结构和性质有较大差异而实现分离检测。衍生化方式有柱前衍生和柱后衍生两种。

手性衍生化法用于手性异构体的分离时，操作比较简单，手性衍生化试剂种类多，因此该方法应用广泛。常用的手性衍生化试剂有酰氯、磺酰氯、氯甲酸酯等羧酸衍生物类，具有苯环、萘环、蒽环结构的胺类，苯乙基异氰酸酯、萘乙基异氰酸酯等异氰酸酯和异硫氰酸酯类，以及氨基酸类等。

综上所述，手性色谱法用于手性异构体的分离分析具有选择性好、柱效高和分离快速等特点，在生物学和药学领域具有十分重要的应用，特别是广泛应用于许多手性异构体药物的分离，为用药安全提供了保证。

思考题和习题

1. 与高效液相色谱法相比，超高效液相色谱法的应用有什么优势？
2. 与气相色谱法及高效液相色谱法相比，超临界流体色谱法的特点有哪些？
3. 在超临界流体色谱法中，程序化模式有什么应用？
4. 从原理、仪器和应用三个方面描述离子色谱法和离子交换色谱法的异同点。
5. 双柱型离子色谱法和单柱型离子色谱法的优缺点各有哪些？
6. 阐述多维色谱法的原理与特点。
7. 手性色谱法如何实现手性异构体的拆分分离？主要有几种类型？
8. 查阅相关文献，综述现代色谱法的发展过程，并提出未来的展望。

第四部分　其他分析法

第 22 章　质谱分析法

质谱分析法是指将样品转化为运动的气态离子并按质荷比(m/z)大小不同进行分离记录的分析方法，简称质谱法(mass spectrometry，MS)。该方法是现代物理与化学领域中用以解决自然科学各领域前沿问题极为重要的工具。

质谱法产生于 20 世纪初，早期的质谱仪主要是用于同位素测定和无机元素分析。1913 年，汤姆孙(Thomson)开展了正离子抛物线运动的研究，用磁偏转仪证实氖有两种同位素；1918 年，登普斯特(Dempster)发明了第一台单聚焦质谱仪，用于测定同位素的相对丰度，鉴定出了许多同位素；1942 年美国 CEC 公司推出第一台用于石油分析的商品质谱仪，用于分析石油馏分中复杂烃类混合物，由此将质谱法应用于有机物结构分析而产生了有机质谱法。1966 年，芒森(Munson)和菲尔德(Field)提出了化学电离(chemical ionization，CI)技术，用于热不稳定有机物的相对分子质量测定；1981 年出现了快速原子轰击(fast atom bombardment，FAB)电离技术；随后出现了各种软电离技术，如基质辅助激光解吸电离(matrix-assisted laser desorption ionization，MALDI)、电喷雾电离(electrospray ionization，ESI)、大气压化学电离(atmospheric pressure chemical ionization，APCI)，以及各种联用技术，如电感耦合等离子体质谱仪(ICP-MS)和傅里叶变换红外光谱质谱仪(FTIR MS)等。质谱法已广泛应用于化学、环境、食品、化工、药物、生物、地质、材料、能源、医学及刑侦等领域。

质谱法分为原子质谱法(atomic mass spectrometry，又称为无机质谱法)和分子质谱法(molecular mass spectrometry，又称为有机质谱法)。原子质谱法是将单质离子按照质荷比不同进行分离和检测的质谱方法，用于无机元素或无机化合物的鉴定与含量测定。分子质谱法与原子质谱法的原理相似，主要应用于有机化合物，包括小分子有机物和大分子有机物的定性、定量和结构分析，特别是联用技术的发展与应用，使得现代质谱法成为蛋白质、多肽等生物分子的相对分子质量、分子结构与功能研究的重要工具，称为生物质谱法(biological mass spectrometry)。本章主要介绍分子质谱法。

质谱法的特点主要是：

(1) 质谱法是唯一准确测定相对分子质量的方法，现代生物质谱可以准确测定生物大分子数万至数十万的相对分子质量。

(2) 灵敏度很高，检出限达 10^{-14} g，样品用量少，可以实现微克级甚至更少量的样品测定。

(3) 分辨率高，可以进行同位素分析、多种形态分析和多组分分析。

(4) 分析速度快、效率高，自动化程度高。

(5) 应用范围广泛，可以测定气体、液体或固体样品中的无机物、有机物、生物大分子组成、含量或结构等。特别是串联质谱以及与分离方法的联用技术，如气相色谱-质谱、高效液相色谱-质谱和高效毛细管电泳-质谱等，使得质谱法成为实际复杂样品组成、含量和结构分析的有力工具。

质谱法的缺点是仪器昂贵、测试和维修费用高，使其应用受到一定的限制。同时，质谱法测定过程中样品气化电离而被破坏。

22.1　质谱法的基本原理

22.1.1　质谱的基本概念

质谱分析流程是将样品导入真空系统的离子源中，产生的各种离子由质量分析器进行分离，并按照质荷比(m/z)大小顺序依次进入检测器，信号经过放大后记录，获得质谱图。质谱分析流程见图 22-1。

图 22-1　质谱分析流程

1. 质谱图

质谱图是以离子的质荷比(m/z)为横坐标、相对丰度或相对强度(%)为纵坐标的谱图。图 22-2 是甲苯的电子电离质谱图，直观呈现出甲苯在电子电离源中产生的各种离子及其相对丰度。质谱图可以是棒状图，也可以是峰状图。

图 22-2　甲苯的电子电离质谱图

一般地，质谱图中相对丰度或相对强度最大的离子峰称为基峰，并定义其相对丰度或相对强度为 100%，其他离子峰的相对强度值即为相对于基峰强度的百分数。

2. 质谱表

质谱分析结果也可以用数据列表的形式呈现出来，即质谱表。表 22-1 是甲苯的质谱表，能够准确表达每一个离子的质荷比数据及其相对丰度值。

表 22-1　甲苯的电子轰击质谱表

m/z	39	50	51	62	63	65	89	90	91	92	93
相对丰度/%	10.8	4.2	6.5	3.3	7.5	12.2	4.0	2.2	100.0	77.7	5.5

22.1.2　质谱方程

将样品分子在电子或离子、分子等高能粒子束作用下电离为带电荷的粒子或离子,再用电场、磁场按照质荷比大小将各种离子进行分离,依次排列成为质谱,相当于混合离子的质量谱,类似于单色器分光后按照波长大小排列的光谱。质谱法中的离子化有传统的电子电离(electron ionization, EI)硬电离和现代的化学电离(CI)、电喷雾电离(ESI)、大气压化学电离(APCI)、快速原子轰击(FAB)、基质辅助激光解吸电离(MALDI)、场电离(field ionization, FI)和场解吸(field desorption, FD)电离等软电离方式,电离规律各有特点,而以电子电离最基础,产生的离子最丰富。

样品分子在离子源中电离后,形成的离子经过电场加速而从离子源引出,离子在电场中获得的电离势能转化为离子的动能:

$$\frac{1}{2}mv^2 = zU \tag{22-1}$$

式中, m 为离子的质量; v 为离子的运行速率; z 为离子的电荷; U 为电场电压。

具有一定动能的离子进入质量分析器,在磁场作用下呈现弧形匀速运动,即离子沿原来射出方向直线运行的向心力和磁场偏转的离心力相等:

$$\frac{mv^2}{R} = Hzv \tag{22-2}$$

式中, R 为离子的运行半径; H 为磁场强度。

由式(22-1)和式(22-2)消去 v 后,得到质谱方程:

$$\frac{m}{z} = \frac{H^2R^2}{2U} \quad \text{或} \quad R = \sqrt{\frac{2mU}{zH^2}} \tag{22-3}$$

由式(22-3)可见,离子的运行半径 R 与磁场强度 H 、电场电压 U 及离子质荷比 m/z 有关。 H 、 U 一定时, $m/z \propto R^2$, m/z 越大, R 越大,各种离子可以实现空间上的分离; R 、 H 一定时, $m/z \propto 1/U$,即电压扫描时, m/z 越大, U 越大,各种离子可以实现时间上的分离; R 、 U 一定时, $m/z \propto H^2$,即磁场扫描时, m/z 越大, H 越大,各种离子也可以实现时间上的分离。后者是质谱常用的工作方式。

显然,质谱分析中,只有离子才会出峰,自由基或中性分子没有信号。

22.2　质　谱　仪

22.2.1　质谱仪的基本构成

质谱仪类型较多,按照用途的不同可分为同位素质谱仪、无机质谱仪和有机质谱仪等,也可以按照各个部件的不同进行分类。不同的质谱仪,其基本构成类似,主要包括进样系统、离子源、质量分析器、检测与记录系统以及真空系统等。这里主要介绍分子质谱仪的基本部件。

1. 进样系统

进样系统的作用是在不降低真空度的条件下，将样品分子引入离子源中。进样方式有直接进样和色谱进样等。

直接进样是将气体或挥发性的液体、固体样品通过一个喷口装置引入离子源；固体样品或热稳定性差、难挥发的样品可以采用进样杆直接导入。

色谱进样是目前最常用的质谱进样方式，即气相色谱、高效液相色谱、高效毛细管电泳与质谱联用，分离柱后样品通过接口导入质谱，到达离子源，进行质谱分析。

2. 离子源

离子源的作用是使样品分子电离而转化为离子。根据分析物的相对分子质量大小、热稳定性及电离难易性质选择合适的电离源，以获得丰富的分子离子或碎片离子等。

按照离子化方式的不同，质谱离子源分为气相离子源和解析离子源。其中，气相离子源是先将样品气化再离子化，适用于沸点为 500℃ 以下的热稳定化合物。气相离子源包括电子电离源、化学电离源和场电离源等。解析离子源是指固体或液体样品不经过挥发过程而直接电离，主要应用于相对分子质量为 10^5 的非挥发性或热不稳定性化合物，包括场解吸电离源、快速原子轰击电离源、基质辅助激光解吸电离源、电喷雾电离源和大气压化学电离源等。

按照能量强弱的不同，质谱离子源分为硬电离源和软电离源。其中，硬电离源是指离子化能量高，分子产生丰富的碎片，用于样品的结构分析。软电离源的离子化能量较低，主要产生分子离子或准分子离子，碎片少，用于样品的相对分子质量测定。电子电离源是典型的硬电离源，化学电离源和快速原子轰击电离源、电喷雾电离源、大气压化学电离源等现代电离源都是软电离源。

目前，常用的离子源有电子电离源、化学电离源和大气压电离源(包括电喷雾电离源和大气压化学电离源)等。

1) 电子电离源

电子电离源又称为电子轰击(electron impact)离子源，是分子质谱中应用最广泛的传统离子

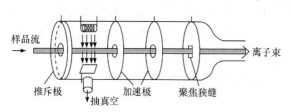

图 22-3　电子电离源示意图

源。图 22-3 是电子电离源示意图。样品在高温下形成分子蒸气后，引入电子电离源，离子源中加热的灯丝发射出热电子，在灯丝和阳极之间的电离电压作用下，热电子被加速形成高能电子流，在垂直方向与样品分子碰撞，使样品分子电离，形成带一个正电荷的离子，在适当的推斥电压导引下，正离子穿过加速狭缝，进入质量分析器。

电子电离可表示为

$$M + e^- \longrightarrow M^+_{\cdot} + 2e^-$$

式中，M 为被测分子；$M^+_{\cdot}$ 为失去一个电子的分子离子或称为母离子。

通常，有机化合物的电离电位为 7～15 eV，在高能高速的电子轰击下，被测分子以一定的裂解规律产生各种碎片离子。显然，化合物的质谱图与轰击电子的能量有关。在电子电离源

中，电子的能量可以控制在 10～70 eV，电子的能量越低，分子离子峰越高，有利于相对分子质量的测定；而电子的能量越高，碎片离子峰增加，可提供丰富的结构信息。通常，电子电离源的能量控制在 70 eV，因此电子电离质谱图中有丰富的碎片信息。

电子电离源的特点是结构简单，操作方便；适用性强，提供丰富的结构信息，谱图重现性好，有数万种有机化合物的标准质谱图供检索；灵敏度高，可作质量校准；但谱图复杂，特别是对热稳定性差的化合物，分子离子峰弱，难寻找。

因此，电子电离源只适用于易挥发、相对分子质量小于 1000 的有机化合物电离和分析，且只能进行正离子分析，气相色谱-质谱联用仪中常使用电子电离源。

2) 化学电离源

化学电离源是在电子电离源中引入化学反应气体如甲烷、异丁烷、丙烷、氨气等，其用量远远大于样品气体的量，相当于将样品气体稀释 10^4 倍，因此大大降低了样品分子与电子之间的碰撞概率，高能高速的电子主要与反应气体发生碰撞，使反应气体电离，电离后的反应气体与样品分子发生离子-分子反应而实现样品分子的电离。因此，化学电离源是一种软电离源，解决了热稳定性差的有机化合物相对分子质量的测定问题。下面以甲烷为例介绍化学电离源的工作过程。

甲烷在电子轰击下发生电离：

$$CH_4 + e^- \longrightarrow CH_4^+ + CH_3^+ + CH_2^+ + CH^+ + C^+ + H^+$$

在 70 eV 电子轰击下，甲烷的电离产物 90%以上是 CH_4^+ 和 CH_3^+ 等，这些离子迅速与剩余的甲烷分子发生离子-分子反应，生成加合离子：

$$CH_4^+ + CH_4 \longrightarrow CH_5^+ + CH_3$$

$$CH_3^+ + CH_4 \longrightarrow C_2H_5^+ + H_2$$

各种加合离子与样品分子 M 碰撞，发生质子或氢化物的内转移：

$$CH_5^+ + M \longrightarrow [M+H]^+ + CH_4 \quad (质子转移)$$

$$C_2H_5^+ + M \longrightarrow [M+H]^+ + C_2H_4 \quad (质子转移)$$

$$C_2H_5^+ + M \longrightarrow [M-H]^+ + C_2H_6 \quad (氢化物转移)$$

质子转移反应产生样品分子质子化的准分子离子$(M+1)^+$，氢化物转移反应消去氢负离子，产生准分子离子$(M-1)^+$。同样，也可能产生加合的$(M+17)^+$或$(M+29)^+$等准分子离子及碎片离子。

化学电离源的特点是软电离方式，谱图简单，准分子离子$(M+1)^+$峰大，易测得相对分子质量；可以用正离子或负离子模式检测，灵敏度相当，可以根据化合物的结构和检测灵敏度进行选择；没有标准质谱，不能进行谱库检索。

3) 大气压电离源

大气压电离(atmospheric pressure ionization，API)源包括电喷雾电离和大气压化学电离两种。大气压电离源既是联用仪的接口，也是质谱的电离源。

电喷雾电离源是目前最软的离子源，也是高效液相色谱-质谱联用仪常用的接口装置。如图 22-4 所示，电喷雾电离源由一个多层套管组成的电喷雾喷嘴构成，最内层是液相色谱柱后流出溶液或直接进样器推进的样品溶液，外层是雾化气，其作用是使喷出的样品溶液从内径

0.1 mm 毛细管尖口以 0.5～5 μL · min⁻¹ 的速度喷出为雾滴。毛细管出口端与围绕毛细管的圆筒状电极之间外加 3～6 kV 高电压，从而在毛细管出口处形成圆锥状液体锥，而且强电压引起正、负离子的分离，在大气压下产生带高电荷的微小雾滴，即雾滴的表面电荷密度很高。当溶液中的水和甲醇等溶剂被加热气体(干燥气体)携带穿过喷雾而快速蒸发后，液滴缩小，其表面电荷密度瞬间增大，达到一个极限点时，电荷之间的排斥力大于表面张力而自发分裂，产生"库仑爆炸"而裂分为更小的液滴。这一过程不断重复，液滴逐步变小，最终使离子从带电液滴中蒸发出来，产生单电荷或多电荷离子，在喷嘴和锥孔的电压作用下，这些离子被引入质量分析器。

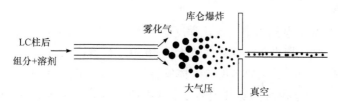

图 22-4 电喷雾电离源示意图

改变加在喷嘴上的电压为正或负，可以获得组分的正离子或负离子，实现质谱的正离子或负离子分析。电喷雾电离源的正离子和负离子模式可以根据化合物的结构进行选择。例如，对于容易加合质子的碱性化合物，应选择灵敏度较高的正离子扫描模式；而对于容易失去质子的酸性化合物，可以选择灵敏度较高的负离子扫描模式。

大气压化学电离源和电喷雾电离源结构相似，不同之处在于喷嘴下方有一个针状放电电极，该放电电极的高压放电使空气中的一些中性分子和溶剂分子发生电离，产生的 H_3O^+、N_2^+、O_2^+ 和溶剂离子与被测组分分子之间发生离子-分子反应，从而使组分分子离子化。

电喷雾电离源适用于热稳定性差、极性强和相对分子质量大的化合物，如多肽、蛋白质和多糖等生物大分子。电喷雾电离源和大气压化学电离源各有特色，互相补充，可以根据样品的组成、组分的结构和性质等进行选择，两者的比较见表 22-2。

表 22-2 电喷雾电离源和大气压化学电离源的特点比较

特点	电离源	
	电喷雾电离源	大气压化学电离源
软硬电离	最软电离	软电离
离子化方式	液相离子化	气相离子化
化合物相对分子质量	小分子和相对分子质量数十万的大分子	<1000
化合物电荷数	单电荷或多电荷(大分子)	单电荷
化合物极性	中等极性和强极性	非极性和中等极性
分子离子	加合的准分子离子	加合的准分子离子
联用方法	HPLC、CE	HPLC、CE
应用范围	广泛	较窄

3. 质量分析器

质量分析器的作用是将离子源产生的离子按质荷比(m/z)顺序分离并排列成质谱。质量分析器的种类有单聚焦分析器、双聚焦分析器、四极杆分析器、离子阱分析器、飞行时间分析器、回旋共振分析器和磁分析器等。下面主要介绍常用的单聚焦分析器、双聚焦分析器、四极杆分析器、离子阱分析器和飞行时间分析的工作原理与特点。

1) 单聚焦分析器

单聚焦分析器是利用离子在磁场中的运动行为而将不同质荷比离子分开的质量分析器，如图 22-5 所示。由质谱方程可知，当电场电压 U 和磁场强度 H 不变时，离子在磁场中的运行半径取决于离子的质荷比，即不同质荷比的离子具有不同的运行半径而被分开。为使不同质荷比的离子依次通过分析器的出口狭缝而到达检测器，可以固定电场电压 U 而连续改变磁场强度 H，即磁场扫描，也可以固定磁场强度 H 而连续改变电场电压 U，即电场扫描。

单聚焦分析器的特点是结构简单，操作方便，体积小；只有磁场的方向聚焦，相同质荷比的离子在进入质量分析器前具有不同的初始能量时，不能聚焦而造成分辨率不高。

2) 双聚焦分析器

双聚焦分析器是在加速电场与磁场之间放置一个由两个扇形圆筒组成的静电场分析器，外电极上加正电压，内电极上加负电压，如图 22-6 所示。离子源引出的离子在加速电场中被加速，进入静电场，不同动能的离子具有不同的运动曲率半径，只有运动半径适合的离子才能通过静电场与磁场之间的狭缝进入磁场中，即静电场聚焦了相同速度或能量的离子。之后，磁场再对质荷比相同而入射方向不同的离子进行方向聚焦。

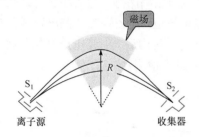 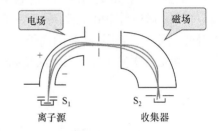

图 22-5　单聚焦分析器示意图　　　　　图 22-6　双聚焦分析器示意图

双聚焦分析器具有能量和方向双聚焦而分辨率高、扫描速度慢、价格昂贵等特点。

3) 四极杆分析器

四极杆分析器是由四根截面为双曲面的棒状镀金陶瓷或钼合金电极构成，两组电极之间都施加一定的直流电压和频率为射频范围的交流电压，构成一个四极电场，如图 22-7 所示。从离子源出来的离子束进入四极电场后，离子在双曲面电场作用下产生横向振荡运动，在一定的直流电压、交流电压和频率等条件下，一定质荷比或一定范围质荷比的离子振荡振幅与共振振幅一致时，就可以穿过四极电场空间到达检测器的收集器而产生信号，称为共振离子，其他离子振荡运动过程中撞击在筒形电极上而被"过滤"掉，并被真空泵抽走，称为非共振离子。固定交流电压频率，连续改变直流和交流电压并保持其比值不变(电压扫描)，或者电压不变而改变交流电压频率(频率扫描)时，就可以使不同质荷比的离子依次到达检测器的收集器，从而实现不同质荷比的离子分离，得到质谱图。

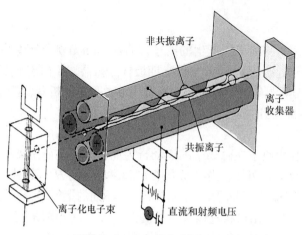

图 22-7　四极杆分析器示意图

　　四极杆分析器的特点是分辨率较高；分析速度快，适用于色谱-质谱联用仪；四极电场过滤功能有利于消除干扰，适合定量分析；操作方便；四极杆分析器质谱不是全谱，不能在质谱库中检索进行定性分析。

　　4) 离子阱分析器

　　离子阱分析器是通过电场或磁场将气相离子控制并储存一段时间的装置。离子阱分析器与四极杆分析器的工作原理类似。如图 22-8 所示，离子阱分析器由一个双曲面的环电极和两端带有小孔的盖电极构成，以端罩电极接地。射频电压施加在环电极时，阱内空腔形成射频电场，m/z 合适的离子在电场内以一定的频率稳定旋转，轨道振幅保持一定大小，可以长时间留在阱内空腔中。增加射频电压时，较重离子转至指定稳定轨道，而较轻离子偏出轨道并与环电极发生碰撞。因此，离子源产生的离子由上端小孔进入离子阱内后，射频电压开始扫描，陷入阱中离子的轨道依次发生变化而从底端离开环电极腔，进入检测器。

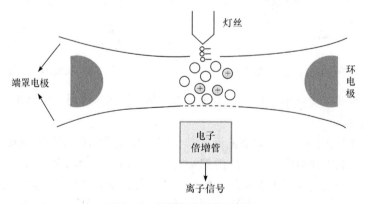

图 22-8　离子阱分析器示意图

　　离子阱分析器的特点是灵敏度高；易于多级质谱分析；质谱图与标准质谱图较吻合，适合定性分析；结构小巧，质量轻，环电极最小直径为 2 cm 左右。

　　5) 飞行时间分析器

　　飞行时间分析器主要由一个长约 1 cm 的无场离子漂移管构成，如图 22-9 所示。阴极发射出的电子在电离室正电位加速下穿过电离室，到达电子收集极。电子在运行中与样品气体分子碰撞，样品分子被电离。在第一个栅极上的–270 V负脉冲将正离子引出电离室，第二个栅极上–2.8 kV直流负高压使离子加速并获得动能，以速度 v 飞行长度为 L 的无电场、无磁场的漂移空间，到达离子接收器。脉冲电压一定时，离子的飞行速度与质荷比 m/z 有关，质荷比越小的离子，飞行速度越快，首先到达接收器。

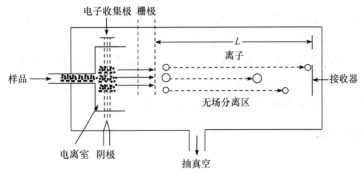

图 22-9　飞行时间分析器示意图

由式(22-1)得

$$v = \sqrt{\frac{2zU}{m}} \tag{22-4}$$

离子以速度 v 飞行长度为 L 的漂移管，所需时间为

$$t = \frac{L}{v} \tag{22-5}$$

将式(22-4)代入式(22-5)，得

$$t = L\sqrt{\frac{m}{2zU}} \tag{22-6}$$

可见，L 和 U 等条件一定时，离子由离子源到达接收器的飞行时间 t 与质荷比 m/z 的平方根成正比。对于能量相同的同价离子，离子的质量越大，飞行时间越长，质量越小，飞行时间越短，从而把不同质量的离子分开。适当增加漂移管的长度，可以提高分辨率。

飞行时间分析器的特点是扫描质量范围宽，适用于相对分子质量数十万的大分子化合物质谱分析；扫描速率快，可在 $10^{-6} \sim 10^{-5}$ s 观察与记录整段质谱，适合于快速反应和色谱联用；灵敏度高；仪器结构简单，既不需要磁场也不需要电场；现代飞行时间分析器分辨率达到数千至上万。

因此，飞行时间分析器在生物大分子分析中发挥着重要的作用，并广泛应用于色谱-质谱联用仪及基质辅助激光解吸飞行时间质谱仪中。

4. 检测与记录系统

质谱检测器包括电子倍增管、闪烁检测器、法拉第环和照相检测等部件。现代质谱仪主要使用电子倍增管，其工作原理是从质量分析器引出的离子撞击电子倍增管的阴极而产生二次电子，在电场的作用下，依次撞击下一级电极而使电子不断倍增，经过 10～20 级后，放大倍数达到 $10^5 \sim 10^8$，最后由阴极检测。这种电子倍增速度很快，时间远小于 1 s，使质谱仪能够实现快速且灵敏分析。电子倍增管存在质量歧视效应，即二次电子数量与离子的质量及能量有关，因此定量分析时需要进行校正。

电子倍增管输出的电流信号经过前置放大后，转变为适合数字转换的电压，用计算机进行数据处理，最后绘制成质谱图。

5. 真空系统

真空系统的作用是避免空气中的大量氧烧坏离子源灯丝、消减离子的不必要碰撞、避免离子损失、避免离子-分子反应改变裂解模式，使质谱图变得复杂、减小本底效应与记忆效应等。

离子源与质量分析器的真空度要求小于 10^{-4} Pa。质谱真空系统通常使用扩散泵或涡轮分子泵。扩散泵是常用的高真空泵，性能稳定，但启动慢。涡轮分子泵启动快，使用方便且不会产生油扩散污染问题，在质谱仪中比较常用，但寿命不如扩散泵。

22.2.2 质谱仪的性能参数

1. 质量范围

质谱仪的检测质量范围是指质谱仪所能测定的离子质荷比范围。对于单电荷离子，质量范围就是检测的相对分子质量范围；对于多电荷离子，相对分子质量测定范围比质量范围大。

2. 分辨率

质谱仪的分辨率是指分开相邻质量数离子的能力。如图 22-10 所示，分辨率定义为两个相等强度的相邻峰，当峰谷不大于峰高 10%时，认为两峰已经分开，分辨率为

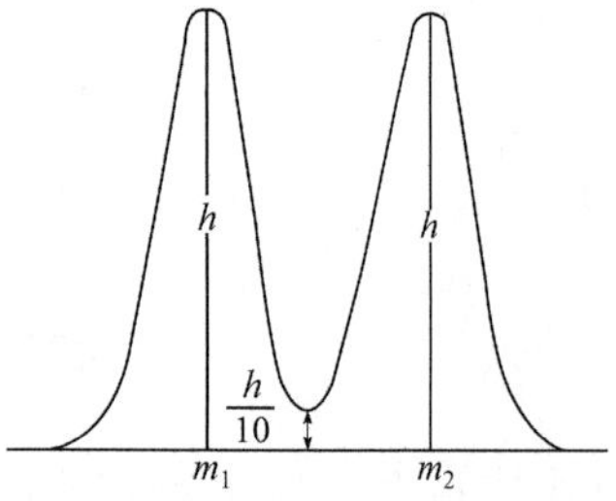

$$R = \frac{m_1}{m_2 - m_1} = \frac{m_1}{\Delta m} \tag{22-7}$$

式中，m_1、m_2 分别为相邻两峰离子的质量数，且 $m_1 < m_2$。可见，两峰质量数相差越小，要求质谱仪的分辨率越高。

通常，$R < 1000$ 时称为低分辨质谱仪，$R > 1000$ 时称为高分辨质谱仪。分辨率约为 500 的质谱仪可以满足一般的有机物质谱分析要求，价格相对较低，如四极杆和离子阱质谱仪等。分辨率大于 1000 的高分辨率质谱仪主要进行同位素质量和有机分子质量的准确测定，价格相对较高，如双聚焦磁式质量分析器质谱仪等。

图 22-10　质谱仪 10%峰谷分辨率

3. 灵敏度

质谱仪的灵敏度有绝对灵敏度、相对灵敏度和分析灵敏度三种表示方法。

绝对灵敏度是指仪器可检测的最小样品量。

相对灵敏度是指仪器可以同时检测的高含量组分与低含量组分的含量比。

分析灵敏度是指仪器输出信号与输入仪器的样品量比。

22.3　分子质谱离子类型

相同化合物在不同离子源或不同质量分析器的质谱仪分析中，其质谱图有所不同。其中，

最复杂、信息量最大的是硬电离的电子电离源质谱图。现代离子源的软电离技术使得质谱图主要呈现分子离子峰或加合准分子离子峰,只有在多级质谱中才会出现丰富的碎片离子。下面以电子电离质谱为例,介绍分子质谱离子类型。

电子电离质谱图中主要出现分子离子峰、同位素离子峰、碎片离子峰、重排离子峰和亚稳离子峰等。

1. 分子离子峰

电子电离源中,样品分子在电子轰击下失去一个电子后形成的正离子称为分子离子 (molecular ion)或母离子,对应的质谱峰称为分子离子峰或母离子峰,如图 22-2 中 m/z 92 为甲苯的分子离子峰。

分子离子是由化合物失去一个电子而形成的,因此分子离子是自由基离子,也是奇电子离子,即带有未成对电子的离子,表示为 M^{+},其中“+”代表正离子,“·”代表不成对电子。

分子的结构决定了其失电子的位置,即其分子离子所带电荷的位置。对于含有杂原子 S、O、P 和 N 等的分子,其分子易失去杂原子的未成键电子,即分子离子的电荷应标示在杂原子上,如 $(CH_3CH_2)_3N^{+}$;对于不含杂原子而含有双键的分子,其分子易失去 π 电子,其分子离子的电荷应标示在双键所在位置,如 ⟨⊕⟩—CH$_3$;对于既无杂原子又无双键的分子,其正电荷位置一般在分支碳原子上。如果电荷位置不确定或不需要确定电荷的位置,可在分子式的右上角标示符号 $\rceil^{+}$,如分子离子 $CH_3CH_2COOCH_3\rceil^{+}$。

质谱图中分子离子峰的识别及分子式的确定是有机化合物相对分子质量测定和结构分析的关键步骤。

分子离子峰具有以下特点:

(1) 分子离子峰常出现在高质荷比区,丰度较高的同位素峰除外。分子离子的稳定性或分子离子峰的相对高度取决于分子结构。通常,芳香族、共轭烯烃及环状化合物的分子离子峰较高,脂肪族、胺、硝基化合物及多侧链化合物的分子离子峰较低或不出现分子离子峰。

(2) 分子离子峰与其相邻碎片离子峰的质量差应合理,即存在合理中性丢失。如果分子离子峰与其相邻碎片离子峰相差(Δm)3~14、21~24 或 37~38 等,则认为是不合理丢失,表明该高质荷比峰不是分子离子峰。因为正常的中性丢失是 H·、H_2、CH_3·、O 或 NH_2、·OH、H_2O 等,见表 22-3。

表 22-3　常见质谱中性分子和自由基的质量数

质量数	中性分子或自由基	质量数	中性分子或自由基
15	·CH$_3$	28	CH_2=CH_2, CO
17	·OH	29	CH_3CH_2·, ·CHO
18	H_2O	30	NH_2CH_2·, CH_2O, NO
20	HF	31	OCH_3·, ·CH_2OH, CH_3NH_2
26	CH≡CH, ·C≡N	32	CH_3OH
27	CH_2=CH·, HC≡N	33	HS·, ·CH_3 + H_2O

质量数	中性分析或自由基	质量数	中性分析或自由基
34	H_2S	54	$CH_2{=}CH{-}CH{=}CH_2$
35	$Cl \cdot$	55	$\cdot CH{=}CHCH_2CH_3$
36	HCl	56	$CH_2{=}CHCH_2CH_3$
40	$CH_3C{\equiv}CH$	57	$C_4H_9 \cdot$
41	$CH_2{=}CHCH_2 \cdot$, $\cdot CH{=}C{=}O$	59	$CH_3O\dot{C}{=}O$, CH_3CONH_2
43	$C_3H_7 \cdot$, $CH_3CO \cdot$, $CH_2{=}CH{-}O \cdot$	60	C_3H_7OH
44	$CH_2{=}CHOH$, CO_2	61	$CH_3CH_2S \cdot$
45	$CH_3CHOH \cdot$, $CH_3CH_2O \cdot$	62	$H_2S + CH_2{=}CH_2$
46	CH_3CH_2OH, NO_2, $H_2O + CH_2{=}CH_2$	64	CH_3CH_2Cl
47	$CH_3S \cdot$	68	$CH_2{=}C(CH_3){-}CH{=}CH_2$
48	CH_3SH	71	$C_5H_{11} \cdot$
49	$\cdot CH_2Cl$	73	$CH_3CH_2O\dot{C}{=}O$
50	CF_2		

(3) 分子离子峰应符合氮律(氮规则)。在组成有机化合物的主要元素 C、H、O、N、S 及卤素中，只有 N 的化合价为 3 价(奇数)，而质量数为14(偶数)。因此，不含 N 或含偶数 N 的有机分子，其分子离子峰 m/z 为偶数；含奇数 N 的有机分子，其分子离子峰 m/z 为奇数，这一规律称为氮律或氮规则。不符合氮律的峰就不是分子离子峰。在软电离质谱中，分子往往以加合的准分子离子峰出现，需要去除加合部分后才可以进行氮律验证。

符合上述三点的离子峰才可能是分子离子峰，如果有任何一条不满足，这个离子峰就肯定不是分子离子峰。

单电荷分子离子 m/z 与其相对分子质量相等，因此分子离子质荷比是测定相对分子质量的依据。如果质谱图中不出现分子离子峰，可降低电子轰击的能量，以减少分子的裂解，增加分子离子峰高度；也可以使用软电离源进行相对分子质量的测定，或者采用衍生化方法使不稳定的化合物衍生化为稳定性较强的化合物。

分子离子的稳定性或分子离子峰的相对强度大小主要取决于分子的结构。有机化合物的一般稳定性顺序为：芳烃＞共轭烯烃＞烯烃＞环状化合物＞羰基化合物＞醚＞酯＞胺＞酸＞醇＞支链烷烃。

2. 同位素离子峰

同位素离子(isotopic ion)是指由重同位素组成的分子形成的离子，对应的质谱峰称为同位素离子峰，一般出现在相应分子离子峰或碎片离子峰的右侧附近，m/z 用 M ＋ 1、M ＋ 2 等表示。同位素离子峰强度取决于构成分子的各元素自然界同位素丰度大小及其原子个数。除 P、F、I 三种元素外，构成有机化合物的 C、H、O、N、S、Cl、Br 等十多种元素都存在同位素，见表 22-4。

表 22-4　有机化合物中常见元素及其同位素丰度

元素	同位素	相对原子质量	天然丰度/%
H	^1H	1.007 825	99.985
	^2H	2.014 102	0.015
C	^{12}C	12.000 000	98.893
	^{13}C	13.003 355	1.107
N	^{14}N	14.003 074	99.634
	^{15}N	15.000 109	0.366
O	^{16}O	15.994 915	99.759
	^{17}O	16.999 131	0.037
	^{18}O	17.999 159	0.204
S	^{32}S	31.972 072	95.02
	^{33}S	32.971 459	0.75
	^{34}S	33.967 868	4.21
Cl	^{35}Cl	34.968 853	75.77
	^{37}Cl	36.965 903	24.23
Br	^{79}Br	78.918 336	50.69
	^{81}Br	80.916 290	49.31

可见，大部分元素重同位素丰度都很低，即同位素离子峰较低。但是，S、Cl 和 Br 三种元素的重同位素丰度较高，因此含有 S、Cl 和 Br 三种元素化合物的分子离子或碎片离子同位素峰较高。

由同位素丰度可以计算化合物 $C_wH_xN_yO_z$ 同位素离子峰与分子离子峰的相对强度：

$$\frac{I_{M+1}}{I_M} \times 100 = 1.08w + 0.02x + 0.37y + 0.04z$$

$$\frac{I_{M+2}}{I_M} \times 100 = \frac{(1.08w + 0.02x)^2}{200} + 0.20z$$

根据质谱图上同位素离子峰与分子离子峰的相对强度，可以查贝农(Beynon)表推测化合物的分子式。

同位素离子的强度比可以用二项式展开式的系数表示：

$$(a+b)^n$$

式中，a 为元素轻同位素的丰度；b 为元素重同位素的丰度；n 为分子式中元素的原子个数。例如，氯的两种同位素 ^{35}Cl 和 ^{37}Cl 丰度比近似为 3：1，若分子中含有一个氯原子，分子离子 M 与同位素离子 M+2 强度比约为 3：1；若分子中含有两个氯原子，分子离子 M 与同位素离子 M+2 和 M+4 强度比为 9：6：1；依此类推。

3. 碎片离子峰

碎片离子(fragment ion)是指分子或分子离子被高能电子轰击，或者分子离子有过剩内能而裂解形成的较小质量离子，又称为子离子，对应的质谱峰称为碎片离子峰。

有机化合物的质谱裂解规律是结构分析的重要基础。有机化合物共价键的质谱断裂方式主要有以下三种。

1) 均裂

均裂是指共价键断裂后,一对电子平均分配,产生在质谱中没有信号的两个自由基,例如 X—Y —→ X· + ·Y。

2) 异裂

异裂是指共价键断裂后,一对电子被电负性大的原子占有,产生负离子,另一个原子失去电子而成为正离子,如 X—Y —→ $X^+ + Y^-$。

3) 半异裂

半异裂是指已经电离的奇电子化合物产生共价键的断裂时,电负性大的原子获得电子,另一个原子呈现正离子,如 X$^+$·Y —→ X^+ + ·Y。

有机化合物质谱裂解位置有带电荷的官能团与相连的 α 碳原子之间的 α 断裂,α 碳原子和 β 碳原子之间的 β 断裂,以及 σ 键发生裂解的 σ 断裂等。

4. 重排离子峰

重排离子(rearrangement ion)是指两个或两个以上键断裂的过程中,发生分子内原子或基团重新组合而形成的离子,对应的质谱峰称为重排离子峰。例如,含有 C=X(X 为 O、N、S 或 C)基团且与其相连的碳链上有 γ 氢原子的化合物,发生 β 断裂的同时,通过六元环过渡态转移,γ 氢原子转移至 X 原子:

这里 R_1 代表 H、R、OH、OR 或 NR_2,R_2、R_3、R_4 分别代表不同的基团或 H。这种断裂方式是 1956 年麦克拉弗蒂(McLafferty)发现提出的,称为麦克拉弗蒂重排,简称麦氏重排。凡是存在 γ 氢原子的醛、酮、酯、酸及烷基苯、长链烯等有机物在电子电离质谱中都会发生麦氏重排。

5. 亚稳离子峰

亚稳离子(metastable ion)是指离子离开离子源后,在到达检测器前的运行过程中发生裂解而形成的亚稳态低质量离子,对应的质谱峰称为亚稳离子峰。例如,质量为 m_1 的离子受电场加速离开离子源后,在进入质量分析器入口前的无场区飞行漂移过程中,因为碰撞等而裂解丢失中性碎片,产生低质量 m_2 离子。由于一部分能量被中性碎片带走,此时 m_2 离子比在离子源中形成的 m_2 离子能量小,在磁场中产生更大的偏转,观察到的 m/z 较小。该亚稳离子的表观质量用 m^* 表示。在数值上,$m^* = m_2^2/m_1$。例如,十六烷的质谱图中出现 m/z 分别为 32.8、29.5、28.8、25.7 和 21.7 的亚稳离子,其中 29.5 对应 $41^2/57$,代表 $C_4H_9^+$ 丢失 CH_4,裂解为 $C_3H_5^+$。

在质谱图上,亚稳离子峰很容易辨认,其特点是 m/z 不是整数,峰较宽、横跨 2~5 个质量单位，且峰相对强度低。亚稳离子峰为质谱裂解途径提供依据，依据 m^* 峰的出现，可寻找碎片离子的母子关系。

22.4 分子质谱法的应用

依据质谱图的质谱峰或 m/z 数据及其相对强度可以进行分子质谱法的定性、结构和定量分析。

22.4.1 定性分析

1. 相对分子质量的测定

与传统相对分子质量测定方法相比，质谱法能够快速准确测定化合物的相对分子质量，而且用样量少至 0.1 mg，这是质谱法最大的优势。

在电子电离质谱图中，分子离子峰的判断是相对分子质量测定的关键，因为有同位素峰 M+1 或 M+2 等的存在，或者分子不稳定时分子离子峰弱至不出现。此时，可以根据氮律及合理中性丢失进行判断，参见 22.3 节中的 "1. 分子离子峰" 内容。

现代软电离质谱的谱图相对比较简单，准分子离子峰强度大，比较容易判断，是测定稳定性较差的化合物相对分子质量的有效方法。

2. 分子式的确定

质谱法有同位素离子峰和高分辨质谱法两种确定化合物分子式的方法。

1) 依据同位素离子峰确定分子式

贝农表中可以查看相对分子质量小于 500 且只含有 C、H、O 和 N 元素的有机化合物 M+1 和 M+2 同位素离子峰与其分子离子峰的相对强度。由质谱图中计算同位素离子峰与其分子离子峰相对强度，对照贝农表就可以推测化合物的分子式。当前，计算机谱库检索快速、准确，因此这种查表法较少单独使用。

2) 高分辨质谱法确定分子式

高分辨质谱仪能够测定每一个质谱峰的精确相对分子质量，从而确定化合物的分子式。各元素的相对原子质量是以 ^{12}C 的相对原子质量 12.000 000 为基准获得的，如表 22-4 所示。除 ^{12}C 外，各元素的相对原子质量都不是整数，因此由 C、H、O 和 N 等元素构成的有机化合物相对分子质量也不是整数，即对于整数位相同的不同有机化合物，当相对分子质量精确到小数点后 6 位时，相对分子质量完全不同。因此，用高分辨质谱仪测定精确相对分子质量，可以与贝农表数据对照，再配合其他信息就可以确定化合物的分子式。例如，相对分子质量 150 的化合物 $C_3H_{12}N_5O_2$、$C_5H_{14}N_2O_3$、$C_8H_{12}N_3$ 和 $C_{10}H_{14}O$ 的精确相对分子质量分别为 150.099 093、150.100 435、150.103 117 和 150.104 459，用高分辨质谱准确测定这些化合物的相对分子质量可以获得其分子式。

3. 结构分析

分子质谱对于有机化合物的结构分析步骤如下：
(1) 确定相对分子质量和分子式是有机化合物结构分析的前提，计算出分子的不饱和度。

(2) 根据各类化合物分子裂解规律研究碎片离子峰以及分子离子与碎片离子、碎片离子之间的质量关系，提出化合物可能的结构单元，推导分子中所含官能团、分子骨架。

(3) 观察质谱图中有机化合物的特征离子、亚稳离子，推导分子类型和可能存在的消去、重排反应。

(4) 结合 UV、IR、NMR 等信息，确定化合物的结构。

例 22-1 根据质谱图(图 22-11)中的数据，推测化合物 $C_8H_8O_2$ 的结构。

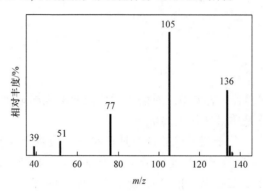

图 22-11　化合物 $C_8H_8O_2$ 的质谱图

解 化合物 $C_8H_8O_2$ 的不饱和度 $\Omega = 1 + 8 + 1/2 \times (-8) = 5$，说明该化合物分子中可能有苯环和一个双键。

质谱中没有出现烷基单取代苯特征碎片峰 m/z 91，说明该化合物不是烷基取代苯。则化合物的可能结构式如下：

(A)　　　　　　(B)　　　　　　(C)　　　　　　(D)

其中，(A)和(B)可以通过 α 断裂和酯键断裂而形成碎片离子 m/z 105，而(C)和(D)无法形成该碎片离子。因此，该质谱图对应的化合物 $C_8H_8O_2$ 的结构式为(A)或(B)，可以再结合其他波谱方法进一步确定结构式。

22.4.2　定量分析

1. 质谱直接定量分析

质谱检出的离子流强度与离子数目成正比，即通过离子流强度的测定可以进行质谱定量分析，主要应用于同位素测定、无机痕量分析和混合物的定量分析。而应用于多组分的有机化合物的定量分析时，需要一系列前提，如无基质或本底效应、离子流强度与进样装置中的分压成正比、组分之间有质谱峰重叠时为线性累加关系等，然后通过解联立方程进行多组分的定量分析，费时费力，特别是复杂有机物样品的质谱分析，单独使用质谱法进行定量分析比较困难。

2. 色谱-质谱联用技术定量分析

质谱的定量分析主要采用色谱-质谱联用技术，相当于以质谱为检测器的色谱技术，与色谱定量分析一样，利用峰面积与组分含量成正比的关系，可以快速、灵敏、准确地实现复杂混合物的定量分析，包括归一化法、外标法和内标法等。

22.5　气相色谱-质谱联用法

色谱法具有优良的分离能力，质谱法具有强大的定性分析能力，色谱-质谱联用法有效提高了色谱方法的定性和定量分析能力，也提高了质谱法的选择性和应用性。

1. 气相色谱-质谱联用法的原理

1957 年霍姆斯(Holmes)和莫雷尔(Morrell)首次提出了气相色谱-质谱(GC-MS)联用法，随后这种联用技术逐步完善并得以广泛应用，成为有机物分析最常用的定性分析方法之一。

在 GC-MS 分析过程中，GC 相当于 MS 的样品预处理器，对样品中的不同组分进行色谱分离，而 MS 相当于特殊的 GC 信号检测器。GC-MS 可以提供组分总离子流色谱图或质量色谱图中的保留时间、峰高及峰面积，用于定性和定量分析。同时，各组分的质谱图中提供分子离子峰、同位素峰、碎片峰和选择离子的子离子质谱图等，使得定性分析结果更加可靠。另外，选择离子检测和多反应检测等质谱技术可有效提高定性和定量分析的选择性。

2. 气相色谱-质谱联用法的特点

GC-MS 具有分析速度快、灵敏度高、选择性好、定性分析能力强、应用广泛的优点，适用于热稳定性好、低沸点的小分子组分的复杂样品分析。对于热稳定性差、沸点高的组分往往需要衍生化，或者选择 HPLC-MS 或 UPLC-MS 方法直接进行分析。

3. 气相色谱-质谱联用仪

GC-MS 联用仪就是 GC 和 MS 仪器的组合，GC 柱分离后的组分和流动相都是气体状态，与 MS 进样要求匹配，因此比较容易实现 GC 和 MS 的联用。但是 GC 柱后压力一般为大气压(约 10^5 Pa)，而 MS 是在高真空(一般 $<10^{-3}$ Pa)下运行，压差约 10^8 倍，因此 GC-MS 联用时需要一个接口以降低压力，去除 GC 柱后的大流量载气，只让很微量的组分通过进入质谱仪，这个接口又称为分子分离器。

图 22-12 是 GC-MS 喷射式分子分离器接口示意图。GC 分离柱后的高压气流到达直径约 0.1 mm 的细口径喷嘴时发生膨胀喷射扩散，组分的喷射扩散速度与其相对分子质量的平方根成反比，因此相对分子质量相对较小的载气(如 GC-MS 中常用的氦气)扩散速度快，被真空泵抽出而分离，被分离的目标化合物通常比载气相对分子质量大得多，扩散速度较慢，在原有的运行方向上从喷嘴经过 0.15～0.3 mm 行程直线进入口径更细的毛细管，还可以采用两级分子

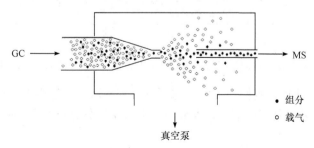

图 22-12　GC-MS 喷射式分子分离器接口

分离器以提高载气的去除效率、降低压力和提高组分的浓缩效率。被测组分被浓缩后经毛细管进入 MS 分析，而载气被分离出去。其中，载气流量和分子分离器的温度是影响分离收率的主要因素，需要优化选择，但是对于易挥发的组分，其传输效率不理想。

对于载气低速运行的毛细管气相色谱，在不破坏质谱真空度时，毛细管柱尾的气体流出物可以直接进入质谱离子源。另外，GC-MS 配有计算机控制系统、数据处理及谱库等。

4. 气相色谱-质谱联用法的分析方法及应用

1) 定性分析

在 GC-MS 分析中，有关定性分析和结构分析的信息有组分的保留时间、质谱图中的分子离子峰、同位素峰、碎片峰和中性丢失等。

对于已知化合物的定性分析，可以用组分的保留时间和一级或多级质谱图与标准品进行对照分析，后者提高了定性分析的能力。

对于未知化合物的定性分析，相当于质谱的结构分析，即首先识别分子离子峰获得相对分子质量，然后根据同位素峰及相对丰度，对照贝农表，找出可能的分子式，再依据碎片峰、中性丢失等推断出分子结构中的基本骨架和官能团，由此获得结构式，最后用谱库检索或对照，也可以与类似结构化合物质谱图对照，并配合其他谱学方法确定组分的结构式。

2) 定量分析

与 GC 相同，GC-MS 定量分析的依据主要是峰高或峰面积，但是 MS 为检测器的 GC-MS 联用法有独特的获得色谱图的扫描方式或数据处理方式，如全扫描、选择离子扫描或选择反应扫描等，可以获得更高的选择性和灵敏度。

与 GC 相同，GC-MS 定量分析方法也有外标法和内标法。其中，外标法误差较大，内标法准确度高，但内标物选择困难。比较常用的是以稳定同位素标记物为内标物的内标法。

例如，茶青样品中 18 种多氯联苯超声提取后分散固相萃取净化，用 GC-MS 进行定性和定量分析。该方法快速准确，灵敏度高，定量限为 $5\ \mu g\cdot mL^{-1}$，回收率为 92.5%～111%，精密度(RSD)小于 10%。图 22-13 是茶青样品中加标 18 种多氯联苯的 GC-MS 选择离子色谱图，18 种多氯联苯在 30 min 内全部出峰，而且各组分之间的分离度良好。

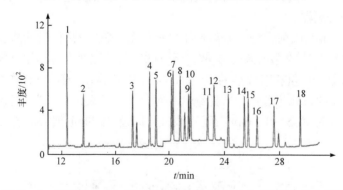

图 22-13　茶青样品中加标 18 种多氯联苯的 GC-MS 选择离子色谱图

GC-MS 具有分析快速、定性能力强、选择性好和灵敏度高等突出特点，在食品、环境、药物和石油化工等领域得到广泛应用，也成为许多痕量组分分析的国家标准或行业标准方法。

22.6 高效液相色谱-质谱联用法

高效液相色谱-质谱(HPLC-MS，简写为 LC-MS)联用法兼顾了 HPLC 和 MS 的优点，克服了两者的缺点，具有分离效率高、定性能力强、灵敏度高的特点，HPLC 相当于 MS 的样品预处理器，MS 成为 HPLC 的检测器。而且，LC-MS 对化合物的热稳定性、沸点、极性和相对分子质量没有限制，比 GC-MS 应用更加广泛。

LC-MS 方法的研究始于 20 世纪 70 年代，商品化的仪器出现在 20 世纪 80 年代中期。LC-MS 联用的困难在于两种方法的许多分析条件不匹配，如液相色谱分离柱后流出物是有大量流动相溶剂的液体，被分析的组分可以是热稳定性较差、沸点较高、极性较大，甚至是大分子的化合物，而质谱离子源需要对样品进行加热、气化和离子化。因此，合适的 LC-MS 接口是实现联用的关键。

1. LC-MS 接口

LC-MS 接口主要用于去除 LC 柱后流动相溶剂的影响，同时进行组分的有效离子化。早期的 LC-MS 接口如直接导入接口、热喷雾接口和粒子束接口等均存在不同的缺陷。目前，应用最广泛的新接口是大气压电离(API)接口，包括电喷雾电离(ESI)和大气压化学电离(APCI)两种。

2. 高效液相色谱-质谱联用法的应用

LC-MS 联用法应用广泛，如生物学领域的蛋白质组学、基因组学、代谢组学研究；药学研究中的临床前和临床药物代谢、药物分析；食品分析中农药残留、兽药残留、添加剂及其他毒素分析；环境微污染物分析及日用品中的色素、染料和表面活性剂检测等。

例如，柑橘样品经过匀浆、提取、净化，用 LC-MS 进行丁醚脲、氟吡菌胺、氟唑菌酰胺和螺虫乙酯残留的定性和定量分析。该方法便捷快速，准确可靠，定量限为 $0.05\sim5.0\,\mu g \cdot kg^{-1}$，回收率为 71.6%～109%，精密度(RSD)不大于 14.4%($n = 6$)。图 22-14 是加标丁醚脲、氟吡菌胺、氟唑菌酰胺和螺虫乙酯的空白柑橘样品选择离子色谱图。在选择离子检测模式下，该 LC-MS 方法对 4 种农药的分析具有良好的选择性。

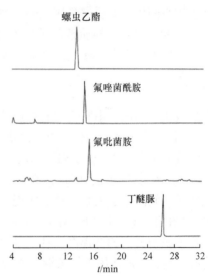

图 22-14　加标丁醚脲、氟吡菌胺、氟唑菌酰胺和螺虫乙酯的空白柑橘样品选择离子色谱图

22.7 串联质谱法

串联质谱法(tandem mass spectrometry, MS^n)是将两个或更多个质谱串联的质谱法，又称为串级质谱法。

1. 串联质谱法的原理

串联质谱法产生于 20 世纪 70 年代后期，半个世纪以来，该方法发展迅速、应用广泛。目前，串联质谱可以做到十级质谱分析，已经成为化学、生物、医药和食品等领域的重要分析手段。最常用的是二级质谱(MS/MS)，其中第一级质谱对离子进行预分离，将目标离子引入第二级质谱的样品源，经过适当方式获得碎片离子后，第二级质谱进一步分离分析。

2. 串联质谱仪

串联质谱仪是将多个质谱仪进行串联，跟踪母离子与子离子的关系。例如，二级质谱仪主要由第一级质谱、碰撞室和第二级质谱构成。在第一级质谱中获得分析物的母离子，之后母离子进入碰撞室，与惰性气体分子相撞而裂解，即碰撞诱导解离(collision induced dissociation, CID)或碰撞活化解离(collision activated dissociation, CAD)而产生子离子，即碎片离子，最后子离子进入第二级质谱分离、检测并记录，得到与母离子相关的结构信息。

最经典的串联质谱是三级四极杆串联质谱。第一级和第三级四极杆分析器分别为 MS^1 和 MS^2，第二级四极杆分析器起碰撞解离室作用，将从 MS^1 得到的离子进行轰击，实现母离子碎裂后进入 MS^2 进行分析。

随着质谱接口技术的发展和应用，串联质谱技术逐步丰富，如四极杆和磁质谱混合式串联质谱、四极杆-飞行时间(Q-TOF)串联质谱和飞行时间-飞行时间(TOF-TOF)串联质谱等。

除上述空间串联型质谱联用仪外，时间串联型多级质谱仪也得到发展和广泛应用，如基于离子阱技术和傅里叶变换质量分析技术的串联质谱。这种时间串联型质谱不用增加仪器主要构件就能方便地实现多级质谱的功能，尤其有利于构造更多级数联用质谱仪。

3. 串联质谱的特点

与单级质谱相比，串联质谱有更加突出的优点：

(1) 结构信息丰富。现代软电离质谱主要呈现的是分子离子峰，碎片离子很少。在串联质谱的二级或多级质谱中，分子离子与反应气体碰撞而产生裂解碎片，提供分析物的分子结构信息，加强了定性分析能力。而且，子离子扫描、母离子扫描和中性碎片丢失扫描等可以从结构上建立离子之间的母子关系，从而实现实际复杂样品的定性、定量或结构分析。

(2) 选择性更高。串联质谱的多反应监测(MRM)等模式直接跟踪母离子及与其对应的子离子，提高了质谱分析的选择性，特别是色谱-质谱联用时，即使色谱未能完全分离的化合物也可以进行鉴定，特别适用于复杂混合物的定性和定量分析。同时，串联质谱也可以有效去除基质中难以去除的干扰组分或离子化过程中引入的杂质，如解吸离子化技术电离样品时的底物噪声等。

(3) 多组分同时定量分析。同类化合物往往具有相同的碎裂方式，并产生相同的中性丢失，可以通过中性碎片丢失扫描对同类化合物进行同时定量分析。

4. 串联质谱的应用

串联质谱优于单级质谱的分析性能，功能庞大，具有更高的选择性和灵敏度，在化学、生物、环境、药物和食品等领域已经得到广泛的应用。

例如，环境水样经过固相萃取分离富集，用 LC-MS/MS 的 MRM 技术进行双酚 A、双酚 F、双酚 S、n-壬基酚和 n-辛基酚残留的定性和定量分析。该方法的线性范围为 $1\sim500\ \mu g \cdot L^{-1}$，检出限为 0.05～0.15 ng·L^{-1}，回收率为 89.4%～104.2%，精密度(RSD)不大于 7.88%。图 22-15 是地表水 LC-MS/MS 色谱图和质谱图。该方法准确可靠，选择性和灵敏度高，适用于环境水体中酚类污染物残留的定量分析。

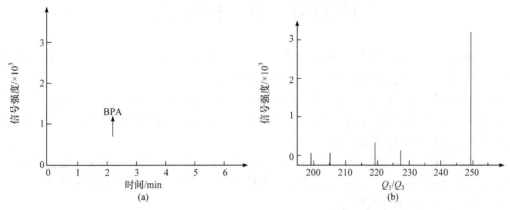

图 22-15　地表水 HPLC-MS/MS 色谱图(a)和质谱图(b)

思考题和习题

1. 名词解释：

(1) 分子质谱和原子质谱
(2) 分子离子、同位素离子和碎片离子
(3) 质谱的质量范围和分辨率
(4) 硬电离和软电离
(5) 生物质谱
(6) 高分辨质谱
(7) 色谱-质谱联用接口
(8) 串联质谱

2. 说明质谱图中同位素离子的用途。

3. 简述质谱法进行结构分析的一般步骤。

4. 质谱仪的构成有哪些？各有什么作用？

5. 质谱仪的离子源有哪些类型？各有什么特点？

6. 质谱仪的质量分析器有哪些类型？各有什么特点？

7. 如何根据质谱信息获得化合物的相对分子质量？如何获得分子式？

8. 详细列出色谱-质谱联用法与色谱法的异同点。

9. 阐述串联质谱的原理及特点。

第 23 章　热 分 析 法

热分析法是基于热力学原理和物质的热学性质而建立的分析方法。该方法通过研究物质的热学性质与温度之间的关系而进行物质组成的分析。

热分析法发展历史悠久。1786 年，英国人埃奇伍德(Edgwood)在研究陶瓷时发现了热失重现象；1887 年，勒夏特列(Le Chatelier)以升温速率曲线对黏土进行研究，发表了差热曲线。随后，热分析法逐步发展并得到广泛应用。

国际热分析及量热学联合会(ICTAC)定义："热分析是在指定的气氛中，程序控制样品的温度，检测样品性质与时间或温度关系的一类技术。程序控温是指以固定的速率升温、降温、恒温或以上几种情况的任意组合。"

根据所测的物理性质(质量、温度、热焓、尺寸、力学量、声学量、光学量、电学量、磁学量)不同，热分析法有热重分析法、差热分析法、差示扫描量热法、逸出气检测法、热膨胀法、热机械分析和动态热机械分析等。其中，应用最广的是热重分析法、差热分析法和差示扫描量热法。

23.1　热重分析法

热重分析法(thermogravimetric analysis，TGA)是在程序控温下，测量物质的质量变化与温度关系的热分析方法。

1. 基本原理

在一定温度下，物质失重对应样品中某些组分的分解或挥发，热重分析曲线如图 23-1 所示。可见，热重分析曲线反映出温度改变时物质质量的改变，不能呈现物质的熔化等不发生质量变化的过程，由此可以精确测定几个相继反应的质量变化。而质量变化与直接进行反应的特定化学计量关系有关，因此可以对已知组成的样品进行精确的定量分析。热重分析曲线还可用于推测样品的磁性转变、热稳定性、抗热氧化性、吸附水、结晶水、水合及脱水速率、吸附量、干燥条件、吸湿性、热分解及生产产物等质量相关信息。

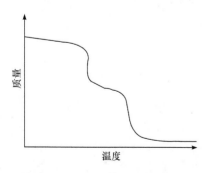

图 23-1　典型的热重分析曲线

2. 热重分析仪

热重分析仪又称为热天平，既可以加热样品，也可以测定其质量，其基本部件有加热炉、可连续称量样品质量的天平及数据处理与记录系统，如图 23-2 所示。

加热装置可以用电阻加热器、红外或微波辐射加热器、热液体或热气体换热器等进行加热。一般的热天平加热温度都可以达到 1500℃，通常加热温度是从室温到 1000℃。升温速率

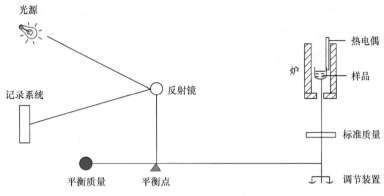

图 23-2 热天平结构示意图

不能太快，否则来不及达到热平衡，导致物理或化学变化时的温度发生较大偏差；也不能升温太慢，否则测试时间过长。热电偶是常用的温度敏感元件、测量和控制器件，其对温度变化的影响具有良好的线性关系。

热天平在过高或过低温度时都有良好的精密度和准确度，且传送适合连续记录的信号。

首先将被测样品置于坩埚中，加入平衡质量以恢复天平的平衡。然后按照一定的速率升温，由于样品的质量减少而产生电信号驱动记录仪，获得热重曲线。

样品的质量、颗粒大小、化学组成、物理性质、装填情况及加热速率等因素都会影响热重曲线。因此，热重分析过程中必须严格控制实验条件，才能保证重现性、准确性和可靠性。

3. 应用

利用热重分析获得温度与样品的物理或化学变化之间的关系，从而可以进行样品的热分解反应(分解温度)、蒸发(沸点)、升华、脱水、腐蚀/氧化、还原、热稳定性、组成、固相反应、反应动力学和纯度等的测定。例如，$CaC_2O_4 \cdot H_2O$ 在升温时发生三步失重过程，首先失去结晶水，加热至 400℃时，逸出 CO 而生成 $CaCO_3$，约 800℃时，$CaCO_3$ 分解为 CaO 和 CO_2，由此可以研究热分解反应机理。

23.2 差热分析法

差热分析法(differential thermal analysis, DTA)是以样品和参比物的温度差与温度的关系而建立的分析方法，即 DTA 检测的是加热过程中样品与参比物的温度差，从而研究物质的相变和化学反应。

1. 基本原理

在差热分析中，测量的数据是加热过程中样品与参比物之间的温度差。在测量温度范围内，参比物没有任何热效应，对于样品的吸热反应，其温度 T_s 滞后于参比物温度 T_R。记录温度差$(T_s - T_R)$ 与加热温度 T 的关系，得到差热分析曲线。

熔化是吸热过程，样品从外界吸收热量，但样品的温度恒定不变，直至样品全部熔化。在这个过程中，样品的温度低于参比物的温度，在差热分析图中出现负信号。同样，脱水等溶剂、CO_2 逸出、蒸发、升华、析出、脱附和还原等都是吸热过程，都会出现负信号。而吸附、结晶或氧化分解、聚合、交联等是放热过程，会出现正信号。分解或其他化学反应有的吸热，有的放热。晶形转变或液晶相转变取决于有序程度的变化方向，从有序程度较高的向较低的转变为吸热过程，反之为放热过程。图 23-3 是典型的 DTA 曲线。

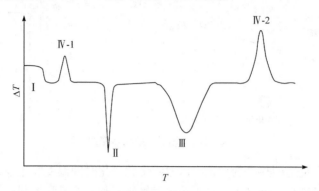

图 23-3　典型的 DTA 曲线

Ⅰ. 玻璃化转变(T_g)；Ⅱ. 熔融、沸腾、升华、蒸发的相变；Ⅲ. 降解、分解；Ⅳ-1. 结晶；Ⅳ-2. 氧化分解

差热分析法定性分析的依据是峰的位置和形状，而定量分析的依据是峰面积及反应热与样品中物质的量成正比。在严格控制条件下，曲线形状可用于研究反应热、动力学、相变、热稳定性、样品组成和纯度、临界点和相图。

2. 差热分析仪

差热分析仪主要由测量温度差的电路、加热装置及温度控制装置、样品架及样品池、气氛控制装置和记录输出系统等组成。如图 23-4 所示，盛装等量样品和热惰性物质 Al_2O_3 类参比物的两个坩埚分别置于金属块的空穴中，在盖板的中间空穴和左右两个空穴中分别插入热电偶，用于测量金属块、样品及参比物的温度，其中热电偶隔着坩埚壁进行温度测量，避免样品对热电偶造成污染。以电加热的方式对金属块进行升温，而两坩埚中的热电偶产生的电信号方向相反，因此可以记录两者的温差。若两者的温度以相同速率增加，则温差为零，电信号相互抵消，输出信号为零。若样品发生物理或化学变化，伴随着热量的吸收或放出，则输出负信号或正信号。

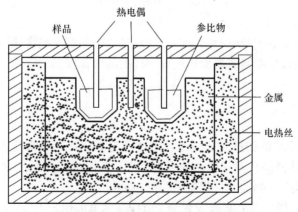

图 23-4　差热分析仪结构示意图

在差热分析中，加热速率、样品用量、颗粒大小、装填和热电偶的位置等许多因素都会影

响分析结果。通常，采用低加热速率、用样量尽可能少、颗粒大小和装填尽量均匀、控制热电偶为固定的位置等。

3. 应用

差热分析法适合高温测定，最高温度可达 1500℃甚至 2400℃，但测量灵敏度较差，适用于矿物、金属等无机材料的分析，一般用于定性分析，定量分析准确性较差。

差热分析法常用于研究材料的类型和物理与化学变化，如鉴别未知材料或聚合物分析，研究样品的分解或挥发、结晶、相变、固态均相反应及降解、测量热容等。因此，差热分析法在化工、环境、食品、地质、医药、纺织和冶金等领域得到广泛应用。

23.3 差示扫描量热法

1. 基本原理

差示扫描量热法(differential scanning calorimetry，DSC)是在差热分析法的基础上将样品与参比物分别加热，保持样品与参比物的温度相同，测量热量流向样品或参比物的功率与温度的关系。当参比物的温度以恒定速率上升时，在发生物理或化学变化之前，样品温度也以相同的速率上升，两者之间不存在温差。若样品发生相变或失重，则样品与参比物之间产生温差，在温差测量系统就会产生电流。该电流又启动一继电器，使温度较低的样品或参比物得到功率补偿，两者之间的温度又处于相等的状态。为维持样品和参比物的温度相等所要补偿的功率相当于热量的变化。

典型的 DSC 曲线如图 23-5 所示，表示差示功率或差示加热速率与温度的关系曲线。差示扫描量热曲线与差热分析曲线相同，但是更准确和可靠。当补偿热量输入样品时，记录为吸热变化；反之，补偿热量输入参比物时，记录为放热变化。其中，峰高正比于反应速率，峰面积正比于反应释放或吸收的热量。

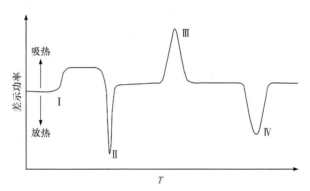

图 23-5 典型的 DSC 曲线

Ⅰ. 玻璃化转变(T_g)；Ⅱ. 冷结晶；Ⅲ. 熔融、升华、蒸发的相变；Ⅳ. 氧化分解

2. 差示扫描量热仪

差示扫描量热仪有热流型和功率补偿型两种，其中热流型仪器与差热分析仪类似，定量也是通过 ΔT 换算，只是热电偶紧贴在样品或参比物支持器的底部。这种设计减少了样品本身所

引起的热阻变化的影响，加上计算机技术的应用，其定量准确性比差热分析法好，所以又称为定量 DTA。而功率补偿型仪器是在程序控温的过程中，始终保持样品与参比物的温度相同，样品和参比物各用一个独立的加热器和温度检测器，使两个不同的控温回路同时运转。

3. 应用

差示扫描量热法和差热分析法具有类似的应用，但是差示扫描量热法具有更好的重复性和准确性，更适合于有机化合物和高分子化合物的定性和定量分析，广泛应用于物质的物理和化学反应研究，包括测定各转变的温度和转变焓、反应热、比热容与玻璃化转变温度、结晶度、结晶动力学、反应动力学、纯度、相图、热稳定性等。

例如，依据不同聚合物晶体的熔点不同，以差示扫描量热曲线定性鉴别常见结晶聚合物；以差示扫描量热曲线吸热峰的位置及峰个数鉴别巧克力品质等。

思考题和习题

1. 描述热重分析法的主要原理与应用。

2. 由 $CaC_2O_4 \cdot H_2O$ 与 SiO_2 组成的样品 7.020 g，加热至 700℃时，其质量减少至 6.560 g，求该样品中 $CaC_2O_4 \cdot H_2O$ 的含量。

3. 比较热重分析法、差热分析法和差示扫描量热法三种热分析法的原理与应用的异同点。

4. 如何以热分析方法区分玻璃化转变、结晶和熔融三种不同的热现象？

5. 在热重分析时，$CaC_2O_4 \cdot H_2O$ 出现三步失重的现象，写出其三步失重的反应式，并根据反应式理论上计算每步的失重量和总失重量。

6. 查阅文献，描述热分析法的发展前景。

第 24 章　流动注射分析法

流动注射分析法(flow injection analysis, FIA)是一种自动在线处理及测定的微量分析方法，即把样品溶液以样品塞的形式注入由适当液体组成的无空气间隔的连续载流中而形成样品带，样品与载流发生混合和反应，流经检测器产生吸光度、电极电位或其他物理参数的分析信号，由此进行样品组分的含量分析。

1974 年，丹麦分析化学家鲁西卡(Ruzicka)和汉森(Hansen)在以连续流动分析法测定铵离子的实验研究中提出了流动注射分析法，之后该方法得到了迅速发展和应用。

流动注射分析法的优点是：

(1) 分析速度快，每小时可以测定 60～300 个样品，适合大批量样品分析。

(2) 重现性好，相对标准偏差小于 1%，复杂体系相对标准偏差小于 2%～3%。

(3) 试剂消耗很少，样品消耗 25～100 μL，试剂需 100～300 μL，环境污染小。

(4) 设备简单，操作简便，易于自动连续分析和仪器的联用。

24.1　流动注射分析法的基本原理

图 24-1 是最简单的流动注射分析流程。现以流动注射分光光度法测定亚硝酸根离子为例，介绍流动注射分析的一般过程。

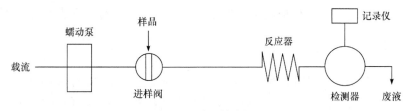

图 24-1　流动注射分析流程

以进样阀将一定微升级体积含有 NO_2^- 的样品溶液间歇地注入密闭的连续流动的试剂载流中，载流携带"塞子"状的样品溶液流经内径 0.5 mm、长 40 cm 的聚四氟乙烯盘绕的反应器时，由于对流和扩散作用，样品塞与载流发生混合并被分散呈一定浓度梯度的样品带。同时，样品带中的 NO_2^- 与载流中的显色剂对氨基苯磺酰胺和 N-(1-萘)乙二胺发生重氮化及偶联反应，生成偶氮化合物，该红色的偶氮化合物随载流进入检测器的流通池，吸收 540 nm 单色光，产生吸光度随时间变化的峰形信号，由记录仪或计算机记录下来。

如图 24-2(a)所示，间隔数十秒，连续注入 5 种不同浓度 NO_2^- 标准溶液和 2 种未知液，每种溶液均重复进样测定 3 次，约耗时 10 min。可见，吸光度大小与样品中 NO_2^- 的浓度成正比。以峰高即吸光度对 NO_2^- 浓度作工作曲线，便可以进行未知液中的 NO_2^- 进行定量分析。

如图 24-2(b)所示，流动注射分析的扫描曲线上，峰高 h 是定量分析的依据。当然，扫描曲线上其余各点也对应样品带在轴向某一位置上被测组分的浓度信息，在分数过程及化学反

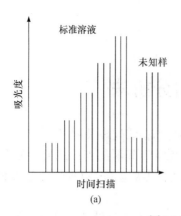

(a)

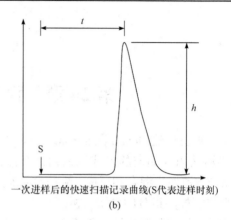

一次进样后的快速扫描记录曲线(S代表进样时刻)

(b)

图 24-2 流动注射分析光度扫描

应动力学研究中也具有重要意义。从注入样品开始到峰高的时间 t 称为留存时间,代表样品溶液注入流动注射分析体系后在反应器、流通池等部件中滞留的时间,是样品溶液与试剂混合及反应的时间量度。在流动注射分析系统,反应器与流通池的死体积固定不变,载流的流速稳定不变,故留存时间 t 高度重现。

流动注射分析注入的样品溶液体积、载流流速、反应器尺寸、留存时间等高度重现,使样品溶液的分散、混合、反应等都在严格受控和高度重现的条件下进行,因此无需等到物理混合均匀、化学反应平衡后再进行测定,在混合与反应的初始非平衡状态下就可以对产物进行精确测定。

24.2 流动注射分析仪

流动注射分析仪主要由流体驱动泵、进样阀、反应器、检测与记录系统等部件构成。

1. 流体驱动泵

在流动注射分析仪中,常用的流体驱动泵是蠕动泵,是依靠滚轮带动滚柱挤压富有弹性的

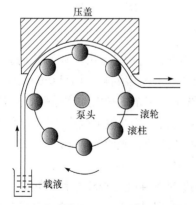

图 24-3 蠕动泵结构和工作原理示意图

塑料软管而驱动载液,其结构和工作原理如图 24-3 所示。当弹性泵管位于压盖和滚柱之间的泵管槽中时,泵头带动滚轮转动,进而带动滚柱向前滚动,相邻的两个滚柱挤压两者之间的泵管,产生负压,将载流从泵管入口处的溶液抽吸至泵管中,这个过程随着泵头的转动不断重复,从而驱动载流连续流动。泵头的转速和泵管的内径大小决定了载流的流量大小。

蠕动泵的优点是结构简单,操作方便,流速易调,可以同时驱动几种不同的载流。其缺点是泵管易被磨损,被驱动的流体易产生脉动现象。

2. 进样阀

注射器进样和六通阀进样是流动注射的两种进样方式。

注射器进样的重现性有限，应用较少。

六通阀进样与 HPLC 相似，只是定量环体积较大，而且不需要承受高压。

3. 反应器

反应器是样品与载流等试剂发生分散、混合及化学反应而生成可检测物质的场所。目前，流动注射分析仪常用的反应器有空管式反应器、填充床反应器和单珠串反应器三种。

空管式反应器有直管和盘管两种。直管式反应器是内径为 0.3～0.5 mm 的聚乙烯、聚丙烯或聚氯乙烯，载流的管内流动属层流模式，样品塞的展宽源于纵向扩散与径向扩散。盘管式反应器也称为螺旋式反应器，载流在螺旋管内高速流动时，在离心力的作用下，样品塞的纵向扩散减小，展宽减小，灵敏度较高。

填充床反应器是在管内装填玻璃珠等惰性球状颗粒，类似于 HPLC 填充柱，填料的直径越小，样品塞的展宽越小。这类反应器的优点是样品与载流在反应器中充分混合或反应，灵敏度高，但是载流流动的阻力大，有时需要采用高压泵。

单珠串反应器的直径约为 0.5 mm，填充粒径为管子直径 60%～80% 的大颗粒填料。其优点是填料填充规则，展宽小，进样频率高，载流流动阻力小。

4. 检测与记录系统

流动注射分析仪的检测与记录系统主要包括检测器、流通池和记录仪。类似于 HPLC，流动注射分析也可以使用紫外-可见检测器、荧光检测器等光学检测器，以及离子选择电极、安培检测器等电学检测器等。其中，紫外-可见检测器最为常用。与 HPLC 分离分析的高灵敏度要求不同，FIA 不以分离为目的，流通池较大，在保证灵敏度时更希望检测器的选择性好。

24.3　流动注射分析法的应用

流动注射分析法的设备简单、分析速度快、易于实现连续自动分析，在环境、临床医学及农学、药学等领域广泛应用。

例如，采用全自动流动注射分析仪测定固体废物中的挥发酚。在固体废物样品中加水，振荡后，静置，以定量滤纸进行过滤，收集滤液进行流动注射分析。该方法标准曲线的线性范围为 5.0～200 μg·L⁻¹，固体废物中挥发酚检出限为 0.11 mg·kg⁻¹，精密度(RSD)小于 1.8%，加标回收率为 90.2%～98.2%。该方法全自动化，灵敏度高，符合固体废物中挥发酚质量标准控制检测的要求。

思考题和习题

1. 阐述流动注射分析法的基本原理，并说明为什么流动注射分析可以在非平衡状态下进行测量。
2. 流动注射分析法的主要特点和应用有哪些？
3. 流动注射分析仪的主要部件有哪些？
4. 比较流动注射分析法与高效液相色谱法的异同点。
5. 查阅文献，阐述流动注射分析法的未来发展趋势。

参 考 文 献

陈泽炫, 胡丹心, 石燕丽, 等. 2020. 全自动流动注射分析仪测定固体废物中挥发酚. 理化检验(化学分册), 56(4): 480-481.

邓旭旗, 钟志光, 刘崇华, 等. 2001. 电感耦合等离子体发射光谱分析实验小白鼠骨、肝中超微量稀土元素镧. 光谱实验室, 18(6): 757-760.

方惠群, 于俊生, 史坚. 2002. 仪器分析. 北京: 科学出版社.

何金兰, 杨克让, 李小戈. 2002. 仪器分析原理. 北京: 科学出版社.

华东理工大学化学系, 四川大学化工学院. 2003. 分析化学. 5 版. 北京: 高等教育出版社.

李克安. 2009. 分析化学教程. 北京: 北京大学出版社.

刘腾飞, 杨代凤, 章雪明, 等. 2018. 羧基化多壁碳纳米管分散固相萃取/气相色谱-质谱法测定茶青中 18 种多氯联苯. 分析测试学报, 37(12): 1405-1411.

刘晓燕, 罗江波. 2019. 氢化物发生-原子荧光光谱法测定银精矿中铋. 冶金分析, 39(1): 64-67.

刘友彬, 李玉阳, 李燕. 2021. 固相萃取-高效液相色谱-串联质谱法分析环境水样中 5 种酚类化合物. 山东科学, 34(3): 71-79, 89

孙凤霞. 2004. 仪器分析. 北京: 化学工业出版社.

唐英. 2018. 原子吸收光谱法在粮食铅、镉检测中的应用. 现代食品, 20: 75-77.

武汉大学. 2018. 分析化学(下册). 6 版. 北京: 高等教育出版社.

张思敏, 梁跃, 苏梅清, 等. 2021. 高效液相色谱-质谱联用法同时测定果蔬中丁醚脲、氟吡菌胺、氟唑菌酰胺、螺虫乙酯. 化学分析计量, 30(4): 15-19.

周陶鸿, 宋政, 胡家勇, 等. 2021. X 射线荧光光谱法快速检测食品中的二氧化钛. 食品安全质量检测学报, 12(1): 50-55.